식품위생학 및 법규

보무각

• 저자소개

도대홍(충청대학교)

식품위생학 및 법규

2판 발행 2018년 3월 12일
초판발행 2017년 2월 28일

지은이 도대홍
펴낸이 이호동
발행처 보문각
블로그 http://bomungak.blog.me
e-mail bomungak@naver.com
주소 서울시 서초구 바우뫼로7길 8
등록번호 302-2003-00085
전화 02)468-0457
팩스 02)468-0458

값 20,000원

ISBN 978-89-6220-346-2 93570

머리말

국민소득수준의 향상과 더불어 웰빙시대를 맞아 건전하고 안전한 식품에 대한 소비자의 기대수준이 날로 증대되고 있다. 최근 광우병에 의한 쇠고기 파동, 병원성 대장균 0-157에 의한 집단식중독사건, 만두 파동사건, 김치에서의 기생충 알 검출, 집단급식에 의한 식중독사건, 유전자조작에 의한 농산물 등 빈발하고 있는 식품오염 사건과 식품 위해요인의 증가로 인해 식품위생과 안전성에 대한 위험이 고조되고 있다. 특히 WTO체제 출범 이후 농산물을 포함한 식품의 국제교역 증가와 함께 수입식품의 유입이 급증되고 있어 식품의 안전성 확보가 무엇보다 시급한 국가적 문제로 부상되고 있다.

식품의 생산에서 제조, 저장, 소비될 때까지의 모든 단계에서 식품의 안전성, 건전성 및 완전성을 확보하기 위한 식품위생의 중요성은 아무리 강조하여도 지나침이 없다. 최근 우리나라 식품위생법과 건강기능식품법에 의한 법률적인 식품위생관리 강화 방침에 따라서 HACCP, GMP 지정 식품산업체가 해마다 증가하고 있는 것은 식품위생학 측면에서 바람직한 일이 아닐 수 없다.

이 책은 최근에 문제시 되고 있는 상기 식품위생과 안전성을 최대한 고려하여 식품위생행정, 제반 식중독, 식품과 안전성, 식품과 감염병, HACCP 및 식품시설의 위생관리 등을 중심으로 이론과 실제 사례를 열거하면서 현실감 있게 작성하였다.

본 교재는 대학에서 다년간 직접 강의한 주요내용과 산업현장에서 경험한 사례들을 중심으로 기초이론에서 전문적 지식에 이르기까지 습득할 수 있도록 구성하였고, 식품공학, 식품가공학, 식품영양학, 보건위생학, 식품위생학, 외식산업, 식품조리학, 환경위생학, 식품과학을 전공하는 학생들에게 교재로 사용하기에 적합하게 편성하였다. 특히, 식품관련회사의 식품제조가공자, 품질관리인, 생산관리인, 연구개발담당자와 보건직 및 식품직 공무원, 식품(산업)기사, 위생사, 조리사 자격시험을 준비하는 분들을 위해서도 자신 있게 권하고 싶은 필독서가 되길 바라며, 앞으로 보다 충실한 내용을 담은 전문서가 되도록 부족한 점은 지속적으로 보완해 나갈 것을 다짐한다.

끝으로 이 책의 출판에 힘써주신 보문각 사장님과 편집부 관계자 여러분들에게 깊은 감사를 드린다.

저자 드림

Contents 

차 례

Contents

제1장 식품위생의 개요

1-1. 식품위생 정의

인간 생활의 수단을 흔히 의식주(衣食住)라고 말하며 가장 기본적인 생존의 수단이기도 한다. 이들 중 생명유지의 직접적인 요소가 식(食)이러고 볼 수 있다. 식은 식음료(食飮料)로 구성되며 씹고 마시는 식료(食料)를 의미한다.

대부분의 식료는 다양한 환경적 요인에 따라 지배되는 생물로 지리적 조건에 따라 다양하게 존재한다. 식생활 또한 경제적, 지리적, 문화적 요인에 따라 영향을 받아 다양한 식문화가 형성된다.

현재에는 식품산업의 발전과 더불어 삶의 가치 향상, 건강한 신체, 풍요로운 식문화를 영위하게 되었다. 그러나 인구증가와 식품소비량의 증가는 건강을 위협하는 다양한 농약, 식품첨가물, 환경오염물질 등 식품위생과 안전을 위협하는 요소도 함께 증가하게 되었다. 보다 안전하고 위생적인 식생활을 위하여서는 안전한 관리와 수단이 절실하게 필요한 실정이다. 각국에서는 식품의 위생관리를 위하여 효율적인 수단의 하나로 법적인 규제와 관리방안을 선택하고 있다.

한국에서는 식품위생법(법1962. 1. 20. 법률 제1007호)을 제정하여 관리하고 있다. 식품위생법 제2조제1항에 "식품이란" 의약품으로 섭취하는 것을 제외한 모든 음식물로 정의하고 적용대상을 동법 제2조11항에서 "식품위생이란" 식품, 식품첨가물, 기구 또는 용기 · 포장을 대상으로 하는 음식에 관한 위생을 말한다고 명시하고 있다.

또한 "식품첨가물"이란 식품을 제조, 가공 또는 보존함에 있어 식품에 첨가, 혼합, 침윤 기타의 방법으로 사용되는 물질을 말한다. 라고 정하고 있다. 또한 세계보건기구(WHO) 환경위생전문위원회에서는 음식물을 포함한 식품가공과 식품원료의 생산에서 소비까지 모든 단계의 위생 수단으로 규정하고 있다.

즉 식품위생이란 "식품의 재배, 생산 또는 제조로부터 최종적으로 섭취하기까지의 모든 단계에서 식품의 안전성, 완전성 및 건전성을 확보하기 위해 필요한 모든 수단을 말한다."

"Food hygiene means all measures necessary food ensuring the safety, wholesomeness, and soundness of food at all stages from its growth, production or manufacture until its final consumption."

1-2. 식품위생 목적

식품위생의 목적은 식품을 통하여 혼입되는 이물질이나 함유된 유독물질, 식품의 변질, 오염 등의 인체 위해 요인을 이해하고 제거하여 건강한 식생활을 통하여 건강한 삶을 유지하는 것이 목적이다. 즉, "식품위생이란 식품으로 인하여 일어날 수 있는 모든 건강 장애 요인을 제거하고 사람의 건강을 유지·증진시키는 수단과 기술이라고 할 수 있다.

-. 식품에 의한 위해 방지

-. 식품 안전성 확보

-. 식품의 영양과 품성의 향상으로 건강 증진

1-3. 식품의 위해요인

1. 내인성 위해요인 : 식품에 함유된 고유의 유해 및 유독성분, 생리작용 유해성분 등

2. 외인성 위해요인 : 식품의 생육, 생산, 제조, 유통, 소비 등의 과정에서 혼입된 성분

3. 유기성 위해요인 : 식품생산 및 소비 과정에서 생성되는 인체 유해물질

<table>
<tr><td rowspan="2">내인성</td><td>1. 자연독
 -. 동물성 : 복어독, 마비성 패류독 등
 -. 식물성 : 버섯독, 유독성 식물, 알칼로이드 등</td></tr>
<tr><td>2. 생리적 위해물질 ; 항효소물질, 항갑상선물질, 항비타민물질, 식이성 Allergen 등</td></tr>
<tr><td rowspan="2">외인성</td><td>1. 생물학적 요인 ; 자연적 오염</td></tr>
<tr><td> -. 미생물 ; 경구감염병, 식중독균, 곰팡이독, 바이러스 등
 -. 기생충 ; 경구감염 기생충(간흡충, 회충, 조충), 유해 곤충 및 소동물</td></tr>
</table>

	2. 인위적 요인 ; 인위적인 첨가 및 오염
	-. 인위적 첨가물 ; 유해첨가물, 유해화합물 등 -. 비인위적 오염물질 ; 잔류농약, 산업시설 배출물, 중금속 및 방사능 물질 등 -. 식품가공 중 오염 ; 재료 및 수질오염, 기구·용기 및 포장재료 용출물 등
유기성	1. 물리적 생성물 ; 방사능 조사 생성물, 유지 변패물 및 과산화물질 등
	2. 화학적 생성물 ; 화학 반응 생성물, 벤조피렌 등 분해 생성물 등
	3. 생물학적 생성물 ; 생체 반응 생성물, 니트로화합물 등

1-4. 식품의 안정성 평가

1. 안전성 평가

1) 독성시험

(1) 일반 독성시험

① 급성 독성시험

시험물질을 한번만 투여하여 단기간에 나타나는 독성을 검사하는 시험

② 아급성 독성시험

시험물질을 실험동물에 수주 혹은 수개월 동안 반복 투여하여 독성을 검사하는 시험

③ 만성 독성시험

아급성 독성과 유사하나 시험기간을 연장 및 확장하여 전 생애에서 노출되는 독성을 확인하는 시험

(2) 특수 독성시험

① 발암성 시험

동물을 사용한 발암성 시험으로 만성 독성시험보다 오랜 기간 투여하여 ② 암(종양)의 유발여부를 확인하는 검사

③ 생식독성 시험

시험물질이 임신, 수정 및 태아 성장과 발달, 후손에 미치는 기능발달 저해 등을 포함하여 생식 기능에 미치는 영향 검사.

④ 유전독성 시험

시험물질이 세포유전물질에 직접 또는 간접적으로 영향을 미치는 돌연 변이를 유발 등을 검사.

⑤ 발생독성 시험

태아의 기관 형성기에 임신모체에 시험물질을 투여하여 기형유발 및 차세대의 신체발달, 인지기능 발달 이상 유무 등을 확인하는 검사

2. 위해성 평가

1) 위험성 확인

의도적·비의도적, 만성·급성, 발암·비발암 등 위해요소의 위해성 평가

2) 위험성 결정

식품 중의 유해물질의 위험도, 섭취량 추정은 노출횟수, 빈도, 기간 및 경로에 대해 정성적 또는 정량적으로 측정하여 무해작용량 및 인체안전기준치를 결정

3) 노출평가

위해요소 양이나 수준을 바탕으로 식품오염도, 노출대상, 빈도, 기간 등을 종합

적으로 고려하여 평가(개체수, 연령, 체중, 노출경로, 빈도, 기간 등)

4) 위해도 결정

위험성 결과를 토대로 인체 건강에 미치는 영향을 정량적/정성적 예측 → 위해도가 100% 이상일 경우에 위해가능성이 있다고 판단

3. 위해성 평가 계수

1) 안전계수법

(1) 한계값(역치) : 독성물질의 무독성 한계 값(용량-반응곡선으로 계산)

(2) 안전계수 : 시험동물의 무영향농도를 사람에 대한 무영향농도로 산출하기 위한 계수, 일반적으로 동물시험의 결과를 사람에게 적용하는 환산계수.

(3) 최대무작용량(Maximum no-effect level : MNL): 일일섭취허용량(ADI: Acceptable Daily Intake)을 산출하는 경우에 안전계수는 보통 100을 적용 함.

계산식 = MNL×1/100 = ADI, 안전율=1/100

(4) 안전계수 100의 의미 : 동물과 사람간 차이 10배와 사람 개인간의 차이 10배의 상승 효과를 고려한 값

* 독성물질의 특성에 따라 100 이외의 안전계수를 사용. 흔히 발암 의심 물질의 경우 안전계수를 1000으로 함.

2) 일일 섭취 허용량(ADI : Acceptable Daily Intake)

(1) 일생 동안 섭취하였을 때 예상되는 무작용 1일 섭취량(mg/kg 체중)

(2) 일생 동안 섭취할 수 있는 무작용량을 안전계수로 나눈 값(단위는 mg/kg • 체중/day)

3) 1일 최대섭취허용량과 식품중의 최대잔류허용량

ADI, 성인체중, 식품계수 등을 고려하여 종합적으로 산정하고, 개인적인 생물학적 요소와 상태는 특별히 고려하여야 한다.

1-5. 식품위생 관련법

우리나라 식품위생과 관련된 법으로는 식품위생법이외에도 각 분야별 식품안전기본법, 건강기능식품에관한법률, 어린이 식생활안전관리특별법, 식품산업진흥법, 농산물품질관리법, 수산물품질관리법, 축산물가공처리법, 주세법 등이 있으며, 이외에도 감염병예방법, 검역법, 국민건강진흥법, 가축감염병예방법, 축산법, 사료관리법, 농약관리법, 비료관리법, 양곡관리법, 먹는물관리법, 약사법, 인삼산업법, 친환경농업육성법, 학교보건법, 수도법, 염관리법, 공업표준화법, 공중위생관리법, 대외무역법, 제조물책임법(PL법), 보건범죄단속에 관한 특별조치법, 유전자변형생물체의 국가간 이동 등에 관한 법률 등이 있고, 식품위생법과 직접적으로나 간접적으로 연계되어 있다.

1. 식품위생법

식품위생법은 식품으로부터 유발되는 위생상의 위해 방지, 식품영양의 질적 향상 도모, 식품에 관한 올바른 정보 제공 및 국민보건 증진에 이바지함을 목적으로 한다.

1) 구 성 : 총 13장 전문 102조, 부칙

2) 식품위생법(법률 제 15277호, 2017.12.19. 일부 개정)

3) 식품위생법의 구성

제 1장 총 칙 : 법의 목적과 용어정의 식품 등의 취급기준에 관한 규정

제 2장 식품 및 식품첨가물 : 위해식품 등의 판매금지 및 기준과 규격

제 3장 기구와 용기·포장 : 유독기구 등의 판매·사용금지 및 기준과 규격

제 4장 표시 : 표시기준, 영양표시, 원사지 등 표시, 허위표시 등의 금지

제 5장 식품 등의 공전 : 식품·식품첨가물, 기구 및 용기포장의 기준·규격

제 6장 검사 등 : 위해평가, 소비자 위생검사 요청, 위해식품 긴급대응, 유전자재조합식품 안전성평가, 수입식품 등의 신고, 특정식품 등의 판매 등 금지, 출입·검사·수거, 식품 등의 재검사, 식품위생검사기관 지정, 자가품질검사, 식품위생감시원 등

제 7장 영업 : 시설기준, 영업허가 등, 영업의 제한, 건강진단, 위생교육, 품질관리, 준수사항, 위해식품 등의 회수, 이물보고, 위생등급, 위해요소중점관리기준, 식품이력추적관리 등

제 8장 조리사 및 영양사 : 자격요건, 면허관리, 배치의무, 결격사유 등

제 9장 식품위생심의위원회 : 위원회 설치와 운영 규정

제 10장 식품위생단체 등 : 동업자조합, 한국식품공업협회, 식품안전정보센터

제 11장 시정명령·허가취소 등 행정제제 : 시정명령, 폐기처분, 위해식품 등의 공표, 면허취소, 과징금, 청문 등에 관한 규정

제 12장 보칙 : 국고보조, 식중독 조사보고, 집단급식소, 식품진흥기금, 포상금, 위임, 수수료 규정 등

제 13장 벌칙 : 식품위생법 각 조항별 위반사항에 대한 벌칙, 과태료, 양벌규정 등

2. 건강기능식품에 관한 법률

건강기능식품에 관한 법률은 2002년 8월 「건강기능식품에 관한 법률」을 제정 · 공포하여 건강기능식품에 관한 관리와 업무가 시행되었다.

1) 구성 : 총 10장 전문 48조, 부칙

2) 건강기능식품에 관한 법률(법률 제14476호, 2016.12.27. 타법 개정)

3) 건강기능식품에 관한 법률의 구성

제1장 총칙 : 법의 목적, 국가의 책무, 용어의 정의

제2장 영업 : 영업의 종류 및 시설기준, 영업의 허가, 영업신고, 품목제조신고, 수입신고, 영업허가의 제한, 영업자의 준수사항, 영업의 승계, 품질관리인, 교육

제3장 기준 및 규격과 표시 광고 등 : 기준 및 규격, 원료 등의 인정, 기능성 표시, 광고의 심의, 광고심의 이의신청, 표시기준, 허위.과대의 표시.광고 금지, 건강기능식품의 공전

제4장 검사 등 : 출입, 검사, 수거, 자가품질검사의 의무

제5장 우수건강기능식품 제조기준 등 : 우수건강기능식품제조기준, 건강기능식품이력추적관리 등록기준

제6장 판매 등의 금지 : 위해 건강기능식품 판매금지, 기준규격 위반 건강기능식품 판매금지, 표시기준 위반 건강기능식품 판매금지, 유사표시 등의 금지

제7장 건강기능식품심의 위원회 및 단체 설립 : 건강기능식품심의위원회, 단체 설립

제8장 시정명령 허가취소 등 행정제재 : 시정명령, 폐기처분, 시설의 개수명령, 영업허가취소, 품목의 제조정지, 행정제재처분효과의 승계, 폐쇄조치, 청문, 과징금 처분

제9장 보칙 : 다른 법률과의 관계, 국고보조, 포상금 지급, 권한의 위임.위탁, 수수료 등

제10장 벌칙 : 벌칙, 양벌규정, 과태료, 과태료에 관한 규정적용의 특례

1-6. 식품위생행정제도 및 기구

1. 조직 및 기능

식품위생행정 관리는 중앙기구로 국무총리실 산하 식품의약품안전처가 있어 각 부처에 산재하는 식품안전관련 문제가 발생할 경우 총괄관리 및 조정 역할을 담

당하고, 보건복지부와 식품의약품안전처, 지방자치단체인 시·도와 기초지방자치단체 시·군·구청의 위생관계 부서에서 가공식품, 유통식품 등을 관리하고 있다. 과학적인 식품위생행정을 뒷받침하는 기구로 연구 및 시험검사 기관으로 보건환경연구원 등이 있다.

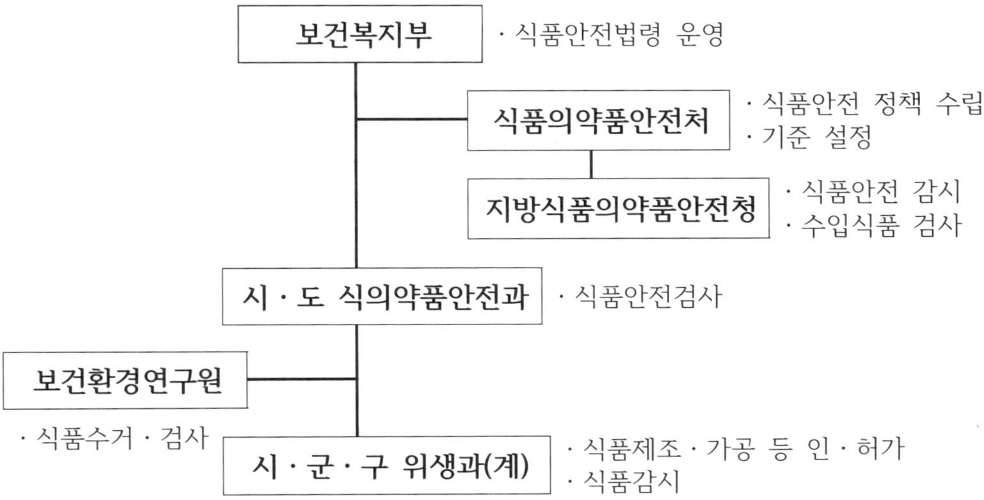

1) 중앙기구

중앙기구로는 보건복지부의 보건의료정책실 식품정책과(식품관련정책 사항 및 식품위생 관련법령의 제·개정 업무 등), 식품의약품안전처 식품안전정책국(식품정책조정과, 식품관리총괄과, 식품소비안전과, 수입식품정책관, 주류안전관리기획단), 전국 광역권별 6개 지방식품의약품안전청(식품전반에 대한 효율적 업무수행), 식품의약품안전청 위해예방정책국(위해정보수집과 위해물질관리, 검사기관관리, 임상시험관리), 위해사범중앙조사단(부정·불량식품 위해사범의 체계적인 조사), 식품안전국 식품기준부(식품과 식품첨가물 및 건강기능식품의 기준·규격, 새로운 시험법 개발 연구) 등이 있다.

2) 지방기구

지방기구로는 일반적으로 시·도에 보건(환경)국이 있어 식품위생행정을 담당하는 식의약품안전과 또는 식품안전팀이 있고, 시·군·구마다 위생과 또는 위생담당을 두고 있다. 지방자치단체의 식품안전관리 지원과 연구를 위한 기관으로 시·도 보건환경연구원이 있다.

제2장 식품과 미생물

2-1. 식품과 미생물

자연계 생활환경에는 각종 미생물이 산재하며 자연의 물질 순환에 매우 중요한 역할을 한다. 미생물은 식품의 변질과 부패, 동·식물병 및 미생물 발효 등 다양한 영향을 끼치고, 다양한 병을 발생시키는 원인이기도 하며 보통 세균, 리켓치아, 바이러스, 진균류, 효모 및 원충류가 있다.

일상생활 환경에서 거의 모든 식품은 끊임없이 미생물에 오염되고 변질된다. 식품은 특성에 따라 다양한 고유의 미생물총(microflora)이 형성되며 일반적으로는 비병원성 미생물이다. 병원성 미생물들은 보통 사람이나 동물의 소화기계, 염증 등으로부터 식품이나 음용수 등을 오염시켜 식품위생상 문제가 되기도 한다.

2-2. 자연계 미생물 분포

자연계에 분포하는 미생물은 생태학적으로 토양미생물, 수생미생물, 공중미생물, 분변미생물 등으로 구별한다. 식품에 흔히 혼입, 오염되어 생육한다.

1. 토양미생물

토양 중에 분포하는 미생물로 토양 자정작용, 토지 비옥화, 정화작용 등을 하며 장소와 계절에 따라 균총의 차이가 다르다. 보통 세균, 방선상균, 곰팡이, 효모 등이 있고, 원생동물이나 소동물로 원충, 사상충 등이 있다. 식품은 토양으로부터 미생물이 직접, 간접적으로 오염되며 육류, 우유, 야채, 과실, 곡류 등에 오염되어 있다.

2. 수생미생물

수생미생물은 대부분 세균으로 담수세균, 해수세균, 하수세균 등으로 나눈다. 담수세균은 육지의 하천이나 소택지 등에 서식하며 대부분 저온성 세균이다.

해수세균은 해수(약 3%의 식염)에 서식하는 호염성 세균으로 연안, 대륙붕 등 수온이 높은 지역에 많으며 수온과 수심에 따라 미생물종류도 다르다. 연안에는 세균이 많지만 먼 바다는 상대적으로 적고, 심해에서 매우 적은 수의 세균이 있다.

하수세균은 유기물과 인축 배설물이 풍부한 하수에 서식하는 세균으로 다양한 자연계 세균과 분변세균 등이 농후하게 서식하고, 때로는 인축 병원성 미생물이 오염되어 위생상 문제를 야기하기도 한다.

1) 먹는물 오염

(1) 지표수

자연 중의 지표수에는 담수세균을 포함하여 토양세균과 경우에 따라서는 하수세균, 분변세균 등이 오염된다. 때로는 분변 등을 통하여 병원성 미생물이 유입되는 경우도 있다.

(2) 지하수

보통 물에는 많은 자연계 세균이 존재할 때가 있고, 이들 중 지하수는 지층의 깊이에 따라 세균수가 차이가 매우 크며 깊은 지하수일수록 세균수는 급격히 적어진다. 보통 우물물은 깊이에 따라 세균수가 좌우되고, 수돗물은 정화, 소독작용으로 균수가 매우 적다.

(3) 먹는물의 수질기준(먹는물관리법)

먹는물의 수질기준에는 일반세균수는 1mℓ중 100을 넘어서는 안 되고, 대장균군이 50mℓ(샘물 및 먹는샘물인 경우 250mℓ)에서 검출되지 않아야 한다고 규정되어 있다.

3. 공중미생물

공기 중에는 부유하는 미생물로 주로 토양이나 먼지 등으로부터 유래하며, 바람이나 공기 이동으로 비산되어 분포한다. 건조한 공기와 자외선에 강한 균들이 생존하며 대부분은 Gram양성, 아포형성 간균, 곰팡이, 효모 포자 등이다. 공중미생물은 기온, 습도, 기류, 고도, 강우량 등에 따라 많은 영양을 받는다. 공중미생물은 식품에 낙하균으로 직접, 간접적으로 오염되어 식품위생에 다양한 문제를 야기한다. 실내 부유세균, 생활주거지 먼지 및 공중 부유 세균, 호흡기계 병원균 등은 호흡기를 통하여 흡인되어 질병을 유발하기도 한다.

4. 분변미생물

사람이나 동물의 분변에서 배출되는 미생물로 소화관내에 서식하는 장내세균이다. 소화기관에 따라 위, 소장, 대장에 따라 다르지만 주로 대장에 가장 많은 세균이 서식한다. 분변세균의 대부분은 세균이며 이들 중 대장균, 살모넬라 등의 세균이 가장 많다. 분변세균은 배출되어 자연에 방출되어 토양과 하천을 오염시키고, 흔히 동물이나 인간의 병원균이 함께 배출되어 각종 질병 발생의 원인이 된다.

(1) 분뇨 처리시설

생활하수와 분변이 함유된 오수는 현재에는 각 지역마다 분뇨처리시설로 정화하여 배출한다. 분뇨(가축분뇨)의 불법 방류는 토양, 하천, 해수 오염은 물론 식품오염의 주요 원인이 되고, 또한 소화기계 감염병, 식중독균 등의 감염원인이 된다. 분변으로부터 오염된 물이나 식품의 오염 정도를 동 파악하기 위하여 대장균이나 장구균 검사가 분변오염지표균으로 사용된다. 장관계 바이러스도 분변으로 배출되어서 검색되고 있다. 감염원으로 젖소 및 산양 등은 유방염을 통하여 식품이 오염되거나 쥐나 곤충류도 분변세균을 매개하는 매개체가 되기도 한다.

(2) 분변오염지표균

① 일반식품 ; 대장균군

② 냉동식품 ; 장구균

* 분변계대장균군(fecal coliform)

범위 : *Citrobacter*, *Enterobacter*, *Klebsilla*, *Escherichia*의 4 속을 포함 함.

적용 : 분변계대장균군이 검출되었더라도 분변오염을 확정할 수는 없음.

5. 식물체 표면 부착미생물

식품의 원료인 재료 식물의 표면에는 고유한 미생물총이 형성되어 있으며 질병의 원인이 되는 세균을 제외하고는 문제가 없으나 최근에는 곡류나 두류 등에 부착된 곰팡이에 의하여 생성되는 곰팡이독(Mycotoxin)이 인체내에서 식품위생상 문제가 되고 있다. 특히 발암, 신장독, 신경독, 부종 등 다양한 증상과 질병을 야기하는 것으로 밝혀지고 있다.

2-3. 미생물의 종류

* 계통발생학적 분류 체계			* 미생물의 종류
계(界: Kingdom)			1 원생생물(protists, eukaryotic cel
문(門: Division)	-phyta		-. 조류(algae)
강(剛: Class)	-phyceae		-. 원생동물(protozoa)
목(目: Order)	-ales	아목(亞目)	-. 진균(fungi)
과(科: Family)	-aceae	아과(亞科)	2 원핵세포균(prokaryotes)
속(屬: Genus)		아속(亞屬)	-. 세균(bacteria)
종(種: Species)		아종(亞種)	-. 시아노박테리아(cyanobacteria)
주(株: Strain)			-. 아케박테리아(archaebacteria)
			-. 바이러스(virus)

1. 세균

세균(細菌) 또는 박테리아(bacteria)는 대부분의 원핵(원시핵)생물로 세포벽의 형태에 따라 그람 양성세균과 그람 음성세균으로 구분한다. 지구상에 최초로 번성한 생물군으로 약 30억 년 전의 화석에서도 확인되고 있다. 대부분 다른 생물체나 생산물에 의지하여 필요한 에너지를 획득하여 자연 생태계를 유지하는 데 중요한 분해자로서의 역할을 한다. 경우에 따라서는 동물과 식물에 병을 일으키는 종류도 많으며 주요 병원균의 대부분이 세균이다.

1) 형태학적 분류

(1) 구균(球菌, coccus, cocci) : 둥근 모양의 세균이다.

① 단구균(單球菌, monococcus)

② 쌍구균(雙球菌, diplococci)

③ 연쇄상구균(聯鎖狀球菌, streptococci)

④ 포도상구균(葡萄狀球菌, staphylococci)

⑤ 사련구균(四聯球菌, tetrad)

⑥ 팔련구균(八聯球菌, sarcina)

(2) 간균(竿菌, 막대균, bacillus, bacilli) : 길쭉한 막대 모양을 하는 세균이다.

① 단간균(coccobacillus)

② 장간균(filamentous bacillus)

③ 방추상간균(fusiform bacillus)

③ 섬유상균(filamentous bacteria)

④ 연쇄상간균(streptobacilli bacillus)

⑤ 비브리오(Vibrio, comma shaped)

(3) 나선균(螺線菌, spirilla, spiral bacteria) : 구부러진 나선형의 세균이다.

① 스피로헤타(spirochete, spirochetes)

② 스피릴룸(spirillum, spirilla)

③ 보렐리아(Borellia)

④ 렙토스피라(Reptospirra)

2) 편모의 모양에 따른 분류

편모는 세포의 주된 운동기관이고, 외부 물질이나 온도 등의 자극 수용체 역할도 한다.

(1) 단모성(Monotrichous) ; *Shigella*

(2) 총모성(Lophotrichous) ; *Pseudomonas* (녹농균)

(3) 양모균(Amphitrichous) ; *Spirilla*

(4) 주모성(Peritrichous) ; 살모넬라, 대장균 등

3) 섬모(Pili, Fimbriae)

섬모는 많은 세균의 표면에서 발견되는 털모양 기관으로 세포벽 부착에 관여하는 기관이고, 유전물질교환에 의한 접합(conjugation)으로 무성생식을 하는 성섬모도 있다. 주요성분이 pilin으로 구성되어 있다.

(1) 일반 섬모 : 세균의 숙주 상피세포에 부착하는데 관여 한다.

(2) 성섬모(sex pili) : Bacterial conjugation(개체의 접합 무성생식)에 관여 한다.

2 곰팡이

1) 자낭균류(Ascomycetes)

포자가 성숙한 균사에 일정한 모양으로 부착하고, 포자 부착 형태와 색깔이 독

특하고, 자연상태의 식물체나 과일 등에 많으며, 식품의 변질이나 발효 등에 관여하는 주요 곰팡이다.

(1) 누룩곰팡이

전분을 맥아당으로 분해시키는 효소가 많음, 누른색 포자, 간장, 된장, 술제조에 쓰인다. 한국의 누룩, 메주에 많고, 아프라톡신 등의 곰팡이독을 만드는 경우도 있다.

(2) 푸른곰팡이

포자는 푸른색으로 빗자루 모양, 주로 식품 부패균이 많다. 페니실린 생산이나 치즈숙성에 관여하는 곰팡이도 있으나 쌀에 번식하여 황변미를 발생시켜는 유해한 경우도 있다.

(3) 효모

당을 분해하여 술을 만드는 미생물로 과일의 부패에 관여한다. 특히 포도 등의 당도가 높은 과일표면에 많이 부착되어 있다. 필요한 에너지를 당을 흡수하여 zymase로 알코올과 이산화탄소로 분해하면서 획득한다.

2) 담자균류(Basidomycetes)

1차균사가 융합하여 2차 균사를 생성하고, 자실체(갓과 자루)를 만든다. 버섯의 경우 갓의 아래쪽 주름 사이에 있는 담자병 끝에 포자가 4개씩 붙어 있다.

(1) 동담자균류 : 목이버섯, 송이버섯, 싸리버섯 등

(2) 이담자균류 : 깜부기균, 녹병균 등

3) 조균류(Phycomycetes)

자연중에 널리 분포하며 토양이나 죽은 식물체에 많다. 자연계 순환에 중요한 부패균이다.

(1) 접합균류(Zygomycetes) : Zygospore(접합포자)를 만들어 번식하고, 토양이나 썩는 식물체에 분포, 주로 식품부패균

(2) 난균류(Oomycetes) : Oospore(난포자)를 형성하며 수생(aquatic) 감자마름병 등을 발생시키는 병원균으로도 작용한다.

(3) 불완전균류(Deuteromycetes) : 토양이나 썩는 식물체에 많이 존재한다. 피부에 감염되면 무좀 등의 피부병 유발을 일으키기도 한다.

3. 효모

효모(酵母)는 뜸팡이라고 부르기도 한다. 대부분 출아번식을 하는 단세포 생물이다. 흔히 술을 만드는데 이용하는 것으로 빵이나 맥주, 포도주 등의 발효에 사용한다. 효모는 공업적으로 배양하여 유통되기도 하지만 자연계의 동식물체나 토양 등이 널리 분포한다.

1) 형태적 분류

(1) 난형(cerevisiae type)

(2) 구형(torula type)

(3) 타원형(ellipsoideus type)

(4) 삼각형(trignopsis type)

(5) 소시지형(막대형; pastorianus type)

(6) 위균사형(candida type)

(7) 레몬형(방추형; apiculatus type)

(8) 진균사형(truemycelium)

2) 용도에 따른 분류

(1) 맥주효모(brewer's yeast)

(2) 청주효모(sake yeast)

(3) 포도주효모(wine yeast)

(4) 알코올효모(alcohol yeast)

(5) 빵효모(baker's yeast)

(6) 장유효모(soy-sauce yeast)

(7) 석유효모(petroleum yeast)

3) 생리적 특징에 따른 분류

(1) 상면효모(top yeast),

(2) 하면효모(bottom yeast)

(3) 적색효모(red yeast) : Rhodotorula 속, Sporobolomyces 속 등

(4) 산막효모(film yeast) : Pichia 속, Hansenula 속 등

(5) 유지효모(lipid yeast) : Lipomyces속, Rhodotorula 속 등

(6) 병원성효모(pathogenic yeast) : Cryptococcus속, Pichia 속 등

4. 바이러스

세균보다 수백 배 이상 작아서 거름종이를 통과할 정도이며 여과성 세균이라고도 부른다. 크기도 작고 빠르게 변화하고, 살아있는 세포내에서만 번식이 가능하다. 생물과 비생물의 중간형로 활물기생, 자기복제, 돌연변이 등을 일으키지만 효소가 없고, 단백질 결정체이다.

1) 핵산의 종류에 따른 분류

(1) DNA 바이러스 : DNA 염색체가 있음

박테리오파지, 천연두바이러스, 수두바이러스, 아데노바이러스, B형 간염바이러스 등

(2) RNA 바이러스 : RNA 염색체가 있음

HIV, 폴리오바이러스, 홍역바이러스, 담배모자이크 바이러스, 에이즈바이러스, 에볼라바이러스, 인플루엔자바이러스, C형 간염바이러스 등

2) 숙주의 종류에 따른 분류

(1) 동물성 바이러스 : 동물세포가 숙주인 경우

천연두 바이러스, 홍역바이러스, 소아마비바이러스, 인플루엔자바이러스, 에이즈바이러스 등

(2) 식물성 바이러스 : 식물세포가 숙주인 경우

담배모자이크 바이러스, 오이모바이크 바이러스, 토마토 바이러스 등

(3) 세균성 바이러스 : 세균에서 번식함

젖산균, 초산균 등의 박테리오파지가 있다.

2-4. 미생물 생육 환경

대부분의 식품은 미생물들이 생육과 성장에서 요구되는 탄수화물, 지방, 단백질, 무기물과 비타민 등의 많은 영양소를 함유되어 있다. 미생물의 최적 생육조건과 생육이 불가능한 조건이 있어 미생물의 생육조건을 조절하여 식품중의 미생물 증식으로 인한 부패를 조절할 수 있다. 보통 불량한 환경의 경우 포자 등으로 생육이 일시적으로 정지하였다가 생육조건이 회복되면 다시 생육한다.

1. 수분

식품의 수분 중에서 미생물의 증식에 이용될 수 있는 상태인 자유수의 함량을 나타내는 척도로서 수분활성도(water activity : Aw) 개념이 사용한다. 수분활성도는 높을수록 미생물이 이용가능한 자유수의 함량이 많은 경우로 미생물 증식과 발육이 쉽다. 물은 자유수(free water)와 결합수(bound water)로 나누며 자유수는 분자운동이 자유로워 미생물이 이용하기 용이하지만 결합수는 식품성분과 결합되어 있어 미생물이 이용할 수 없다.

자유수 함량과 상대적으로 표시되는 수분활성도는 미생물의 종류에 따라 일정 활성도 이하에서는 증식이 매우 어렵다. 일반적으로 최적 수분활성도는 호염세균은 0.75, 곰팡이 0.80, 효모 0.88, 세균 0.93, 내건성 곰팡이 0.65, 내삼투압성 효모 0.6 등에서 생육할 수 있다. 식품 보관 시 건조하여 수분의 함량을 조절함으로서 세균, 효모, 곰팡이 등이 생육하기 어렵다. 식품이나 곡류 보관 시 수분활성도 0.65 이하(수분 14-16% 이하)로 건조하면 곰팡이도 생육이 거의 불가능하다.

2. 온도

미생물의 생육이 가장 왕성한 온도를 최적온도라고 하며 미생물은 최적온도에 따라 저온균, 중온균, 고온균으로 구분한다. 자연 중에는 분포하는 미생물은 대부분이 중온균이다. 최적온도보다 낮아지거나 높아질수록 생육도는 낮아지며 생육이 정지하거나 사멸되기도 한다.

생육 최저온도와 최고온도로 구분하여 최저온도에서는 생육정지 및 불가능 하지만 사멸하지는 않는 반면 고온에서는 단백질의 열변성과 염색체 손상으로 세포가 사멸한다. 영양세포의 경우 보통 최고온도보다 10~20℃ 상승하면 급격히 사멸한다. 대부분의 장내세균, 식중독균, 병원균 등은 사람과 같은 온혈동물의 체온과 일치하는 37℃ 에서 가장 잘 증식하는 중온균이다.

일부 세균의 경우는 60℃ 정도의 비교적 고온에서도 증식하여 식중독을 일으키기도 한다. 한편 포자는 내열성이 강하여 세균의 아포, 곰팡이와 효모의 포자 등은 고온에서도 사멸되지 않는다. 보통 습열 100℃에서 15시간 이상이나 고압 살균법으로 121℃에서 15~30분 정도에 완전 사멸된다.

* 미생물의 생육과 온도와의 관계

구분	최저온도	최적온도	최고온도	미생물 종류
저온균	-10 ↔ 5℃	10 ↔ 20℃	20 ↔ 40℃	부패균, 곰팡이의 일부, 수생세균
중온균	10 ↔ 15℃	25 ↔ 40℃	40 ↔ 50℃	곰팡이, 효모, 세균, 대부분 병원균
고온균	40 ↔ 45℃	55 ↔ 75℃	60 ↔ 80℃	Bacillus속, Clostridium속 일부

3. 수소이온지수(pH)

미생물은 생육에 가장 적합한 pH 범위를 최적pH라고 하며 이러한 범위를 벗어나면 생육이 어려우며 특히 수소이온의 농도가 높은 산성에서는 현저하게 생육이 억제된다. 일반적으로 최적 pH는 곰팡이와 효모는 약산성, 세균은 중성이나 약알칼리성에서 잘 자란다.

한편 유산균과 초산균은 낮은 pH 영역에서 생육한다. PH 값은 낮을수록 강한 산성으로 생리적 대사와 효소활성 등에 영향을 주어 생육이 저해된다. 따라서 산저장, 피클 및 김치 등의 산성화는 미생물 생육 억제와 식품보존에 응용한다. 보통 단백질이 주체인 육류, 생선, 패류, 우유, 두부 등의 pH 값이 4.6~7.0으로 세균 증식이 용이하여 잠제적인 위해식품이다.

4. 산소

미생물 생육시 산소는 미생물의 종류에 따라 다양하며 산소의 존재가 생육을 저해하는 경우도 있다. 자연 중에서 대부분의 미생물은 고등생물과 같이 생육이 산고가 절대적으로 필요하지만 편성 혐기성균의 경우는 유해물질로 작용한다.

* 미생물의 산소요구성에 따른 분류

분류	산소(O_2)	에너지 획득법	미생물 종류
호기성균	필수적	산화적 대사/호흡	곰팡이, 초산/고초균, Pseudomonas 세균
통성 혐기성균	무관	호기/혐기성 대사	효모류, 병원균, 대장균, 유산균 등
편성 혐기성균	유해	유기물 비산화적 분해	아세톤 브타놀균, Clostridium, 낙산균 등

5. 일광, 자외선 및 방사선

일광 살균작용은 빛의 파장에 따라 다르나 다르며 자외선이 가장 살균력이 강하며 적색에서 청색 부위 파장은 약한 살균력이 있으나 황색이나 적색 파장은 살균력이 거의 없다.

1) 자외선

태양광선 중 파장이 2,500~2,800Å(250~280㎚) 범위에서 살균력이 가장 강하고, 무균실이나 살균등으로 사용된다. 자외선의 살균력은 빛의 강도, 조사 시간, 광원과의 거리, 액상 매질 등에 의하여 영향을 받으며 자외선 살균은 영양세포는 물런 아포에도 효과가 우수하다. 자외선은 투과력이 거의 없으므로 혼탁액, 물체 내부 등에는 영향을 미치지 못하고, 표면과 맑은 액상식품에 효과가 좋다.

2) 방사선

방사능 물질의 방사선은 α선, β선, γ선, 중성자선, 양자선 등이 있으며 γ선이 가장 살균력이 강하다. 보통 식품을 살균에는 Co 60, cesium 137 등의 강력한 γ선을 병조림, 통조림 식품의 살균 및 생선이나 날고기 등 가열을 하지 않는 식품의 살균에 이용되고 있다. 방사선 조사에 의한 식품성분의 화학적 반응물에 대한 우려도 있으나 효율적인 비열살균법이다.

6. 삼투압

미생물은 세포 외부의 높은 삼투압에서는 세포내 물질과 수분 교란이 일어나 생육에 영향을 미치게 된다. 보통 미생물은 외부보다 다소 높은 삼투압을 유지하여야만 생육이 가능하다. 세포 외부 삼투압이 높아지면 탈수현상으로 원형질 분리가 일어나서 생육이 정지되거나 사멸된다.

염장법, 당장법, 간장조림, 당의(糖衣) 등의 저장법이 이용되고 있다. 간장, 된장, 염장, 벌꿀 등 고삼투압 식품에도 구균이 존재하며 내삼투압성균으로 특히 간장이나 된장의 후숙에 관여한다. 보통 구균이 간균에 비하여 삼투압이나 식염에 대한 내성이 강하다.

흔히 호염성균은 3% 식염농도에서 잘 자라고, 생육억제 식염농도는 장내세균군은 8-9%, Clostridium botulinum 6.5-12%, 포도상구균 15-20% 이고, 비브리오 식중독균 3-5% 소금농도에 가장 잘 자란다.

2-5. 식품의 부패와 변질

1. 식품부패의 요인

식품은 재배, 수확 단계에서부터 다양한 물리적, 화학적 변화를 받는다. 보관단계의 건조나 가공단계의 형체의 변화는 식품의 부패와 직접적인 관련은 없으나 다양한 변질요소 즉 미생물 오염, 공기 중 산화 등의 간접적인 영향에 기여한다.

식품 부패의 주요 원인은 자기소화, 미생물의 번식, 공기 중 산화 등이고, 주로 식품 성분 변화로 영양소가 파괴, 향기와 맛의 손상, 색 및 물리적 품성저하 등으로 식용이 불가능하게 되는데 현상을 변질 또는 열화(劣化; decay)라고 한다.

식품은 수확 또는 도살된 직후부터 변질되기 시작하여 변질되는 정도는 식품에 따라 차이가 많다.

변질의 주요 원인들로서 미생물의 번식, 자기소화(대사작용 및 효소작용), 광선, 공기 중의 산화반응, 식품 성분 간의 상호작용 등을 들 수 있다.

2. 식품부패의 종류

1) 변질(變質; spoilage)

식품의 특성 변성과 변화를 총칭하며 부패와 변패를 포함한다. 식품의 성분변화와 더불어 영양가, 품성, 식이성을 상실하여 식품 가치를 잃게 한다.

2) 변패(變敗; deterioration)

식품중의 탄수화물이나 지방이 분해되어 풍미가 저하되어 식용이 부적합하게 되는 현상으로 주로 탄수화물의 미생물에 의하여 분해, 지방성분의 산화, 식품 상호반응, 효소반응, 노화(老化), 갈변(褐變) 등으로 맛과 향이 변화된다.

3) 부패(腐敗; putrefaction)

단백질을 함유한 식품이 미생물에 의하여 분해되면서 아민(amine) 및 인돌(indole), 스카톨(skatol), 메르캅탄(mercaptan), 황화수소(H_2S, 黃化水素), 암모니아 등을 생성하고 유독하고 악취가 나는 상태로 변화되는 현상을 말한다.

4) 산패(酸敗; rancidity)

유지중의 불포화지방산이 공가중 산소를 흡수하여 산화되면서 불쾌한 냄새나 맛으로 변하는 현상으로 자동산화와 생화학적산패가 있다.

(1) 지방의 자동산화

유지가 대기 중의 산소와 결합하여 과산화물을 형성시키는 산패시킨 후 과산화물에 의하여 공기중의 산소가 없어도 스스로 산화되는 산화를 말한다. 주로 장기간 보존시 발생한다.

공기와 접촉→ 산소와 반응→ 과산화물 생성→ 자동산화 순서로 진행된다.

(2) 생화학적 산패

지질의 산화를 촉진하는 산화효소(lipoxigenase, lipohydroperoxidase), heme 화합물질(hemoglobin, cytochrome), 엽록소(chlorophyll) 등에 의하여 지방산화가 촉진되는 산패

* 항산화제(Antioxidant)

지방의 산화 및 인체 활성산소의 작용 등을 억제하는 항산화작용을 하는 물질로 카로테노이드류(β-carotene, lycopene, lutein, rutin 등), 플라보노이드류(anthocyanin, resveratrol(적포도), proanthocyanins, catechin, kaempherol, quercetin, myricetin 등), 이소플라본류(genistein, daidzein), 비타민(Vit. A, C, E 및 유도체), 셀레늄(Se) 등이 있다.

5) 발효(醱酵; fermentation)

탄수화물이 미생물의 작용으로 유익한 성분이나 상태로 변화되는 것을 의미하며 흔히 유기산발효, 알코올발효 등으로 간장, 된장, 고추장, 양조주, 발효유, 치즈, 김치, 젓갈류 등의 식품이 있다. 발효의 과정으로 단백질의 아미노산 분해, 탄수화물의 단당류 분해, 신물질(항생제, 대사산물), 발효에의한 첨가물의 신물질화 등이 있다.

3. 부패판정

식품 부패의 판정에는 관능검사법과 물리적, 화학적, 미생물적 방법이 있다. 관능검사는 간편하고 신속하게 측정할 수 있으나 화학적 검사 방법보다 신뢰성이 떨어진다.

1) 관능시험

식품의 경도, 점성, 탄성, 색 등 물리적인 특성을 관능적 수단으로 사람의 시각, 후각, 미각 및 촉각으로 판단하는 방법으로 식품의 부패판정에 주로 사용한다. 식품의 종류와 개인차가 큰 단점이 있으나 쉽게 판별할 수 있는 이점이 있다.

* 어패류 관능검사

(1) 근육의 경도 : 사후강직 상태이면 매우 신선

(2) 아가미 : 담적색 또는 암적색 (찬물이나 얼음 보관증에는 쉽게 탈색되므로 주의)

(3) 안구 : 맑고 선명함, 정상위치 유지

(4) 피부와 비늘 : 광택과 특유 색채유지, 비늘이 단단하게 붙고, 점액이 투명하고 맑은 색

(5) 복부 : 만져보아 탄력하고, 내장기관이 단단하게 붙어 있는 것(부패시 연화됨)

(6) 육질 : 투명하고 맑은 색, 벗긴 껍질은 활처럼 말림, 살이 뼈에 단단하게 붙어 분리가 어렵지만 삶거나 익히면 반대로 뼈에서 분리가 잘 안됨

(7) 냄새(향기) : 해수 혹은 담수의 특유한 냄새가 있고, 신선도 저하되면 불쾌한 비린내가 난다. 주로 부패로 인한 해수어의 경우 TMA, 담수어는 piperidine의 생성 때문이다.

2) 미생물적 판정(생균수 측정)

식품중에 오염되어 번식하고 있는 세균의 숫자를 측정하여 판정하는 방법으로 세균의 수가 10^8/g(식품 1g 중에 세균수 10^8 마리)인 경우를 초기부패로 판정한다. 어육 1g 중에 10^5 이하는 신선, 10^5~10^6는 초기부패, 1.5x10^6이상은 부패로 판정한다.

3) 화학적 판정

수소이온농도(pH), 휘발성 염기질소, 트리메탈아민(TMA), 히스타민, 암모니아, 유기산 등을 측정하여 판정하는 방법이다.

(1) 휘발성염기량 측정 : 육류부패

주로 단백성 식품, 육류 및 가공품에 사용되고, 부패시 발생되는 휘발성 질소화합물 (아민, 암모니아 등)의 양을 측정하는 방법으로 휘발성염기성 물질이 100g 중에 30-40mg 생성시 초기부패로 판정한다. 어패류의 경우 신선육은 5~10mg%, 보통선도 15~25mg%, 초기부패 30~40mg%, 부패육 50mg%이다.

(2) TMA(Trimethylamine) 측정 : 어류부패

비린내 성분인 Trimethylamine(TMA, 트라이메틸아민) 때문이다. 생체 삼투압 조절물질인 Trimethylamine oxide (TMAO)가 미생물이나 효소에 의해 분해되어 TMA를 생성된다. 사후 삼투압 변화가 심한 바다 생선이 특히 비린내가 심하다. 감지되는 TMA는 휘발성 물질로 관능적으로도 판단되지만 함량을 측정하여 부패도를 판정한다. 어육 초기부패판정의 기준은 3~4mg%이다.

(3) 산도(pH) 측정

식품중의 부패시 생성되는 pH 변화를 측정하는 방법으로 주로 부패시 생성되는 유기산에 의한 결과이다. 초기부패 판정은 어패류의 경우 붉은살 어류는 pH 6.2~6.4, 흰살 어류는 pH 6.7~6.8이고, 어육의 경우는 pH 5.5는 신선육이지만 pH 6.0~6.2의 경우는 초기부패로 판정한다.

(4) ATP 분해산물 (K 값) 측정

생선근육의 ATP 분해가 분해되면 ADP→ AMP→ IMP→ inosine[I], hypoxanthine[H]으로 분해되므로 이들의 함량을 측정하여 판장할 수 있다. K값이 60~80%의 경우 초기부패로 판정한다. 생선의 신선도 판정은 Fish freshness kit, ATP측정기 등을 사용하여 간편하게 측정할 수 있다.

* K값 = [I+H/ATP+ADP+AMP+I+H] × 100

4. 부패성 (알레르기성) 식중독

꽁치, 고등어, 참치 등과 같은 등푸른생선의 붉은살 생선과 가공품에는 히스티딘(histidine) 함량이 매우 높고, 이러한 생선에 프로테우스 모르가니(Proteus morganii) 세균이 번식하면 히스티딘이 분해되어 히스타민(histamine)이 생성되어 축적되어 발생된다.

보통 어육 1mg 당 히스타민이 4~10mg 정도이면 식중독이 발생되며 개인적인 감수성차가 크다. 증상은 전신 두드러기로 발열, 홍조, 두통, 오한, 구토, 설사 등이 유발된다. 치료제로는 항히스타민제를 투여한다.

2-6. 식품의 변질 방지대책

식품을 부패시키는 주원인은 미생물에 있으므로 미생물에 의한 식품의 오염 방지와 미생물의 증식을 억제하고 식품의 신선도를 유지하는 것이 부패방지 대책이라 할 수 있다. 즉 부패를 방지하여 보존성을 높이고 식품의 물리적, 화학적 변화를 받지 않도록 하는 것으로서 식품의 보존법을 들 수 있다.

식품의 보존법을 대별하면 물리적 처리와 화학적 처리법 및 생물학적 처리법, 플라스틱 진공포장 등으로 나누어지며 실제로는 두 가지 이상을 병용하는 수가 많다. 부패의 원인인 미생물은 여러 가지 방법으로 사멸시키는 작용

1. 물리적 처리법

1) 저온저장법

저온으로 식품성분 변화와 미생물 증식을 억제 또는 정지시키는 방법으로 일반적으로 10℃이하에서는 번식하기 어렵고, -10℃ 이하에서는 번식하지 못한다. 과일이나 야채 등의 생물의 경우 온도가 내려가면 호흡속도가 낮아져 성분변화가 적고, 식품 성분의 화학적 변화도 속도도 떨어져 식품의 품질 저하를 예방할 수 있다. 이러한 저온 저장법으로는 냉장, 냉동법이 있다.

(1) 저온(냉장)저장

식품이 동결하지 않은 범위, 빙결점(-0.5~-2℃) 이상에서 10℃이내 범위에서 저장하는 방법으로 미생물의 증식억제, 식품의 자기소화 억제, 지질의 효소적 산화, 갈변, 퇴색, 영양성분의 파괴 등을 막아 식품의 품질저하를 최소화하는 방법이다. 흔히 농산물 수확 후 온도, 습도, 기압 등을 조절하여 호흡을 억제시키기 위해 저온저장 방법이 사용된다. 흔히 저장성을 높이는 방법으로 CA저장을 병행한다. 최근에는 열대 및 아열대 지역이 수입 채소나 과일인 바나나, 파인애플, 레몬, 망고 등은 냉해를 입을 수 있어 주의해야 한다.

(2) 동결(냉동)저장

동결 상태로 식품을 저장하는 방법, 일반적으로 -18℃ 동결 온도로 저장하는 방법으로 미생물의 성장과 증식을 억제, 식품의 효소반응 속도를 지연, 화학적 변화를 억제 등으로 식품을 장기적으로 저장할 수 있게 한다.

식품이 어는 빙결점은 식품의 성분과 종류 및 양에 따라 다르며 동결하는 방법이 다르게 적용하여야 한다. 육류의 경우 주로 활용되는 냉동법으로 공기중에서 냉동시키는 공기동결법(air freezing), 냉각금속판 사이에 저장하는 접속 동결법(contact freezing), 터널식 저장실에 -30~-40℃의 찬 공기를 송풍하여 냉동시키는 송풍냉동법(air blast freezing), 냉매와 같은 저온 액체 속에 침지하여 밀착접촉시켜 냉동시키는 침지동결법(immersion freezing) 주로 닭고기 냉동에 활용하고, -195.8℃ 액체 질소 등을 직접 식품에 살포하는 액체질소동결법(liquid nitrezing)은 새우, 양송이 등을 냉동시키는데 흔히 사용된다.

(3) 저온유통체계(cold chain system)

생산에서 소비까지 전 과정에서 저온으로 유지하면서 유통하는 시스템으로 채소나 과일 등의 농산물, 수산물 및 육류 등의 신선식품에 주로 적용한다. 생산지에서부터 예냉 및 저온저장, 냉장수송으로 소비지에 이르기까지 저온유통체계를 구축하여 신선한 고품질의 식품을 공급할 수 있다.

저온유통체계에는 필수적으로 산지의 예냉 및 저온창고, 신속한 냉장수송트럭의 이동과 슈퍼나 시장의 저온냉장진열 등이 필요하다. 이는 생산자단체, 냉장유통수송업체 및 신선식품 판매업의 유기적으로 연계된 협업체제가 필요하다.

2) 가열처리법

가열에 의해 미생물을 사멸, 효소 불활성화로 식품의 변질을 막는 방법으로 관능적 품질 특성(맛, 냄새, 색, 조직성 등) 변화와 열에 약한 영양소 손실이 있지만 미생물 사멸과 식품의 효소불활성화 변질 방지, 관능적 맛과 품성 개선 및 소화율 향상되고, 식품보존력이 향상되는 장점이 있다.

(1) 저온살균법

보통 60~70℃로 수 분 혹은 수십 분간 가열하는 살균하는 방법, 우유, 과즙, 맥주, 청주 등의 식품에 이용된다. 저온살균의 목적은 질병의 원인이 되는 병원균의 수를 줄이는 것을 목적으로 하는 살균법으로 식품이나 음식물의 보존기간 연장을 위한 멸균법과는 다르다.

저온살균공정에는 실시온도와 시간에 따라 저온장시간처리(LTLT), 고온단시간처리(HTST), 최고온처리(UHT) 등 세 가지로 분류할 수 있다. 주로 열에 의한 영양분 손실이 많은 우유와 산도가 높아 저온에서도 살균효과가 높은 과일쥬스 등에 활용된다.

식품산업에서 액상 혹은 반액상 식품에서 적용되며 주요한 식품으로 생수, 병음료(soft drink), 맥주, 아이스크림, 유제품(우유, 버터 등), 꿀, 달걀(살모넬라균 사멸), 피클, 드레싱(케첩, 마요네즈 등), 스프, 가스파초(gazpacho), 사이다(사과주), 포도주, 과즙과 녹즙 등이 있다.

(2) 고온살균법

식품을 100℃ 이상으로 가열살균하는 방법으로 일반 밀봉 포장식품에 적용한다. 식품에 부착된 미생물을 사멸시켜 부패를 방지와 식품효소 불활성화 등으로 식품의 성분변화를 최소화하여 저장성을 높이는 방법으로 식품의 저장성과 품질유지에 가장 효율적인 열처리 온도를 적용하고, 산성식품의 경우 산도에 의한 살균효과를 병행하여 감귤, 사과 등의 유기산 함량이 많은 과일주스 및 알코올 함유식품인 맥주, 과실주, 청주 등 주류는 낮은 온도에서도 살균이 가능하여 보통 70~100℃ 정도에서 미생물 사멸이 가능해진다.

(3) 저온장시간살균법(LTLT; low temperature long time)

LTLT법은 냉장원유를 밀폐용기에서 63~65˚C로 가열한 후 30분동안 유지한 후 서서히 냉각하는 살균법이다. LTLT 살균조건은 병원성 미생물의 사멸을 목적으로 특히 결핵균의 사멸조건인 61.1˚C에서의 30분동안의 열처리 조건을 기준으로 실시된다.

부가적으로 유중의 95~97% 세균이 사멸되고, 포스파타아제(phosphatase) 효소활성 소실온도이다. 흔히 살균효과를 판정시험으로 포스파타아제(phosphatase) 활성을 측정하는 방법을 사용하는 것도 이러한 이유 때문이다.

(4) 고온단시간살균법(HTST ; high temperature/short time)

HTST법은 70~95℃에서 15~20초 내외로 가열한 후 급냉하는 방법으로 식품의 품질이나 영양가를 저하를 최소화하고 살균목적을 달성하는 방법으로 우유나 유제품, 과일주스, 맥주 등의 액상식품에 적용하며 고압솥에 다량 혹은 작은 단위의 포장제품을 넣고 한 번에 살균하는 일괄처리방식과 판형열교환기(Plate-ty pe heat exchanger)를 이용하여 비교적 짧은 시간에 연속적으로 다량의 식품을 살균하는 스트리밍처리방식이 있다.

(5) 초고온순간가열법(UHT; Ultra-High Temperature)

액상식품을 HTST 보다 높은 온도인 120~135℃에서 1~2초 혹은 135~150℃에서 0.5~1.5초간 순간살균하는 방법으로 우유의 경우 무균충전하에서 수개월간 보존이 가능하다. TST 목적은 균수를 감소하는 것이지만 UHT 목적은 멸균을 목적으로 함으로서 멸균과 같은 목적으로 보존성을 극대화 하는데 있다.

(6) 고온장기간살균법(고압증기살균(멸균)법, 가압증기살균(멸균)법, autoclave법)

120℃에서 30~60분간 가열하여 살균 후 급냉하는 방법으로 통조림살균에 주로 이용된다.

(7) 초음파가열살균법

초음파(100만~200만 싸이클)로 작용시키는 방법, 균체를 진동에 의한 기계적 손상을 일으켜 살균하는 방법으로 식품조직에도 손상과 발열이 생기므로 1분이내의 단시간 실시한다.

3) 건조법

식품중의 수분을 15% 이하로 유지시켜 미생물 발육과 효소작용을 억제하는 방법으로 자연건조(일광건조), 열풍건조, 진공건조, 동결건조, 분무건조, 용재(약품)건조 등이 있다.

(1) 자연 건조법

태양열과 자연통풍을 이용하는 방법으로 경제적이지만 수분 함량 저하에 한계점(공기중 습도 이하는 불가능)이 있고, 시간이 오래 걸리며 이물질과 먼지 혼입이 쉬운 단점이 있다.

곡류, 면류, 과실류 (곶감, 건포도, 대추 등), 채소 (무말랭이, 묵나물 등), 해조류 (미역, 다시마 등), 버섯, 어육포 등의 건조에 이용되는 전통적인 건조법이다.

(2) 인공 건조법

① 상압건조법

식품의 건조는 식품과 공기중 습도가 평형을 이루어가는 과정으로 공기중의 습도를 열처리로 온도를 상승시켜 최대 증기압 차이를 크게 유지하면 식품중의 수분의 건조속도가 빠르게 된다. 따라서 습도가 높을수록 건조속도는 감소하게 된다. 건조속도는 공기유속, 온도, 표면적, 내부수분확산 특성에 비례한다.

잘게 썰어 표면적은 크게 하거나 껍질을 벗기는 등의 전처리가 필요하다. 식품에 따라서는 내부수분의 확산속도에 비하여 표면수분의 건조속도가 빠르면 균열되어 품질이 저하되거나 피막을 형성하여 건조효율이 감소된다. 또한 고온에 의한 공기중 산화로 변색 등의 단점도 있다.

② 가압건조법

식품을 가온가압하에서 순간적으로 감압시켜 수분의 증발시키는 방법이다. 흔히 수분함량이 낮은(약 15~40%) 식품이나 건조한 식품을 용기에 넣고, 가온가압시켜 20~60 psi(파스칼), 120~150℃ 상태로 만들어 순식간에 용기를 개방하여 상압 중으로 식품을 분출시켜 가열된 식품중의 수분이 조직중에서 순간적으로 증발시켜 건조시키는 방법 등이다.

식품건조와 식품조직의 다공질화로 복원성을 좋게하는 방법이다. 쌀이나 옥수수 등의 곡류 튀김, 채소, 과일, 어육류, 어패류 등 다양한 식품에 이용된다.

③ 열풍건조

자연일광(천일)건조와 같은 원리로 보다 효율적으로 가온공기로 식품표면의 수분증발속도를 인위적으로 증가시켜주는 방법이다. 자연건조법 보다 단시간에 건조되며 장점이 있으나 품질의 저하와 건조비가 많이 든다.

④ 분무건조

액상 식품을 분무시켜 가온된 공기중에서 낙하되면서 건조시키는 방법으로 분말제품이 만들어 진다. 보통 입자의 낙하시간과 건조시간을 고려하여 160~25

0℃ 건조기 상부에서 분무시켜 건조한다. 분유, 과즙분말, 커피, 분말차 등에 사용된다.

⑤ 피막건조(원통형건조, 드럼건조)

뜨겁게 가열한 원통형 드럼통이나 벨트형 가열판에 유동체(액상~반죽 상태) 식품을 얇은 피막으로 접촉시켜 건조하는 방법이다. 보통 점도가 높아 분무건조가 어려운 식품이나 건조제품의 생산량이 많아 분무건조가 불리한 경우에 많이 사용되며 열에 약한 식품의 경우는 품질은 다소 저하될 수도 있다. 식품을 연속적으로 건조하는 데 주로 사용한다. 곡류분말, 건조과실, 분말식품 등에 널리 사용된다.

⑥ 감압건조(진공건조)

식품을 진공 상태로 만들어 감압건조의 효율을 향상시킨 방법으로 진공도에 따라 식품중의 수분이 증발 또는 승화시켜 건조하는 방법이다. 식품의 내부와 외부의 압력차를 크게 만들어 수분의 외부확산속도를 증가시키는 방법으로 저온에서 건조하는 방법중의 하나이다. 건조속도가 빠르고 낮은 온도에서 진행되어 상압가열건조에 비하여 표면경화현상이 적게 일어난다.

⑦ 동결건조(freeze drying)

식품을 -30~-40℃까지 급속동결시킨 후 1.0~0.1mmHg 정도의 진공을 유지시켜 고체화된 식품중의 수분을 승화시키는 방법이다. 일반건조시 일어나는 수축현상이 없고, 얼음결정의 승화로 수용성 성분의 표면이동으로 일어나는 피막경화가 없고, 수분승화로 인한 다공질 형성으로 복원성 향상, 건조중 화학변화가 거의 없어 색, 맛, 비타민, 향기 등이 잘 보존된다.

한편 물리적 변화로 조직손상이 심하여 경도가 낮고, 다공질로 공기산화가 쉽고 충격에 약하여 부서지기 쉬운 단점도 있다. 인스탄트커피, 영양제 등의 기호식품에 많이 사용된다.

⑧ 포말건조(Form mat drying)

액상식품에 소량(1% 내외)의 식용 발포제를 넣고, 공기나 압축질소가스를 불어넣어 거품(form)을 형성시켜 표면적을 크게 만든 후 밸트에 얇게 펴서 열풍건조시키는 방법이다. 발포제는 흔히 CMC(Carboxyl methyl cellulose), MC(Methyl cellulose), Monoglyceride, albumin, 자당 지방산에스테르, 천연 gum 등과 계면활성제를 사용한다.

건조시 건조속도가 빠르고, 제품의 복원력이 좋아 품성이 좋다. 과일이나 채소쥬스 분말제품은 분무건조 보다 흡습성이 낮아 애채나 과즙분말, 섈러리, 유아식품 등에 사용된다.

4) 방사선 조사

방사선을 조사하여 미생물과 곤충 등을 동시에 사멸시키는 방법으로 한국에서는 현재 건조야채, 과실, 향신료 등에 사용이 허용되어 있다. 감자 외 26종 식품에 대해 방사선 조사가 허용되어 있다.

감마선, 전자선 및 X-선을 활용한 방사선 조사 기술은 식품을 포장상태에서 비가열살균하는 방법으로 유해성분이 남기지 않는 냉온살균•살충기술이다. 이는 방사선의 직접 및 간접적 작용으로 세포내 DNA, 단백질, 지질 등의 세포 구성성분을 손상시켜 효과가 발생한다. 부가적으로 농산물의 발아 및 발근 억제, 숙성지연, 해충이나 기생충 방제 등의 효과도 함께 있다.

2. 화학적 처리법

1) 염장법(鹽藏法, 소금절임법)

식염의 탈수작용을 이용하여 삼투압을 증가시켜 미생물 증식을 막는 방법으로 전통적으로 장류, 육류, 수산물, 채소의 가공 및 저장에 많이 활용하였다. 소금분자는 식품내외의 삼투압차를 증가시켜 침투와 확산으로 식품내 수분과 소금용액이 교환되어 탈수와 식품의 수분활성이 낮아지고, 삼투압 증가로 미생물 증식이 억제된다. 젓갈이나 김치절임과 같이 소금물에 담그는 염수법, 굴비, 고등어와 같이 소금을 뿌려 저장하는 건염법, 소금액을 육류에 주사하는 방법으로 근육이나 혈관에 직접주사하는 방법이다. 최근에는 소금액중에서 가압 혹은 염장 후 감압하여 염분을 감소시키는 감압염장법 등이 활용되고 있다.

2) 당장법(糖臟法, 설탕절임법)

설탕 농도가 50% 이상에서는 삼투압에 의해 미생물의 증식이 어려운 것을 이용하는 방법으로 젤리, 잼, 가당연유, 과일, 마멀레이드 등이 이용한다. 주로 꿀이나 설탕을 식품에 침투시켜 삼투압증가와 탈수작용으로 미생물 생육을 억제하는 저장법으로 보통 신맛이나 단맛이 있는 과일류, 전분질 과실이나 근채류 및 팥앙금, 쓴맛이 있는 인삼 등이 사용된다.

3) 산장법(酸臟法, 식초절임법)

3~4% 유기산(식초, 젖산 등) pH 4.0 이하에서 미생물의 발육을 억제라는 방법으로 초산, 젖산 등을 이용하여 식품을 저장하는 방법이다. 식품중의 산도를 높여 미생물의 생육을 억제하는 방법으로 흔히 한국의 마늘초절임, 일본 락교나 생강 식초절임, 유럽의 피클(pickle)등이 대표적이다. 흔히 보존력을 높이기 위하여 고추, 후추 등의 향신료를 함께 사용하기도 하고, 소금이나 당을 함께 사용하기도 한다.

4) 훈연법

연기중의 aldehyde, phenol 등과 같은 물질을 어육류의 조직에 침투시켜 건조와 살균을 도모하고, 저장성과 향미를 증진시키는 방법, 벚나무, 참나무, 떡갈나무 등이 이용된다.

전통적으로 사용되는 훈연법으로 12~22℃, 1~14일에 걸쳐 건조와 훈연을 함께 실시하는 냉훈법(cold smoking), 상대습도 80%, 23~40℃에서 4~48시간 지속적으로 짙게 훈연하는 방법인 온훈법(warm smoking), 가습을 위하여 물접시 등을 함께 넣고 훈연하는 습훈법(wet smoking) 등이 있다. 최근에는 훈연살균 효과가 있는 훈연액에 침지하는 훈연액침법도 활용되고 있다.

5) 가스저장법(controlled atmosphere storage)

이산화탄소, 질소 가스를 충진 밀봉하여 호기성 미생물의 증식을 억제하는 방법으로 육류, 난류, 야채 저장에 사용된다. 가스저장법은 대기중의 공기성분을 이용하는 CA 저장법과 대기성분을 변형시켜 저장하는 MA(modified-atmosphere) 혹은 저장법이 있다.

CA저장법은 과채류의 신선도 유지를 위하여 산소 1~5%, 탄산가스 2~10%로 조절하여 호흡작용을 억제하고, 상승효과를 위하여 냉장온도와 습도 85~90%로 유지시킨다. MA저장법은 쉽게 상하는 식품의 품질유지와 수명을 연장, 최소화한의 영향을 끼치는 식품저장법이다.

6) 훈증법(燻蒸法, chemical fuming)

훈증가스를 사용하여 곤충, 기생충란, 미생물 등을 사멸시키는 방법으로 사용 후 훈증가스는 완전히 제거하여야 한다. 흔히 곡류, 코코아, 커피, 땅콩, 콩류, 담배 등을 운반하는 전후 선박 및 운반 수단, 곡물저장고 등에 사용되고, 식품가공설비의 특히 맥주공장이나 제분회사 등에서 보관 및 가공시설의 살균에 사용한다.

주로 훈증제로 $CHCl_3$ (chloroform), C_2H_4O(ethylene oxide), CH_3B_2(Methyl bromide), CCl_3N0_2(chloropicrin) 등이 사용된다. 한편 목재 및 섬유산업 등에서도 제품의 변질과 해충의 피해방지를 위하여 많이 사용된다.

제3장 식품과 감염병

3-1. 감염병

1. 감염병의 생성과정

1) 감염병은 발생의 3요소

감염병은 발생의 3요소인 감염병 발생은 감염원, 감염경로, 감수성 숙주가 필요하다.

(1) 감염원(병원소)은 질적, 양적으로 감염 가능한 충분한 병원체 수가 있어야 하고

(2) 전염은 감염원과 충분한 접촉기회가 있어야만 가능하다.

(3) 또한 감염은 감수성 숙주(사람 등)가 존재하여야만 발병이 일어난다.

이 세 가지 요인 중 하나라도 제거할 수 있으면 감염은 차단되며 감염원과 숙주를 제거하는 것은 현실적으로 어렵다, 감염경로를 차단하는 방법이 가장 현실적이고 확실한 대책이 된다.

2) 감염병 발생과정 6단계

감염병의 발생과정은 병원체→ 병원소→ 병원체의 탈출→ 전파→ 병원체의 신숙주 내의 침입→ 숙주의 감수성 6단계로 이루어진다.

(1) 병원체 : 병의 원인이 되는 미생물로 흔히 병원균이라고도 부른다.

① 병원성 : 감염된 숙주에게 현성질병을 일으킬 수 있는 능력

② 감염 : 병원성 미생물이 숙주에 침입하여 증식되는 상태

(2) 병원소 : 병원체가 생육이나 증식하여 숙주를 감염시킬 수 있는 충분한 상태의 장소

① 생물체 : 인간(환자, 보균자, 무증상감염자, 토물), 동물(인수공통감염병 동물, 배설물)

② 무생물체 - 토양(탄저균, 파상풍균 등), 식품(오염식품, 오염음용수 등)

(3) 숙주 : 감수성 숙주, 최종적으로 발병하는 주체

3) 병원소 (환자와 보균자, 동물, 토양 등)

(1) 인간 병원소

① 환자 (현성 감염) : 병원체에 감염되어 임상증상이 나타나는 사람으로 환자라고 한다.

② 무증상 감염자 (불현성 감염) : 감염자로 미약한 병증으로 환자취급하지 않는 감염자

③ 보균자(Carrier)

가. 회복기 보균자 (병후) : 임상증상이 없으나 병원체가 지속적으로 배출되는 사람으로 장티푸스, 세균성 이질, 디프테리아 등이 있다.

나. 잠복기 보균자 (발병전) : 잠복기간 중 병원체가 배출되면서 증상이 나타나 기전의 감염성 보균자로 디프테리아, 홍역, 백일해, 유행성 이하선염, 폴리오 등이 있다.

다. 건강 보균자 : 병원체에 감염되었으나 임상증상이 없어 건강한 사람과 구별 어려운 보균자로 폴리오, 디프테리아, 일본뇌염 등이 있다.

(2) 동물 병원소

1차 감염된 동물이 인간숙주에게 2차 감염시켜 질병을 유발하는 경우로 소(살모넬라증), 돼지(일본뇌염), 개(광견병), 쥐(양충병, 발진열) 등이 있다.

(3) 토양 : 파상풍

4) 감염원(병원소)에서 병원체 탈출 요소

(1) 호흡기계 탈출 : 호흡기계 탈출은 비강, 기도, 기관지, 폐 등에 증식한 병원체가 외호흡을 통해서 배출되며 대화, 기침, 재채기를 통해 전파되며 폐결핵, 폐렴, 백일해, 홍역, 수두, 천연두 등이 있다.

(2) 소화기계 탈출 : 위장관을 통한 탈출되는 경우로 소화기계 감염병, 식중독이나 기생충란 등이 분변이나 구토물로 체외로 배출된다. 주로 이질, 콜레라, 장티푸스, 파라티푸스, 폴리오 등의 소화기계 질병이 있다.

(3) 비뇨생식기계 탈출 : 주로 소변이나 성기 분비물을 통해 배출되며 임질, 매독 및 HIV 등과 같은 성병 등이 있다.

(4) 개방병소 직접 탈출 : 개방된 병원소로부터 직접탈출되는 경우로 피부표면의 농양, 피부질환 등의 염증에서 병원체가 직접 배출되는 경우로 나병, 옴 등이 있다.

(5) 기계적 탈출 : 흡혈곤충에 의한 흡혈, 침, 주사기 및 취사도구 등에 의한 탈출로 발진열, 발진티푸스, 말라리아 등이 있다.

(6) 국소적 신체 : 눈, 귀, 생식기, 피부 등 눈물, 귀분비물, 피부노패물 등으로 탈출되는 경우로 아폴로눈병, 결막염 등이 있다.

(7) 모체 감염 : 임신 중 모체로부터 선천적으로 태아감염에 감염되는 경우로 메독, HIV, 지카바이러스 등이 있다.

5) 숙주 감수성(susceptibility)

숙주의 면역력이 약하여 감수성이 높을 때 감염이 쉽게 일어난다. 즉 감염병에 대해 저항성이나 면역성이 없어서 감염이 잘 될 수 있는 숙주를 감수성 숙주라고 한다.

미감염자의 체내에 병원체가 침입했을 때, 발병하는 비율을 감염지수(contagious index)라고 한다. 두창이나 홍역의 경우 95%는 발병하고 나머지 5%의 사람은 선천면역 등의 숙주의 방어 작용으로 발병하지 않는다. 이외 감염지수로 백일해 60~80%, 성홍열 40%, 디프테리아 10%, 소아마비 0.1% 등이다.

(1) 선천성 면역

비특이적 저항력, 선천성 면역(유전적 면역력)으로 자가 방어력으로 종속저항력(species immunity), 인종저항력(racial immunity) 및 개인적인 저항력(individual immunity)이 있다.

(2) 후천성 염역

특이적인 저항력, 후천적 면역(예방주사, 병후 면역 등)으로 능동면역(active immunity)과 수동면역(passive immunity)이 있다. 능동면역은 자연능동면역과 인공능동면역으로 구분하고, 수동면역은 자연수동면역과 인공수동면역으로 구분한다.

① 능동면역

숙주가 자연적으로 면역체를 형성하여 면역을 지니게 되는 경우이고, 특정 항원(antigen)의 자극에 의해서 항체가 형성된다. 능동면역에는 자연능동면역과 인공능동면역이 있다.

가. 자연능동면역 : 질환에 이환된 후 항체가 형성된 면역 즉 병후면역으로 면역의 지속기간은 질환의 종류에 따라 다르고, 천연두처럼 영구면역도 있으나 독감과 같이 아주 짧은 것도 있다.

나. 인공능동면역 : 인위적 항원 투입으로 인한 면역으로 흔히 예방접종, 백신주사 등으로 부르며 항원을 생균, 사균, 변성독소(toxoid) 등으로 사용한다.

② 수동면역

면역이 획득된 개체의 항체를 혈청이나 항체투여로 다른 비면역 개체에게 면역을 갖게하는 방법이다. 모체로부터 받는 자연수동과 인공적인 인공수동면역이 있다.

가. 자연수동면역 : 모체로부터 태반을 통하여 획득되거나 수유(授乳)시 젖을

통하여 얻는 면역을 말하고, 모체의 면역력과 밀접하게 연계되어 있다.

나. 인공수동면역 : 인위적으로 면역혈청, 즉 γ-globulin이나 anti-toxin 등을 주사하여 얻는 면역을 말한다.

6) 병원균의 감염 경로

병원체가 병원소를 탈출하여 새로운 숙주로 이행되어 전파되는 것으로 감염경로는 신체적 접촉, 호흡기를 통한 비말(飛沫), 매개물을 통하여 숙주간 이동, 식수오염(수인성 감염), 우유나 식품오염(식이성 감염), 모기, 쥐벼룩, 파리, 바퀴 등의 매개동물, 공기중의 비말핵(오염토물 부유 입자) 감염, 진애(오염된 먼지) 감염 등 다양하다. 감염되는 숙주의 침입경로는 위관장(경구감염), 호흡기(호흡기감염), 피부(피부/경피감염)이 있다.

(1) 직접감염

환자와 직접 접촉하거나 오염된 기구 등과 간접 접촉하여 일어나는 감염이다. 가장 감염빈도가 높은 전파방식이다. 보통 환자나 병원체와 직접접촉하는 경우보다는 오염된 기구나 침구 등과 접촉하여 잔파되는 경우가 더 많다.

① 직접접촉감염

병원체가 중간 매개체가 없이 새로운 숙주로 직접전파 되는 것으로 환자의 기침, 재채기 등으로 발생된 비말을 통하여 전파되는 호흡기계 질병인 감기, 결핵, 홍역 등과 신체적 접촉에 의해서 발생하는 임질, 매독 등의 성병이나 피부병 등이 있고, 광견병이나 파상풍과 같은 둥물에 물려 전파되는 경우도 있다.

② 간접접촉감염

오염된 기구 등과 간접 접촉하여 일어나는 감염이다. 가장 감염빈도가 높은 전파방식의 하나이고, 주된 병원미생물은 포도상구균이나 장구균의 다제내성균, 장관출혈성대장균, 이질균, 단순포진바이러스, 옴균 등이다. 감염증 발증환자와 직접접촉하거나 오염된 물건을 함께 사용하지 않는 것이 좋다. 환자가 사용하는 물건이나 개인용품은 사용전 철저히 소독하고, 환자와 접촉한 경우는 손소독이나 접촉물건을 소독하여야 한다.

(2) 간접전파

배출된 병원체가 어떤 매개체를 통해 새로운 숙주에게 이행되는 것으로 비활성매개체, 활성매개체 및 공기에 의하여 전파되는 경로가 있다.

① 공기감염

환자의 재채기, 기침, 대화 등으로 병원균이 배출되어 공기중에 부유된 오염입자가 만들어져 공기를 매개로 전파되는 경우로 이를 흡입하면서 감염이 성립된다. 직경 5μm 이하 입자에 부착된 병원균이 공기중에 공기의 흐름을 따라 부유하다가 이를 흡입함으로써 감연되는 경우로 공기감염을 예방하는 방법은 공조설비와 환기설비가 매우 중요한 대책이다.

주된 병원미생물은 결핵균, 홍역바이러스, 수두, 대상포진바이러스 등이다. 병원이나 오염된 공간에서는 고성능미립자여과기(HEPA filter, high efficiency particulate air filter)로 여과하여 배기하는 것이 좋고, 공기를 일정한 방향으로 흐르게 하는 것이 좋다. 흔히 N95마스크(결핵용 미립자마스크, 0.1~0.3μm 미립자 95% 이상 제거)를 착용하고, 항체검사로 음성인자는 백신접종도 필요하다.

② 비말감염

직경 5μm 이상의 큰비말입자(비말핵)에 부착된 미생물에 의한 감염으로, 기침, 재채기, 대화 및 호흡시 비말에 의해 감염이 일어난다. 비말핵은 공기중에 부유하지 않아 물리적인 힘에 의하여 1m 정도 비산한다.

주로 환자와 근접한 접촉시 감염되며 비말감염에는 공기감염과 다르게 특별한 공기정화용 공조나 환기시설은 필요하지 않다. 주된 병원미생물로는 인플루엔자바이러스, 멈프스(볼거리)바이러스, 풍진바이러스, 마이코플라스마, 디프테리아균, 용혈성연쇄구균, 백일해균 등이다.

③ 매개체감염

가. 비활성매개체 감염

매개체 전파 중 무생물을 매개로 전파하는 것으로 주로 식품, 물, 생활용구, 완구, 수술기구 등의 무생물 전파를 말하며 식품처럼 체내로 유입되는 경우와 완구나 수술기구처럼 병원체를 운반하는 매개물 수단체가 있다. 감염빈도가 높은 식품은 많은 질병을 매개하며 이질, 장티푸스, 파라티푸스, 유행성간염, 폴리오, 콜레라 등 소화기계 감염병의 대표적인 전파체이다. 또한 기생충 질환의 매개체로도 중요한다.

나. 활성매개체 감염

모기, 이, 파리, 벼룩, 진드기 등과 같은 활성매개체인 절지동물이나 절족동물을 매개로 전파되는 경우이다. 중간숙주인 모기와 같은 흡충류와 매개 곤충에 의한 전파의 경우로 단순한 기계적인 운반과 병원체가 매개곤충내에 감염과 증식되어 전파되는 생물학적 전파가 있다.

매개충 내에서 일정기간 성장하거나 증식된 병원체를 전파시키는 생물학적 전파는 증식형 전파로 페스트(쥐벼룩), 뎅기열과 황열(모기), 발진디프스와 재귀열(이), 발진열(벼룩) 등이 있고, 발육형 전파로는 사상충증(모기), 발육증식형 전파로 말라리아(모기), 아프리카수면병(체체파리), 배설형 전파로 발진디프스(이), 발진역(벼룩), 및 경란형 전파로 록키산홍반열과 재귀열, 쯔쯔가무시(털진드기) 등이 있다.

2. 멸균과 소독

1) 미생물 살균관련 용어

(1) 멸균 : 모든 미생물을 사멸시키는 것으로 아포까지 제거한다.

(2) 소독 : 병원성 미생물의 수를 감소시키거나 약화시켜 감염의 위험성을 제거하는 것

(3) 방부 : 미생물을 파괴하거나 성장을 억제하는 것

(4) 정균작용 : 세균의 성장을 억제하는 것

(5) 살균작용 : 미생물을 사멸시키는 것

(6) 항균 : 세균을 생육을 억제하여 사멸하게 하는 것

(7) 항진균 : 진균류를 죽이는 것

(8) 항바이러스 : 바이러스를 불활성화 시키는 것

2) 소독제와 표면세척제

소독제는 생체, 기계, 의류, 기구 등에 직접 작용하여 병원 미생물 사멸시키는 물질로 독성이 강하여 숙주에게는 사용할 수 없다. 표면세척제는 소독하기 전에 표면에 존재하는 미생물과 조직 파편의 양을 줄여줌으로써 항미생물제의 효율 증가시는데 사용되며 보통 혈액이나 타액과 등과 같은 유기물질은 화학약물의 활성이 약화시키고, 미생물과의 직접적인 접촉 방해 물리적으로 방해한다.

*** 소독제의 조건**

안전성이 있고, 용해성(특히 수용성)이 높고, 부식성과 표백성이 없어 대상물체를 손상시키지 않아야 한다. 또한 침투력이 우수하며 냄새가 없고, 가격이 저렴하면서 사용이 용이하여야 한다.

*** 소독제의 작용 기전**

소독제의 독작용은 균체단백질을 변성시켜 세포막을 파괴하거나 투과성 변화시켜 사멸시키고, 산화작용과 필수효소의 저해작용, 탈수작용 등으로 생육을 억제한다.

3) 멸균법과 소독제의 종류

(1) 여과법(細菌濾過法, bacterial filteration)

0.2~0.4nm의 구멍을 가진 세균여과기(細菌濾過器, bacterial filter)를 이용하여 액체중의 미생물을 여과하여 제거하는 방법이다. 규정된 크기 이상의 미생물은 98% 이상은 여과할 수 있으나 완벽한 제거는 어렵고, 바이러스도 통과한다. 수용액이나 액체 배양기에서 세균을 제거하는데 쓰는 것으로는 백도토(白陶土), 규조토, 석면 등 다공질(多孔質)의 여과막으로 만들어 세균이나 리케차를 제거하는데 사용된다. 그러나 바이러스는 통과시킨다. 세균을 걸러 내는 기구로는 석면(石綿)에 의한 자이츠형(Seitz型), 규조토에 의한 베르케펠트형(Berke-feld型), 도토(陶土)에 의한 상베를량형(Chamberland型) 등이 있다.

(2) 저온살균법(低溫殺菌法, pasteurisation)

우유살균에 주로 이용되는 살균법으로 62.8도에서 30분간 혹은 71도에서 15분간 저온가열하는 방법이다. 결핵균 등 병원미생물을 사멸시키는데 목적이 있다. 최근에는 짧은 시간에 다량의 식품을 살균할 수 있는 다양한 방법들(UHT, HTST 등)이 개발되어 적용되고 있다.

(3) 고압증기멸균(高壓蒸氣滅菌法, high pressure steam sterilization, autoclaving)

아포나 포자까지 사멸하는 방법으로 보통 121도℃에서 매 평방인치당 15파운드의 증기압력으로 15~20분간 멸균하는 방법으로 간편하고, 짧은 시간에 대량 식품을 처리할 수 있어 산업현장이나 미생물실험시 사용된다. 고온처리로 식품의 변성(색, 맛, 향기 등)이 일어날 수 있는 단점도 있다.

(4) 건열멸균법(乾熱滅菌法, dry heat sterilization)

160~170℃에서 1~2시간 동안 가열하여 멸균하는 방법으로 주로 금속, 유리 기구 등의 병, 시험관, 도자기 따위의 멸균에 쓰인다. 탄화 우려가 없는 재료로 된 기구에 사용된다. 열에 의한 균체의 변성 및 탄화로 사멸시키는 방법이다.

소독재료는 미리 표면의 이물질을 제거해야 하고, 멸균 후 유리제품의 경우 외부 온도차로 파손될 우려가 있으므로 멸균기를 충분히 냉각시키고 개방하여야 한다.

(5) 화염멸균법(火炎滅菌法, burning sterilization)

물체를 직접 불꽃에 접촉시켜 미생물을 태우는 방법으로 금속이나 유리, 도자기 기구의 표면소독에 주로 사용된다. 재사용이 필요 없을 경우에는 태워서 살균하는 소각법도 있다.

(6) 자비살균법(煮沸滅菌法, boiling sterilization)

100도에서 5~15분 or 30분간 끓이는 방법으로 완전멸균은 어렵다. 영양세포성 병원균은 사멸되지만 아포나 포자는 사멸되지 않는다. 보통 탄산나트륨(Na_2CO_3) 1~2% 첨가하여 살균하면 살균력이 높아지고 금속의 부식도 방지할 수 있다.

(7) 간헐멸균법(間歇滅菌法, intermittent sterilization)

100℃이상의 높은 온도에서 파괴되는 물질을 멸균할 때 사용되며 자비살균법과 같이 100℃로 하루에 30~60분간 3일간동안 간헐적으로 살균하는 방법이다. 현재는 거의 사용하지 않지만 고압솥이 개발되기전에는 아포나 포자를 사멸하는 중요한 멸균법 이였다.

(8) 전자파멸균법(Microwave sterilization)

Microwave(전자파)의 유전가열을 이용하는 살균방법으로 이용되는 Microwave의 주파수는 915MHZ, 2450MHz이다. 식품중의 물분자를 매우 격한 분자배향운동으로 1초에 수십억회 발생되어 마찰열이 발생시키고, 마이크로파의 투과력은 1~2inch이다.

살균효과는 미생물의 DNA를 파괴와 돌연변이, 가열에 의한다. 발열에 의한 식품건조도 함께 일어난다. 살균이외에도 냉동식품 해동, 조리식품 가열, blanching, cooking, 건조, 조리 등에 널리 사용된다.

(9) 초음파멸균(ultrasonic sterilization)

초음파멸균법은 20kHz의 초음파를 사용하여 균체를 파괴하는 방법이다. 박테리아를 포함하는 생물학적 조직을 파괴시킬 수 있어 살균 및 농산물 조직을 붕괴시켜 추출수율울 향상시키는데 활용된다. 또한 미세한 장치나 도구, 보석, 광학부품, 시계, 치과용 기구, 수술용기구와 산업용품 등을 세척하는 초음파세척기는 20~40kHz의 주파수를 이용한다.

(10) 자외선멸균법(U,V. sterilization)

파장이 260~280nm 자외선(U.V. ; ultra violet ray)을 이용하여 멸균하는 방법으로 아포와 포자도 살균력은 약하다. 자외선은 253.7nm(2537Å)의 자외선이 가장 유효한 살균력을 갖고 있다. 침투성이 매우 약하여 표면에만 멸균된다.

주로 밀폐된 공간의 멸균, 맑은 액상 표면 및 조사체 표면멸균에 이용된다. 흔히 자외선등(U.V. lamp)으로 약 30분간 조사하면 멸균된다. 자외선등을 직접 피부나 눈에 조사하면 유해하므로 주의해야 한다. 자외선은 눈에 통증, 결막염을 일으킬 수 있다. 자외선은 장기적으로 쬐이면 세포변성과 돌연변이를 유발하여 기미, 피부암 등을 유발할 수 있다.

(11) 중금속 화합물

국소 소독약으로 승홍(HgCl), 머큐로크롬(Mercurochrome) 등의 수은화합물을 사용하여 단백질의 -SH기와 반응시켜 미생물을 변성되도록 하여 사멸시키는 약제이다. 단백질 혼입시 효력이 급격히 감소되고, 경구독성이 강하여 세계 각국에서 사용 금지되었다.

또한 치과에서는 질산은 사용을 사용하여 구내염(5~10% 수용액), 상아질 지각과민증 치료제(20~40%) 등에 사용하고, 출혈이 심하지 않은 국소치료제로도 사용된다.

(12) 과산화수소((Hydrogen Peroxide, H_2O_2)

과산화수소는 과산화바륨에 황산을 작용($BaO_2+H_2SO_4 \rightarrow BaSO_4+H_2O_2$)시켜 얻고, 공기중에서 산화되어 물과 산소로 분해($2H_2O_2 \rightarrow 2H_2O+O_2+E$) 된다. 과산화수소는 생물내에서 퍼록시레독신(peroxiredoxin)에 의해 조절되어 함량이 적으면 생명활동이 둔화되고 과다한 양이 존재할 경우 생물체는 괴사한다.

과산화수소는 강한 산화력 때문에 표백작용이 있어 표백제, 산화제 등으로 사용된다. 과산화수소의 3~3.3% 묽은 수용액을 흔히 옥시풀이라고 한다.

(13) 염소와 염소화합물

염소가스는 물과 반응하여 HClO를 생성되고 HClO는 $H^+ + OCl^-$ 분해된다. 살균력은 유리염소의 농도와 형태, 물의 pH와 온도, 불순물, 접촉시간에 따라 달라지며 살균력은 HOCl 〉 OCl- 〉 Chloramine 순이다.

소독제로 사용되는 염소화합물로는 Cl_2, ClO_2, 차아염소산 나트륨, 표백분 등이 사용된다.

가. 이산화염소(ClO_2) : 살균력은 강력하지만 불안정하고, 보관이 어려우며 폭발성이 있다.

나. Sodium hypochlorite(NaOCl) 하이포아염소산 나트륨

다. Calcium hypochlorite[Ca(OCl)2] : 유효염소 60～70%.

라. 표백분(Bleaching powder, Chlorinated lime) : 유효염소 약 25%, 저장중에 염소분이 소실되기 쉽고, 다량의 수처리에는 부적당하다.

(14) 요오드와 요오드 화합물

① 요오드딩크(Iodine tincture) : 요오드(I_2 60g)와 요오드화 칼륨(KI 40g)을 70%의 에틸알코올(1ℓ)에 녹인 용액으로 구급약으로 널리 사용된다. “옥도정기(沃度丁幾)라고도 부르기도 하며 요오드팅크의 일본어 음차이다. 요오드를 유리하여 살균력을 나타내며 그람음성과 양성균, 진균, Virus에 유효하다.

② 포비돈-요오드(Povidone-iodine) : 요오드 9.0~12.0% 함유되어 있고, 요오드팅크 보다 독성은 약하면서 살균력은 더 강하다. 상처 부위의 감염 예방과 치료를 위한 살균 소독제로 광범위하게 사용되며 베인 상처, 긁힌 상처, 찢어진 상처, 화상, 수포 등에 응급 처치용으로 사용된다. 수술중 내부 상처 소독용으로 사용된다.

③ 포타딘액(Potadine Solution)

10% 용액으로 찢긴 상처, 화상, 창상의 살균소독, 궤양, 농양의 살균소독, 감염피부면의 소독, 수술부위의 살균소독, 주사 및 카테터부위의 소독 등에 사용된다.

④ 포타딘세정액(Potadine Scrub)

수술전 손세척과 피부 세척용으로 사용되며 손과 팔에 약 5분간 잘 문질러 거품을 충분히 낸 후 흐르는 물로 철저히 씻어낸다.

(15) 에탄올

미생물의 균체 단백질을 응고, 변성, 탈수시켜 생육을 억제하거나 사멸시킨다. 그람음성과 양성세균에 유효하고, 고농도는 살균력이 떨어진다. 살균 및 소독제로 에탄올 70~80%이 주로 사용되고, 가장 살균력이 높은 농도는 75%이다. 그 외 이소프로판올 50~70%도 사용된다. 주로 피부소독에 사용하며 개방된 상처 소독시에는 자극성이 있다

(16) Formaldehyde(HCHO)

35~38% formaldehyde의 수용액으로 Gas 또는 용액 소독제로 매우 강한 살균력이 있다. 단백질 혼재시에도 효과가 크며 금속부식이 거의 없으나 자극성이 강하다. 강력한 환원제로서 세포중의 효소 및 유기화합물을 불활화시켜 멸균시키다. 살균력은 습도 70%, 온도 22℃에서 가장 높다.

열에 의해 변성되는 물건이나 실내 소독용으로 주로 사용되며 침투성이 있는 물품에는 사용하지 않는다. 새집 증후군, 아토피성 피부염 및 메탄올의 독작용으로 실명이나 사망을 일으키는 원인 물질이기도 하다. 공업적으로 접착제, 도료, 방부제 등의 재료성분으로 널리 쓰인다.

(17) 산화에틸렌(E.O ; ethylenr oxide, C_2H_4O)

10.8℃ 이하에서는 엑체이나 그 이상의 온도에서는 기체로 변하는 에테르의 일종이다. 에며 무색의 인화성 및 폭발성이 있어 불연성 가스와 1:9 비율로 혼합하여 사용한다.

멸균 효능이 가장 우수한 조건은 습도 50%, 온도 54℃, E.O.사용량, 450mg, 멸균부피 1㎥, 멸균시간 5시간 처리시 가장 효과적이다. 산화에틸렌은 미생물을 사멸시키기 때문에 병원 등에서 의료 방비나 기구, 의료용품의 소독과 멸균에 이용하고 있다. 또한 산화에틸렌은 과일의 숙성 촉진제와 식료품 및 직물용 훈증제로도 사용된다.

특히 시리얼 제품, 포장 쌀, 담배 및 창고에 보관된 의류와 모피류에 존재하는 곤충을 산화에틸렌 훈증을 통해 퇴치할 수 있다. 산화에틸렌은 발암물질과 돌연변이원으로 알려져 있고, 또한 신경계에 손상을 입힐 수 있으며 수생 생물체에 위해하다. 산업적으로는 다른 물질을 합성하는 재료로 사용된다.

(18) 베타프로피오락톤(BPL ; β-propiolactone, $C_3H_4O_3$)

20℃에서는 투명한 무색 액체이지만 그 이상의 온도에서는 기체로 변하고, 자

극성이 있으며 피부접촉시 몇 분내에 수포가 형성된다. 멸균조건은 온도 25℃, 습도 75~80%, 사용량 1.5mg/ℓ를 사용시 가장 효과적이다.

액체상태로 세균과 아포의 멸균이 가능하며 혈장, 이식조직, 백신, 효소, 수술 도구의 멸균은 물론 건물, 가구, 냉장실 등의 멸균 소독에도 이용된다. 인체의 발암성 추정물질이며 호흡기에 작용하여 코와 목의 점막에 자극을 나타낸다. 잠재적 독성이 피부암으로 직접접촉하지 않는 것이 필요하다.

(19) 석탄산(石炭酸, 페놀, phenol, C6H5OH)

노란색 또는 밝은 분홍색을 띠는 무색 결정의 특징적인 냄새가 있고, 수용성 물질로 페놀 수용액은 약산성을 띤다. 물에 분해된 수소이온에 의해 산성을 띠게 된다.

석탄산 사용농도는 3% 수용액이며 살균작용은 단백응고, 세포벽 용해, 효소변성 등에 의하며 피부점막에 자극성이 있고, 금속 부식성이 있으며 아포에 대한 멸균력은 작다.

석탄산은 강한 살균.소독 작용이 있으나 악취가 강하고, 피부 화상을 일으켜 현재는 병원에서 배설물 소독 등 한정된 용도로만 사용된다. 페놀은 소화기, 호흡, 피부 접촉 등을 통해 인체에 흡수될 경우 심각한 장애나 사망에 이를 수 있는 맹독 물질이다. 경구를 통해 소화기에서 흡수되는 경우 치사량은 1~15g이다.

* 석탄산계수

석탄산의 살균력은 안정적이고 장기간 화학변화가 없어 석탄산의 살균력을 석탄산계수라고 하여 살균력의 기준으로 삼는다. 석탄산계수는 일정한 균주((보통 장티푸스균과 황색 포도상구균을 이용)를 10분 내에 살균할 수 있는 최대희석배수를 구하여 피검소독제의 희석배수를 석탄산의 희석배수로 나눈 값으로 표시되며

석탄산 계수 = 소독약의 희석배수 / 석탄산의 희석배수

동일조건에서 석탄산 희석배수 100배와 어떤 소독약 170배 희석액이 같은 살균력을 갖는다면 삭탄산계수 = 170/100 = 1.7 이다.

(20) 크레졸(Cresol)

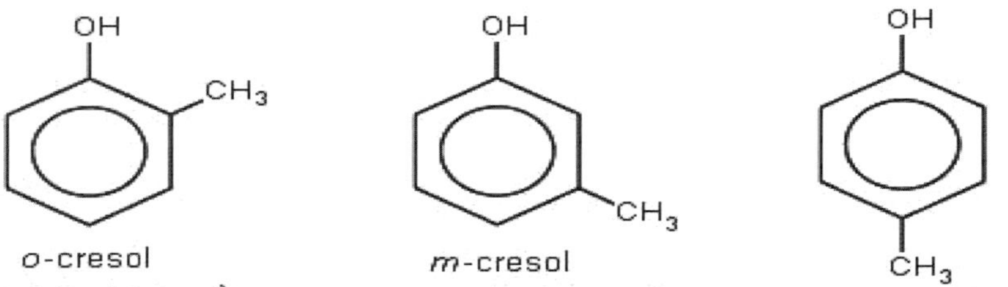

o-cresol (*o*-methylphenol) *m*-cresol (*m*-methylphenol) *p*-cresol (*p*-methylphenol)

페놀의 벤젠핵에 붙어 있는 수소원자를 메틸기로 치환한 화합물인 메틸페놀의 총칭하고, 살균소독제로 사용되며 오르토(녹는점 31℃, 끓는점 191℃), 메타(녹는점 11.9℃, 끓는점 202.7℃), 파라(녹는점 34.7℃, 끓는점 201.9℃) 등 3개의 이성질체가 있다.

녹농균이나 결핵균인 일반균에 유효하며 아포와 바이러스에 효과가 없다. 흔히 3% 수용액을 보통 크레졸수(水)라고 부르며 살균제로 보통 3% 수용액에 10분 이상 담가둔다.

인체 소독제로는 손가락 소독에는 1~3%의 수용액이 흔히 사용되고, 손과 피부소독에 1% 수용액, 질세척에는 0.2% 수용액을 사용한다. 감염병 환자의 배설물 소독에 5~10%액, 기구(器具) 소독에 3~5%액이 사용된다.

비누물과 50%로 혼합한 크레졸 비누액으로 사용하기도 한다. 크레졸은 역성(逆性)비누 등 살균력이 강하고 냄새가 없는 제품의 개발되면서 지금은 거의 사용되지 않는다. 크레졸은 산업용으로 국소마취제, 합성수지 제조, 소독제 및 훈증제, 공업용 용매, 기름 제거제, 제초제 및 계면활성제로도 사용된다. 크레졸 노출시 기도, 피부, 눈, 점막 등의 화상과 중추신경계 억제, 알레르기 반응을 일으킬 수 있다.

3. 법정감염병 분류기준 및 종류

1) 법정감염병 분류(법정감염병은 감염병예방법 제2조1항의 규정)

(1) 제1군 감염병

전파속도가 빠르고, 국민건강에 위해 정도가 매우 큰 감염병으로 발생 또는 유행시 즉시 방역대책을 수립해야 한다.

(2) 제2군 감염병

예방접종을 통하여 예방 또는 관리가 가능한 감염병으로 예방접종사업의 대상이 되는 감염병을 말한다.

(3) 제3군 감염병

간헐적 유행 가능성 질병으로 지속적 감시하고 관리해야하는 감염병으로 상시 감시와 예방 대책을 수립하여야 한다.

(4) 제4군 감염병

국내에서 새롭게 발생한 감염병 또는 국내에 유입이 우려되는 해외유행 감염병으로 긴급한 방역대책 수립이 필요하여 보건복지부장관이 지정하는 감염병이다.

(5) 제5군 감염병

기생충에 감염되어 발생하는 감염병으로서 정기적인 조사를 통한 감시가 필요하며 보건복지부령으로 정하는 감염병이다.

(6) 지정 감염병

제1군~제4군 감염병 이외에 보건상 조사와 감시활동이 필요하여 보건복지부장관이 지정하는 감염병이다.

(7) 세계보건기구 감시대상 감염병

세계보건기구가 국제공중보건의 비상사태에 대비하기 위하여 감시대상으로 정한 질환으로 보건복지부장관이 고시하는 감염병이다.

2) 경구감염병과 세균성 식중독의 차이점

구분	경구 감염병	세균성 식중독
감염관계	감염환(環) 성립; 전염성	종말감염; 비전염성
균의 양	미량의 병원체로 감염	일정량 이상의 균체량이 필요
2차감염	2차 감염용이	2차 감염은 거의 없다.
잠복기간	긴 기간	비교적 단기간
수인성(음료수)	감염이 용이	거의 없다

3) 주요 경구감염병

병명		병원체	감염원	병발부위	예방접종
이질	세균성	Shigella sp.	환자나 보균자 대변	소화기	무
	아베바성	Entamoeba histolytica	〃	소화기	유
장티프스		Salmonella typhi	대변, 소변	소화기	유
파라티프스		Salmonella paratyphi	〃	소화기	유
콜레라		Vibrio cholerae	〃	소화기	유
전염성설사증		Group A rotavirus	대변	소화기	무
급성회백수염		Poliovirus	대변(토분비물)	척수(회백질)	유
유행성간염		Hepatitis A virus, HAV	대변	간장	유

4) 경구감염병의 예방

경구전연병은 감염환이 연계 순환될 때 전염이 가능하므로 감염원, 감염경로 및 감수성 숙주간의 연결환을 차단하면 예방할 수 있다. 특히 조리 및 식품 관련 영업자는 감염병이나 식중독 감염자의 작업 배제는 물론 정기적인 건강검진을 통하여 철저한 예방이 필수적이다.

감염원	감염경로	숙주 감수성
. 환자, 보균자 조기발견 및 격리 . 감염원을 조기 발견 . 소독과 위생 관리 . 검역(해외 병원체 차단)	. 개인과 환경위생, 위생동물 차단 . 하수, 화장실 위생과 조리전 손세척 . 식품취급자 정기적 건강진단 . 식품 원료, 음식물과 음료수 위생철저	. 개인건강 관리 . 예방접종

* 법정감염병 종류

구분	특성	질환	신고주기
제1군 (6종)	발생즉시 환자격리 필요	콜레라, 장티푸스, 파라티푸스, 세균성이질, 장출혈성대장균, A형간염	즉시
제2군 (12종)	예방접종 대상	디프테리아, 백일해, 파상풍, 홍역, 유행성이하선염, 풍진, 폴리오, B형간염, 일본뇌염, 수두, b형헤모필루스인플루엔자, 폐렴구균	즉시
제3군 (19종)	모니터링 및 예방홍보	말라리아, 결핵, 한센병, 성홍열, 수막구균성수막염, 레지오넬라증, 발진티푸스, 비브리오패혈증, 발진열, 쯔쯔가무시증, 렙토스피라증, 공수병, 브루셀라증, 탄저, 신증후군출혈열, 인플루엔자, 후천성면역결핍증(에이즈), 매독, 크로이츠펠트-야곱병 및 변종크로이츠펠트-야곱병	7일 이내
제4군 (20종)	감염병 관리대책 긴급수립	페스트, 황열, 뎅기열, 마버그열, 에볼라열, 라싸열, 두창, 보툴리눔독소증, 동물인플루엔자인체감염증, 야토병, 큐열, 웨스트나일열, 신종감염병증후군, 라임병, 진드기매개뇌염, 유비저, 치쿤구니아열, 중증열성혈소판감스증후군, 중증호흡기증후군, 치카바이러스감염증	즉시
제5군 (6종)	기생충 감염증 정기조사	회충증, 편충증, 요충증, 간흡충증, 폐흡충증, 장흡충증	
지정감염병 (17종)	유행 여부조사, 감시	C형간염, 수족구병, 임질, 클라미디아 감염증, 연성하감, 성기단순포진, 첨규콘딜롬, 반코마이신내성황색포도알균 감염증, 반코마이신내성장알균 감염증, 메틸실린내성황색포도알균 감염증, 다제내성녹농균 감염증, 다제내성아시네토박터바우마니균 감염증, 카바페넴내성장내세균속균종 감염증, 장관 감염증, 급성호흡기 감염증, 해외유입기생충 감염증, 엔테로바이러스 감염증	7일 이내

3-2. 주요 경구감염병

1. 이질(Dysentery)

1) 세균성이질(痢疾, Bacillary dysentery ; shigellosis)

(1) 병원균

원인균은 시겔라속(*Shigella sp.*)으로 장내세균에 속하는 대장균과 유사점이 많다. 세균으로 운동성이 없고 협막과 아포를 형성하지 않는 그람음성 세균이다. 자연에서 수주 생존하며 60℃에서는 10분 정도 생존할 수 있다.

*Shigella*속을 혈청군(O항원)으로 분류하여 4가지군으로 분류하며 *S. dysenteriae*(혈청군 A) 12종, *S. flexneri*(혈청군 B) 6종, *S. boydii*(혈청군 C) 18종, *S. sonnei*(혈청군 D) 1종으로 로 분류된다. 4가지 균속 중 *S. dysenteriae*의 병원성이 가장 강하며 자연중에 수주 생존하고 식품중에서도 1~2주 생존한다. 다른 Shigella 균종은 상대적으로 병원성은 약하지만 저항력이 더 강하다.

(2) 유행특성

주로 *Shigella dysenteriae*로 생기고 *S. flexneri*로도 생기는 수가 간혹 있다. 여름철에 환경위생이 불량한 후진국에서 주로 10세 이하 소아에서 많이 발생한다.

(3) 감염경로

환자나 보균자의 장관 분변물을 통하여 직접 혹은 간접적으로 전파되고, 매개체에 의해 전파도 많다. 수인성으로 음용수 및 음식물을 매개에 전파되어 간혹 집단감염이 유발되기도 한다. 특히 화장실 출입시 손세척과 소아 기저귀 처리에 유의해야 한다.

(4) 증상

잠복기는 보통 2-3일이지만 길게는 7일까지 되고, 증상은 묽은 설사, 발열, 구역질, 구토 그리고 복통이 있다. 흔히 혈변(적리, 赤痢)이나 점액변(백리, 白痢), 발열은 38~39℃이다.

(5) 예방

음식이나 물로 매개되는 감염병으로 환경위생 개선, 개인위생 철저, 보건교육 등이 필요하다. 전형적인 위생불량으로 인한 후진국형 식중독이다. 흔히 집단급식에서 집단감염되는 경우가 있어 철저한 위생적인 음식조리가 필요하다.

설사로 인한 탈수현상이 심하므로 수분공급이 필요하고 특히 소아의 경우 더 심하다. 쥐, 파리 등 매개동물의 감염경로 차단 및 음식물 가열 후 섭취한다.

2) 아메바성 이질(Amoebic dysentery ; amebiasis)

(1) 병원균

병원체는 *Entamoeba histolytica* 원충이고, 구형으로 직경이 18~25um 정도된다. 소장하부에서 영양형으로 탈낭하고, 장상피세포에 부착하여 세포와 조직을 파괴하면서 증상이 유발된다. 병원체의 발육기에 따라 영양형과 포낭형으로 구분한다.

① 영양형(vegetative form) ; 환자 배설 직후 분변, 활발한 운동성과 약한 저항성 시기

② 포낭형(cyst form) : 소장하부에서 탈낭하여 8개 영양형으로 분열하여 대장에 침입

(2) 유행특성

열대, 아열대 지방에 많이 발병하고, 온대 지방에서는 불현성 감염이 많다. 기생충증으로 위생상태가 좋지 않은 더운 지방의 후진국에서 쉽게 볼 수 있다.

(3) 감염경로

전형적인 수인성 감염병의 하나이다. 분변을 통하여 아메바 포낭에 오염된 음용수나 음식물을 섭취하여 감염되며, 분변에서 직접 매개체를 통하여 구강으로 전파되기도 한다.

(4) 증상

잠복기는 보통 2~4주이지만 개월 또는 수년도 가능하다. 대부분이 무증상이며, 기생부위는 맹장이다. 증상은 대장의 표층점막이 괴사 탈락되어 궤양을 유발하고, 열은 없으나 혈액이나 점액성 설사와 분변량도 많고 상복부 통증이 있다. 심한 경우 장천공 등의 합병증 및 간, 폐, 늑막, 비장 등에 농양이 생길 수 있다.

(5) 예방

세균성 이질과 같으나 특히 먹는물 위생과 화장실 위생 철저 및 인분의 사용금지가 필요하고, 유행지역에서 생수나 불결한 식품 섭취에 주의하고, 특히 손세척이 중요하다.

2. 장티푸스(Typhoid fever)

1) 병원균

원인균은 살모넬라 타이피균(*Salmonella typhi*)으로 사람만이 병원소이다. 균체는 길이가 2~3μm, 직경이 0.6μm 정도의 그람 음성간균이다. 통성 혐기성의 단간균으로 협막은 없고, 아포를 만들지 않지만 운동성은 있다. 분류나 진단에 균체항원(O), 편모항원(H), 협막항원(Vi)의 특이 항원성에 따라 구분한다.

*Salmonella*속은 항원 특성에 따라 2,500종류 이상의 혈청형(serotype)으로 분류되며 S. Typhi 분류는 혈청학적으로 D군에 속한다. 인체 외에서도 대변에서는 60시간 내외, 물에서는 5~15일간 생존하며 추위에도 비교적 강하다.

2) 유행특성

8~9월에 주로 발병하였으나 최근에는 온난설비로 연중 발생 경향, 남성 청장년층에 더 많이 발생하는 특징이 있다.

3) 감염경로

주요 감염원은 대변, 소변, 오염된 물(수인성) 등으로 환자 및 병후 보균자, 일부 만성 보균자의 오염된 물이나 음식에 의해 감염된다.

특히 만성보균자는 1년 이상 소변이나 대변에서 장티푸스균이 검출되는 사람, 병후보균자중 약 3% 정도는 담즙에 보균/증식 배출되어 만성보균자가 되고, 건강보균자 중에는 약 1/3이 병력이 없는 경우가 있다.

4) 증상

잠복기는 7~14일이며 균의 수에 따라서 3주까지도 된다. 발열, 두통, 권태감, 식욕부진, 상대적 서맥, 비종대, 장미진(붉은 발진), 마른기침 등이 주요한 증상 및 징후이다. 발열은 서서히 상승하여 40℃(더러는 42℃까지) 고열이 나고, 심하면 헛소리, 혼수상태, 사망할 수도 있다.

백혈구, 특히 호산구의 감소하며 경증이 흔하나 중증인 경우는 회장에 궤양이 생겨 간헐성 하혈이나 천공이 생기기도 한다. 치사율은 10~20%, 병후 회복자는 평생면역력을 획득한다. 경증 혹은 불현성 감염이 유행지역에서 흔하다.

5) 예방

장티푸스환자는 격리해서 치료, 관리한다. 보균자 적발과 근절에 특별히 노력을 기울여야 한하고, 환자는 음성일 때까지 대소변을 감시하여 전파를 예방하여야 한다.

전형적인 수인성 감염병으로 급수시설 위생관리 및 오염 식품과 음용수 섭취전 가열, 오수처리 철저하게 관리할 필요가 있다. 특히 식품위생업소 종사자, 집단급식소 종사자, 급수시설 관리자, 어부·어패류 취급자 등은 예방접종이 필요하다.

3. 파라티푸스(Paratyphoid fever)

1) 병원균

원인균은 *Salmonella paratyphi* 이며 A, B, C가 있다. A와 C는 사람에게 감염된다. 통성 혐기성의 단간균으로 장티프스균과 유사하고, 균체 길이는 2~3㎛이며 그람음성으로 운동성이 있다. *S. paratyphi*는 bacteriophage에 의하여 세분화되며 현재까지 알려진 phage형은 *S. paratyphi* A는 8종, *S. paratyphi* B는 48종이 있다.

2) 감염특성

S. Paratyphi A는 아시아에 많고, *S. Paratyphi* B는 남아메리카에서 많이 발생한다. 감염경로는 장티프스와 같으며 사람이 주요 병원소이며, 보균자나 환자의 대변과 소변이 직접 혹은 간접적으로 접촉하여 전파된다. 해마다 발병회수는 감소하고 있다.

3) 증상 및 예방

주요 증상은 고열, 두통, 비장종대, 발진, 설사 등 장티푸스와 유사하나 증상이 다소 경미하고, 회복도 빠르다. 파라티푸스 A 및 B의 잠복기는 3~10일로 경증의 장티푸스형과 위장염형 등 2종이 있고, 파라티푸스 C는 경증의 장티푸스형 증상을 보인다.

4. 콜레라(Cholera)

1) 병원균

원인균은 *Vibrio cholerae* 수중세균으로 호염성의 그람음성 간균으로 크기는 1.5~3.0 × 0.4~0.6㎛ 정도이고, 한 개의 편모를 가지고 있다. 혐기성 및 호기성균으로 최적발육온도는 37℃이고, 최적 pH는 7.8~8.0이다. 55℃에서 10분간 처리로 사멸된다. 일반적으로 콜레라균은 독소를 발현하는 균주이다.

콜레라균 중에서 콜레라 독소를 발현하는 균체 항원형은 지금까지는 O1, O27, O37, O139 4가지 혈청형이 알려져 있다. 균체 항원형이 O1과 O139로 확인 균주에 대해서만 콜레라 독소발현 균주로 확인하고 *V. cholerae* non-O1, *V. cholerae* non-O139라 부른다.

*Vibrio*속의 콜레라균은 열 저항력이 약하여 56℃ 30분, 100℃ 1~2분이면 사멸한다. 저온에도 약하여 겨울철에는 발생되지 않는다. 최근에는 난방시설로 겨울에도 가끔 소규모로 발생한다.

2) 유행특성

경구감염병 중 가장 급성감염병이지만 인도와 동남아시아 지방에서는 풍토병이다. 콜레라의 유행지에서 하계에 환자 발생이 많고, 상수도시설과 염소소독처리를 하는 선진국에서는 발생보고는 적고, 대부분은 개발도상국에의 여행자 및 반입된 음식물에 의한 감염자가 대부분이다.

한국에서는 1946년 15,644명 환자 발생, 10,181명 사망(65.1% 치명율), 1963년 414명 발생(8.6% 치명율), 1980년 145명 환자 발생(2.8% 치명율) 시기가 있었다. 최근에는 동남아시아 등지 여행자에 의해 소규모로 발생하고, 대규모 발생 예는 거의 없다.

3) 감염경로

외래 감염병으로 유행지역 여행자 및 거주자의 유입으로 전파 환자, 보균자의 분변, 토물 속에 균이 배출되어 직접 혹은 간접접촉으로 감염, 근래에는 오염된 어패류의 섭취에 의한 감염도 많다. 유해지역의 선박검역, 어패류 채취금지가 필요하다.

4) 증상

잠복기는 1~5일의 잠복기를 거쳐 심한 설사(쌀뜨물 같은), 구토, 수분 부족으로 구갈, 근육통, 피부건조, 무뇨증, 심한 탈수증상으로 사망 원인이므로 충분한 수분 공급이 중요하다. 사망률은 과거에는 50% 이상이었으나 근래 10% 미만으로 감소하고 있다.

과거엔 호열자(虎烈刺)로 불렸다. 간혹 수분흡수장애로 심한 탈수현상으로 사망하는 경우가 있으며 균체의 배출독소(cholera toxin)가 장벽의 세포 단백질을 마비시켜 내부의 전해질(electrolyte)이 유출되어 죽고, 장내의 전해질 농도의 증기로 삼투압이 상승하여 지속적으로 몸속의 수분이 배출되기 때문이다.

5) 예방

외래 전염체 유입 경로 차단으로 항만, 공항 검역 철저, 외래 수입 수산물 검역이 철저하게 실시한다. 동남아시아, 아프리카 등 콜레라 상재지역이나 유행지역을 여행시에는 위생적인 생수와 끓여먹고, 익히지 않은 음식을 먹을 때 주의해야 한다. 감염시 신속한 신고와 치료가 필요하다. 효과적인 백신이 개발되어 있지 않다.

5. 디프테리아(Diphtheria)

1) 병원균

디프테리아는 디프테리아균(*Corynebacterium diphtheriae*)이 원인균이며 외독소에 의한 급성 감염질환이다. 호흡기 감염병으로 인체의 모든 점막을 침범할 수 있으며 침범부위에 감염 부위에 회백색의 위막을 형성하며 비인두염 및 후두기관지염을 유발하는 호흡기디프테리아와 피부디프테리아가 있다.

외독소는 세포 내에서의 단백질합성을 억제하여 심근염, 급성신장괴사 및 말초신경병증 등의 치명적인 합병증이 발생할 수 있다. 현재 법정감염병 제2군에 속한다.

2) 유행특성

디프테리아는 전세계적으로 발생하고, 특히 온대기후 지역에서 더 빈발하며 온대기후 지역에서는 1년 중 봄과 겨울에 주로 발생하고 11월부터 4월 사이에 밀집생활을 하는 가난하고 비위생적인 지역과 국가에 유행한다.

3) 감염경로

환자의 비말을 통한 사람 간 전파나, 호흡기 분비물, 피부 디프테리아 상처 분비물로 배출되는 균과의 직접 접촉에 의해 전염되고, 환자나 보균자와 직접 접촉하여 전염된다. 비말감염으로 재채기나 기침을 할 때 분비물로 감염된다.

4) 증상

잠복기는 2-6일이며, 코, 인두, 편도, 후두 및 그 주위 조직에 위막을 형성한다. 주요증상으로는 호흡기디프테리아의 경우는 기침, 목의 통증이나 쉰 목소리, 침을 삼킬 때 아픔, 목의 임파선이 부음, 편도에 형성되는 회백색의 위막, 호흡곤란이나 빠른 호흡, 콧물의 점도 증가, 발열과 오한, 권태감 등이 있고, 합병증으로 인후편도염, 후두염에 의한 기도폐색, 심근염, 신경염에 의한 마비 등이 있다. 피부디프테리아의 경우 피부의 발적, 부종 및 회백색의 위막이 생길 수 있으며 드물게는 눈, 귀, 생식기까지 침범하기도 한다.

5) 예방

예방접종은 생후 2, 4, 6, 18개월과 4-6세의 5회에 걸쳐서 실시한다. 한국에서는 1987년 이후에 환자 발생이 없다.

6. 성홍열(猩紅熱, Scarlet fever)

1) 병원균

몇몇 연쇄상구균(*Streptococcus*) 종류에 의한 급성 감염병이다. Group A군 β-용혈성 연쇄구균(Group A β-hemolytic Streptococci)은 여러가지 질병의 요인으로 인후염, 성홍열 및 농가진을 유발한다. 일반적으로 적혈구를 파괴시키는 용혈성(hemolysis)에 따라 α, β, δ 3가지로 분류하고, 병원성이 가장 강한 것은 적혈구를 완전히 용혈시키는 것은 β-용혈성 연쇄구균이다.

2) 유행특성

온대지역에서 흔하게 발생하고 일 년 내내 발생할 수 있으며 늦은 겨울과 초봄에 주로 발생한다. 6~12세에 주로 발생한다.

3) 감염경로

호흡기 분비물 비말감염, 또는 직접 혹은 간접적으로 환자나 보균자와 접촉하여 감염되고, 비말감염 또는 오염된 우유, 아이스크림 등 음식물을 통해 감염된다. 긴밀한 접촉이 흔한 유치원, 유아보호시설, 학교, 군대 등에서도 발생되기도 한다.

4) 증상

인후염의 경우 잠복기는 2-5일이고, 전형적인 발진을 보이는 상기도 감염질환이다. 인두통과 함께 급성증상으로 발열, 두통, 구토, 복통, 인두염, 심한 인후충혈, 연구개 및 목젖 출혈반, 딸기혀, 편도선이나 인두후부에 점액 농성 삼출액,

경부 림프절 종창 등이 나타나고, 발병 12~48시간 후 전형적인 발진이 나타나며, 몸통의 상부에서부터 선홍색 작은 구진이 발생하며 발진 후에는 겨드랑이, 손끝, 엉덩이, 손톱기부 등에서 피부 박피가 일어난다.

합병증으로 화농성 중이염, 경부 림프절염, 부비동염, 국소 농양, 기관지 폐렴, 수막염, 골수염, 패혈증성 관절염, 급성 사구체신염, 류마티스열 등이 있다.

5) 예방

공기로 전염되므로 환자는 가능하면 격리 치료, 환자의 화농성 분비물(고름)과 오염된 물건 철저한 소독 필요하다. 예방접종은 없다.

7. 급성회백수염(폴리오, 소아마비, 척수전각염, Polio, Poliomyelitis)

1) 병원균

폴리오바이러스(Poliovirus type 1, 2, 3)는 소아 하지마비를 유발하는 질병이다. 폴리오균은 3가지 혈청형(1형, 2형, 3형)이 존재하며 1963년 경구용 3가 폴리오 생백신과 1978년 주사용 개량 폴리오 불활성화 백신이 사용되면서 마비성 환자는 급격히 감소하였다. 세계보건기구(WHO)는 가까운 미래에 폴리오 박멸을 목표로 하고 있다.

2) 유행특성

폴리오바이러스는 인체가 유일한 숙주로 대개 경구를 통해 전파되고 주로 위생상태가 불량한 지역에 거주하는 영유아나 소아에게서 발생한다. 여름이나 가을동안에 많이 발생하나 특징적인 계절 유행양상을 보이지는 않는다. 감염은 1~2세가 50% 이고, 급성회백수염은 척수성 소아마비(폴리오)가 있고, 다른 하나는 뇌성 소아마비(뇌성마비)가 있다.

3) 감염경로

환자의 분변이나 후두 분비물로 오염된 식품이나 음용수를 통해 감염, 입을 통하여 침입, 장관 증식, 혈액을 통해 전신 확산, 신경세포와 친화성 있어 마비시킨다.

4) 증상

2~3일 발열, 두통, 인후통, 구토, 설사, 열이 떨어지면서 사지마비가 된다.

(1) 부정형은 거의 후유증을 남기지 않고 지나간다. 병감, 식욕부진, 구역, 구토, 인후통, 변비, 복통을 수반하는 단기간의 열성 질환이다.

(2) 마비형은 감염 후 침범된 척수가 지배하는 근육이나 신경에 영구적인 후유증을 남긴다. 잠복기는 1~2주일이다.

5) 예방

생 vaccine 접종-생후 1개월부터 1~2개월 간격으로 3회 실시, 18개월에 추가 접종을 실시한다. 이환된 신경증상은 보존치료하고 증상 후 마비의 경우 재활치료를 실시한다.

8. 바이러스성 간염(Viral hepatitis)

1) 병원균

간염의 원인이 되는 바이러스는 Hepatitis A, B, C, D, E 및 G 등 여러 종류가 존재한다. 분류는 주로 바이러스의 항원이나 항체 등 혈청학적표지(serological markers)로 분류한다. B, C, D형만 만성간질환을 일으킨다.

2) 한국의 간염 유형과 증상 특성

(1) A형 간염(유행성 간염)

원인균은 A형 간염바이러스(Picornaviridae과 Hepatovirus속)이며 감염자의 분변, 혈액, 오염된 음식이 주 감염원이다. 1~2개월에 간기능이 정상화 된다.

(2) B형 간염(혈청 간염)

원인균은 B형 간염바이러스(Hepadnaviridae과 Orthohepadnavirus속)이며 감염자의 수혈, 타액, 장기이식, 성교접촉, 산모와 태아의 수직감염 등에 의해 감염된다. 간기능장애로 이행되는 경향이 높다.

(3) C형 간염

원인균은 C형 간염바이러스(Flaviviridae과)이고, 감염경로는 B형과 유사하며 발병률은 B형보다 낮으나 만성화 가능성이 높다.

(4) 간염분포

한국 성인의 3~5% B형 보균자, C형 1% 정도가 항체 보유자이며 D형은 드물다. 한국 급성바이러스성 간염은 전체의 77% A형 간염이고, 과거 주요 간염이였던 B형 간염은 4%, C형 간염이 3%, E형 간염으로 추정되는 2% 등이다. A형과 E형 간염의 동시 감염 의심자도 6% 정도 된다고 한다.

3) 감염경로

간염바이러스 B, C, D형은 주로 혈액을 매개로 감염되고, A, E형은 주로 수인성 경로로 전파되며 A형 간염의 경우 드물게 혈액매개로 전파가 가능하다. A, B형 간염바이러스의 경우 백신이 개발되어 있어 예방이 가능하다.

4) 증상

6개월 이하로 지속될 때는 급성간염, 더 길 때는 만성간염으로 본다. 급성간염은 전형적인 유사 감기 증상으로, 거의 모든 급성 바이러스성 감염과 공통되며,

불쾌감, 근육통, 관절통, 신열, 메스꺼움이나 구토, 설사, 두통이 있을 수 있다.

구체적인 증상으로, 심한 신경성 식욕 부진증, 흡연가 중 흡연에 대한 혐오감, 검은색 소변, 황달, 복부의 불편함 등이 있고, 일부는 급성 간부전으로 발전하여 혼수상태, 간성뇌병증, 혈액단백질, 말초부종과 출혈을 일으켜 생명이 위험할 수도 있다. 만성간염은 종종 불안감, 피로, 쇠약 같은 불특정한 증상을 초래하며, 증상이 전혀 없을 수도 있고, 간손상과 간경변으로 체중이 감소하다.

5) 예방

수혈, 주사기 및 음식물 등 감염경로 차단 및 정기적인 진단이 필요하고, 예방접종을 실시한다. 대부분 90% 이상은 특이적인 치료 없이 자연적으로 회복되므로 충분한 휴식을 취하고 손상된 간조직의 회복을 위해 단백질이 풍부한 영양공급이 필요하다.

9. 전염성 설사증(傳染性泄瀉症, Infectious diarrhea)

1) 병원균

로타바이러스(*Rotavirus*)는 11개의 분절로 구성된 double stranded RNA를 유전자로 갖고, 외부 테두리는 수레바퀴모양이다. 로타바이러스는 분류학적으로 *Reoviridae rotavirus*에 속하며 성숙한 개체는 크기가 약 70~100㎚이고 외부와 내부 capsid, core층의 3개층으로 구성되어 있다.

로타바이러스는 A~G 7개군으로 분류되며, A, B 및 C군 rotavirus는 사람과 동물에서 발견되며 D, E, F 및 G군 rotavirus는 동물에서만 발견된다.

2) 유행특성

로터바이러스는 유년기에 심한 위장염을 초래하는 전 세계적으로 가장 보편적인 설사 원인 질병으로 대부분 아동들은 다섯 살 이전에 이 바이러스 감염된다. 선진국이나 개발도상국을 불문하고, 5세 이하 소아 설사증의 1/3 정도는 로타 바이러스가 원인이다.

생후 1개월 이하 영유아 감염의 약 1/3은 설사를 일으키지만 2/3은 불현성 감염이다. 6개월에서 2세의 연령층에서 발생률이 가장 높으며 2~3세까지는 모두 감염된다. 한국에서는 흔히 겨울철에 유행하며 봄철에도 많이 발생하는 양상을 보이고 있다.

3) 감염경로

분변에서 경구경로로 전염되며 일부는 호흡기 감염도 있다. 감염자의 토사물을 통해 사람간 접촉, 오염된 물건, 오염된 음식물 및 기침이나 재채기를 통해서도 전염된다. 소아병동, 놀이방 등에서 집단유행이 발생하고, 신생아와 접촉한 성인에서도 발생한다. 증상이 없는 불현성 감염도 많고, 재감염도 발생하며 감염시 증상은 점차 가벼워진다. 분변에서 발병 전과 후 10~12일간 분변에 바이러스가 분비되며, 불현성 감염의 경우 상시 배출한다.

4) 증상

감염 후 48시간 이하의 잠복기를 거쳐 중등도의 발열과 구토로 시작하여 전염성 위장염 증상, 5~20회/일의 수양성 설사, 구토, 발열 및 심한 탈수, 4-6일 동안 앓고 완전히 회복된다. 증상은 감수성에 따라 다양하며 30%는 39℃를 넘는 발열, 구토와 발열은 2일째에 호전되나 설사는 흔히 5-7일간 지속된다. 무증상적 불현성 감염도 흔하다.

5) 예방

환자 및 접촉자관리가 중요하며 화장실 출입 후 손 세척, 조리와 식사전 손세척, 환자의 토사물, 물건, 의류 등 가열소독, 환자의 수영장 등 공공시설 사용금지 등이지만 효과적인 예방대책은 알려져 있지 않다. 식약청으로 부터 인증받은 로타릭스 및 로타텍이라는 로타바이러스 백신의 접종이 가능하다.

10. 병원성 대장균(E. Coli O157:H7)

1) 병원균

약 25종 식품 매개성 병원체가 있고, 4가지 주요균으로 분류한다. 잘 알려진 병원성 대장균 O157:H7은 장관출혈성 대장균의 일종이다. 장관출형성 대장균의 병원성은 분비하는 베로독소(verocytotoxin)으로 장점막내로 흡수되어 혈관을 파괴함으로써 출혈증상을 발생시킨다. 1982년 미국에서 20명이 사망하고, 1996년 일본에서도 만여명이 발병하여 10명이 사망하였다.

(1) 장관병원성 대장균(Enteropathogenic *E. Coli* ; EPEC)

(2) 장관독소원성 대장균(Enterotoxigenic *E. Coli* ; ETEC)

(3) 장관침입성 대장균(Enteroinvasive *E. Coli* ; EIEC)

(4) 장관출혈성 대장균(Enterohemorrhagic *E. Coli* ; EHEC)

2) 유행특성

병원성대장균(O157:H7)에 의한 식중독은 전세계적으로 광범위하게 발생한다.

3) 감염경로

오염된 축산물 섭취, 사람사이 및 물 등의 환경에 기인하고, 주된 전파 경로는 요리되지 않은 갈은 고기(ground beef), 멸균되지 않은 우유 등을 통하여 흔히 발생한다.

4) 증상

24시간 이내에 수양성 설사로 시작하여 2~4일 동안 혈변성 설사가 지속되고, 2~9일 이후에는 증상 사라진다. 유아나 면역이 약한 사람에게 치명이며 급성 유아사망 증후군(SIDS)의 강력한 원인체 중 하나이다.

(1) 출혈성 대장염(Hemorrhagic Colitis : HC) : 대장염은 복벽의 경련, 혈변, 장점막 부종

(2) 용혈성 요독 증후군(Hemorrhagic Uremic Syndrome : HUS) : 주로 유아나 면역이 저하된 사람 및 흔히 여자에게 중증 감염증으로서 출혈성 장염 후 급성신장장애 유발

(3) 혈전성 혈소판 감소성 자반병(Thrombotic Thrombocytopenic Purpura : TTP) : 성인환자에서는 합병증은 중추신경계통의 증상을 동반하고, 미세혈관 출혈성 빈혈, 혈소판 감소증, 신경이상 등이 나타나고, 뇌에서 혈액응고가 나타나며 종종 죽음에 이르게 한다.

5) 예방

육류의 생식과 보균자 및 감염동물의 분변 오염을 철저히 관리

(1) 사람에서의 예방은 쇠고기(간, 천엽, 골 등) 생식을 금지

(2) 2차감염 예방을 위한 환경 위생관리를 철저

(3) 식품의 섭취전에 가열과 가공과정의 위생적인 처리

(4) 유아나 면역이 약화된 사람은 절대로 원유나 날고기, 덜 익힌 고기를 먹지 말 것

(5) 분변에 오염된 물, 농장, 도살장, 도시하수에 의하여 대장균 오염된 음용수의 접촉을 막아야 한다.

11. 후천성면역결핍증(後天免疫缺乏症候群, Acquired immuno deficiency syndrome, AIDS)

1) 병원균

HIV(Human immunodeficiency virus), 백혈구를 파괴하여 면역기능에 문제 야기시키는 전염성 바이러스 질환이다. HIV는 Retroviridae과, Lentivirus속으로 분류하며 Matrix 코어 내에는 약 9.8 kb의 단일가닥 (+)RNA 유전물질이 두 분자 존재하고 있다.

1986년 국제 분류위원회에서 HIV(Human immunodeficiency virus)로 통칭한 후 HIV-1형 발견과 HIV-2형이 서아프리카에서 확인되었다. HIV-1은 9가지의 아형으로 구분되며 각각은 M군(A~H아형), N군 및 O군으로 분류하고, HIV-2는 A군과 B군의 두 가지 아형으로 세분된다.

2) 유행특성

아프리카, 동남아시아, 동유럽의 몇 나라에서 HIV 감염이 급속하고, 특히 사하라 이남 아프리카는 전 세계 HIV 유병율의 약 64.4%를 차지하고 있다. 한국에는 2004년 말까지 총 누적 감염자 수는 3,153명이며 이 중 남자가 2,835명으로 여자에 비해 8.9배 많다. 주로 성접촉 98.1%이 주요 원인이고, 이외에도 수혈이나 혈액제제에 의한 감염 1.6%, 약물주사 감염 0.1%로 확인된다.

3) 감염경로

HIV는 단일 병원체로는 최고의 사망률을 나타내고 있으며 성 접촉, 수혈이나 혈액제제, 오염된 주사기의 공동사용에 의해 그리고 감염된 모체로부터 신생아에게 전파된다.

감염자의 모든 체액에 존재하며 특히 혈액, 정액, 질 분비물, 모유에 많은 양의

HIV가 존재하며 주로 성관계나 감염된 혈액의 수혈, 오염된 주사바늘, 감염된 산모의 임신과 출산을 통해 바이러스가 전파된다. 일상생활에서의 접촉, 감염자의 침과 소변 노출, 모기 등의 흡혈 곤충 등에 의해 감염되지 않는 것으로 알려져 있다.

HIV는 감염된 세포나 뇌척수액, 혈장, 정액 등의 체액에서 바이러스가 분리되지만 공기중에 24시간 노출시 90~99% 이상 감염능이 감소하고, 열이나 소독제 등에 쉽게 불활성화 된다.

4) 증상

HIV 인체 감염은 면역세포내에서 증식하여 면역세포를 파괴시켜 각종질병에 노출되어 사망한다. 감염 후 제 1단계 (급성 HIV 증후군) 증상으로 감염후 50~70%는 독감증상이 나타나서 차차 사라지고, 제 2단계 (무증상기)는 감염 후 8~10년간 아무런 증상이 없는 무증상기간이 있으나 체내의 HIV의 증식은 계속 일어나며, CD4+ T세포(면역세포)는 꾸준히 감소한다. 제 3단계 (증상기)는 CD4+ T 세포가 극히 감소하여 면역력이 거의 상실되는 시기로 다양한 미생물에 의한 기회감염이 높아지고, 체중감소, 기도감염의 재발 (부비강염, 기관지염, 기관염, 인후염), 전립선염, 피부발진, 구강궤양 등과 헤르페스 바이러스가 단순 헤르페스 발진, 대상포진, 엡스타인바 바이러스에 유도된 림프종이나 카포시육종 등이 발생된다.

5) 예방

성접촉, 오염된 주사기의 공동사용, 혈액이나 혈액제제의 투여 등에 주의, 비정상적 성접촉과 모태를 통한 태아 감염 등 차단해야 한다.

3-3. 인수공통감염병

인수공통감염병이란 사람과 동물 상호간 전파되는 병원체로 발생되는 감염병을 말하며 주로 가축을 중심으로 전파되며 질병의 원인도 세균, 바이러스, 리케차, 기생충 등 다양하다. 현재까지 200여종이 알려져 있고 주요한 인수공통감염병은 다음과 같다.

• 세균성 질병 : 브루셀라증, 탄저병, 결핵, 야토병, 페스트, 렙토스피라 증 등

• 바이러스성 질병 : 일본뇌염, 공수병, 천연두, 유행성출혈열, 황열, 조류인플루엔자 등

• 리케차성 질병 : Q열, 발진열, 쯔쯔가무시병 등

• 기생충성 질병 : 톡소플라스마, 간질증, 간흡충, 폐흡충 등

• 기 타 : 광우병, 변종 크로이츠펠트-야콥병 등

* 인수공통감염병의 예방법

1) 가축의 건강관리와 예방접종으로 가축 상호간 감염병 발생과 전파 방지

2) 감염된 가축이나 동물 조기발견과 격리, 살처분, 소독과 살균

3) 거축의 도축이나 병육 유통 금지, 동물의 젖이나 분비물, 폐기물 관리 철저

4) 수입 가축이나 육류, 유제품 등의 위생 검역

5) 육류 및 가공품의 도축, 가공, 저장, 유통 등의 단계에서 냉동·냉장상태를 유지

1. 결핵(結核, Tuberculosis)

1) 병원균

원인균은 *Mycobacterium tuberculosis*이며 호기성균 간균(桿菌)으로 크기는 0.2~0.5㎛×1~4㎛이다. 결핵균은 세포표면(주로 미콜산)에 밀랍같은 코팅이 있어서 그람 염색이 안된다. 결핵은 대부분 폐에서 발생하지만 신장, 신경, 뼈 등 우

리 몸 속 대부분의 조직이나 장기에서 병을 일으킬 수 있다. 결핵균은 숙주에 따라 성질이 조금씩 다른 인형, 우형, 조형, 피충형 등의 변형이 있다.

2) 유행특성

일반적으로 폐(폐질환 TB)와 관련 있으며, 신체 거의 모든 기관에도 감염될 수 있는 질환, 한국에서는 점차 감소되고 있으나 활동성 유병률이 선진국에 비해 높은 수준이다.

3) 감염경로

오염사료, 물, 우유에 의한 경구 감염과 먼지, 공기에 의한 호흡기 감염 등이다.

(1) 우형 : 우유(유방 결핵 걸린 소)에서 사람에 감염되며 주로 어린이가 잘 감염

(2) 인형 : 개방성 결핵환자가 젖소를 취급할 때 감염

4) 증상

잠복기는 수주일 내지 수개월정도이고, 주요증상으로는 객담(경우에 따라 혈담), 기침, 발열, 식욕부진 등, 감염부위에 따라 장결핵, 척추결핵, 결핵성 수막염이 있다.

5) 예방

정기적인 tuberculin 반응검사를 통해 감염된 소의 조기 발견으로 우형결핵 박멸, 결핵균은 열에 약하므로 우유는 반드시 살균처리하여 복용한다. 사람의 경우 결핵의 진단 방법은 피부 검사, 항산성 검사, 흉부 방사선 사진 등이다.

2. 브루셀라증(파상열, Brucellosis, undulant fever)

1) 병원균

브루셀라균(*Brucella*)은 그람음성, 비운동성 및 비아포형성 간균(구상간균)이다. 세포내 기생 세균이다. 브루셀라 속은 항원 변이와 숙주 특이성에 의해 *Brucella melitensis*(양, 염소), *B. suis* (돼지), *B. abortus* (소), *B. ovis* (양), *B. canis* (개), *B. neotomae* (다람쥐), *B. maris* (해양생물)로 나눠진다. 이 중 B. abortus는 소의 유산을 초래하여 농장에 심각한 경제적인 손실을 입히고 있다.

일반적으로 *B. melitensis, B. canis, B. suis, B. abortus*가 사람에게 감염을 일으키며, 양을 통해 발병하는 *B. melitensis*의 병독성이 가장 강하고, 소의 *B. abortus*는 증상이 가볍다. *B. canis*와 *B. suis*는 개와 돼지를 통해 감염되는데 병원성을 중등도이다. 병리학적 소견은 수막염, 심내막염, 척수염, 관절염을 보인다

2) 감염경로

브루셀라증은 감염된 가축들 사이의 감염은 상처부위를 통해 전파되고, 오염된 사료를 통하여 감염된다. 전파속도가 매우 빨라 피해가 매우 심하여 감염개체의 도살처분이 원칙이다. 수돼지 생식기 감염은 돼지떼 전체가 감염되며 소, 양, 염소 등은 젖을 통하여 균을 배출한다.

사람은 보통 브루셀라에 감염된 동물과 접촉하거나 생우유나 치즈 같은 유제품을 통하여 감염되고, 감염된 동물의 혈액, 대소변, 태반 등, 멸균처리 안된 유제품 등으로 감염된다. 사람 사이의 전파는 드물다.

3) 증상

사람은 3주정도의 잠복기를 거쳐 발열, 오한, 전신무력, 몸살 등이 나타나고,

심하면 관절염과 골수염 일으키며 열은 파상적으로 오르내린다. 치사율은 낮지만 육아종성간염, 관절염, 척추염, 혈구감소증, 뇌막염, 망막염, 시신경염, 심내막염, 신경브루셀라증 등의 다양한 합병증을 보일 수 있어 치사율이 2% 정도된다. 감염된 소는 생식기관과 태막 등의 파열로 유산할 수도 있어 농가에 피해를 준다. 돼지의 경우는 수컷에서 고환염 등의 증상이 있다.

4) 예방

가축의 경우 위생적인 관리와 철저한 방역, 조기발견 및 격리 또는 살처분. 보호안경, 장갑, 보호복 착용 등이 필요하고, 감염된 가축의 고기나 분비물은 철저한 살균처리해야 한다. 가축 브루셀라는 감염시 감염원을 제거하는 도살처리가 좋다. 제3군 감염병으로 분류하고 있다. 사람의 경우 테트라사이클린, 스트렙토마이신 등으로 치료하며 재발률이 높아 철저히 치료하는 것이 필요하다.

3. 탄저(炭疽, Anthrax)

1) 병원균

탄저균(*Bacillus anthracis*)은 인수공통 질환으로 오염된 목초지에서 아포에 의해 감염되고, 사람은 감염된 동물이나 부산물을 통해 아포를 흡입하거나 섭취하여 발생된다. 1876년 Koch가 처음 발견하였고, 1881년 Pasteur가 약독균으로 예방접종 실시하여 세균학 역사상 유명한 병원균이다.

탄저균은 아포를 형성하는 그람 양성 간균으로 탄저균은 1~1.5μm × 3~5μm인 호기성 그람양성 간균으로 운동성은 없고, 협막은 있다. 환경조건이 나빠지면 균체 중앙이나 가장자리에 1 × 1.5μm의 포자를 형성하고, 살아있는 숙주에서는 포자를 형성하지 않는다. 탄저병은 제3군 법정감염병, 소, 말, 양 등 초식동물에 발생하는 급성 열성감염병이다.

2) 감염경로

초식동물이 숙주이며, 분변이나 오염된 풀, 사료 등으로 감염되고, 접촉에 의한 피부감염도 있다. 소는 감수성이 높아 감염 후 1~2일 내 죽지만 돼지는 저항성이 있어 2주 이상 생존한다. 사람은 피부의 상처를 통해 감염되며 주로 농부나 목축업자, 도축업자, 피혁업 및 양모수집자, 수의사들이 감염된다.

탄저는 주로 아프리카, 중앙아시아, 남부아시아, 중.동부아시아에서 빈번히 발생한다. 국내에서는 1952~1968년 사이에 4번의 집단발생에서 85명의 환자가 발생한 후 보고가 없다. 탄저균 포자는 대표적인 생물테러 병원체로서 여러 나라 집단에서 생물무기로 보유하고 있는 것으로 알려져 있다.

3) 증상

잠복기는 통상 1~6일이며 주로 피부감염이 가장 많고, 호흡기나 장관계 감염은 많지 않다.

① 피부탄저 : 상처 난 피부를 통하여 감염되며 잠복기는 1~7일 정도되고, 발병초기에는 감염부위에 발진과 수포가 생기고, 차차 병변이 전신으로 펴져 손, 얼굴, 목 및 사지말단에 수포가 궤양으로 변한다. 시간이 지나면 궤양은 크고 검게 변한다. 쉽게 치료되지만 치료하지 않을 경우 사망률은 24% 정도로 위험할 수도 있다.

② 폐(호흡기)탄저 : 수피나 털을 취급하는 작업장에서 탄저포자에 흡입하여 발생되고, 급성폐렴을 일으켜 심하면 패혈증으로 사망한다. 잠복기는 1~6일이며 초기에는 감기증상을 나태내고, 차차 심한 호흡곤란, 청색증, 저산소증, 객혈, 쇼크, 뇌염 등으로 인한 호흡곤란으로 1~2일 후에 사망한다. 호흡기탄저는 발생시 치명적으로 사망률이 거의 100%이다.

③ 장(위장)탄저 : 위장관탄저는 발생이 드물며 감염된 고기를 먹은 후 발병한다. 잠복기는 2~5일이며 증상은 삼한 복통, 토혈, 장기 출혈, 복수, 설사 등이

나타나고, 심하면 뇌염, 독혈증, 쇼크증상으로 사망한다.

5) 예방

이환동물의 조기발견 및 격리 또는 살처분하고, 철저한 소독 및 예방 접종실시 등, 포자가 내열성이므로 사체나 오염물 소독에는 소각, 고압증기멸균 등이 필요하다. 사체는 소각이 바람직하지만 매장시에는 생석회로 처리한 후 매장하고, 10% 포르말린으로 소독하고 감염동물의 배설물은 5% Lye액이나 anhydrous calcium oxide (quicklime)를 처리한 후 복토한다.

탄저백신은 접종할 경우 피부탄저와 호흡기탄저에 효과가 인정되고 있다. 탄저균 치료에는 페니실린 G가 권장되며 시프로플록사신이나 독시사이클린 등도 사용한다.

4. 야토병(野兎病, Tularemia)

1) 병원균

야토병균(*Pasteurella tularensis*)은 크기가 0.2~0.7㎛ 정도되는 편성 호기성, 그람음성 간균으로 운동성이 없고 포자를 형성하지 않는다. 얇은 피막으로 덮여있고 섬모가 없으며, 다른 그람음성 간균과 비슷한 내독소를 생산한다.

병원체는 *F. tularensis*와 *F. philomiragia*이 있으며 *F. tularensis*는 4가지 아종(*-subsp. tularensis*(type A), *-subsp. holarctica*(type B), *-subsp. mediasiatica, -subsp. movilida*)이 있다.

2) 유행특성

토끼나 설치류인 들쥐, 다람쥐에 의해 간염되며 제4군 법정감염병이다. 병든 산토끼와의 접촉에 의한 피부점막 침입이나 감염 동물 상호간 진드기류에 의한 감염, 사람들은 상처나 점막으로 경피감염된다. 미국에서는 75~85%의 환자들이 피부를 통하여 감염되고, 매개체는 진드기나 등에파리(tabanid) 등 십 여종의 흡혈곤충이며, 동물 병원소는 야생토끼, 다람쥐, 조류, 양, 비버, 사향뒤쥐, 집에서 기르는 개나 고양이가 등이다.

오염된 먼지를 흡입하거나 오염된 음식이나 물을 섭취하는 경우에도 있으나 사람간 전파는 거의 없다. 한국에서는 1996년 말 포항지역에서 죽은 야생토끼를 상처난 손으로 요리해 먹고 감염된 예가 있다. 이균은 한때(1950~1960대) 미국에서 생물무기화되었다고 한다.

4) 증상

잠복기는 보통 2~10일이지만 3주 정도까지 길어질 수도 있다. 감염경로는 피부, 구강이며, 갑작스런 발열, 오한, 두통, 전신적인 근육통, 관절통으로 시작되는 경우가 많으며, 임상증상을 전파양식에 따라 궤양림프절형, 림프절형, 안림프절형, 구인두형, 폐렴형의 5가지 유형으로 나눌 수 있다.

5) 예방

유행지역에서는 진드기나 사슴파리 같은 흡혈곤충에 노출되는 것을 피하고 진드기가 달라붙지 못하도록 곤충 기피제나 도포제를 사용한다. 유행지역에서의 생수의 음용 피하고, 고기는 충분히 익혀 먹으며 특히 탈피 작업시 고무장갑을 착용하고 작업후 손 씻기 등 개인위생 철저히 관리한다. 산토끼 취급자와 관련 업종사자는 예방접종이 필요하며 백신은 혈관내 주사하는 *F. tularensis* 약독화 생백신이 사용된다.

5. 돈단독(豚丹毒, 돼지단독, Swine ergsipelas)

1) 병원균

돈단독균(*Erysipelothrix rhusiopathiae*)은 그람양성 간균으로 호기성 및 비운동성이다. 아포를 만들지 않으며 협막 유사물질이 있다, 환경에 저항성이 비교적 강하여 각 동물조직내에서 수개월간 생존이 가능하다. 절임, 훈연상태에서도 수개월간 생존하고, 돼지의 분변에서도 수개월간 생존한다. 일반적인 소독제, 열처리(56℃에서 10분간) 및 감마선 조사로 쉽게 사멸된다.

2) 유행특성

세계적으로 널리 발생하며 감염 또는 보균 돈에서 배출된 분뇨에 의한 토양오염 및 돈사 바닥 오염, 생균백신이 개발되어 접종되고 있으나 지금도 산발적으로 발생한다. 사람은 감염동물, 오염축산물, 해산어류의 체표면 점액과 접촉에 의한 창상과 찰과상 감염, 도축장 및 정육점 등 축산물 취급자가 감염 위험군이다.

3) 증상

인체감염시에는 돼지와 비슷한 국소성 피부형, 전신성 피부형 및 패혈증을 나타내고, 흔하게 발생되는 국소피부형은 손의 창상감염으로서 2-7일의 잠복기를 거쳐 열감과 통증을 동반한 청자색의 부종성 화농병소를 나타내고 3-4주 후에 자연 소실된다.

돼지의 감염에는 증상이 단독(자홍반) 피부염, 급성 패혈증, 만성형 관절염, 심내막염, 유산 등이고, 급성 패혈증의 경우 특별한 증상 없이 갑자기 폐사하거나 식욕감퇴, 41-42℃의 발열, 원기상실, 호흡곤란 등을 보이며 심한 경우는 50% 이상이 폐사한다. 합니다. 피부형(담마진)은 식욕부진, 발열과 발진이 있고, 관절염형은 관절의 종창으로 절룩거리며 발육불량으로 폐사한다.

4) 예방

소독철저 및 외부 돼지 구입시 격리 사육하고, 스트레스 등 면역 억제 요인 최소화한다. 예방법으로는 도축작업시 피부창상이 생기면 3% 과산화수소 등으로 소독하고, 또한, 이 질병을 예방하기 위해서는 돼지 단독을 예방하기 위하여 예방약을 접종하고, 급성과 아급성 이환돼지는 도살금지 및 폐기시킨다. 치료는 돼지와 유사하게 페니실린이 1차 선택약제이며, 세팔로스포린, 에리스로마이신, 클린다마이신이 유효하다.

6. 리스테리아증(Listeriosis)

1) 병원균

병원체는 리스테리아균(*Listeria monocytogenes*)은 그람양성 간균의 통성혐기성균으로 토양, 물, 하수, 목초 등 자연환경 및 식품 등에 널리 분포한다. 사람과 짐승의 장관상주균으로 배설물을 통하여 쉽게 오염되며 우유, 쇠고기, 생선, 야채류 등 모든 식품이 원인식품이 된다.

최적 생육온도는 30~37℃이지만 환경적응력이 뛰어나 0～45℃의 넓은 온도범위에서도 생육하고, pH6~9이나 pH4.5이하에서도 생존한다. 5~6%의 식염농도에서도 증식하여 절임식품에서도 생존한다.

2) 유행특성

주요 감염 동물은 닭, 소, 개, 면양, 돼지, 야생동물 등이고, 사람은 감염동물과 직접접촉하거나 오염된 식육. 유제품 등에 의한 경구감염이 많다. 주로 임산부나 면역결핍환자나 소아 등에게 감염되기 쉽다. 계절적으로는 겨울과 초봄에 많이 발생하며 발병부터 폐사까지 10일 이내로 빠르다.

1981년 캐나다에서 오염된 양배추샐러드를 먹고 집단식중독이 발생하였으며,

1983년 미국에서 이 균에 오염된 우유를 먹고 수십 명이 사망하는 사건이 발생하였다. 외국의 경우 치사율이 30% 정도로 매우 위험한 식중독균으로 알려져 있다.

3) 증상

주로 반추동물에서 유산, 뇌막염, 뇌염, 식욕부진, 침울, 호흡촉박과 유연, 기립불능, 결막염 등의 증상이 나타내고, 균이 뇌조직에 침입하여 신경세포를 손상시켜 일명 선회병을 일으킨다. 발병부터 폐사까지 10일이내의 빠르고, 임신한 소는 태반으로 침입하여 임신 중후반에 유산된다.

임산부나 면역결핍환자나 소아 등에게도 감염될 수 있는 인수공통감염병으로도 유산, 패혈증, 뇌막염 등을 유발하는 중요한 질병입니다.

사람은 12시간~3주의 잠복기를 거쳐 초기의 증상은 발열, 오한, 두통 등 감기와 유사한 증상이나 더러는 복통과 설사를 동반하며 건강한 사람은 초기 증상에서 회복되지만 임산부, 신생아, 노약자 등과 같이 면역력이 저하된 사람은 신경계에 작용하여 평형감각의 상실이나 경련이 나타나고, 폐혈증이나 뇌수막염을 일으키고, 임산부는 태아 유산이나 사산의 원인이 된다. 심해지면 사망하기도 한다.

4) 예방

동물의 경우 비위생적인 싸이로 금지, 축사 위생관리 철저, 감염 동물 격리 및 폐사시 소각 또는 매장하고, 위생적 처리 원유 섭취하고 애완동물 위생관리 등이 필요하다. 사람들은 일반적인 식중독 예방처럼 손 청결(생육작업 후), 개별밀봉 식품으로 냉장고 보관, 야채나 과일은 세척 후 섭취, 육류와 우유 등의 식품을 조리 후 섭취한다.

비교적 열에 약하여 65℃에서 10분, 72℃에서 30초 이상 가열하면 사멸하므로 가열조리 후 섭취하는 것이 바람직하다. 약독화 균주 백신을 사용을 사용되며 치료제로 항생제로 ampicillin, sulfanilamide, tertacycline 등을 사용한다.

7. Q열(Q-fever)

1) 병원균

병원균은 리케치아 일종인 *Coxiella burnetii* 이며 균체는 크기가 직경 0.2~0.4㎛ 길이 0.4~1.0㎛이다. 난형이나 간상균 등의 여러 가지 형태가 있으며 특징적인 성질은 감염세포 내에서 증식하면서 고도의 저항성을 가지는 아포와 같은 형태로 변형되며 열에 강하여 63℃의 저온 살균에서도 견딘다.

숙주세포 외부에서는 성장과 증식이 불가능하지만 균체가 포자 형태로 존재하기 때문에 열, 압력, 건조 상태와 여러 표준 소독제에 강한 내성을 나타낸다. 이와 같은 사실 때문에 이 균체가 열악한 조건하의 환경에서 수주로부터 수개월 동안 생존이 가능하다.

2) 유행특성

살아있는 세포내막에서만 증식하는 제4군 법정감염병으로 대부분의 경우는 불현성 감염으로 진행되어 젖, 소변, 분변 중에 배출되어 오염원이 된다. 오염된 우유나 음식 섭취를 통해서도 전염이 가능하며, 감염된 진드기에 물리거나 매우 드물지만 사람간 전염도 된다. 이 균속에 속하는 종은 Coxiella burnetii 하나뿐이며, 진드기, 가축, 애완용 동물 등이 보균숙주로 알려져 있고, 호흡기 또는 소화기 경로를 통하여 감염되는 것으로 추정하고 있다.

3) 증상

대부분의 경우는 불현성 감염으로 진행되지만 감염시 급성과 만성증상으로 진행된다. 급성 증상은 발병시 갑작스런 고열과 두통 및 근육통으로 증상이 시작되고 또한 감기와 비슷한 증상을 보이면서 폐렴, 고열, 오한, 권태감, 안구 후부의 통증, 심한 두통 또는 무기력 등의 증상이 1~2주에 걸쳐 진행된다. 급성 증상을 나타내는 환자의 1~11%는 만성으로 이행되며 1~20년 후에 치명적인 심내막염 증상을 나타낸다. 감염자중 2%정도가 사망한다.

4) 예방

감염경로가 불분명하지만 진드기와 같은 흡혈곤충의 박멸 필요하고, 동물의 적출물이나 배설물의 철저한 관리와 소독과 작업시 진드기 방제용 보호장구 착용 등이 필요하다.

Q열은 주로 수의사, 육류가공공장 종사자, 양 및 낙농 종사자, 목부, 실험실 연구원 등 감염 위험직업군에서 발생하기 때문에 양이나 염소의 축사로부터 태반, 출산 잔여물, 태아막, 유산태아 등의 물질을 적절한 방법으로 처리하여야 한다. 치료 항생제로는 독시사이클린, 수산화클로로퀸의 병행 투약을 1.5~3년 권장하고 있다.

8. 소해면상뇌증(광우병, BSE ; Bovine Spongiform Encephalopathy)

1) 병원균

병인체는 변형프리온(prion) 단백질로 추정하고 있다. 프리온은 분자생물학적으로 정상신경세포막에 존재하는 당단백질로서 정상프리온단백질(PrPc)은 α-helix 구조가 많고 β-sheet 구조가 적으나 변형프리온단백질은(PrPsc)은 α-helix 구조가 β-sheet 구조로 변형된 것이 특징이다.

변형프리온은 단백분해효소(proteinase)에 분해되지 않고 열, 자외선, 화학물질에 강한 저항성을 갖고 있으며, 133℃ 20분, 2% 차아염소산나트륨(sodium hypochlorite), 2N 가성소다(sodium hydroxide)에 감염력이 불활화된다.

2) 유행특성

변형프리온단백질은(PrPsc)은 감수성이 있는 숙주에게 감염될 수 있다. 소해면상뇌증(**BSE)**은 전염성해면상뇌증(TSE; Transmissible Spongiform Encephalopathy)의 일종으로 세포프리온단백질을 변형프리온단백질로 변형시키는 유전자를 가진 동물에서 발병한다.

변형프리온단백질에 오염된 조직과 접촉할 경우 감염될 수 있고, 감염되는 경우 감염으로 이완된 변형프리온단백질은 동물체에서 자연적으로 발생하는 세포프리온단백질을 변형프리온단백질로 변형시키고 이러한 변형을 반복하여 다른 세포프리온단백질을 변형시켜 기하급수적인 변형체가 증가된다. 이렇게 증가한 변형프리온단백질은 단백질 덩어리로 되어 조밀한 플라크섬유를 형성하고 결국에는 뇌속에 미세한 구멍이 생기는 해면상뇌조직으로 만들어져 감염동물이 사망한다.

3) 감염경로

소해면상뇌증(BSE)의 경우 현재까지 밝혀진 전파방법은 스크래피에 걸린 면양이나 소해면상뇌증에 감염된 소의 육골분 등이 함유된 사료를 섭취함으로써 감염이 이루어지는 것으로 보고되어 있고 접촉감염은 일어나지 않으며 수직전파의 가능성은 매우 낮지만 정확한 것은 밝혀져 있지 않다.

BSE(소해면상뇌증)는 인간에게 감염될 우려 때문에 관심을 끌고 있으며 소의 고기 특히 뇌, 척수, 내장 등 및 그 가공물을 먹은 인간에 전염될 수 있다고 여겨지고 있다. 현재로서는 BSE 감염을 치료할 방법이 없다.

흔히 부르는 광우병은 소해면상뇌증(小海綿狀腦症)으로 광우병이란 용어 자체는 일본식 용어로 일본에서조차 사용되지 않고 있다. 대한민국의 국립수의과학검역원은 소해면상뇌증이라는 용어 사용을 권장하고 있으며 영국과 일본 등에서는 학명인 'BSE'라고 통칭한다.

4) 증상

잠복기간은 비교적 길고 동물마다 약간의 차이가 있다. 감염시 우울증, 불안감 등 정신증상과 인지장애가 진행되어 수개월 후 사망한다.

5) 예방

철저한 수입검역, ※ 우리나라는 발병 사례가 없음

6) 유사 질병

양의 scrapie, 사람의 Creutzfeldt-JaKob(CJD)병, 고양이의 광묘병, 파푸아뉴기니의 포레족의 식인풍습 때문에 발병한 쿠루병, 사슴에게서 발생하는 광록병 등이 있다.

※ Creutzfeldt-JaKob(CJD) : 병의 진행이 수년간 걸리는 인간의 해면상 뇌질환으로 기억력 상실, 이상행동, 정신지체, 치매, 수족의 무의식적 운동 등

※ 변종 크로이츠펠트-야코프병(vCJD) : 소해면상뇌병증과 증상이나 병인체가 유사하기 때문에 소에게서 인간으로 전염된 것으로 추정된다.

9. 조류인플루엔자(AI ; Aavian influenza)

1) 병원균

병원체는 조류인플루엔자(Avian Influeza A Virus)의한 인체 급성 호흡기 감염병이다. AI 바이러스는 단일사슬의 나선형 RNA 바이러스로 제1종 가축감염병이다.

바이러스 표면단백질인 HA(Hemagglutinin), NA(Neuraminidase)에 따라 다양한 아형(H5N1, H7N9, H5N6, H9N2, H10N8 등)의 바이러스가 존재하고, 닭, 칠면조, 오리, 야생조류 등을 감염시키며 일반적으로 사람을 감염시키지 않으나,

최근 종간벽(Interspecies barrier)을 넘어 간헐적으로 인체감염을 발생된다. 「감염병 예방 및 관리에 관한 법률」에 따라 제4군감염병(동물인플루엔자)으로 지정되어 있다.

2) 감염경로

조류인플루엔자 바이러스에 감염된 가금류(닭, 오리, 칠면조 등)와의 접촉이나 감염된 조류의 배설물 및 분비물에 오염된 사물, 사료 등과의 접촉하여 발생하고, 드물게 사람간의 전파가 의심되는 사례가 보고되고 있으며 바이러스의 변이 등을 통해 사람간의 전파가 용이해질 가능성도 예상되고 있다.

3) 증상

결막염 증상부터 발열, 기침, 근육통 등 전형적인 인플루엔자 유사증상(Influenza-like illness)과 안구감염, 폐렴, 급성호흡기부전 등 중증 호흡기 질환까지 다양하고, 더러는 구역, 구토, 설사의 소화기 증상과 신경학적 증상을 일으키기도 한다.

4) 예방

철저한 방역과 식품은 70℃이상 가열 후 섭취, 감염 조류는 조기발견과 철저한 살처분 및 소독 매장, 작업시 보호장구 착용 등이다.

제4장 식품과 환경오염

산업 발전과 생활여건의 향상으로 산업체와 가정에서 배출되는 유해물질, 폐수, 분진 등과 농산물과 식품 생산에서 발생되는 다양한 질병관리를 위한 다양한 농약 사용, 각종 방사성 물질오염 등 광범위한 환경의 오염을 초래하고 있다.

각종 유해하거나 유독한 물질들이 식품의 생산이나 가공, 소비과정에 오염되어 급성 및 만성중독을 일으킬 수 있고, 오염물질들은 음료수나 생물자원 등에도 오염기회가 증가하여 식품위생, 보건위생 등에도 많은 문제점이 대두되고 있다. 대표적인 환경오염물질에 의한 중독으로 수은중독, 카드뮴중독, 크롬중독, PCB 중독 등이다.

4-1. 공장폐수로 인한 식품오염

공장폐수는 화학산업, 금속산업 등의 산업장에서 배출되는 유해물질은 무기성 폐수이고, 식품산업, 생물산업, 제약산업 등지의 산업시설에서는 유기성폐수를 주로 배출한다.

1. 무기성폐수

화학공장 폐수에서는 화학약품 성분, 유해 중금속 수은, 납, 카드뮴 등이 배출되어 오염된 어패류를 장기간 다량 섭취함으로써 발생하는 PCB중독, 페놀중독, 수은중독, 카드뮴중독 등이 발생되었다.

2. 유기성폐수

식품공장, 가축 및 농작물 재배시설, 어패류 양식장 등에서 나오는 유기성 폐수는 BOD가 높고 부유물질, 냄새 및 색소물질 등이 다량 배출되어 하천과 해수 오염, 음용수 등 공중보건상 여러 문제를 야기하기도 한다.

3. 중금속 주요 노출원

건축자재, 자동차산업, 항공산업, 전기 및 반도체산업, 유리산업, 색소와 염료 제조업, 탄광 및 금속재련업 등

1) 납 : 용접, 납땜, 축전지제조, 페인트 안료, 석유정제업 등

2) 수은 : 수은온도계, 수은등, 혈압계, 의약품, 수은아말감, 페인트와 목재업 등

3) 카드뮴 : 전기도금, 판금용접 ,합금 ,반도체, 축전지제조 등

4) 크롬 : 크롬도금, 피혁제조, 색소, 방부제, 스테인레스용접, 염색작업 등

5) 망간 : 철강제조, 용접봉제조 또는 용접작업 등

4-2. 환경오염 위해작용

1. 수은중독(水銀中毒, 미나마타병)

1) 원인물질

유기수은(메틸수은 등), 수은염(승홍, 감홍 등), 수은증기

2) 노출원

수은광산, 수은의 제련 및 정련, 온도계, 기압계, 전기계기, 수은의 증류작업장, 유기수은 제품 제조 및 사용 산업체

3) 발생원인

① 금속수은(Hg+)이 증기로 흡입, 금속수은이나 수은염은 산업장이나 오염물질

을 통하여 유입되고 유기수은은 플랑크톤과 어패류 등의 식품을 통하여 경구적으로 섭취되고 주로 메틸수은이 가장 유독하다.

② 수은중독 대부분 유기수은으로 주로 어패류 등을 통하여 인체로 이행된다.

③ 발생 예

공장폐수로 인하여 식품에 오염 중독된 대표적인 사례로 일본에서 아세트알데하이드(acetaldehyde) 합성에 사용한 메틸수은 화합물이 공장폐수 중에 함유되어 배출되어 플랑크톤(plankton)을 통하여 어패류에 축적되고, 이러한 어패류를 사람들이 섭취하여 유기수은이 인체내에 축적되어 수은중독을 야기하였다. 발생지역 미나마타시 명칭을 인용하여 미나나마병으로 명명하였다. 대표적인 수은중독 사례이다.

4) 중독증상

(1) 손발 지각이상, 언어장애, 정신장애, 보행곤란, 중심성 시야협착 등의 상태를 나타 남

(2) 메틸수은 특이적 중독증상인 Hunter Russell 증후군(실조, 구심성 시야협착, 운동장애) 증상이 있다.

5) 예방 및 치료

(1) 수은의 환경오염방지와 오염지역이나 식품의 위생관리 대책 필요

(2) 수은염 경구섭취시는 우유와 계란의 흰자를 마셔 토하게 하고, 위세척 및 활성탄, 하제를 투여, 마늘 섭취도 도움이 된다.

(3) AL(British Anti-Lewisite) 투여 ; 다이머카프롤(2,3-Dimercaprol)과 페니실라민(Penicillamine) 등의 킬레이트요법

2. 카드뮴중독(이타이이타이병)

1) 원인물질

카드뮴은 은백색의 전이금속 원소

2) 노출원

특수합금, 염화비늘 안정제, 안료, 도금용 소재, Ni-Cd 전지, 도금, 전자제품

3) 발생원인

(1) 아연, 납, 구리 등의 광석과 함께 불순물로 채취

(2) 아연, 구리, 카드뮴 광산에서 배출되는 폐수에 함유,

(3) 아연, 납-아연, 구리-아연 등의 광석 재련공장 폐수 용출

(4) 전기도금, 은땜, 전선, 건전지, 사진 등에 의한 산업폐수 및 토양오염

(5) 발생 예

공장폐수로 인한 카드뮴중독은 일본에서 발생한 이타이이타이병이 대표적인 사례이다. 카드뮴 도금 및 합금 제조공장과 아연제련 공장에서 카드뮴이 함유된 폐수를 배출하여 하천 하류 농경지의 농작물, 특히 쌀에 흡수되어 섭취한 사람들의 인체내에 축적되어 카드뮴의 만성축적중독을 일으킨 것으로 소위 이타이이타이병이라고 불렀다. 40세 이상의 농촌 여성, 특히 다산부(多産夫)에 많이 나타난 질환으로서 심한 요통, 보행곤란, 골연화증을 나타낸다.

4) 중독증상

카드뮴과 그 화합물이 인체에 접촉 · 흡수되면서 일어나는 장애

(1) 급성중독 증상

호흡곤란, 구토를 동반한 설사와 급성 위장염, 두통, 금속성 맛, 근육통, 복통,

체중감소, 간과 신장 기능장해

(2) 만성중독 증상

만성호흡기 질환(만성기관지염, 하부기도 진행성 섬유증, 폐기종, 기관지 확장증), 만성신장질환(세뇨관과 사구체 기능저하), 뼈의 장애(칼슘의 소실 및 뼈의 통증, 골연화증, 골다공증) 등

5) 예방 및 치료

(1) 광산, 제련공장 등 카드뮴 오염폐수, 토양 등의 관리

(2) 오염된 토양의 농산물이나 음용수 관리 등에 대한 대책

(3) 산업시설과 함유제품의 수거와 관리 대책 등이 필요

(4) 치료법은 효율적인 치료법은 없으며 증상을 완화, 골격 취약성 보완 치료 정도

(5) 비타민 D를 다량 투여하거나 그 외 보조적인 방법으로 치료

(6) BAL이나 Ca-EDTA 등 금속배설 촉진제의 사용 금지

(7) 산소호흡과 적절한 양의 스테로이드 투여

(8) 비타민 D 피하주사

3. 크롬중독

1) 원인물질

6가크롬, 3가 크롬

2) 노출원

크롬광 제련, 금속제조업, 내화벽돌, 색소제조 및 도장, 도금업, 목재 보존재, 천연피혁제조

3) 발생원인

① 호흡기를 통한 흡수로 6가 크롬화합물이 3가 크롬화합물보다 흡수가 높음

② 6가 크롬은 생체막을 용이하게 통과하여 3가로 환원

4) 배설

소변(50%), 대변 미량 , 반감기 : 동물실험시 6가 크롬은 22일, 3가 크롬은 92일이다

5) 중독증상

일명 비중격천공(鼻中隔穿孔) 즉, 콧구멍에 구멍이 뚫리는 병

(1) 급성중독 증상

심한 신장장해(심한 과뇨증 발생 후 무뇨증 유발), 위장장해(심한 복통과 빈혈 및 심한 설사와 구토), 급성 폐렴 등

(2) 만성중독 증상

코, 폐, 위장 점막에 병변 발생, 위장장해(기침, 두통, 호흡곤란, 심호흡시 흉통, 발열, 체중감소, 식욕감퇴, 구역, 구토 등), 기도와 기관지 자극증상과 부종 발생, 피부장애(자극성 접촉피부염과 알레르기성 접촉피부염), 점막장해(눈의 점막 : 눈물, 결막 염증, 눈꺼풀과 결막의 궤양), 비(鼻)점막(비염→ 회백색의 반점 → 종창→ 궤양 → 비중격 천공)

6) 예방 및 치료

① 일시적으로 크롬을 섭취시 우유, 달깔흰자위를 마시고, 환원제로 비타민 C를 섭취

② 만성크롬중독시에는 더 이상의 노출 금지.

4. 납중독

1) 원인물질

무기납(금속납, 질산납 등), 유기납(4알킬연) 등

2) 노출원

페인트, 그릇 등 납을 사용한 생활용품, 납을 함유한 분진(먼지)과 증기, 오염된 어패류 등 식품, 산업장 및 산업폐수, 광산, 석유 매연, 각종 금속제품 등

3) 발생원인

(1) 신경독성에 있어서는 무기납보다 4알킬연(유기납)이 더 강합니다.

(2) 500~600°C의 열을 가열하면 많은 양의 납 증기를 발생시킨다.

(3) 납 중독은 납을 원료로 쓰는 작업장에서 납 증기를 흡입함으로써 주로 발생하지만,

(4) 납 작업장으로 크리스털 유리 제조 공정, 자동차 라디에이터 수리작업, 납 광산의 광부, 납땜 작업, 전선제조작업, 활자주조, 자동차 수리작업, 도자기 작업 등.

(5) 납안료, 광택제를 사용하는 도기를 사용한 음료수, 식품 등

(6) 유연 휘발유 매연, 납땜 제품, 납을 함유한 페인트, 안료 등으로 오염된 장소

4) 중독증상

식욕부진, 체중감소, 복부의 불쾌감 및 복통, 변비, 관절통증, 팔과 다리의 마비, 무기력, 권태감, 어지러움 등

5) 예방 및 치료

① 노출 위험 작업장에서는 특급 방진 마스크, 작업복, 보안경(납분진, 납증기), 개인위생

② 납에 오염된 식품과 유해물질의 노출을 억제

③ 정기적인 건강진단 및 혈중 납 농도 모니터링

④ 납 노출과 납 흡수 기회 최소화 환경이나 생활

⑤ 혈액속의 납 농도가 감시와 필요시 칼슘, 철, 비타민 C가 함유된 균형식단

⑥ 혈액 납 농도가 높은 경우에는 병원에서 해독 치료가 필요

⑦ Ca-EDTA, 페니실아민, DMSA 등이 치료제로 몸속의 납을 흡착시켜 배출

5. PCB중독

1) 원인물질

PCB(Polychlorinated biphenyl, 폴리염화비페닐), 산업용 전기절연 용도

2) 노출원

전기변압기 및 축전기 등의 냉각과 단열재, 살충제, 소화제, 밀봉제, 접착제, 도료, 윤활제, 가스터빈, 석유 첨가제, 열 전달액 등 다양하게 사용되었으나 1970년대에 이들의 독성이 확인되면서 전 세계적으로 사용이 금지 되었다.

3) 발생원인

(1) 과거에 제조된 변압기나 축전기, 이를 사용한 전자제품이 폐기시 유출되어 공기, 토양 및 표층수와 해수를 오염시키고 있다. PCB는 지용성으로 거의 분해되지 않고, 토양과 지하수에 오랫동안 남아 유기체(플랑크톤, 어류 등)에 축적되고 먹이사슬을 통하여 인간에게 이행되고 있다. 생선, 고기와 유제품을 통한 섭

취가 주된 경로가 되고 있다.

(2) 미강유중독 사고(카네미 유증사건)

1968년 카네미창고(주) 제조·판매한 미강유(米糠油)라는 쌀겨식용유를 먹은 나가사키현과 후쿠오카현 등지의 소비자들이 식용유의 제조과정(탈취공정)에서 섞여 들어간 맹독성 유기염소화합물(PCB, PCDF 등)을 지속적으로 섭취하여 발생한 식품공해(중독) 사건

4) 중독증상

(1) 주요증상

여드름 모양의 피부발진, 발한과다, 모공확대, 피부의 각질화, 눈곱과 손발톱 및 잇몸에 색소침착, 손톱변형, 눈꺼풀과 관절의 종창, 심해지면 간경변, 간종양, 발육부진, 부종, 탈모, 염소여드름, 간비대, 발암성 등

(2) 만성중독

간장애, 안지분비과다, 성장지연, 성욕감퇴, 내분비교란, 말초신경장애, 탈모 등과, 염색체 이상으로 유전적 기형, 돌연변이, 호르몬 관련 질환 등

5) 예방 및 치료

(1) 대부분의 폴리염화비페닐은 환경 또는 직업적으로 노출되어 중독되고 증상이나 증후가 지연되어 나타난다.

(2) 세계적으로 1970년대부터는 생산 및 사용을 금지 규제하기 시작하였고, 한국을 포함한 많은 국가에서 현재는 생산 및 사용이 법적으로 금지되어 있다.

(3) 특별한 치료법은 없고, 보존적인 치료만이 있다.

4-3. 농약에 의한 식품오염

1. 농약의 특성과 분류

농작물의 병.해충 방제를 위하여 사용되는 필수불가결한 화학물질인 농약은 사람과 동물에게도 급성중독에 의한 사고를 일으킬 수 있고, 식품중의 안전성 확보를 위해서도 농약에 대한 만성중독이 식품위생상 문제가 된다. 점차 인체에 보다 덜 유해한 농약이 개발되고, 위생행적으로도 점차 생산과 사용을 규제하거나 금지하여 왔다.

* 농약의 잔류성

잔류성	잔류기간	농약분류	농약명
비잔류성	1-12주	유기인계, 카바메이트계	Malathion, methyl-parathion, Parathion, carbaryl 등
보통잔류성	1-18개월	-	2,4-D, atrazine 등
잔류성	2-5년	유기염제	DDT, BHC, lindane, chlordane, Aldrin, eldrin, camphechlor, Heptachlor 등
비영구잔류성	연구잔류	수은, 비소, 납의 화합물	Alkyl mercury, lead acetate, Arsenate 등

1) 농약관리법

한국에서는 농약 제조.수입회사 등에서 농림수산식품부에서 『농약관리법』에 의한 안전성, 약효 및 약해, 농산물의 잔류 등에 엄격히 관리하고 있다. 또한 농작물의 안전성을 위하여 농약관리법에 의한 농약의 안전사용기준에 따라 농약을 사용하고 있다.

2) 식품위생법

사용 가능한 농약성분에 대하여 식품의약품안전청장이 농약에 대한 독성 등 안전성 자료 및 농산물 잔류 자료를 바탕으로 농약잔류허용기준을 고시하고, 엄격하게 관리하고 있다.

4-4. 농약의 분류와 종류

* 농약의 기능별 분류

분류 기준	농약 종류
대상 목적	살충제(Insecticide) 살균제(Fungicide) 제초제(Herbicide) 살비제(Acaricide) 살선충제(Nematocide) 살서제(Rodenticide) 식물생장조절제(Plant Growth Regulator)
화학성분	무기농약(무기황제, 비소제 등) 천연유기농약(담배의 니코틴 등) 유기합성농약(Organophosphorous, Organochlorine, Phenoxy, Carbamate, Pyrethroid, Triazine 등)
제형	유제(Emulsifiable Concentrate) 수화제(Wettable Powder) 액제(Soluble Concentrate) 수용제(Water Soluble Powder) 분제(Dustable Powder) 입제(Granule) 연무제(Aerosol) 훈연제(Smoking Generator)
독성	맹독성, 고독성, 보통독성, 저독성, 미독성

1. 사용목적 및 작용 특성에 따른 분류

1) 살균제

(1) 보호살균제 : 석회보르도액 등

① 병원균의 포자가 발아하여 식물체 내로 침입하는 것을 방지

② 병이 발생하기 전에 작물체에 처리하여 예방을 목적으로 사용

③ 약효 지속기간이 길어야 하며 물리적으로 부착성 및 고착성이 양호

(2) 직접살균제 : 항생물질 등

① 병원균의 발아, 침입, 병원균 증식을 억제하는 약제로 치료 목적으로 사용

② 발병 전후에 방제

(3) 기타

① 종자소독제 : 종자나 종묘에 감염된 병원균을 방지

② 토양소독제 : 토양중의 병원균을 사멸

③ 방부제 : 과실의 저장 중 부패를 방지

2) 살충제

(1) 소화중독제

식물의 잎에 농약을 살포하여 부착시켜 먹이와 함께 농약을 소화기관내로 흡수되어 독작용을 일으키는 약제

(2) 접촉독제

해충의 피부에 접촉되어 체내로 흡입되어 독작용을 나타내는 약제

① 직접접촉제 : 직접 해충에 약제가 접촉 독작용

② 잔류성접촉제 : 살포된 장소에 농약이 잔류하면서 해충에 접촉되어 독작용

(3) 침투성살충제

식물의 잎 또는 뿌리에 살포되어 식물체 내로 흡수 이행되어 흡즙(吸汁)해충에게 독성을 일으키는 약제

(4) 유인제

살포된 약제로 해충을 유인시켜 살해하는 약제

(5) 기피제

농작물이나 저장 농산물에 해충이 접근하지 못하게 하는 약제

3) 생물농약 : 해충 천적, 병원균 길항 미생물 등

4) 불임법 : 해충을 불임화시켜 번식을 못하게 하는 방법

5) 살비제 : 응애류에 대해서만 선택적 효력을 나타내는 약제

6) 살선충제 : 선충을 구제하는 약제

7) 제초제 : 유해 식물인 잡초를 제거하기 위하여 사용되는 약제

(1) 작용 특성에 따라서 선택성 제초제, 비선택성 제초제로 구분

(2) 작용 기작에 따라서 광합성 저해제, 광합성화 독물생산제, 산화적 인산화 저해제, 식물호르몬 작용저해제, 단백질 합성저해제 등으로 구분

(3) 사용 시기에 따라서 발아 전 처리제, 발아후 처리제로 구분

(4) 처리 부위에 따라서 토양처리제 및 경엽처리제로 구분

8) 식물 생장조정제

식물의 생장 촉진 또는 억제, 개화 촉진, 착색 촉진, 낙과 방지 또는 촉진 등 식물의 생육을 조정하기 위한 목적으로 사용되는 약제

9) 혼합제

사용목적이나 사용특성이 다른 2종 혹은 그 이상의 약제를 혼합하여 하나의 제형으로 만든 약제

(1) 병과 해충을 동시에 방제하는 목적의 살균살충제, 2종 또는 그 이상의 병해 또는 해충을 동시에 방제하기 위한 혼합살균제, 혼합살충제가 있음

(2) 1년생 및 다년생 잡초를 동시에 방제하는 혼합제초제 등이 있다.

10) 보조제

농약의 효력을 증진시키기 위하여 사용하는 약제

(1) 전착제 : 농약이 병해충이나 식물체에 잘 전착되도록 도와주는 약제

(2) 증량제 : 농약의 농도를 낮추어 사용하기 위하여 사용하는 보조제

(3) 용제 : 약제의 유효성분을 녹이는데 사용하는 약제

(4) 유화제 : 유제의 유화성을 높이는데 사용하는 계면활성제

(5) 협력제 : 유효성분의 효력을 증진시킬 목적으로 사용하는 약제

2. 주성분 조성에 따른 분류

1) 유기인계 농약

인을 중심으로 각종 원자 또는 원자단으로 결합된 농약류

2) 카바메이트계 농약

카바민산과 아민의 반응에 의하여 얻어지는 화합물

3) 유기 염소계 농약

화합물의 분자구조 내에 염소 원자를 많이 함유하고 있는 농약

4) 유황계 농약

무기 또는 유기 유황화합물로 무기 유황화합물로 석회유황합제, 유황수화제가 있고, 유기 유황화합물로 마네브, 자네브 등이 있으며 대부분 살균제이다.

5) 동계 농약

구리가 함유된 화합물로 무기동제로 석회보르도액, 동수화제 등이 있고, 유기동제로 옥신쿠페, 쿠페하이드록시퀴노린 등이 있고, 주로 살균제로 사용 된다.

6) 유기비소계 농약

구조적으로 R은 방향족 또는 지방족기, X는 염소, 산소, 유황 등으로 이루어진 약제로 네오아진이 있다.

7) 항생 물질계 농약

미생물이 분비하는 물질인 항생제로 주로 살균제로 사용

8) 피레스로이드계 농약

제충국 살충성분인 피레스린 근연 화합물로 주로 살충제로 사용

9) 페녹시계 농약

분자구조내 페녹시기를 함유하고 있는 농약으로 이사디, MCPA(엠씨피에이), 이사오 티피 등이 있다.

10) 트리아진계 농약

분자구조내에 질소를 3개 가지는 트리아진 골격을 함유하는 화합물로 다이렌 등이 있다.

11) 요소계 농약

분자구조 내에 요소 골격을 가지는 화합물로 리누론, 디우론 등이 있다.

12) 기타 농약

유기수은계, 유기니켈계, 유기주석계 등의 유기 금속화합물과 퀴노린계, 페놀계, 디나이트로아니린계, 나이트릴계, 아마이드계등 각종 유기화합농약 등이 있다.

3. 농약 형태에 따른 분류

1) 유제

농약성분을 용제에 녹여 유화제(계면활성제)를 첨가한 유제

2) 수화제 및 수용제

(1) 수화제

물에 불용성인 농약을 화이트카본, 중량제 및 계면활성제와 혼합, 분쇄한 제제로 물에 희석한 현탁액

(2) 수용제

농약성분이 수용성이고 첨가하는 중량제가 유안이나 망초, 설탕 등의 수용성인 물질을 사용하여 조제한 투명한 살포액

3) 분제

농약을 중량제, 물리성 개량제, 분해방지제 등과 균일하게 혼합, 분쇄한 제재

4) 입제

농약의 성분을 중량제, 점결제, 계면활성제를 혼합하여 입상으로 만든 제재

5) 액제

수용성이며 가수분해의 우려가 없는 농약의 경우 물에 녹여 계면활성제나 동결방지제를 첨가한 제재

6) 액상수화제

농약성분이 고체로 물이나 용제에 잘 녹지 않는 경우 액상 형태로 만든 것으로 물에 분산시킨 현탁제재

7) 미립제

입제와 같은 제조방법으로 만들며 제재로 미립제의 입도 범위가 62~219㎛ 크기로 이루어진 입제

8) DL분제

분제의 일종이나 10㎛이하의 미립자를 최소한의 중량제와 응집제를 첨가하여 표류와 비산을 방지하기 위하여 개발된 제형으로 일반 분제와 구분하여 DL분제라 한다.

9) 훈증제

비점이 낮은 농약성분을 액상, 고상 또는 압축가스상으로 용기에 충진한 제재

10) 정제

분제와 수화제 등의 농약을 일정한 크기로 만든 것

11) 기타

일정한 용기 내에 가압, 충진한 연무제, 농약을 풀과 같이 만든 도포제, 농약의 주제와 발연제를 혼합 제제한 훈연제, 사용자의 안전을 위한 캡슐제, 또한 새로운 제형으로 현탁제, 미탁제, 분산성액제, 입상수화제 등이 있다.

제5장 식중독

5-1. 식중독 정의와 분류

1. 식중독의 정의

식중독이란 식품에 의해서 일어나는 급성위장염 증상을 주요 증상으로 하는 건강장애를 말한다. 그러나 영양실조, 영양과잉, 소화흡수 문제는 제외한다. 또한 경구적 감염 감염병이나 기생충증도 포함시키지 않는다.

2. 식중독의 분류

1) 세균성 식중독

(1) 감염형 : 세균의 체내 감염과 증식이 원인

(2) 독소형 : 세균의 증식으로 생성된 독소가 원인

* 알레르기성 식중독 : 단백질 부패 생성물이 원인

(3) 중간형 : 감염형과 독소형이 함께 원인

2) 바이러스성 식중독 : 바이러스가 기원 식중독

3) 자연독 식중독

(1) 식물성 식중독 : 독초를 요용하여 발생하거나 특정부위의 독물을 섭취

(2) 동물성 식중독 : 독성물질이 장기 혹은 특정 환경조건에서 유독화되어 발생

4) 화학성 식중독 : 화학물질의 식품 혼입으로 발생

5) 곰팡이성 식중독 : 곰팡이의 번식으로 생성되는 곰팡이독(Mycotoxin)이 원인

5-2. 세균성 식중독

1. 감염형 식중독

감염형 식중독은 섭취된 음식물과 함께 혼입된 식중독 미생물이 원인이며 체내에서 증식되어 점차 증상이 강해진다. 일반적인 식중독 형태로 살모넬라 식중독, 장염 비브리오 식중독, 병원성 대장균 식중독, Proteus 식중독, 아리조나균 식중독, 웰치균 식중독 등이다.

1) 살모넬라 식중독

(1) 원인균 : *Salmonella enteritidis, S. Typhimurium, S. Cholerasuis* 등

① 장내세균과에 속하는 아포가 없는 그람음성의 간균으로 편모가 있으며 운동성이 있다.

② 호기성 또는 통성혐기성이며 60℃에서 20분 이내에 사멸한다.

(2) 중독증상

① 잠복기 : 보통 12~24 시간

② 주증상 : 메스꺼움, 구토, 설사, 발열(심한 경우 39℃ 이상)이며 전신권태, 식욕감퇴, 두통, 구토, 현기증 등을 수반한다. 심한 경우 탈수증상, 쇼크, 혼수상태를 거쳐 사망, 치사율은 1% 이하이다.

(3) 감염원과 감염경로

① 감염원 : 감염된 쥐, 가축, 가금류, 파리 및 바퀴 등, 이들의 배설물이 감염원이 된다.

② 감염경로 : 감염원으로부터 오염된 식품, 감염된 동물의 고기, 유즙, 알이나 가공품

(4) 원인식품 : 육류, 우유, 달걀 등과 그 가공품, 어패류와 그 가공품, 도시락, 튀김, 어육연제품 등

(5) 발생상황 : 주로 5~9월에 많이 발생한다.

(6) 예방법 : 감염원(쥐, 파리, 바퀴 등) 침입 방지(방충 및 방서 시설), 보균자에 의해 오염방지(보균자 급식 종사자에서 배제), 식품을 저온보존과 섭추전 재가열, 특히 가금류 및 그 가공품에서 오염과 발생이 쉬우므로 주의한다.

2) 장염비브리오 식중독

(1) 원인균 : *Vibrio parahaemolyticus*

① 호염성균으로 3% 전후의 소금농도에서 가장 잘 발육, 통성혐기성 비아포형성균

② 편모가 있는 운동성 간균이고, 장내에서 증식이 잘 됨,

③ 최적 발육온도는 30~37℃, 10℃이하에서는 발육이 불가능하다.

④ 최적 pH는 7.5~8.0, 열에 약하여 55~60℃에서 5~10분내에 사멸

⑤ 식염 10%이상의 농도에서는 성장이 정지되지만 발육속도가 매우 빨라 1세대가 10~12분으로 대장균과 이질균의 약 2배 정도된다.

⑥ 보통 적당한 염분이 있는 신선한 식품 중에서 2~3시간에 발병 균량에 도달할 수 있다.

(2) 중독증상

① 잠복기 : 보통 10~18시간(섭취한 균량이 많을수록 잠복기간은 짧아 짐)

② 주증상 : 복통, 설사, 구토, 발열 등의 전형적인 급성위장염 증상, 1~3일에 회복되며 치사율은 낮다.

(3) 감염원과 감염경로

① 감염원 : 오염된 해수가 감염원으로 오염된 어패류와 조리시 오염된 조리

대, 도마, 식칼, 행주 등

② 감염경로 : 오염된 연안의 해수, 플랑크톤 등에 분포하며 식품에 2차 감염과 환자의 분변도 감염원이 될 수 있다.

(4) 원인식품

① 어패류 생식, 회나 초밥이 주원인, 젓갈류나 염장식품도 원인식품

② 어패류 가공품이나 2차 오염된 도시락, 야채샐러드 등

(5) 발생상황 : 어패류의 생식이 많은 5~11월에 발생하며 주로 7~9월 가장 많다.

(6) 예방법

① 냉장 : 4℃이하에서는 사멸, 냉장 저장.

② 담수에 약하므로 담수로 깨끗이 세척

③ 섭취 전 가열 : 열에 약하여 가열시 쉽게 사멸

④ 유행시기나 지역에서 여름철에 어패류의 생식을 금함

⑤ 2차 오염 : 식품간 오염, 조리기구, 행주 등 조리도구 세척과 소독

3) 병원성 대장균 식중독

(1) 원인균 : *E. Coli* 중 병원성인 pathogenic *E. Coli*

① 장관 내에 상주하는 정상세균으로 그람음성 무포자간균, 최적온도는 37℃이다.

② 젖당이나 포도당을 분해해서 가스를 생성하는 호기성 또는 통성혐기성균

③ 비병원성 대장균과 차이가 없으며 항원의 차이가 있어 혈청학적으로 구분한다.

④ 병원성대장균은 장관에 상주하지는 않지만 경구적 침입으로 체내 증식하여 소아에게는 설사증상, 성인에게 장염을 일으킨다.

⑤ 병원성 대장균(Pathogenic E. Coli)은 혈청학적 분류법으로 분류

⑥ 발병양상에 따른 분류

가. 장관출혈성 대장균(enterohemorrhagic *E. Coli* : EHEC) : 베로톡신(verotoxin) 생성

나. 장관독소형 대장균(enterotoxigenic *E. Coli* : ETEC) : enterotoxin 생성

다. 장관침투성 대장균(enteroinvasive *E. Coli* : EIEC) : 대장 점막의 상피 세포에 침입

라. 장관병원성 대장균(enteropathogenic *E. Coli* : EPEC) : 급성위장염 유발

(2) 중독증상

① 잠복기 : 평균 10~24시간, 때로는 3~4일이 되는 경우도 있다.

② 주증상 : 설사를 주로하는 복통, 두통, 발열, 구토 등을 수반하는 급성위장염 증상

③ 보통 성인의 경우 3~5일이면 회복되지만 유유아(乳幼兒)에서는 잠복기가 짧고 증상이 강하여 사망할 수도 있다.

(3) 감염원과 감염경로

① 감염원 : 환자나 보균자의 분변

② 감염경로 : 식품 중에 1, 2차 오염이 가능하고, 집단 탁아소나 유치원 등에서는 전염성이 강하다.

(4) 원인식품 : 병원성대장균에 오염된 모든 식품, 유아의 경우는 오염된 우유가 원인이며, 햄, 소시지, 치즈 등의 유가공품을 비롯해서 야채샐러드나 두부 등을 통해서도 중독될 수 있다.

(5) 발생상황 : 계절에 관계없이 연중 발생(여름철에 다소 많음)

(6) 예방법

① 사람이나 동물의 분변에 오염 예방 및 보균자(특히 성인보균자) 접촉 유의

② 젖먹이 유아에 취약하며 기저귀, 침구, 식기 등 유아용품의 소독 철저

4) E. Coli O157(병원성 대장균 O-157:H7) 식중독

(1) 원인균 : *Escherlchis coli* O-157:H7

① 사람이나 가축의 장내에 생존하는 세균으로, 대장균의 일종

② 대장균 중 O-157 항원과 H7 항원을 갖는 장관에 출혈성 병원성 대장균

③ 주요 원인 경로는 가축이며 육류와 그 가공품이 주요 원인식품이다.

④ 세포벽 단백질 항원(O항원) 157번과 되었고, 섬모의 단백질 항원(H항원) 7번 항원이 있는 대장균으로 *Escherlchis coli* O-157:H7로 명명한다.

⑤ 일본과 미국 등지에서 대단위 발생 예가 있으며 한국에서는 1997년 미국 수입 쇠고기에서 검출된 경우가 있다.

(2) 중독증상 : 장관에 출혈성 병원성 대장균 식중독

(3) 감염원과 감염경로

① 감염원 : 충분히 익히지 않은 쇠고기, 생우유, 오염된 물

② 감염경로 : 오염식품과 감염자의 분변으로부터 이행

(4) 원인식품 : 오염된 덜 익은 쇠고기

(5) 발생상황 : 주로 수입 쇠고기에서 발생

(6) 예방법

① 식품의 보존.운반.조리과정을 위생적으로 취급하고 오염이 우려 되는 것은 충분히 가열할 것

② 쇠고기나 육류를 충분히 가열 후 섭취

③ 감염자, 오염된 손과 조리기구 등 위생관리와 소독

5) 웰치 식중독(클로스트리디움 퍼프린젠스)

(1) 원인균 : *Clostridium perfringens*(또는 *Clostridium welchii*)

① 사람이나 동물의 장관에 상주하는 편성혐기성 간균으로 아포를 만들며 물,

우유, 토양, 식품 등에 널리 분포하고, 내열성 아포는 100℃에서 4시간 가열하여도 죽지 않는다.

② 감염형과 독소형 구분이 어려우며 식중독 원인균은 A형과 F형으로 주로 A형이 발생되고 F형은 드물다.

③ 편성혐기성 간균으로 혐기성 상태에서만 발육하기 때문에 주로 다량의 단백질 조리식품에서 발생되고, 탄수화물 식품에서는 발생하지 않는다.

④ 발육최적온도가 43~47℃, 최적 pH 5.5~8.0 등으로 가열 후 급랭하지 않은 보관식품에서 주로 발생한다.

(2) 중독증상

① 잠복기 : 잠복기는 8~20시간(A형), 평균 12시간

② 주증상 : 복통과 수인성 설사, 보통 경증이며 1~2일에 완전히 회복된다.

* F형의 경우 잠복기가 2~3시간, 메스꺼움, 구토, 격심한 하복통, 점혈변의 심한 설사를 일으키며 치사율이 높다. 발병 사례가 매우 드물다.

(3) 감염원과 감염경로

① 감염원 : 오염된 식품, 조리실

② 감염경로 : 보균자, 오염된 가축, 쥐 및 곤충류, 오염된 조리실의 하수, 오물, 쥐나 가축 등의 분변 등을 통하여 식품 오염

(4) 원인식품 : 동식물 단백질 식품(식육, 식육제품, 식물성 단백질 식품)

(5) 발생상황 : 주로 미국 등지에서 발생(발생 식중독의 약 30%)

(6) 예방법

① 혐기성 조건에 보관을 피하고, 작은 단위로 보관

② 조리 후 가능한 빨리 먹고, 급냉보관하거나 보관시에는 먹기 직전에 충분히 가열

2. 독소형 식중독

1) 황색 포도상구균 식중독

(1) 원인균 : *Staphylococcus aureus*

① 화농 질환에 다량 서식하는 그람양성의 통성 혐기성균으로 자연계에도 많다.

② 최적 증식온도 35~37℃, 균체는 열에 약해 74℃에서 1분 이상의 가열하면 사멸

③ 식중독이 원인이 되는 장독소는 내열성으로 120℃에서 20분간 가열해도 완전히 파괴되지 않는다.

④ 세균성 식중독 중에서 잠복기가 가장 짧다.

(2) 원인독소 : 장독소(enterotoxin)

(3) 중독증상

① 잠복기 : 1~6시간, 평균 3시간 전후로 세균성 식중독 중에 가장 짧다.

② 주증상 : 발병은 급격하며 주로 급성위장염 증상으로 메스꺼움과 구토, 설사 등, 1~3일 후에 회복되며 사망하는 일은 거의 없다.

(4) 감염원과 감염경로

① 감염원 : 사람의 화농소(피부염증), 기관지나 인후에 존재하는 포도상구균

② 감염경로 : 손, 기침, 재채기 등으로 식품에 오염되거나 쥐나 자연 중에 존재하는 감염원으로부터 전파됨

(5) 원인식품 : 우유와 그 가공품인 크림, 유과, 버터, 치즈, 육제품, 난제품, 김밥, 도시락, 빵 등의 전분질 식품

(6) 발생상황 : 사계절을 통하여 발생하며 기온이 높은 5~9월에 발생이 많다.

(7) 예방법

① 화농성 질환이나 인후염 환자는 조리 및 가공에서 배제

② 식품을 저온 저장하여 균의 증식과 독소 생성을 예방

③ 조리된 식품은 빨리 먹고, 실온에서 오랫동안 방치하지 않음

④ 조리 종사자는 위생복, 마스크, 장갑 착용 등 적극적인 오염을 방지

⑤ 유방염에 의하여 우유가 오염을 주의

2) 보툴리누스 식중독

(1) 원인균 : *Clostridium botulinus*(보툴리누스균)

① 그람양성 간균으로 편성혐기성의 아포형성균

② 아포는 내열성이 매우 강하고, 식중독은 생육시 생성된 신경 독소이다.

③ 신경독소(neurotoxin)는 80℃에서 20~30분간, 100℃에서 2~3분간 가열하면 파괴되어 독성을 상실된다.

④ 식중독균은 A~F의 6형으로 분류하며 사람에게 중독을 일으키는 것은 A, B, E형이다.

⑤ 자연계 존재 독소 중 가장 강력하고, 세균성 식중독 중 치사율이 가장 높다.

(2) 원인독소

신경독소(neurotoxin), 이열성으로 가열시 쉽게 파괴 됨

(3) 중독증상

① 잠복기 : 보통 12~36시간이지만, 빠르면 5~6시간, 늦으면 72시간 이상이다. 보통 잠복기가 짧을수록 중증이며 E형은 A, B형보다 잠복기가 짧다.

③ 주증상 : 메스꺼움, 구토, 복통, 설사에 이어서 특유의 신경증상이 나타나고, 신경증상은 시력저하, 복시, 동공확대, 광선자극에 대한 무반응 등과 인후부의 마비, 언어장애, 연하곤란, 사지운동마비 등, 치사율은 30~80%, 세균성 식중독 중에서 가장 높다.

(4) 감염원과 감염경로

① 감염원 : 토양, 하천, 호수, 갯벌, 동물 분변, E형은 어류, 갑각류의 장관 등에도 분포

② 감염경로 : 육류, 야채, 어패류가 1차 오염되어 감염원이 된다.

(5) 원인식품 : 부적당한 멸균처리 통조림, 병조림, 어류 훈연제품, 햄, 소시지 등 가열처리 후 밀봉 저장된 식품, 일본에서는 초밥에서 흔히 발생

(6) 발생상황 : 미국과 일본 등지에 많고, 한국에서는 발생이 드물다. 계절과 무관하게 발생

(7) 예방법

① 식품이 오염 방지와 통조림이나 병조림 제조시 철저한 멸균

② 독소는 열에 약하므로 섭취 전에 충분히 가열

3. 기타 식중독

1) 아리조나균 식중독

(1) 원인균 : *Salmonella arizona*

미국 아리조나에서 분리, 파충류의 장관 상주균

(2) 중독증상

① 잠복기 : 보통 10~12시간

② 주증상 : 복통, 설사, 더러는 고열이 있음

(3) 감염원과 감염경로

① 감염원 : 파충류(도마뱀 등), 가금류(닭, 오리, 칠면조 등)

② 감염경로 ; Salmonella 식중독과 유사

(4) 원인식품 ; 가금류(닭, 오리, 칠면조) 알과 그 가공품

(5) 예방법

① 방충, 방서시설에 의한 오염 차단

② 식품의 가열살균, 저온에서 단시간 저장

2) 리스테리아 식중독

(1) 원인균 : *Listeria monocytogenes*

① 그람양성, 통성혐기성, 무아포 간균으로 주모성 편모가 있다.

② 최적온도 30~37℃, 4℃에서도 발육 가능하며 0~45℃의 넓은 범위에서 증식이 가능

③ 발육 pH 범위는 5.6~9.6, 식염에 내성이 있어 6% 식염에서도 생존 가능하다.

④ 비교적 열에 약하여 65℃ 이상에서 수분 가열시 사멸

⑤ 냉장온도에서 성장이 가능 하므로 cold chain이 잘 발달되어 있는 선진국에서 많이 발생하는 선진국형 식중독

(2) 중독증상

① 잠복기 : 12시간에서 2~3개월

② 주증상 : 가벼운 권태감, 발열 등의 증상 및 구토, 설사, 패혈증, 수막염, 유산 등

가. 임산부, 신생아 및 노약자 : 패혈증, 수막염, 뇌수막염 등 발생률이 높음

나. 소, 양, 돼지 등 동물이나 조류 : 뇌염과 유산, 패혈증 유발

(3) 감염원과 감염경로

① 감염원 : 오염된 식품, 감염된 동물

② 감염경로 : 오염 식품 섭취나 감염동물의 접촉

③ 장관내 감염 리스테리아균은 혈액을 통하여 전신에 퍼지며, 특히 중추신경계와 태반에서 병을 유발하고, 산모에서 태아에게 전염이 될 수 있다.

(4) 원인식품 : 가축의 장관, 토양, 채소, 아이스크림, 냉동만두, 수산물 등

(5) 예방법

① 과일 상처 부위에 오염되는 경우가 많아 주의하고, 과피는 세척제로 깨끗하게 세척

② 리스테리아감염을 예방할 수 있는 백신은 아직 없으며 감염되지 않게 주의

③ 육류 등 음식물을 익혀 먹고, 채소류는 깨끗이 씻고, 유제품은 멸균·살균처리하여 섭취

④ 손과 칼, 도마 등 주방용 기기를 깨끗이 씻고, 냉장고 안을 규칙적으로 소독한다.

⑤ 고위험군 환자들은 치즈나 조리되어 판매하는 제품 등의 음식물은 먹지 않는 것이 좋다.

3) 바실러스 세레우스 식중독

(1) 원인균 : *Bacillus cereus*

① 자연계에 널리 분포하고, 특히 전분성 식품에 많다.

② 전분분해작용, 단백소화작용이 강하며 균체외독소(enterotoxin)를 생성

③ 통성 혐기성으로 최적온도 28~35℃이고 아포형성균으로 아포는 내열성이며 135℃로 4시간 가열하여도 죽지 않는다.

(2) 중독증상

① 잠복기 : 보통 8~16시간, 평균 12시간(설사형; 8~16시간, 구토형; 1~5시간)

② 주증상

가. 설사형 : 비교적 강한 복통과 수양성 설사, 때때로 메스꺼움, 구토, 두통, 발열 등이 있고, 웰치 식중독과 아주 비슷하다.

나. 구토형 : 메스꺼움과 구토이고, 대체로 포도상구균 식중독과 비슷하다.

(3) 감염원과 감염경로

① 감염원 : 토양, 토양에 오염된 식품재료

② 감염경로 : 토양 상재균으로 오염된 식품재료 및 조리·가공식품, 불충분한 가열조리식품

(4) 원인식품

① 설사형 : 향신료 사용 요리, 육류나 채소의 스프, 푸딩 등

② 구토형 : 쌀밥, 볶음밥 등

(5) 예방법

① 곡류, 채소류는 섭취전 충분한 세척

② 조리 즉시 섭취하고, 장시간 실온방치를 금지

③ 남은 조리식품은 10℃이하로 냉각하여 냉장보관

④ 저온보존이 어려운 야외용 김밥 등은 조리 후 빠른 시간에 섭취

4) 장구균 식중독

(1) 원인균 : *Streptococcus faecalis*

① 장구균은 독소형인지 감염형인지 확실하지 않음

② 장구균의 대사산물 중에 독소가 있다.

③ 인체의 소장에 존재하는 세균으로 장관(腸管) 상주균으로 대장균과 같이 분변오염지표균이며 특히 식품을 냉동시킬 경우 대장균은 거의 모두 사멸되지만 장구균은 살아남아 있으므로 냉동식품의 오염지표균으로 사용되고 있다.

④ 발육온도는 10~45℃, 60℃에서 30분간 가열하여도 사멸되지 않고 식염농도 6.5%, PH 9.6의 배지에서도 발육이 가능하다.

(2) 감염원과 감염경로

① 감염원 : 분변에 오염된 모든 식품, 특히 유산균 제품, 치즈, 소시지 등 발

효식품

② 감염경로 : 사람이나 동물의 분변으로부터 직접 또는 2차 식품 오염

(3) 중독증상

① 잠복기 : 1 ~ 36시간(평균 5 ~ 10시간)

② 주증상 : 소화기계 증상으로 설사, 구역질, 복통 등

(4) 원인식품 : 쇠고기, 햄, 치즈, 분유, 코코아, 크림, 두부

(5) 예방법

① 사람이나 동물의 분변에 의해 식품이 오염 차단

② 충분히 가열 조리 후 섭취

③ 일본에서 발생한 예가 있다.

5) Proteus균 식중독(알레르기성 식중독)

(1) 원인균 : *Proteus morganii, Proteus vulgaris, Proteus mirabilis*

① Proteus morganii 는 단백질 부패균이며 식중독의 원인균이다.

② 부패산물의 하나인 histamine에 의한 식중독으로 일명 알레르기성 식중독이라 함.

(2) 중독증상

① 잠복기 : 평균 4 ~ 16시간

② 주증상 : 구토, 설사, 복통, 발열 등의 급성위장염 증상

(3) 감염원과 감염경로

① 감염원 : Proteus병원균에 오염된 식품

② 감염경로 : 꽁치, 고등어, 정어리 등 어육 등에 *Proteus morganii* 번식으로 생성되면 histamine을 대량 생성되고, allergy성 식중독을 유발한다.

(4) 원인식품 : 꽁치, 고등어, 정어리 등 어육

(5) 예방법 : 어류의 충분한 세척과 가열, 살균하여 섭취

6) 여시니아 식중독

(1) 원인균 : *Yersinia enterocolitica*

① 장내세균과에 속하며 아포를 형성하지 않는 통성혐기성 그람음성 간균으로 편모가 있다.

② 호냉성으로 0~5℃에서도 증식이 되며 냉장온도나 진공포장 상태에서도 증식할 수 있다.

③ 생육온도는 4~44℃로 넓으며 최적 발육온도는 25~35℃이다.

④ 어린이와 노약자에게서 주로 발생하는 기회감염의 성격이 있다.

(2) 중독증상

① 잠복기 : 2~5일(평균 6~24시간)

② 주증상 : 2세 이하의 유아에서는 복통, 발열 등이 따르는 급성 위장질환, 소아에서는 설사증을 유발한다.

(3) 감염원과 감염경로

① 감염원 : 가축 특히 소와 돼지, 닭, 애완동물인 개와 고양이, 쥐 등

② 감염경로 : 보균 동물과의 접촉과 오염된 식품이나 음용수 섭취

(4) 원인식품 : 오염된 식품, 생우유, 개·고양이·쥐 등과 보균동물의 배설물에 의한 2차 오염식품, 음용수

(5) 예방법

① 저온에서 생존이 가능함으로 냉장이나 냉동육의 유통에 주의

② 최적 발육온도가 비교적 낮아 여름뿐만 아니라 봄, 가을에도 식중독을 일으킨다.

7) 캠필로박터 식중독

(1) 원인균 : *Campylobacter jejuni, Campylobacter coli*

① 주로 미국 등지에서 많이 발생되며

② 그람음성, 무아포 형성균으로 편모 운동성 나선균이다.

③ 미호기성(3~5% 산소)에서도 증식이 가능하다.

(2) 중독증상

① 잠복기 : 2~7일

② 주증상 : 설사, 복통, 두통, 구토, 발열 등

(3) 감염원과 감염경로

① 감염원 : 소, 염소, 돼지, 개, 닭, 고양이 등

② 감염경로 : 보균 동물이나 오염된 식품,

(4) 원인식품 : 살균처리하지 않은 우유나 오염된 음용수, 가금류의 비위생적인 조리 음식

(5) 예방법

① 오염된 식수나 살균처리되지 않은 원유, 닭고기. 가금류 등의 오염된 식품 주의

② 물속에서도 장기간 생존하므로 음용수의 철저한 소독과 가열

③ 식육은 충분히 가열 조리하여 섭취하고, 식품취급 시설의 위생관리

4. 바이러스성 식중독

1) 노로바이러스 식중독

(1) 원인균 : *Norovirus*

① 염색체로 RNA가 들어 있는 바이러스로 직경이 약 25~38㎚이고, 크기가 작아 공기 중에 쉽게 부유되기 쉽다.

② 감염되면 위장염을 유발하며 유아에서 성인까지 다양한 연령층에서 발생된다.

③ 유전자형이 GⅠ~GⅤ로 나누고, 주로 GⅠ, GⅡ, GⅣ형이 식중독을 일으키며 보통 GⅠ, GⅡ가 대부분이다.

④ 흔히 바이러스성 장염이라고도 부르며 장의 염증 유발이 주 증상이다.

(2) 주요증상

① 잠복기 : 감염 후 24~48시간

② 주증상 : 메스꺼움, 구토, 설사, 복통 등

(3) 감염원과 감염경로

① 감염원 : 환자 토사물, 분변, 분비물 등과 신체접촉, 오염된 물이나 지하수, 어패류 등

② 감염경로 : 오염된 식품, 음용수 섭취, 환자와 접촉, 환자의 토사물 건조 부유물 흡입

③ 집단감염 : 주로 집단시설이나 급식소에서 공기나 신체접촉 등으로 집단적으로 발생

(4) 원인식품 : 오염된 식품, 물이나 지하수

(5) 예방법

① 조리시 충분히 가열 후 섭취

② 음용수, 조리실 소독

유효염소농도 10mg/ℓ이상, 물탱크 5% 차아염소산나트륨 20mℓ/t 투여, 바닥 1,000mg/ℓ, 토사물 5,000mg/ℓ 처리

③ 조리자 손과 개인위생 청결(화장실 위생, 조리전 손세척 등)

④ 과일과 채소는 철저히 세척하고, 굴은 가능하면 익혀서 먹음

⑤ 환자 발생시 토물, 의복이나 개인용품 등 철저한 소독과 살균

5-3. 동물성 자연독 식중독

1. 복어독(globefish toxin) 식중독

1) 복어

(1) 복어 분포

① 전세계에 약 100종이 서식하고 있고, 한국 연안에는 복어목(目) 참복과에는 청복, 수지복, 줄무늬복, 흑밀복, 민밀복, 은민밀복, 밀복, 은띠복, 은밀복, 불룩복, 황해흰점복, 참복, 두점박이복, 황점복, 복섬, 황복, 졸복, 흰점복, 검복, 자주복, 매리복, 까칠복, 까치국매리복, 국매리복, 까치복, 가시복, 개복치 등 약 40여종이 서식

② 복어목 거북복과에 거북복, 별복, 꺼꿀복, 첼로복 등 약 4종이 서식

③ 식용하는 복어는 황복, 자주복, 졸복, 검복, 까치복, 밀복, 복섬 등 10여종이다.

(2) 복어 독성과 종류

① 맹독성 : 검복, 매리복, 졸복, 황복, 복섬 등

② 강독성 : 자주복, 검자주복, 까치복, 까칠복, 자치복, 바실복, 청복 등

③ 무독성 : 밀복, 꺼끌복, 가시복, 불울복, 거북복, 육각복 등

(3) 복어독소 : 테트로도톡신(tetrodotoxin, TTX)

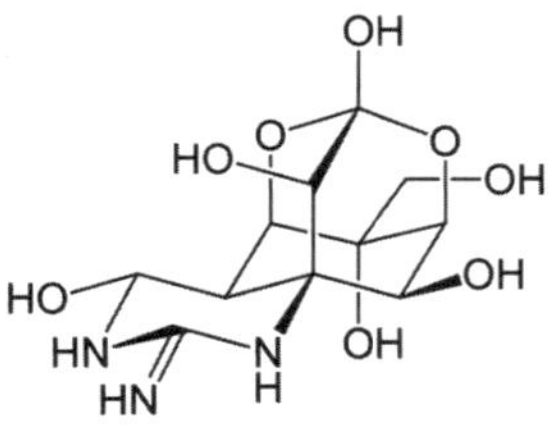

테트로도톡신($C_{11}H_{17}N_3O_8$)

① 테트로도톡신은 물에 녹지 않는 약 알카리성 물질이며 구조적으로 안정한 헤미아세탈환을 이루고 있다.

② 독소는 내열성이 있어 120℃에서 1시간 이상 가열해도 파괴되지 않는다.

③ 독소는 난소와 간장, 내장, 껍질 순으로 많고, 산란기 직전인 5~7월에 가장 강하다.

* 테트로도톡신은 복어 이외에도 푸른고리문어, 바다뱀 등의 많은 생물에도 있으며 체내 세균인 *Pseudoalteromonas tetraodonis*와 같은 체내의 세균이 합성한 것을 이용한다. 따라서 양식된 복어에는 이러한 독소가 없다.

* 보통 한 마리당 성인 33명이 사망할 수 있는 독소량이고, 매리복, 복섬, 검복의 독성이 강하다.

(4) 독소 독작용

① 테트로도톡신은 신경독으로 신경세포의 세포막에 있는 나트륨채널에 결합하여 나트륨이온(Na+)이 신경세포 내로 유입되는 것을 차단하여 신경마비를 유발한다.

② 신경세포는 자극이 되면 세포막 나트륨 채널을 통하여 외부의 나트륨 이온이 유입되어 신경세포가 활성화 되지만, 테트로도톡신은 나트륨채널을 막아 신경세포가 활성화되지 못하여 연동된 근육들도 함께 마비된다.

(5) 중독증상

① 잠복기 : 복어독은 흡수가 빨라서 식후 30분이나 2~3시간이내

② 주증상 : 주로 신경계 마비증상으로 지각이상, 운동장애, 호흡장애, 혈행장애, 위장장애, 뇌증 등이 나타나고 cyanosis도 일어난다.

③ 복어 중독

제1도 : 입술 및 혀끝의 지각 둔화, 오심, 구토

제2도 : 사지말단의 지각 둔화, 피부감각, 미각 및 청각의 둔화, 운동마비

제3도 : 운동 불능, 골격근 이완, 근반사 소실, 발성 불능, 연하곤란, 혈압하강

제4도 : 의식혼탁, 호흡정지, 사망

(6) 예방법

① 요리는 복어전문가가 만든 요리를 먹고, 조리시 난소, 간, 내장 등 유독부분을 제거하고 육질부만을 식용한다.

② 맹독 복어나 산란기 복어는 취식을 삼간다.

③ 조리시 제거한 독성부위는 다른 동물이 먹거나 식품에 혼입되지 않도록 특히 주의한다.

(7) 치료법

① 복어독은 해독제가 없으며 치사율은 60%정도로 매우 높다.

② 미지근한 중조수 또는 식염수를 다량 마시고 위를 세척하고, 신속하게 병원에서 치료

2. 조개류 중독

1) 독성 패류

(1) 패류

① 조개의 유독성분은 부유하는 독성 플랑크톤을 조개가 섭취하여 체내에 축적되는 것으로 알려져 있다. 중독은 특정 지역과 계절에 국한적으로 발생되는 경향이 있다.

② 독성 플랑크톤과 독소는 패류 자체에게는 해가 없으나 조류와 포유류 등 고등동물에게는 심한중독을 일으키고 심하면 사망한다.

③ 섭취 시 설사를 유발하는 패류독소부터 사망에 이르는 강독성의 패류독소까지 종류도 다양하다.

(2) 패류독 종류

① 마비성 패독(Paralytic shellfish poisoning, PSP)

② 설사성 패독(Diarrhetic shellfish poisoning, DSP)

③ 기억상실성 패독(Amnestic shellfish poisoning, ASP)

④ 신경성 패독(Neurotoxic shellfish poisoning, NSP)

⑤ 베네루핀(Venerupin)

⑥ 테트라민(Tetramine)

(3) 패류독소 허용기준 : 허용기준치 이상이면 채취를 금지한다.

① 미국과 유럽 : 마비성 패류독은 가식부 100g당 80ug, 기억상실성 패류독은 g당 20ug

② 일본 : 마비성 패류독은 g당 4 mouse unit(MU), 설사성 패류독은 0.05MU 이하

③ 한국 : 1993년 미국과 같은 가식부 100g당 80ug으로 설정 고시

(4) 패류중독 예방 및 조치

① 유행시기 패류 채취 금지해역에서 생산되는 패류(홍합, 생굴, 조개 등) 섭취 금지

② 식중독 발생지역의 패류를 원료로 한 식품 제조.가공 또는 조리, 섭취 금지

③ 패독은 냉장, 냉동, 가열조리로도 독성이 사라지지 않으므로 주의

④ 섭취 후 이상증상이 있을 경우 신속히 병원에서 치료를 받음

2) 마비성 패중독(Paralytic shellfish poisoning, PSP)

(1) 원인패류 : 진주담치, 섭조개(홍합), 대합, 꼬막, 굴, 바지락, 피조개 등 이매패(二枚貝)

* 이매패(二枚貝) : 좌우 대칭의 껍데기 2장이 인대로 연결되어 있는 조개

(2) 원인 유독 플랑크톤 : 알렉산드륨 타마렌스(Alexandrium tamarense), 알레산드리움 카테렐라(Alexandrium catenella), 피로디나움 바하멘스(Pyrodinium bahamense), 김노디니움 카테네이텀(Gynodinium catenatum) 등

(3) 발생시기 : 3~6월(수온 7~18℃)

※ 해수 수온이 18℃ 이상 상승하면 자연소멸

(4) 독소성분 : 삭시톡신(Saxitoxin, STX), 고니오톡신(Gonyautoxin, GTX), 프로토고니오톡신(Protogonyautoxin, PX) 등

(5) 중독증상

① 잠복기 : 30분~3시간

② 주증상 : 입술, 혀, 잇몸 등의 마비로 시작하여 사지가 마비되고, 보행곤란, 언어장애, 두통, 메스꺼움, 구토 등으로 이어져 심하면 호흡마비, 사망에 이른다. 중독증상은 복어독과 비슷하고, 치사율은 10%정도이다.

3) 기억상실성 패독(Amnesic shellfish poisoning, ASP)

① 원인패류 : 진주담치, 굴 등

② 원인 유독 플랑크톤 : Pseudonitzschia multisseries 등 규조류

③ 발생시기 : 6~12월(1~3월 중 소량 검출)

④ 독소성분 : Domotic acid 등

⑤ 중독증상

가. 잠복기 : 섭취 후 24시간내

나. 주증상 : 설사, 두통, 구토 등이고, 중독시 위장염, 단기 기억상실 등이 나타 남.

다. 만성증상 : 심한 경우 만성적인 신경 이상 증상을 나타냄.

4) 설사성 패독(Diarrheotic shellfish poisoning, DSP)

① 원인패류 : 진주담치, 굴, 모시조개

② 원인 유독 프랑크톤 : Dinophysis fortil, Dinophysis acu-minata 등 플랑크톤

③ 독소성분 : Okadaic acid, Dinophysis-toxin, Pectenotoxin, Yessotoxin 등

④ 중독증상 : 설사, 메스꺼움, 구토, 복통 등

5) 신경성패류독소(Neurotoxic shellfish poisoning, NSP)

(1) 원인패류 : 진주담치, 굴, 대합

(2) 원인 유독 프랑크톤 : *Ptychondiscus brevis(Gymnodinium breve)*등 플랑크톤

(3) 독소성분 : Brevetoxin(BTX) 계열의 Polyethers

(4) 중독증상 : 이비인후계열의 질환, 마비성패독과 유사 함.

6) 베네루핀(venerupin) 중독 : 모시조개 중독

(1) 원인패류 : 모시조개(바지락), 굴, 고동 등

(2) 원인 유독 프랑크톤 : 유독성 플랑크톤인 조류

(3) 독소성분 : venerupin,

① 열에 비교적 안정하여 100℃로 3시간 가열하여도 파괴되지 않는다.

② 치사량은 0.25㎎이다.

(4) 발생시기 : 1~4월경

(5) 중독증상

① 잠복기 : 보통 1~2일, 빠르면 12시간, 느리면 7일 정도

② 주증상

가. 경증인 경우 : 오한, 식욕부진, 복통, 권태감, 두통, 메스꺼움, 구토, 변비, 점막출혈, 황달 및 피하출혈반점 동반

나. 중증인 경우 : 뇌증상으로 의식 혼탁, 불안, 잇몸의 출혈, 토혈, 혈변 등과 10시간~7일 이내에 사망하고, 치사율이 44~55%로 높다.

7) 테트라민(tetramine) 중독

(1) 원인패류 : 심해 육식성 권패(고둥류); 갈색띠매물고둥(*Neptunea arthritica*), 조각매물고둥(*Neptunea intersculpta*) 등

(2) 원인 유독 프랑크톤 : 유독성 플랑크톤인 조류

(3) 독소성분 : tetramine

① 고등이나 소라살 끝부분 타액선(침샘)에 함유

② 경구 치사량은 250~1000mg 정도다

(4) 발생시기 : 일정하지 않으나 독소량은 가을철에 가장 많다.

(5) 중독증상

① 잠복기 : 섭취 30분 정도

② 주증상 : 두통, 어지러움, 시각이상, 혈압상승, 구토, 수족마비 등

3. 기타 동물성 식중독

1) 독꼬치 중독

(1) 원인어류 : 독꼬치

(2) 분포 : 태평양 열대지역이나 인도양, 아열대 연안, 한국 근해에서는 잡히지 않으며 원양어선 어획물에 혼입 우려가 있다.

(3) 독성분 : 지용성의 마비성 신경독이 독꼬치 근육 속에 함유

(4) 주증상 : 입술 마비로 시작하여 안면, 사지와 전신 마비로 이행

2) 시가테라(ciguatera) 중독

(1) 시가테라 정의 : 카리브해, 인도-태평양연안에 서식하는 어류로 인한 식중독 총칭

(2) 원인어류 : 독곰치, 꼬치고기 등

(3) 원인 유독 프랑크톤

나선형 편모조류(*Gambierdiscus toxicus*)로 Ciguatoxin를 함유한 나선형 편모조류가 해조류 표면에 부착되어 조식성(藻食性) 어류에 섭취되고, 다시 육식성 어류가 잡아먹어 독성이 축적된다.

(4) 독성분 : ciguatoxin

① ciguatoxin은 지용성 함질소화합물이고, 내열성으로 가열조리로 파괴되지 않는다.

② 복어독과 같은 맹독성 독소이다.

(5) 주증상 : 복어독과 유사하며 위장장해로서 복통, 구토, 설사가 있고, 신경증상으로는 혀, 입술, 사지 및 전신 마비 등이 있다.

① 경증일 때 : 증상의 소실도 빨라서 2~3일에 완전하게 회복된다.

② 중증일 때 : 증상이 1개월 이상 지속되고, 치사율은 낮다.

③ 특이증상 : 지각증상으로 dry ice sensitization(온도감각의 실조증상)이 있어 물과 같은 찬 물체와 접촉하면 심한 통증을 느낀다.

3) 돗돔 중독

(1) 원인어류 : 돗돔의 간장 이외에 다랑어, 상어, 참치 등의 대형어류, 고래, 바다표범, 곰 등 동물 간장

(2) 원인독소 : 비타민 A 과잉증으로 보기도하지만 이유가 명확하지는 않다.

(3) 주증상 : 특이 증상의 식중독으로 심한 두통이나 구토, 발열로 시작되어 안면과 전신의 피부가 박리되는 증상이다.

(4) 유사 중독 증상 : 삼치, 다랑어, 상어 등의 대형어류 간을 섭취시도 발생한다.

5-4. 식물성 자연독 식중독

1. 독버섯류

1) 독버섯

한국에는 수천종이 야생하며 독버섯이 대부분이고, 식용버섯은 20~30여종 정도이다. 심각한 독버섯은 주름버섯목에 속하는 광대버섯과, 송이버섯과, 독청버섯과, 끈적버섯과, 외대버섯과, 무당버섯과 버섯 등이다. 이들 중 대표적인 독버섯으로 알광대버섯, 흰알광대버섯, 독우산광대버섯, 화경버섯, 무당버섯, 외대버섯, 미치광이버섯, 웃음버섯, 땀버섯, 광대버섯, 끈적버섯 등 160여종 이상의 독버섯이 존재한다.

2) 야생 버섯 유통

버섯은 시장에 유통되는 재배종이나 전문 채집인들의 정상적인 유통산물을 식용하고, 개인적으로 야생버섯을 채취하여 식용하는 것은 주의해야 한다. 버섯중독은 자연독 식중독 중에서 가장 많이 발생하고, 사망자수도 가장 많다. 주로 가족단위로 발생되며 지역주민이 많지만 최근에는 등산 인구 증가와 야생채취 기회가 많아지면서 외지인의 식중독 사례가 급증하고 있다.

3) 전통적인 독버섯 감별법

전통적으로 독버섯을 구별하는 방법이 알려져 있으나 절대적인 것은 아니며 과학적인 근거도 충분하지 못하다.

(1) 무독 버섯은 버섯살이 세로로 쪼개 짐(독버섯인 독우산광대버섯은 세로로 찢어 짐)

(2) 악취가 나는 것은 유독하다.

(3) 색이 선명하고 아름다운 것은 유독(달걀버섯은 붉은 적색이지만 식용, 마귀

광대버섯은 갈색으로 화려하지는 않으나 독버섯)

(4) 쓴맛, 신맛, 매운맛이 나는 것은 유독(외대덧버섯은 쓴맛이 나지만 식용)

(5) 점액을 분비하거나 공기 중에서 변색되는 것은 유독하다.

(6) 버섯을 끓였을 때 은수저를 흑변시키면 유독하다.

(7) 벌레가 먹으면 독버섯이 아니다.(동물에 따라 독성분에 대한 저항성이 다름)

1) 대표적인 버섯 함유 독성분

(1) 아나미타톡신(amanitatoxin) : 섭취 후 10~20시간, 복통, 강직, 콜레라 같은 증상, 대부분 수 일 내에 사망한다. 버섯 중 가장 맹독성이며 내열성 독소이고, 간장이나 신장조직 파괴한다. amatoxin군은 단백질 생합성을 저해한다.

가. Amatoxin군 : 8개 아미노산으로 구성된 환상 peptide

나. Phallotoxin군 : 7개 아미노산으로 구성된 환상 peptide

(2) 무스카린(muscarin) : 섭취 후 1~2시간, 구토, 설사, 현기증, 시력장애, 의식불명 등과 부교감신경 흥분, 침흘림, 심한 발한, 동공수축, 호흡장애, 소화기증상, 중추신경에 작용하여 환각증상 유발, 대표적인 함유 독버섯으로는 땀버섯, 광대버섯, 깔대기버섯 등에 함유되어 있다.

(3) 무스카리딘(muscaridine) : 분포와 작용이 muscarine과 유사하다

(4) 콜린(choline) : Muscarine과 비슷한 증상, 삿갓외대버섯 등에 함유되어 있다.

(5) 뉴린(neurine) : Muscarine과 비슷한 증상, choline 성분이 부패되면서 생성된다.

(6) 아가리틱산(agaricic acid) : 주증상은 위장카타르, 설사, 구토, 두통 등이고, 나팔꾀꼬리버섯, 양파어리알버섯, 말굽잔나비버섯 등에 함유되어 있다.

(7) 부포테닌(bufotenine) : 주증상은 환각, 발한, 구역질, 동공확대, 우울증 등을 유발하고, 애광대버섯, 암회색광대버섯, 마귀광대버섯 등에 함유되어 있다.

(8) 실로시빈(psilocybin) 및 실로신(psilosin) : 환각작용, 미치광이버섯, 목장말똥버섯 등에 함유되어 있다.

(9) 코프린(coprine) : 음주시 aldehyde dehydrogenase 저해로 숙취현상 유발, 두엄먹물버섯 함유 독성분이다.

(10) 파시큐롤(fasciculol) : 주증상은 구토, 설사, 마비, 경련 유발하고, 노란다발버섯 등에 함유되어 있다.

(11) 지로미트린(gyromitrin) : 체내에서 monomethylhydrazine으로 가수분해되어 독성이 강해짐, 황달, 경련, 빈혈 등을 유발하고, 마귀곰보버섯 등에 함유되어 있다.

(12) 일루딘S(illudin S) : 주증상은 심한 구토, 위장장해 유발하고, 화경버섯 등에 함유되어 있다.

(13) 이보텐산(ibotenic acid)과 무시몰(muscimol) : ibotenic acid는 건조과정에서 탈탄산되어 muscimol로 변하여 환각작용을 일으킨다. 마귀광대버섯, 광대버섯 등에 함유되어 있다.

(14) 아크로멜릭산(acromelic acid) : 손발 끝에 심한 통증을 유발하고, acromelic acid A와 B가 있다. 깔때기버섯 등에 함유되어 있다.

2) 독버섯 중독증상 유형별 분류

버섯의 중독증상과 잠복기는 버섯종류, 함유 독상분의 종류와 함유량에 따라 다르다. 일반적으로 설사와 복통 등을 수반하는 소화기 증상과 신경마비와 뇌증상, 환각작용 등을 일으키는 신경장애, 용혈성 혈액독 등으로 구분된다.

(1) 위장장애 증상형

① 잠복기 : 복용 후 30분~3시간

② 주증상 : 설사, 복통, 구토, 등의 소화기 증상

③ 주요 독버섯 : 무당버섯, 화경버섯, 굽은외대버섯, 노란다발, 담갈색송이, 외대버섯, 삿갓외대버섯, 화경버섯, 붉은싸리버섯, 노랑싸리버섯, 녹변나팔버섯, 어리알버섯속, 흰갓버섯, 흰독큰갓버섯, 주름우단버섯(혈뇨 수반) 등

(2) 콜레라 증상형

① 잠복기 : 복용 후 6~12시간

② 주증상 : 간장. 신장세포의 파괴하며 격렬한 구토, 설사, 복통이 수반하는 심한 위장염을 나타내고, 쇠약, 경련, 혼수상태를 거쳐 사망하는 경우가 많다

③ 주요 독버섯 : 독우산광대버섯, 알광대버섯, 흰알광대버섯, 개나리광대버섯, 큰주머니광대버섯, 독황토버섯, 절구버섯아재비(용혈성빈혈 수반) 등

(3) 신경계장애 증상형

① 잠복기 : 복용 후 1 ~ 2시간

② 주증상 : 심한 위장장애에 이어서 헛소리, 환각, 경련, 혼수 등의 중추신경계의 증상

③ 주요 독버섯 : 광대버섯, 땀버섯, 독깔때기버섯(말초신경 통증)

(4) 위장장애와 신경계장애 복합형

① 잠복기 : 일정치 않음

② 주증상 : 소화기와 신경 증상이 동시에 나타나며 구토, 설사 및 명정, 환각, 착란, 근육경련, 발한, 혼수상태 등

③ 주요 독버섯 : 마귀광대버섯, 광대버섯, 땀버섯속(솔땀버섯. 삿갓땀버섯. 흰갓땀버섯 등), 비단빛깔때기버섯, 흰삿갓깔때기버섯, 맑은애주름버섯

(5) 혈액독 증상형

① 잠복기 : 복용 후 수일 ~ 수개월

② 주증상 : 황달, 빈혈, 혈뇨 등

③ 주요 독버섯 : 마귀곰보버섯, 독깔때기버섯, 긴대안장버섯, 주름우단버섯(용혈성 빈혈)

(6) 뇌증상형

① 잠복기 : 복용 후 30분~1시간

② 주증상 : 흥분, 환각, 한기, 손발과 혀의 마비, 부정맥, 동공의 산대, 혈압의 상승 등

③ 주요 독버섯 :미치광이버섯, 굽은외대버섯, 환각버섯(솔미치광이버섯, 갈황색미치광이버섯, 환각버섯속)

3) 함유 독성분에 따른 중독

독버섯의 종류에 따라 함유된 독성분이 다르고, 함유량의 차이도 많다. 맹독성으로 소량으로 사망에 이를 수 있는 amatoxin을 함유한 버섯류부터 중독되어도 증상만 나타나고 회복되는 소화기계 위장증상을 유발하는 회복되는 버섯류도 있다.

(1) 아마톡신(amatoxin 혹은 α-amanitin) 중독

① 잠복기 : 섭취한 후 4-16시간 이후

② 주증상 : 심한 오심, 구토, 복통, 설사 및 심한 탈수

③ 치료방법 : 복용 직후에는 구토유발, 위세척, 설사제 투여, 활성탄 투여, 발증 후에는 주사제로 thioctic acid, benzylpenicillin, silymarin, antioxidant therapy, cimetidine

④ 원인 독버섯 : 양파광대버섯(*Amanita abrupta*), 흰오뚜기광대버섯(*Amanita castanopsidis*), 개나리광대버섯(*Amanita subjunquillea*), 흰알광대버섯(*Amanita verna*), 독우산광대버섯(*Amanita virosa*), 턱받이종버섯(*Conocybe filaris*), 두건포자에밀종버섯(*Galerina calyptrata*), 갈잎에밀종버섯(*Galerina helvoliceps*), 황토에밀종버섯(*Galerina vittiformis var. Vittiformis*), 밤색갓버섯(*Lepiota castanea*), 절구버섯아재비(*Russula subnigricans*) 등

(2) 지로미트린(gyromitrin) 중독

① 잠복기 : 섭취한 후 5-12시간

② 주증상 : 오심, 구토, 설사, 복통, 두통, 위약감, 미만성 근경련 등, 심할 경우 섬망(譫妄), 발작 및 혼수상태

③ 치료방법 : 발작시 정맥주사 benzodiazepine, pyridoxine

④ 원인 독버섯 : 게딱지버섯(*Discina perlata*), 마귀곰보버섯(*Gyromitra esculenta*), 안장마귀곰보버섯(*Gyromitra infula*), 곰보버섯(*Morchella esculenta*), 와인잔버섯(*Paxina acetabulum*) 등

(3) 코프린(coprine) 중독

① 잠복기 : 섭취한 후 2-6시간에서 72시간 이내에 알콜성분(술)을 섭취시 발현

② 주증상 : 술을 마신 후 15-30분 이내에 심한 두통, 홍조, 빈맥, 과호흡 및 호흡곤란 등, 심한 경우 흉통과 기립성 저혈압 등

③ 치료방법 : 저혈압 발생시 수액정주, 심한 저혈압의 경우 norepinephrine(혈압상승제) 투여, 심한 심실상빈맥의 경우 베타차단제 투여

④ 원인 독버섯 : 배불뚝이깔때기버섯(*Clitocybe clavipes*), 두엄먹물버섯(*Coprinus atramentarius*), 갈색먹물버섯(*Coprinus micaceus*) 등

(4) 무스카린(muscarine) 중독

① 잠복기 : 섭취한 후 15-30분

② 주증상 : 침과다 및 눈물흘림, 설사, 발한, 복통, 오심, 구토, 서맥, 기관지경련, 축동 등

③ 치료방법 : Atropine 투여

④ 원인 독버섯 : 잿빛깔때기버섯(*Clitocybe nebularis*), 삿갓땀버섯(*Inocybe asterospora*), 바늘땀버섯(*Inocybe calospora*), 솔땀버섯(*Inocybe fastigiata*), 비듬땀버섯(*Inocybe lacera*), 흰땀버섯(*Inocybe umbratica*) 등

(5) 이보텐산-무시몰(ibotenic acid-muscimol) 중독

① 잠복기 : 섭취한 후 30분 이내

② 주증상 : 어지럼증, 실조, 시각장애, 섬망, 조증행동(manic behavior), 환시, 근연축 등, 심할 경우 발작, 중추신경계 억제, 사망 등

* Ibotenic Acid는 독버섯이 건조되는 과정에서 강한 독성을 지니는 muscimol로 변환

③ 치료방법 : 위세척과 활성탄 투여

④ 원인 독버섯 : 파리버섯(*Amanita melleiceps*), 마귀광대버섯(*Amanita pantherina*)

(6) 실로시빈(psilocybin)과 실로신(psilocin) 중독

① 잠복기 : 섭취한 후 15-30분

② 주증상 : 이상 황홀감, 환각, 시간감각 소실 등, 환각 증상은 4-6시간 정도 지속

③ 치료방법 : 발작시 benzodiazepine 투여, 고열시 얼음주머니 등으로 식힘,

④ 원인 독버섯 : 계란모자버섯(*Anellaria semiovata*), 노란종버섯(*Conocybe lactea*), 갈황색미치광이버섯(*Gymnopilus spectabilis*), 목장말똥버섯(*Panaeolus papilionaceus*), 검은띠말똥버섯(*Panaeolus subbalteatus*), 좀환각버섯(*Psilocybe coprophila var. Coprophila*), 검은쓴맛그물버섯(*Tylopilus nigerrimus*) 등

2. 감자독(solanine)

1) 독성분 : 솔라닌(solanine) 배당체

2) 함유부위 : Solanine은 보통 감자에 극소량 함유되어 있으나 햇볕으로 변색된 녹색부위나 싹눈에는 0.2~0.4g/kg 함유되어 있다. 생체내 콜린에스테라아제

와 작용하여 신경증상 유발

3) 중독증상 : 복통, 설사, 구토, 현기증, 졸음, 위장장애, 신경증상으로 가벼운 의식장애, 경련을 일으킬 수 있다.

4) 예방법

(1) 발아부위와 녹색부위 제거, 탈피하여 조리 후 식용

(2) solanine 은 용출, 가열에 의하여 분해

3. Cyan 배당체 함유 식품

1) 주요 시안배당체

(1) 아미그달린(amygdalin) : 미숙한 매실, 살구씨 등

(2) 파세오루나틴(Phaseolunatin = Linamarin) : 오색두(버어마콩)

(3) 두린(Dhurrin) : 수수

(4) 리나마린(Linamarin) : 강낭콩

2) 독작용

시안산(Hydrogen cyanide, HCN, 청산)은 유독한 산으로 치사랑은 200mg 정도이고, 호흡효소 억제작용이 있어 각종 식물체에 함유되어 있다.

3) 주증상

두통, 소화불량, 구토, 설사, 복통 등의 소화기계 증상, 호흡곤란, 전신의 경직성 경련 등, 심할 경우에는 호흡중추신경 마비로 사망

4) 예방법

① 청산배당체가 적은 식품과 채취 시기, 부위 등을 고려하여 섭취

② 수세, 침지 등으로 세척 및 제거하고, 충분히 가열하여 청산(HCN)을 휘발시켜 복용

4. 독미나리(*Cicuta virosa*)

1) 특성

식용미나리와 혼돈하여 오용, 어릴 때는 모양이 비슷하지만 독미나리는 미나리 특유의 향이 없고 나쁜 냄새가 난다. 뿌리와 열매에 함량이 매우 높다.

2) 독성분 : 시큐톡신(cicutoxin)

3) 독작용 : GABA(gama-amino-butyric acid) receptor를 억제하여 중독증상이 발생

4) 주증상 : 상복부의 동통, 구토, 현기증, 경련 등, 심할 때는 호흡중추마비로 사망

5. 피마자(蓖麻子, *Ricinus communis*)

1) 독성분 : Ricinine, ricin, allergen, ricinoleic acid

2) 독작용

(1) 리시닌(Ricinine) : 극소량 함유된 알칼로이드, 적혈구 응집 및 알레르기 유발

(2) 리신(Ricin) : 강독성 단백질, 열에 약한 이열성, 적혈구 응집과 알레르기 유발

(3) 알러진(Allergen) : 내열성으로 안전적, 알레르기 식중독 유발,

(4) Ricinoleic acid : 심한 설사작용, 설사약으로도 사용

3) 주증상

(1) 심한설사와 두통, 구토 및 심하면 운동실조와 함께 경련, 실신 사망에 이른다. 간과 신장에 손상을 입히며 적혈구 응집과 알레르기 증상 유발,

(2) 흔히 설사약으로 사용하기도 하며 장연동운동 촉진과 배변작용이 있다.

6. 꽃무릇(*Lycoris radiata*)

1) 특성 : 가을 꽃무릇 구근에 함유된 성분, 다른 구근 전분가루(특히 밀가루) 식품에 혼입되어 중독을 일으킨다.

2) 독성분 : 리코린(Lycorin)

3) 주증상 : 구토, 오심, 설사, 탈수 쇼크 등

4) 예방법

꽃무릇의 뿌리줄기에는 전분이 많아 식용으로 이용되지만 유독물질인 리코린을 충분히 제거해야 한다. 보통 으깨어 전분입자를 찬물에 침지하여 회수 한다.

7. 독맥(毒麥, 독보리, *Lolium temulentum*)

1) 특성 : 독보리 혹은 독맥은 야생 맥류로 보리나 밀과 함께 혼입되어 테무린(temuline)이라는 수용성 강독 물질이 종자에 0.006% 함유되어 있고, 밀가루에 혼입되어 때때로 식중독을 일으킨다.

2) 독성분 : 테무린(temuline)

3) 주증상 : 두통, 현기증, 구역질, 구토 및 심한 경우는 혼수, 허탈, 사망할 수도 있다.

4) 예방법 : 재배지에 혼입되는 것을 관찰 예방

8. 사포닌 함유 식품

1) 천연 사포닌 : 식물의 뿌리, 줄기, 잎, 껍질 등에 널리 분포

2) 주요식품 : 콩류, 팥류, 시금치, 도라지 뿌리, 도토리 열매 등

3) 독성분 : 사포닌(saponin)

4) 독작용 : 사포닌은 단백질 분해효소 억제제로 체내 효소작용을 정지시킨다. 특히 동물 젖먹이에게는 성장을 억제하고, 용혈작용이 있다.

5) 주증상 : 설사, 소화불량, 용혈작용과 성장억제

9. 목화씨(*Gossypium indicum* seed)

1) 특성 : 목화씨 중의 독성분인 고시폴(gossypol)은 기름 중에는 정제과정에서 제거되지만 유박(油粕)에는 잔존되어 사료용으로 사용시 동물에게 부종을 유발시킨다.

2) 독성분 : 고시폴(gossypol)

3) 독작용 : 목화씨에 0.6% 정도 존재하며 유지의 항산화제이지만 독성도 함께 있다.

4) 주증상 : 보통 목화씨유 유박사료를 통하여 동물에게 부종 유발

10. 붓순나무(*Illicium anisatum*)

1) 특성 : 목련과 상록식물로 잎과 가지는 향기가 있어 약용 또는 향료로 이용된다. 열매에는 시키민(shikimin), 하나노민(hananomin) 등의 독성분이 있어 흔히 열매를 향신료 오용되어 식중독을 유발된다.

2) 독성분 : 시키민(shikimin), 하나노민(hananomin)

3) 주증상 : 현기증, 구토 등과 심한 경우에는 허탈 상태

5-5. 곰팡이성 식중독

1. Mycotoxin 의미

1) Mycotoxin(곰팡이독)

Mycotoxin은 곰팡이가 생산하는 2차대사산물로 인간가 가축에게 질병이나 생리적 이상을 유발하는 물질을 총칭한다.

* Mycotoxicosis(곰팡이독 중독증) : Mycotoxin 섭취로 유발되는 질병

* Mycosis(진균증) : 곰팡이 감염으로 발생하는 질병

2) Mycotoxin(곰팡이독) 특성

(1) 곰팡이독은 대부분 저분자 물질로 항원성이 없다.

(2) 감염 원인은 곡류와 목초 등의 식물체나 사료에 곰팡이에 오염되어 유발된다.

(3) 유기화합물로 사람과 동물간 전파성이나 계절에 영향을 받지 않는다.

(4) 화학성 질병으로 항생물질에 대한 치료효과는 없다.

(5) 현재 100여종이 알려져 있으며 신체장애 기관이나 부위가 특성이 있다.

2. 마이코톡신(mycotoxin)의 종류

1) 간장독 : 동물의 간경변, 간종양, 간세포 괴사 유발, aflatoxin, rubratoxin A, cyclopiazonic acid, stterigmatocystin, islanditoxin, luteoskyrin, ochra toxin A 등

2) 신장독 : 신장에 급성 및 만성 장해, citrinin, citremycetin, kojic acid 등

3) 신경독 : 뇌와 중추신경계 장해, patulin, maltorzine, citreoviridin 등

4) 광과민성 피부성 물질 : 일광조사시 피부염 증상을 일으키는 원인물질, sp oridesmin, psoralens 등

5) 기타 : 생리적 이상 증상을 유발하는 물질로 salframine, zearalenone, fus ariogenin, fusarium 독성분 등

3. 아프라톡신(Aflatoxin) 허용 기준

곰팡이독중에서 가장 사람과 가축에게 피해를 많이 주는 종류로 식품중 함유량을 엄격히 규제하고 있다. 곡류의 수출입이 빈번하고 국제적으로 문제를 종종 야기시킨다.

1) 한국 허용기준치

(1) 곡류, 두류, 땅콩, 견과류 및 그 단순가공품 ; aflatoxin B_1 10μg/kg 허용기준치

(2) 사료 원료 ; 50μg/kg(잠정 허용기준치)

2) 국제 허용기준치

1989년부터는 식품 중 aflatoxin 잠정 허용기준치를 설정 ; 대체로 5~20ppb 수준

3) 일본 허용기준치

(1) 식품 ; 공식적으로 인정된 검사 방법에 의해 식품에서는 불검출

(2) 사료 ; 10~20ppb 이하

4) 유럽 허용기준치

우유나 유제품, 특히 유아식품의 aflatoxin M_1 엄격한 규제

5) 미국은 aflatoxin 허용기준치가 다른 나라에 비해 다소 높은 경향

5-6 중요한 곰팡이 독

1. 아플라톡신(aflatoxin)

1) 원인 곰팡이 : *Aspergillus flavus, A. parasiticus*

2) 독성분 : 아플라톡신(aflatoxin) B1, B2, B2a, G1, G2a, M1, M2, H, L, P 1, Q 등

3) 독작용 : 형광성 물질로 간장독을 유발하며 사람에게 발암성이 크다.

4) 아플라톡신 생산의 최적조건

(1) 최적 생육조건 : 기질의 수분 16%이상, 상대습도 80~85%, 온도 25~30℃

(2) 주요 곡류 : 탄수화물이 많은 쌀, 보리, 옥수수 등

(3) 땅콩은 오염기회가 많아 취약적인 아플라톡신 오염농산물로 유명

5) 아플라톡신 특징

(1) 난수용성, 용제(메탄올, 아세톤, 클로로포름) 용해, 산에는 안정하나 알칼리에는 불안정

(2) 내열성으로 270~280℃이상으로 파괴, 일반식품 조리법으로는 파괴되지 않음.

(3) 현재까지 알려진 발암물질 중 가장 강력한 발암성이 있다.

(4) 발암성은 B1〉G1〉B2〉G2 순이고, M1(B1의 생체대사산물, 젖에 분비)은 B1과 거의 동일

2. 스테리그마토시스틴(Sterigmatocystin)

1) 원인 곰팡이 : *Aspergillus versicolor* 이외에 *Asp. sydowi*와 *Asp. nidulans* 등

2) 독성분 : Sterigmatocystin

3) 독작용 : 발암성은 Aflatoxin 보다 낮고, 간장애 만성중독으로 간암을 일으킨다.

4) 생산의 최적조건

(1) 주로 곡류와 사료 원료에 오염하며 비교적 건조한 습도 약 81% 정도에서 생육이 가능

(2) Aflatoxin에 비하여 급성독성이 약한 이유는 용해성이 낮기 때문이다.

3. 말토리진(Maltoryzine)

1) 원인 곰팡이 : A*spergillus oryzae*

2) 독성분 : Maltoryzine

3) 독작용 : 급성독성은 경련, 근육마비 및 식욕상실 등 맹독성이고, 만성독성은 간장애를 일으키고 부신피질 파괴 등의 증후로 8개월에 사망한다.

4) 기타

(1) 맥아근 사료를 섭취한 젖소에서 집단 중독사고(1954년 일본에서 발생)

(2) *Aspergillus oryzae*는 강한 전분당화작용과 단백질 분해력이 있다.

4. 오크라톡신(Ochratoxin)

1) 원인 곰팡이 : *Aspergillus ochraceus, Penicillium viridicatum*

2) 독성분 : Ochratoxin A, B, C 등 6종, Ochratoxin A는 간장 독성이 가장 강 함.

3) 독작용 : 신장장애(주로 사육 돼지)

(1) 급성경구독성(LD_{50}=22mg/kg)이며 사육된 돼지에서 신장장애로 손상을 유발

(2) Ochratoxin A는 phenylalainin과 isocourmarin carbonyllic acid 유도체와의 amide유도체이다.

(3) 주로 쌀, 낙화생과 옥수수 등 곡류이지만 육류에도 오염

5. 황변미독(Yellow rice toxins)

황변미(yellow rice)란 저장 중 쌀에 *Penicillium*속 곰팡이가 오염되어 증식되

면서 변색되어 적황색~황색 색소를 생성하여 누른색으로 변질된 쌀을 의미한다. 특히 쌀을 주식으로 하는 동아시아와 동남아시아 지역은 기후가 고온다습하여 황변미 발생 기회가 매우 높은 지역이다.

1) 톡시카리움(toxicarium) 황변미

(1) 원인 곰팡이 : *Penicillium citreoviride*

대만산 황변미에서 발견하여 *Penicillium toxicarium* 이라고 명명하였으나 그 후 다시 *Penicillin citreoviride* 개칭

(2) 독성분 : citreoviridin

(3) 독작용 : 신경독 ; 흰쥐 ; LD_{50}=80mg/kg(복강), LD_{50}=10mg/kg(피하) 및 LD_{50}=30mg/kg(경구)

2) 아이슬란디아(islandia) 황변미

(1) 원인 곰팡이 : *Penicillium islandicum*

(2) 독성분 : Luteoskyrin, cyclochlorotin, islanditoxin 및 대사산물로 erythroskyrin, rubroskyrin, iridoskyrin, skyrin, islandicin, carenarin 등

(3) 독작용 : 간장독,

① Islanditoxin

수용성 함염소 peptide, 융점은 251℃, 속효성 독소로 마우스 경구독성 LD_{50}=6.5mg/kg, 피하독성 LD_{50}=4.75mg/kg, 간세포가 간경변으로 전이되어 파괴 됨.

② Luteoskyrin

지용성 간장독, 융점이 278℃인 polyhydroxy-anthraquinone계 색소, 마우스 경구독성 LD_{50}=221mg/kg, 피하독성 LD_{50}=147mg/kg, 독성의 2~3일에 발현되어 간암으로 진행되어 사망한다.

(4) 황변미 특성

오염된 쌀은 회색에서 황색으로 변하다가 나중에는 적갈색으로 변색된다.

3) 태국(Thai, Thailand) 황변미

(1) 원인 곰팡이 : *Penicillium citrinum*

(2) 독성분 : citrinin

① Citrinin은 *Penicillium*속과 *Aspergillus*속 곰팡이에 의해서도 생성된다.

② Citrinin은 phenol 화합물로 carboxylic acid 구조를 갖고 있고, 유성(油性)으로 융점은 112~119℃이고, 내열성으로 270℃에도 활성이 있다.

(3) 독작용 : 신장독

① 신장독으로 사구체 장해로 요세관에서의 물의 재흡수를 저하시켜 요량을 증가시켜서 neprosis(신장증)을 일으킨다.

② 흰쥐에 대한 급성치사 독성은 LD_{50}=35mg/kg(피하 또는 복강) 이다.

6. 파툴린(patulin)

1) 원인 곰팡이 : *Penicillium patulum*

2) 독성분 : Patulin

* *Pen. Expansum, Pen. Lapidosum, Pen. Urtica, Asp. Clavantus, Asp. Giganteous, Asp. Terreus, Byssochlamys nivea* 등에서도 분리·검출된다.

3) 독작용 : 신경독의 일종

어린 소에서 뇌부종을 유발하여 사망 함, 쥐에게 피하주사시 악성 종양 발생

7. 루브라톡신(Rubratoxin)

1) 원인 곰팡이 : *Penicillium rubrum*

2) 독성분 : Rubratoxin A와 B

3) 독작용 : 간장독

(1) 소 및 면양의 곰팡이 옥수수 중독증의 원인물질

(2) 가축에 간염과 간출혈을 일으키고 간과 비장에 세포변성을 일으키는 만성독성

(3) Rubratoxin A, B는 수용성, 열저항성 물질로 생쥐에 대한 급성독성은 LD_{50} =3.7mg/kg

8. 맥각독

1) 원인곰팡이 : *Clavices purpurea, Claviceps paspali* 등

2) 독성분 : 에르고타민(ergotamine), 에르고톡신(ergotoxine) 등

3) 맥각독 작용 : 급성과 만성 중독이 있다.

(1) 급성중독 : 소화관 증상에 이어서 신경증상이 나타남

(2) 소화관 증상 : 메스꺼움, 구토, 설사, 이상 공복감, 식욕 부진

(3) 신경증상 : 이명, 지각 및 운동장애, 경련, 지속적인 강한 두통, 혈압 상승

(4) 만성중독 : 코, 귀와 사지에 통증을 수반한 괴저

4) 맥각독 특성

(1) 자낭균류에 속하는 맥각균은 개화기에 보리나 호밀에 맥각병을 유발되면 흑자색이나 흑청색으로 변질되어 부서진다

(2) 맥각독은 라이맥이나 화본과 식물의 꽃(씨방의 주변)에 기생하는 맥각균에 의해 생성

(3) 이 균에 오염된 보리나 호밀은 균의 균핵 중에 함유하는 맥각(ergot)으로 인하여 흑자색 또는 흑청색으로 변질되어 부서진다.

(4) 곡류 중에 맥각이 0.5% 이상 혼입되면 만성중독을 일으킴

(5) 각국에서는 곡물 중 혼입률의 허용량을 법으로 정하여 관리하고 있다.

(6) 맥각 alkaloid 물질은 교감신경 마비를 일으켜 자궁근육과 혈관수축으로 진통촉진과 자궁지혈제로 이용한다.

(7) 생리활성물질로 lysergic acid의 amide 구조인 LSD(Lysergic acid diethyl amide)는 환각제 이용된다.

9. 붉은곰팡이(Fusarium속) 곰팡이 독소

1) 생육 환경 발생 사례

(1) *Fusarium*속 곰팡이균 중에는 식물병원균의 일종이며 경작지 토양, 목초와 수확기 오염

(2) 주로 각종 곡류, 특히 보리, 밀, 옥수수 등에 기생하여 붉은곰창이병을 유발

(3) 상대습도 96%이상에서 분생포자가 발아되며 고온다습한 조건에서 독소가 생산된다.

(4) 오염 곡류나 사료는 사람이나 가축에 중독증상을 일으킨다.

① 1941년 시베리아 : 독성분 다량 섭취로 백혈구 감소(1/10 ~ 1/20)로 패혈증 사망

② 1928년 미국 : 수입보리를 돼지사료로 사용 후 설사 등

③ 1932년 일본 : 보리를 소의 사료로 사용하여 구토, 설사 등 중독증상이 유발

2) 생산 독소

(1) 스포로푸사린(sporofusarin)과 푸에푸사린(poaefusarin)

① 원인 곰팡이 : *F. Sporotrichiodes, F. Poae*

② 독성분 : Sporofusarin(*F. Sporotrichiodes*) 과 poaefusarin(*F. Poae*)

③ 독작용 : 식중독성 무백혈구증(ATA: Alimentary Toxic Aleukia) 발생

④ 주증상 : 피부염, 소화기 이상과 경련을 유발하고, 점차 조혈기능 이상으로 백혈구 수가 급격히 감소.

⑤ 독소생산 : 온도범위는 5~8℃로 저온

⑥ 식중독 발생

가. 1890년대 Ukraine에서 보리와 밀을 원재료로 하여 만든 빵을 섭취한 후 발생

나. 19~20세기 초반에 아무르, 시베리아 지방에서 수수로 만든 죽과 빵을 먹고 발생

(2) 제랄레논(zearalenone)

① 원인 곰팡이 : *F. Graminearum*

② 독성분 : F-2 toxin 또는 FES(fermentation estrogenic substance) 2차 대사산물

③ 독작용 : 생식기관에 침해하여 가축의 불임증 유발.

④ 주증상 : 질염과 유방 및 자궁비대, 불임증

⑤ 독소 특성

가. 자외선에는 불안정하나 열에는 비교적 안정하다.

나. 1970년 미국 Ontario에서 곡류 사료로부터 다량 검출

(3) 푸모니신(fumonisin)

① 원인 곰팡이 : *Fusarium moniliforme*

② 독성분 : Fumonisin B_1(FB_1), Fumonisin B_2(FB_2)

③ 독작용 : Fumonisin은 수용성 물질로서 B_1, B_2를 비롯한 몇 가지 이성체가

있고, B_1은 오염빈도와 독성이 가장 높다.

④ 주증상 : Fumonsin B_1은 말의 뇌백질연화증(equine leukoencephalomalacia, ELEM)과 돼지의 폐수종(porcine pulmonary edema, PPE)을 유발

⑤ 식중독 특성

가. 1904년 미국에서 오염된 옥수수를 먹은 가축이 중독

나. Fumonsin은 여러 동물에서 다양한 독성을 일으키며 특히 남아프리카와 중국 화남성에서 사람의 식도암 유발 의심 물질로 조사

5-7. 화학물질에 의한 식중독

1. 유해성 금속화합물에 의한 중독

1) 우발적 혼입

유해 금속류들은 주로 중금속류로 식품의 생산, 제조, 포장과정에서 부지불식간에 혼입되는 경우이다. 일시적으로 다량을 섭취하면 급성중독을 일으키지만 주로 인체에 축적되어 만성중독을 일으키는 경우가 더 문제가 된다. 중금속 중독은 주로 환경오염에 의한 식품잔류로 유입되어 발생된다.

2) 주요 유해 금속

인체에 유해한 금속물질로는 비소, 납, 구리, 주석, 아연, 안티몬, 카드뮴, 수은, 망간 등이 있으며 식품위생법에서도 유해중금속의 식품 혼입 방지를 위해 각 식품에 대해 기준치를 설정하여 규제하고 있다.

(1) 중금속

① 비중 4.0 이상인 원소, 반감기는 수십 년으로 장기적으로 섭취시 만성중독 발생

② 특히 인체에 유해한 중금속으로 Hg, Pb, Cd As 등이고, 식품위생법에서도

기준치를 설정하여 규제하고 있다.

(2) 주요 식품중 중금속 기준치

① 어류 : 총 수은 0.5mg/kg 이하, 메틸수은 1.0mg/kg 이하, 납 0.5 mg/kg 이하

② 연체류와 패류 : 총 수은 0.5mg/kg 이하, 납 2.0mg/kg 이하, 카드뮴 2.0 mg/kg 이하

③ 기타 농산물과 축산물에 대한 기준은 식품공전

(3) 주간잠정섭취한계량(PTWI, Provisional Tolerable Weekly Intake)

JECFA(FAO/WHO 합동식품첨가물전문가위원회)에서 유해 중금속의 식품오염으로 일생동안 섭취하더라도 유해작용을 일으키지 않는 주간잠정섭취한계량(PTWI)을 설정

* JECFA 월간잠정섭취한계량(PTWI)

중금속	PTWI(μg/kg bw*/month)	중금속	PTWI(μg/kg bw/month)
납	25	메틸수은	1.6
카드뮴	25	총비소	350
수은	4	무기비소	15

* Body weight

3) 주요 유해 중금속 중독

(1) 수은(Hg, mercury)

① 수은화합물 : 무기수은, 유기수은(CH_3Hg+, C_6H_5Hg+)

② 메틸수은의 독성과 휘발성이 강함

가. 미생물에 의하여 무기수은이 메틸수은으로 전환되어 외계 환경에 방출

나. 플랑크톤과 어패류에 생물적으로 농축되고, 특히 어패류에 축적되는 함량 높아 섭취하는 경우 인체 축적량이 높다.

다. 지용성으로 소화관과 폐에 흡수가 쉽고, 중추신경계에 축적되어 미나미다 병 유발

(2) 카드뮴(Cd, cadmium)

① 자연계에 존재하는 금속물질로 체내로 쉽게 배설되지 않고 축적된다.

② 생물학적 반감기가 길어 보통 연령이 많을수록 체내 축적량이 증가한다.

③ 일반적으로 버섯류, 해조류, 패류, 수산물 등이 함유량이 높은 편이다.

④ 효소 활성저해, 간의 해독작용 방해, 신장장애, 단백질 SH기 결합 방해 등

⑤ 혈중 Ca 농도 저하, 골대사 이상 등 골다공증 유발

(3) 납(Pb, lead)

① 소량으로도 인체에 강한 독성을 일으키며 체내 흡수율이 약 10% 정도 높다

② 뼈와 근육조직에 축적되며 간과 쓸개를 통하여 배출된다.

③ 오염된 경우 멍게, 미더덕 등의 수산물에 축적되기 쉽다.

④ 무기납은 조혈계 중추신경계 및 말초신경계, 신장, 소화기계 장애, 빈혈 등을 유발하고 유기납은 중추신경계에 이상을 유발한다.

(4) 비소(As, arsenic)

① 천연 중에 널리 분포하지만 특히 농약, 살충제 등으로 사용되어 오염된 토양이 많다

② 일상생활에서 물이나 토양, 음식물 등에서 섭취되어 비소중독을 유발한다.

③ 말초신경계 기능이상, 사지마비, 다발성 신경염 등을 유발한다.

2. 농약류

1) 농업 생산물을 생육, 저장, 유통 등에서 발생되는 각종 미생물이나 해충, 잡초 등으로 부터 피해를 제거 또는 감소시키기 위하여 사용되는 물질

2) 사용목적에 따라 살균제, 살충제, 살응애제, 쥐약, 제초제, 식물생장조절제

등으로 분류

3) 화학성분에 따라 유기인계, 카바메이트계, 유기염소계 등으로 분류

＊ 농약의 종류

사용목적	살균제(보호살균제, 직접살균제), 살충제(소화중독제, 접촉독제, 침투성 살충제, 유인제, 기피제, 생물농약, 불임제), 살비제(쥐약), 살선충제, 제초제, 식물생장조절제, 보조제(전착제, 증량제, 용제, 유화제, 협력제) 등
성분조성	유기인계, 카바메이트계, 유기염소계, 유황계, 동(구리)계, 유기비소제, 항생물질계, 페녹시계, 트리아진계 등
형태	유제, 수화제(수용제), 분제, 액제, 미립제, 훈증제, 정제(錠劑) 등

＊ 농약의 잔류성

농약류	잔류기간	농약 명칭
유기인계, 카바메이트계	1-30일	카바밀, 말라티온, 파라치온
	30-100일	2,4-D, 아트라진
유기염소계	180일 이상	알드린, 디엘드린, 헵타클로, BHC, DDT

1) 유기인제

(1) 농약 종류

파라티온(parathion), 말라티온(malathion), 다이아지논(diazinon), 메치오닌(methylparathion), 스미치온(Smithion) 등

(2) 독작용

① 사람과 가축에 강한 급성독성을 일으키나 만성중독은 거의 없다.

② 독작용 : 신경세포내의 Cholinesterase 작용 억제, acetylcholine 분해를 저해하여 이로 인한 acetylcholine 축적으로 자극전달 불능

(3) 중독증상

① 부교감신경증상 : 구역질, 두통, 발한, 복통, 현기증, cyanosis 등

② 교감신경증상 : 보행장애, 시력감퇴, 혈압상승, 근력감퇴, 전신경련 등

(4) 중독 예방 및 치료법

① 유기인제를 살포할 때는 피부나 손에 부착되지 않도록 주의

② 과일이나 채소류의 경우는 산성액으로 세척한 후 먹어야 한다.

③ 수확전 15일 이내에는 살포하지 않음

(5) 치료법

중독된 경우 아토로핀주사, 따뜻한 물이나 식염수를 먹고 토하여 토하고, 피부에 부착한 것은 비누로 세척

2) 유기염소제

(1) 농약 종류

알드린(aldrin), 디엘드린(dieldrin), DDT(dichloro-diphenyl-trichloroethane), BHC(benzene hexachloride), r-BHC, 엔드린(endrin), 메싹시클로(methoxychlor), 헵타클로르(hepachlor) 등

(2) 독작용

① 유기인제에 비해 독성은 낮지만 반감기(반류량 반감기간)가 길어 토양에 장기간 잔류

② 지방친화성이 있어 지방조직에 쉽게 축적되어 체내에 장기간 축적

③ 농작물 침투성과 잔류효과가 크며, 가축의 고기에도 잔류된다.

(3) 중독증상

식욕부진, 구토, 복통, 두통으로 시작하여 신경마비증상으로 손발마비, 경련을 야기하고, 심하면 혼수상태로 사망한다.

(4) 중독 예방 및 치료법

① 각국에서 사용금지나 사용을 제한하고, 식품과 농산물 잔류량도 규제하고 있다.

② 일시적으로 다량 복용하여 급성중독시 따뜻한 식염수를 먹고 토하게 한다.

3) 카바메이트계 농약

(1) 농약 종류 : 알디캅(Aldicarb), 카바릴(Carbaryl) 등,

① 유기염소계 농약 사용금지로 대용농약으로 개발

② 아미노기와 카복실기가 결합한 카바믹산(NH_2COOH)의 골격을 가진 화합물

(2) 독작용과 증상

유기인제와 독작용과 증상이 같으나 증상이 급격하게 발현되고 인체내에서 대사도 빨라서 회복되는 것도 더 빠르다.

4) 비소화합물

(1) 농약 종류 : 살충제, 살서제(쥐약) 등으로 사용

(2) 독작용

① 비소 화합물은 인간에게 발암성 물질로 알려져 있다.

② 지속적인 섭취로 만성중독을 일으키며 피부, 폐, 방광, 간 등에 암 발생위험이 높아진다.

(3) 중독증상

① 급성중독은 소화기계통, 호흡기계통, 피부와 신경계통을 심하게 해친다. 구토, 피부황변, 복통, 두통, 신경통을 유발하고 심하면 혼미, 신경이상, 호흡곤란, 심근쇠약, 사망한다. 급성중독의 치사량은 70~180mg 이다.

② 만성중독은 식욕부진, 피부각화, 다발성 신경염, 신체쇠약, 만성피로, 불면증 등이 나타나고 장기적으로 다량의 비소를 섭취하면 피부암 등을 유발한다.

(4) 중독 예방과 치료

① 비소화합물은 밀가루로 오인하여 중독되는 경우가 많다.

② 살포 후 야채나 농작물에 부착하여 유입되므로 깨끗하게 세척

③ 살서제의 경우 죽은 쥐를 다른 가축이나 동물이 먹지 않도록 주의하여 처리

④ 급성중독 치료제로 황산철, 산화마그네슘, BAL을 쓰고, 만성중독에도 BAL을 사용함.

* BAL(British antilewisite, Dimercaprol)은 비소, 수은, 납, 금 등의 중금속 중독치료에 사용되는 디티올(dithiol) 킬레이트제제이다.

5-8. 조리. 가공 중 생성되는 유해물질

1. 다환방향족탄화수소(PAHs, Polycyclic aromatic hydrocarbons)

1) 유해물질

Benzopyrene, benzanthracene, dibenzoanthracene, chrysene, pyrene, coronene, perylene, benzoperylene, antanthrene, ovalene, nephthelene, phenenthrene, tetraphene, chrysene, pentaphene, pentacene 등 50여종

2) 생성기원

유기물이 탄화될 때 생성되는 미량성분으로 2개 이상의 벤젠환이 선형이나 밀집구조를 이룬 방향족탄화수소로 대표적인 물질이 벤조피렌(benzo(a)pyrene)이다.

3) 유해작용

미량으로도 암을 유발시킬 수 있는 물질로 발암성과 돌연변이원성 물질이다. 국제암연구소(IARC)는 최근 벤조피렌을 인체발암물질(Group 1)으로 분류

2. 니트로사민(Nitrosamine)

1) 유해물질

(1) nitrosamine, nitrosodimethylamine, nitrosopyrrolidine 등

(2) 아민기에 나이트로소기(-N=O)가 결합된 형태로 아민기에 연결된 탄소수와 구조에 따라 다양한 종류의 나이트로사민 형성

2) 생성기원

(1) 육가공시 아민과 아질산 이온의 나이트로소화반응에 의해 생성

(2) 육제품 발색제로 첨가하는 아질산염은 니트로사민을 생성하는 전구물질로 작용

(3) 식품중 함유된 질산염은 소장상부에서 빠르게 흡수되고, 질산염은 장점막 박테리아 환원효소에 의해 아질산염으로 환원되어 니트로사민를 생성

3) 유해작용

(1) 니트로사민은 니트로소화합물의 일종으로 간암 원인 물질

(2) Nitrosodimethylamine은 간암 유발, nitrosopyrrolidine은 국제암연구소(IARC)에서 Group 2B인 인체 발암우려물질로 분류

3. 아크릴아마이드(Acrylamide)

1) 화학특성

아크릴아마이드(C_3H_5NO)는 분자량 70.08, 백색, 무취의 결정성 고체

2) 생성기원 : Maillard Reaction 생성

(1) 탄수화물이 풍부한 식품을 고온조리(튀기기, 볶기, 굽기) 했을 때 아스파라긴산과 당의 화학적 반응(Maillard Reaction)에 의해 생성된다.

(2) 전분질 식품을 고온 조리·가공시 생성되며 온도와 시간이 증가될수록 생성량이 증가 함.

3) 유해작용

(1) 아크릴아마이드는 국제암연구소(IARC)에서는 발암가능물질(2A)로 분류

(2) 식품중 아크릴아마이드 생성량은 조리·가공 등의 온도와 시간 등에 따라 수준차가 크기 때문에 특정 식품의 기준설정이나 섭취량 권고가 어렵다.

4. 에틸카바메이트(Ethyl carbamate)

1) 화학특성

Ethyl carbamate(carbamic acid의 ethyl ester, Ethyl urethane)

2) 생성기원

(1) 식품중에 함유된 arginine, citruline을 이용한 yeast의 대사과정에서 생성된 urea가 알콜과 반응하여 에틸카바메이트가 생성

(2) 주로 알코올음료인 포도주, 청주, 위스키 등에 많이 함유 되어 있음

① 포도품종과 발효시 줄기 불충분한 제거, 발효시 종말단계 고온에 노출되면 다량 생성

② 발효식품의 경우 간장, 요구르트, 치즈, 차에는 미량 존재한다.

3) 유해작용

(1) 단기 일정농도 이상에 섭취시는 구토, 의식불명, 출혈, 신장과 간 손상 발생

(2) 경구섭취시 메스꺼움, 구토, 졸음, 혼수상태를 동반하는 중추신경계 억제

(3) 피부나 흡입시는 호흡기관지 자극을 일으켜 충혈, 눈물흘림, 가려움을 초래할 수 있다.

(4) 과량에 노출되면 의식을 잃으며 만성독성이 폐암 및 폐종양을 유발할 수 있다.

(5) 국제암연구소(IARC)에서는 발암가능물질(2A)로 분류하고 있음

5. 3-MCPD(3-monochloropropane-1,2-diol)

1) 화학특성

DL-alpha-chlorohydrin, chlorohydrin, chlorodeoxyglycerol, 3-chloro-1, 2- dihydroxpropane 등으로도 부름

2) 생성기원

(1) 탈지대두를 염산으로 산분해하여 제조되는 산분해식물성단백질(Hhydrolysed vegitable protein, HVP)을 함유하는 식품에 발생

(2) 산분해간장 제조시 지방의 triglyceride 지방산 중 1~2개가 염소기로 치환되어 만들어짐

(3) 산분해식물성단백질로 만드는 간장이나 스프, 소스류 등의 식품에 함유 가능성이 높음.

3) 유해작용

(1) 장시간 섭취하면 발암가능성 의심

(2) 실험동물에서 불임을 유발한다는 보고가 있으나 인체독성은 불분명

6. 바이오제닉아민(Biogenic amines, BAs)

1) 유해물질

(1) 대표적 바이오제닉아민류로 putrescine, histamine, tyramine, agmatine, spermine, cadaverine, spermidine 등이 있음

(2) 단백식품의 저장, 발효과정 중 미생물에 의한 유리아미노산의 탈탄산반응으로 생성되는 생물학적 활성을 지니는 저분자 물질

2) 화학특성

(1) 아미노산의 탈탄산작용, 알데하이드와 케톤의 아미노화, 아미노기 전이반응

에 의해 생성되는 질소화합물

(2) 히스티딘, 타이로신, 트립토판, 라이신 등의 아미노산의 CHCOOH 말단기로부터 효소적 탈탄산 반응에 의하여 CO2가 빠져 생성

3) 생성기원

(1) 바이오제닉아민은 원재료의 효소작용과 미생물의 아미노산 탈탄산작용 등으로 생성되며 단백질이나 유리아미노산을 함유하는 식품은 미생물이나 생화학적 활성으로 발생된다.

(2) 바이오제닉아민류는 어류제품, 육류제품, 낙농제품, 포도주, 맥주, 채소, 과일, 견과류 및 초콜릿 등 다양한 식품에 함유되어 있다.

4) 유해작용

(1) 바이오제닉아민은 체내에서 직·간접적으로 신경전달물질로서 작용하고 혈압조절 및 혈류 등의 심혈관계에도 영향을 미친다

(2) Putrescine는 저혈압, 서맥, 팔다리 마비, 다른 아민들의 독성을 증가, 세포성장과 증식 등의 약리작용을 한다.

(3) Histamine은 아드레날린(adrenaline)과 노르아드레나린(noradrenaline)을 유리시키며 자궁, 소장 및 기도의 평활근 자극, 감각을 자극하거나 신경을 움직임, 위산분비 조절 등의 약리작용을 한다.

(4) Histamine 중독증상(scombrotoxicosis)

고등어, 꽁치, 정어리, 참치 등의 부패시 생성된 Histamine은 발진, 국소적 피부염증, 구토, 오심, 설사 등 유발

(5) Tyramine 중독증상(Tyramine toxicity)

Tyramine이 심혈관계에 작용하여 혈관수축, 심장박동 증가시켜 혈압상승 유발, 눈물분비 촉진, 타액 과다분비, 호흡증가, 혈당 상승 등을 유발

5-9. 음식용 기구, 용기 및 포장에 의한 식중독

음식물의 조리, 운반, 저장 등의 각종 용기나 기구, 포장 등에서 유해성 금속이나 유해물질이 용출되어 식품에 혼입되어 중독사고가 발생하는 경우가 발생한다.

식품위생법상 「기구 및 용기 · 포장의 기준 및 규격」 효율적이고 합리적인 안전관리를 위한 법적으로 관리하고 있으나 불법제품이나 잘못된 사용방법으로 위해작용이 유발되기도 한다.

* 각종 용기와 기구의 위생상 문제점

재질의 종류		위생상 문제점
금속류(구리, 아연, 알루미늄)		불순물, 합금제품에 의한 중금속의 용출
초자용기		바륨, 납, 붕산 등의 용출
도자기 및 법랑피복 제품		납, 아연, 카드뮴, 바륨, 크롬 등 용출
합성수지	Phenol 수지	페놀이나 포르말린 용출
	Polystyrene	Terpene계 약함
	염화비닐수지	가소제 및 안정제(Pb, Cd등) 유출
	Polyethylene	지용성이어서 유지식품에 용해
	Polypropylene	안정제의 유출
지류(종이류)		방수, 방습, 표백 등의 물질 유출

1. 금속류

1) 식품의 용기나 기구가 철(Fe), 주석(Sn), 알루미늄(Al)으로 만들어진 것은 비교적 위험성이 적은 편이나 구리(Cu), 아연(Zn), 납(Pb) 및 이들의 합금제품은 유해성 금속이 용출되어 중독사고가 종종 발생한다.

2) 용기의 재료가 되는 금속의 순도가 높은 원료로 제작하고, 산성식품이나 과일쥬스 등의 식품에 장시간 보관하지 않는 것이 좋다.

3) 식품위생법 식품용 기구, 용기, 및 포장 등에 대한 규격기준에 적합한 제품을 사용

2. 초자용기

1) 유리의 조성은 규산이 주성분이나 나트륨, 칼슘 등이 있으나 초자의 원료에 따라 각종 금속성분이 함유되어 있고, 특히 바륨, 납, 붕산 등이 함유된 제품이 유통되기도 한다.

2) 초자용기는 산성액에 장기간 노출되면 알카리 유해 중금속 이온이 식품중으로 용출될 수 있다.

3) 유리제품의 표면에 그림이나 물감의 안료성분이 용출되는 경우도 있어 주의가 필요하다.

3. 도자기제 및 법랑피복 제품

1) 도자기 제품은 충분한 열처리로 유약과 그림의 안료 성분이 치밀하게 결합된 제품은 안전하지만 소성온도가 낮은 경우는 유약 성분인 납, 아연, 카드뮴, 안티몬, 바륨, 크롬 등의 유해한 중금속이 용출되기 쉽다.

2) 용기의 내부에 그림이나 도안이 있는 경우는 피하는 것이 좋고, 컵이나 입이 닿는 부위에 그림이 있는 용기는 사용하지 않는 것이 안전하고, 산성식품을 보관시 유해 금속성분이 쉽게 용출되므로 장기간 보관하는 것을 피하는 것이 좋다.

3) 용기 내부의 그림이 있는 도자기나 값이 지나치게 저렴한 제품은 낮은 소성온도에서 열처리한 경우로 의심할 필요가 있다.

4. 합성수지 제품

1) 식품의 용기로 합성 수지류인 페놀(phenol)수지, 요소수지, 폴리에틸렌(polyethylene), 폴리스티렌(polystyrene), 염화비닐수지 등이 용기와 포장재료로 많이 사용된다.

2) 제품의 제조시 합성반응이 불충분하면 미반응 단량체가 식품 중으로 용출될 수 있다. 식품위생법 기준과 규격에 적합한 제품을 사용하고, 공업용 제품을 식품용으로 사용하는 것을 피해야 한다.

3) 염화비닐 제품의 경우 성형용 가소제 및 안정제, 안료 등이 첨가되어 용출될 수 있으므로 산성용액이나 고온식품을 저장하는 것을 피한다.

5. 지류

1) 식품포장용 지류는 식품위생법 기준과 규격에 적합한 제품을 사용해야 한다.

2) 일반 인쇄용 종이류의 경우 각종 품질 개량제, 인쇄잉크, 표백제 등 각종 유해성분이 함유되어 있어 식품포장에 사용하는 것은 피한다.

3) 식당 등에 사용되는 식탁용 네프킨 등의 형광표백제 사용하여 문제가 된 경우가 있다.

4) 최근에는 셀로판제, 기름종이, 금속 판상제품 등 다양한 용도의 제품이 사용되고 있다.

5-10. 사용금지 유해 첨가물에 의한 중독

1. 유해 착색료

1) 아우라민(Auramine)

(1) 성상 : 염기성 황색색소

(2) 용도 : 무명, 레이온, 견, 양모, 나일론 등을 직물 염색용 염료

(3) 독성 : 다량 섭취하면 20~30분 후 피부에 흑자색 반점이 생기고, 두통, 심계항진, 맥박감소, 의식불명, 간장에 대한 발암성 등이 있다.

(4) 사용여부 : 과자. 단무지. 카레 등에 사용되었으나 현재는 사용이 금지되었다.

2) 로다민 B(Rhodamine B)

(1) 성상 : 분홍색 색소

(2) 용도 : 염료 및 염소 레이저 획득매질로 사용

(3) 독성 : 섭취하면 전신마비, 색소뇨, 오심, 구토 등, 발암성 의심.

(4) 사용여부 : 과자, 어묵, 토마토케첩, 얼음과자에 사용, 현재 사용이 금지됨.

3) p-니트로아닐린(p-nitroaniline)

(1) 성상 : 황색 결정성 가루

(2) 용도 : 황색 합성착색료, 직접염료,

(3) 독성 : 섭취 후 10~30분 후에 두통, 혼수상태, 동공확대, 혈액독과 신경독, 발암성

(4) 사용여부 : 식품 착색제로 사용, 현재 사용이 금지됨.

4) 말라카이트 그린(Malachite Green)

(1) 성상 : 녹색 색소

(2) 용도 : 직물 염색 염료

(3) 독성 : 간과 신장 장해, 발암성 증상

(4) 사용여부 : 과자류, 알사탕, 연어 등 착색제로 사용, 현재 사용이 금지됨.

5) 실크 스칼렛(Silk scarlet)

(1) 성상 : 등적색 수용성 타르색소

(2) 용도 : 착색제

(3) 독성 : 구토, 복통, 두통

(4) 사용여부 : 대구 알젓 등에 사용되었으나 지금은 사용이 금지됨.

6) 기타 유해 착색료

(1) 갈색계 : Bismark brown

(2) 녹색계 : Light green S. F. Yellowish, Malachite green

(3) 적색계 : Rhodamin B, SudanⅢ(가짜 고춧가루)

(4) 등적색계 : Silk scarlet, Orang I, Orange II,

(5) 황색계 : Butter yellow(버터), Spirit yellow(마가린)

(6) 자색계 : Methyl violet(팥앙금), Gentian violet, Crystal violet

2. 유해 감미료

1) 둘신(Dulcin)

(1) 성상 : 백색 결정

(2) 용도 : 인공 감미료, 설탕 대용품, 단맛은 설탕의 250배

(3) 독성 : 간종양, 소화효소 억제, 분해된 유해물질은 혈액독, 중추신경계 작용한다.

(4) 사용여부 : 청량음료, 과자류, 절임류에 사용되었으나 만성중독으로 1966년에 사용이 금지 되었다.

2) 시클라메이트(Cyclamate)

(1) 성상 : 무색의 결정성 가루,

(2) 용도 : 인공 감미료, 단맛은 설탕의 40~50배

(3) 독성 : 한때는 무독한 인공감미료로 사용되었으나 발암성 우려

(4) 사용여부 : 청량감을 주고 설탕과 비슷한 단맛으로 인공감미료로 사용하였으나 1970년부터 사용이 금지되었다.

3) 파라니트로 오르토 토루이딘(p-nitro-o-toluidine)

(1) 성상 : 황색 결정

(2) 용도 : 설탕 대용품, 단맛 설탕의 200배

(3) 독성 : 섭취 2~3일 만에 위통, 식욕부진, 메스꺼움, 권태, 미열, 피부 점막의 황열, 급성간위축증 및 혼수상태에 빠져 사망한다. 일본에서는 일명 살인당으로 불렸음.

(4) 사용여부 : 일본에서 사용되었다가 사용이 금지되었다.

4) 에틸렌글리콜(Etylene glycol)

(1) 성상 : 무색, 무취의 점조성 액체

(2) 용도 : 엔진 냉각용수의 부동액

(3) 독성 : 체내 산화되어 히드록시산으로 변하여 뇌(신경) 및 신장장애, 치사량은 약 100㎎

(4) 사용여부 : 감주, 팥앙금에 사용하였으나 사용이 금지되었다.

5) 페릴라르틴(Perillartine)

(1) 성상 : 백색결정, 들깨기름(자소유, 紫蘇油)성분, perillaldehyde로부터 제조

(2) 용도 : 유해 감미료, 단맛 설탕보다 2,000배

(3) 독성 : 가열 또는 타액에 의하여 aldehyde로 분해되고, 신장염 유발

(4) 사용여부 : 사용이 금지되었다.

3. 보존료

1) 붕산(Boric acid, H_3BO_3)

(1) 성상 : 무색, 무취 인편상 백색 결정

(2) 용도 : 살균 소독제, 살충제

(3) 독성 : 섭취시 구토, 오심, 설사, 신장장애

(4) 사용여부 : 햄, 마가린, 베이컨 등에 사용되었으나 현재는 모두 사용이 금지되었다.

2) 포름알데하이드(Formaldehyde, HCHO)

(1) 성상 : 수용성 무색 자극 기체

(2) 용도 : 방부제, 살균제, 물에 녹인 용액을 포르말린(농약용)이라 부름

(3) 독성 : 구토, 현기증, 호흡 곤란 등의 장애, 단백질 변성, 발암 작용

(4) 사용여부 : 식품에 검출되면 안 됨, 각종 환경물질로 규제하고 있다.

3) 불소화합물(Fluoride)

(1) 성상 : 불화수소(HF), 불화나트륨(NaF)

(2) 용도 : 공업용 접착제의 방부제

(3) 독성 : 급성 중독의 증상으로는 구토, 복통, 경련 등을 일으키고 장 및 방광의 점막을 침해하며 만성 중독일 경우에는 골격의 성장을 방해한다.

(4) 사용여부 : 육류, 알코올음료, 우유 등에 방부, 살균 및 발효 억제제로 사용되었으나 독성이 강해서 사용이 금지되었다.

4) 에틸렌옥사이드(ethylene oxide)

(1) 성상 : 무색의 기체, 산화에틸렌

(2) 용도 : 에틸렌글리콜 등 각종 유기화합물 합성원료, 기체 살균제

(3) 독성 : 발암성 및 돌연변이원성 물질, 신경계 손상, 기도 자극, 졸음, 어지러움 등

(4) 사용여부 : 미국에서는 코코아, 견과류, 향신료, 녹말 등의 살균에 사용되고 있다.

5) 염화수은

(1) 성상 : 염화제일수은, 무색의 결정,

(2) 용도 : 단맛이 있어 감홍(甘汞)이라고도 부름. * 염화제이수은($HgCl_2$, 승홍(昇汞)

(3) 독성 : 급성중독인 경우에는 구토, 복통 등, 만성중독은 신장장애, 구내염 등을 유발

(4) 사용여부 : 강한 살균작용으로 의약품으로 쓰고, 주류 방부제로 사용되였으나 독성 때문에 지금은 모두 사용이 금지되었다.

6) 베타나프톨(β-Naphtol)

(1) 성상 : 백색 결정, 나프탈렌 고리에 하이드록시기가 결합된 화합물

(2) 용도 : 방부제, 습진이나 옴 같은 가벼운 피부병 치료제,

(3) 독성 : 신장자극(단백뇨, 혈색소뇨), 구토, 경련, 현기증 등

(4) 사용여부 : 간장의 산막효모 생성을 방지하기 위해 방부제로 사용된 적이 있으나 독성이 강하여 사용이 금지되었다.

7) 살리실산(Salicylic acid)

(1) 성상 : 백색의 분말

(2) 용도 : 화장품이나 의약품에 널리 쓰이고, 아스피린의 원재료

(3) 독성 : 피부를 통해 다량을 흡수하면 구토, 복통, 호흡증가, 산증 및 정신장애를 일으킬 수 있고, 민감한 사람은 피부 발진이 발생할 수 있다.

(4) 사용여부 : 약산성에서 살균력이 높고, 유산균과 초산균에 대해 항균작용이 있어 청주, 과실주, 식초 등의 보존료로 사용했으나 1973년 이후 사용이 금지되었다.

8) 항생물질(Antibiotics)

(1) 성상 : 각종 미생물을 죽이거나 성장을 억제시키는 물질

(2) 용도 : 항생제, 병원균 치료제

(3) 독성 : 병원균에 대한 내성균 발생

(4) 사용여부 : 식품의 보존용 항생물질 사용은 인체내의 항생물질에 대한 내성균을 유발할 수 있어 사용이 금지되었다.

4. 표백제

1) 롱가리트(Rongalite)

(1) 성상 : 포르말린에 아황산나트륨을 결합시켜 환원하여 만든 것

(2) 용도 : 발염제, 건염염료, 크리닝, 얼룩빼기

(3) 독성 : 식품에서 분해되어 아황산의 표백작용이 강하고, 다량의 포름알데히드가 남아 독작용을 일으킨다.

(4) 사용여부 : 한때 물엿의 표백제로 사용되어 문제를 일으키기도 하였으나 현재 식품에 사용이 금지되었다.

2) 삼염화질소(Nitrogen trichloride, NCl_3)

(1) 성상 : 자극성 있는 황색의 휘발성 액체

(2) 용도 : 밀가루 표백과 숙성제

(3) 독성 : 밀가루의 표백과 숙성시 독성이 남아 있음.

(4) 사용여부 : 미국에서 밀가루의 표백과 숙성에 쓰였으나 개에게 히스테리 증상을 일으켜 현재 사용이 금지되었다.

3) 형광표백제(형광증백제)

(1) 성상 : 디아미노스틸벤계(Diaminostilben sulfonic acid), 티마졸계(Timazol), 벤지딘계(Benzidine) 등 세계적으로 400여종이 사용되고 있다.

(2) 용도 : 제지, 플라스틱, 세제, 섬유 등에 형광증백제(형광제)

(3) 독성 : 피부질환, 발암성 등이 의심괴고 있다.

(4) 사용여부 : 국수, 우유병의 종이마개, 생선묵의 표백 등에 사용되었으나 독성이 상당히 강하여 사용이 금지되었다.

5. 증량제

(1) 사용 : 곡분, 설탕, 어분, 향신료 등에 증량 목적으로 산성백토, 벤토나이트, 카올린 등을 첨가

(2) 과량 섭취 : 소화불량, 설사, 구토, 복통 등의 위장염 증상 유발

(3) 사용금지 : 식품위생법상에서 엄격히 규제하고 있다.

6. 그 밖의 유해 물질

1) 메탄올(Methanol)

(1) 성상 : CH_3OH, 무색의 휘발성, 가연성, 유독성 액체, 목정(木精)

(2) 용도 : 연료, 용제 등

(3) 독작용 : 메탄올은 섭취시 체외로 배출되는 시간이 길고, 체내에서 맹독성 포름산(메탄산, 개미산, Formic acid, Methanoic acid 등)으로 변하여 독작용을 유발한다.

(4) 독성 : 경증인 경우 두통, 구토, 설사 등이고, 10mℓ이상 섭취하면 수시간~수일 후 실명한다. 중독인 경우는 마취상태, 호흡중추장애, 호흡곤란, 심하면 사망한다.

(5) 사용여부 : 불충분한 정제 포도주, 사과주 등의 과실주에 미량 함유되어 있으나 메탄올 중독사고는 주로 주정(에탄올)과 오용하여 발생한다.

제6장 식품과 기생충

생물학적 생태환경과 인간의 사회, 경제 및 문화적인 생활습관은 깊은 관련이 있으며 이러한 연계성은 최근 한국 식생활과 생활수준의 향상은 각종 질병은 물론 기생충 감염률도 현저하게 감소되었다. 대부분의 기생충은 식품을 통하여 경구적으로 감염되며 특히 채소 및 육류를 통하여 감염된다.

기생충의 생활환으로 볼 때 감염의 주요한 요인으로 인간이나 가축의 분변을 통하여 기생충 알의 토양과 농작물 오염을 통하여 농산물을 생체로 섭취하여 감염되고 분변이나 인간이나 동물간의 상호교류에 의하여 감염된다.

기생충이 인체에 감염되는데 매개체로 흙, 물, 야채와 기타 동물 등이고, 동물로는 어육류, 육류이다. 식품에 의한 기생충감염의 경로는 원충이나 기생충 충란이 식품에 부착이나 오염되어 사람에게 옮겨지는 경우와 식품 자체가 중간숙주인 경우가 있다.

식품매개기생충 감염은 식품자체가 중간숙주인 경우가 대부분이며 야채나 과일과 같은 식물성 식품과 생으로 먹는 동물성 어개류이다. 감염 기생충 종류는 흡충류, 선충류 및 조충류가 등이 있다.

6-1. 식품과 기생충

1. 기생충 기생과 숙주

1) 기생 : 어떤 생물이 다른 생물에 침입 또는 부착하여 영양분을 빼앗으며 생활하는 현상

2) 기생충 : 기생현상을 영위하는 생물

3) 숙주 : 기생체가 부착, 기생하고 있는 동물

(1) 종말숙주 : 기생체가 숙주 내에서 완전히 발육하여 계속해서 기생하는 경우

(2) 중간숙주 : 종숙주로 감염되기 전, 다른 생물에 일시적인 기생하고 있는 것

① 제1중간숙주 : 최초 중간숙주

② 제2중간숙주 : 제1중간숙주에서 이행되는 다음 중간숙주

2. 기생충의 종류

1) 생물형태학적 분류

(1) 윤충류

① 선충류 : 회충, 십이지장충, 동양모양선충, 분선충, 편충, 선모충, 요충, 사상충 등

② 흡충류 : 간흡충, 폐흡충, 요꼬가와흡충, 일본주혈흡충 등

③ 조충류 : 유구조충, 무구조충, 왜소조충, 열두조충 등

(2) 원충류

① 근족충류 : 이질아메바, 대장아메바

② 포자충류 : 말라리아 원충

③ 편모충류 : 질 트리코모나스

④ 섬모충류 : 대장발란디듐

2) 기생충 매개물에 의한 분류

(1) 토양 매개성 기생출 : 회충, 편충, 십이지장충, 동양모양선충

(2) 물, 채소 매개성 기생충 : 회충, 편충, 십이지장충, 동양모양선충, 분선충, 이질아메바

(3) 어패류 매개성 기생충 : 간흡충, 폐흡충, 요꼬가와흡충

(4) 수육류 매개성 기생충 : 유구조충, 무구조충, 선모충

(5) 모기 매개성 기생충 : 말라리아 원충, 사상충

(6) 접촉 매개 기생충 : 요충, 질 트리코모나스

3) 기생충의 감염경로

경구감염, 경피감염, 접종감염, 접촉감염, 태반감염 등

(1) 경구감염 : 회충, 요충, 편충의 충란

(2) 경피감염 : 구충(십이지장충)의 유충

(3) 혈액감염 : 말라리아, 사상충은 모기나 흡혈파리가 전염시킨다.

(4) 태반감염: 톡소플라즈마, 말라리아

4) 기생충의 예방 원칙

(1) 분변 완전 처리(기생충란 사멸 또는 배제)

(2) 정기적 충란검사

(3) 조리시 감염성 충란이나 유충의 오염 방지

(4) 수육과 어육은 충분한 가열조리 후 섭취(생식이나 회 주의)

(5) 채소류의 세척 철저

(6) 분변이나 토양 중의 충란 감염방지를 위한 손의 세척

6-2. 각종 기생충증

1. 채소류에 의한 기생충 감염

1) 회충증(Ascariasis)

(1) 기생충

① 회충(*Ascaris lumbricoides*)은 세계적으로 가장 감염률이 높은 기생충

② 선충류 중 제일 크며 수컷은 15~31cm, 암컷은 20~35cm 정도

③ 습윤한 지방과 환경시설이 불량한 비위생적 지역에 감염률이 높음

④ 회충 수정란은 감염형이 되어 야채, 불결한 손, 파리의 매개에 의한 음식물의 오염

⑤ 회충란은 평균 300일 생존하며 토양속에서 2~5년, 김치 속에서도 40일 후 20% 생존함.

(2) 전파양식

경구 침입한 충란은 위에서 부화하여 심장 등 기관을 거쳐 소장에서 정착하고, 70~80일이면 성충이 되어 산란을 함

(3) 회충의 생활사

① 제1생활환

성숙한 충란→ 경구침입→ 소장→ 유충→ 장벽 모세혈관→ 대정맥 →간 → 심장 → 폐(유충탈피)→ 기관지→ 기관→ 후두→ 인두→ 식도→ 위→ 소장(정착. 산란)

② 제2생활환

유충→ 임파관 침입→ 장벽임파선→ 흉관→ 심장→ 폐(유충탈피)→ 기관지→ 기관→ 후두→ 인두→ 위→ 소장(정착, 산란)

(4) 기생충증

다수의 회충체로 인한 장폐색, 두통, 오심, 현기증, 복통, 설사 담마진(두드러기), 전간(의식상실과 경련, 발작성 질환), 불면증, 식욕부진, 체중감소, 등

(5) 예방대책

① 야채는 잎을 펴서 흐르는 물에 여러 번 씻고 열탕에 1분 정도 처리하여 섭취

② 분변의 위생처리와 청정채소의 재배 장려,

③ 파리구제 및 환경개선, 위생적인 식생활

④ 보건교육 실시

2) 구충증(Hook worm disease)

(1) 기생충

① 구충중 십이지장충(A*ncylostoma duodenalae*), 아메리카구충(*Necator americanus*) 2종이 인간에게 감염되고 크기는 1cm 내외이다.

② 구충에는 십이지장충, 아메리카구충 이외에도 브라질구충, 개구충, 실론구충 등이 있으며 충란은 현미경적으로 구분이 어려워 보통 구충이라고 부른다.

(2) 전파양식

① 소장에 기생하고, 감염 4~5주 후부터 산란하여 분변으로 배출, 자연 중에서 부화한다.

② 간상유충을 거처 환경조건이 불량하면 감염형이 되어 경피침입을 한다.

③ 분변 충란→ 자충(외계에서 부화)→ 피낭자충(2번의 탈피 후)→ 식품이나 물(경구), 피부감염→ 폐, 기관, 식도 등 각 신체 부위→ 소장(정착, 성충 산란)

(3) 기생충증

① 유충 피부감염

피부황변, 유충의 체내조직 파괴, 침입부위 소양감, 작열감, 홍반구진, 수포 발생, 소위 똥독이라고 불리는 ground itch를 일으킴

② 침입 초기에는 기침, 구역, 구토를 야기하고, 성충이 되면 빈혈증, 소화장애를 야기

③ 심한 감염과 소아

뇌빈혈, 식욕감퇴, 이미증(시거나 미숙과, 생쌀, 흙 먹음), 어린이 신체와 지능 발육저해, 면역력 및 저항력 저하로 각종 질병에 잘 걸림

(4) 예방대책

① 회충과 비슷 함, 경피감염을 막기 위해 분뇨처리 밭에 맨발로 다니거나 작업하지 말 것

② 감염원, 인분의 위생적 처리, 오염지역내 작업시 장화, 장갑 사용 및 개인위생 준수

③ 인분으로 채소를 재배하는 것을 피하고, 야채는 흐르는 물로 깨끗하게 세척

* 동양모양선충(*Trichostrongylus orientalis*)

사람의 위에서 발견되며 담홍회백색, 성충은 소장상부점막에 교착 함, 분변 배출 충란이 토양에서 부화, 감염형 유충으로 채소나 손(또는 김치)을 통해 경구감염 됨, 자각증상이 거의 없다.

3) 요충증(Enterobiasis, pin worm)

(1) 기생충

① 요충(E*nterobius vermicularis*)은 열대지방, 농촌보다 도시의 인구밀집지에 많이 분포

② 어린이감염이 많고, 집단감염으로 침식을 같이하는 집단시설에서 많다.

(2) 전파양식

① 경구침입하여 소장상부에서 부화하고, 맹장부위에 정착하고 45일 전후면 산란한다.

② 암컷은 자궁 속에 충란이 차면 야간에 숙주의 직장과 항문으로 이동하여 산란하고, 죽지만 일부는 다시 항문을 통해 돌아가는 역감염도 있다.

(3) 기생충증

① 산란시 항문부위의 소양증으로 손으로 긁게 되면 습진이 생기고, 세균의 2차감염에 의한 염증이 생긴다.

② 경련, 수면장애, 야뇨증, 주의력 산만, 체중감소 등의 증상이 있다.

(4) 예방대책

① 자가감염, 가족감염, 집단감염을 예방과 조치 및 집단치료

② 식사 전 손씻기, 항문주위 청결유지, 잠옷사용 및 침구, 내의 세탁물은 자비소독 필요

4) 편충증(Trichuriasis)

(1) 기생충

편충(*Trichuris trichiura*)은 사람이 유일한 종말숙주이고, 토양매개성으로 자충포장란(子蟲包藏卵, embryonated egg)이 배출된 충란은 약 2주 경과하면 흙 속에서 충란내 자충으로 발육하여 인체에 감염됨.

(2) 전파양식

감염형 충란은 오염된 토양 및 오염된 식품으로 경구감염되고, 대장과 맹장 장점막 안에 식도를 집어 넣고 영양분(혈액)을 빨아 먹는다.

(3) 기생충증

① 무증상감염이 많으나 다수(약 10만 마리 이상)가 감염되면 복통, 구토, 복부팽창, 미열, 두통 등의 증세를 일으킨다.

② 만성화되면 빈혈, 혈변, 복통, 체중감소의 원인이 되기도 한다.

(4) 예방대책

① 감염양상은 회충과 비슷하며 채소류의 세척과 열처리로 예방이 중요하다.

② 분뇨의 위생적 처리와 식사 전 손씻기가 필요

2. 어류에 의한 기생충 감염

1) 간흡충증(간디스토마, Clonorchiasis)

(1) 기생충

① 간흡충(*Clonorchi sinensis*)은 긴 타원형 오이씨 모양으로 크기가 1~2cm이고, 성충은 담관계에 기생하고 몸속에서 보통 3~4년 정도 생존하나 길게는 20~30년까지 생존한다.

② 간흡충은 한국을 비롯하여 중국, 일본 및 월남, 태국 등 동남아시아 지역에 주로 분포

③ 한국에는 낙동강, 영산강, 섬진강 등의 강 유역 주민에 많이 감염된다.

④ 감염된 민물고기 생식, 오염된 물(하천), 조리과정중 조리기구를 통한 음식물로 경구감염

(2) 전파양식

① 성충은 담도(膽道)내에 기생하면서 담도를 통해 장관을 거쳐서 분변으로 충란이 배출

② 배출충란→ 물속에서 제1중간숙주(왜우렁이 등)→ 식도에서 부화하여 유충인 미라시듐(Miracidium)→ 주위조직에 침입 스포로시스트(sporocyst)→ 레디아(redia)→ 세르카리아(cercaria)로 단계로 성장→ 물속으로 탈출 유영(1~2일간 생존)→ 제2중간숙주(잉어와 참붕어, 피라미 등) 및 제2중간숙주에 미감염 유충은 사멸→ 피하조직에서 메타세르카리아(metacercaria, 유미유충)로 성장→ 감염 물고기 생식→ 숙주 감염(간조직)→ 간의 윤담관에 도달(1개월)후 성충(3~4개월), 산란 충란 담즙과 함께 배출

(3) 기생충증

① 주로 반복 감염되어 간비대, 비장비대, 부종, 빈혈, 소화장애, 황달 등과 심하면 야맹증, 소변이 담즙색소 양성반응이 있다.

② 감염 말기에는 간경변으로 복수, 영양장애를 일으켜 사망한다.

(4) 예방대책

① 제1중간숙주인 쇠우렁을 퇴치하거나 는 방법도 있으나 현증 환자에 대한 집단 투약, 분변에 의한 강물의 오염방지 대책

② 생식을 금지하고, 유충은 열에 약하므로 담수어는 반드시 익혀 먹음

③ 염된 하천 등지에서 수영시 입이나 상처를 통하여 감염될 수 있으므로 주의

④ 조리기구를 청결하게 하고, 감염 강이나 하천 주위 수초제거 필요

2) 폐흡충증(페디스토마, Paragonimiasis)

(1) 기생충

① 폐흡충증(*Paragonimus westermani*)은 주로 한국, 일본, 대만, 중국, 월남, 말레이시아 등지에 분포하고, 한국에는 산간지방에 많다.

② 기생 부위에 따라 페부폐흡충증, 복부폐흡충증, 뇌부폐흡충증, 안와폐흡충증 등이 있다.

(2) 전파양식

① 객담 충란→ 물속 부화(수중온도 27℃, 2~7주)→ 제1중간숙주인 다슬기(미라시디움, miracidium, 244시간 내)→ 스포로시스트(sporocyst)→ 레디아(redia→ daughter redia)→ 세르카리아(cercaria) 성장→ 제2중간숙주(갑각류, 즉 가재, 게 등) 아가미, 간장, 근육내에 침입 6주후에 메타세르카리아(metacercaria, 유미유충)로 성장→ 제2중간숙주를 생식→ 소장상부에서 탈낭→ 소장 또는 소장하부 장벽을 뚫고 복강으로 나와 복벽근육에 침입→ 1주일간 성장 후 복강으로 나와 횡경막을 뚫고 폐에 침입→ 성장 산란 객담을 통하여 배출

(3) 기생충증

① 폐흡충증의 주증상은 혈담이다.

② 뇌에 기생하는 폐흡충증은 간질과 비슷한 증상으로 반신불수증, 국소마비, 실어증, 시력장애 등의 증상이 있다.

(4) 예방대책

① 게, 가재의 생식금지 및 유행지역에서의 생수 음용 금지

② 이환자 객담의 위생적 처리와 이환 동물의 관리, 조리법 개선이 필요

3) 광절열두조충증(廣節裂頭條虫症, Diphyllobothriasis)

(1) 기생충

① 광절열두조충(*Diphyllobothrium latum*)은 조충 중에서 가장 긴 것으로

긴촌충이라고 부르고, 크기는 10m 이상까지도 자라고, 광절열두로 체절 크기는 15mm×3mm로 약 3천~4천개 편절이 있다.

② 광절열두조충은 사람 이외에도 개, 고양이, 곰, 여우 등도 감염된다.

(2) 전파양식

① 감염경로 : 감염된 연어, 송어 숭어, 농어 등의 어류를 생식 및 감염된 쇠고기, 돼지고기를 생식하거나 불완전하게 익혀 먹을 경우 감염된다.

② 외계로 배출된 충란→ 수중 10여일(coracidium 성장)→ 제1중간숙주인 물벼룩에 섭취(2~3주 발육, procercoid로 성장)→ 제2중간숙주인 송어, 연어 등이 섭취(근육속에서 plerocercoid로 성장)→ 감염된 민물고기 생식→ 인체감염 소장정착(감염 3주 후, 1m 정도의 성충으로 성장→ 성충, 산란(1일 산란수, 약 백만개/마리)

(3) 기생충증

① 감염 초기에는 증상이 없는 경우가 많고, 조충의 활동 충격으로 설사, 복통, 무력증, 입맛 소실, 체중 감소, 영양결핍이 나타남

② 조충이 대사산물로 혈색소증가증이나 악성빈혈이 유발되는 경우도 있다.

(4) 예방대책

① 송어, 연어의 생식금지하고, 감염자의 구충제 복용

4) 요코가와흡충증(Metagonimiasis)

(1) 기생충

① 요꼬가와흡충(*Metagonimus yokogawai*)은 한국에는 가장 흔한 장흡충의 하나이다.

② 충체의 크기는 1~2mm 되는 작은 흡충으로서 사람의 소장 점막에 붙어 기생한다.

③ 남해와 동해의 연안 하천유역 특히 섬진강에서 잡힌 은어를 회로 먹으면 수천마리씩 대량 감염된다. 유사 흡충류로 타카하시흡충(*Metagonimus takahasii*,

은어와 붕어)과 미야타이흡충(*M. Miyatai*, 피라미)가 있다.

④ 십이지장이나 공장에 들어가 자라서 소장 융모 사이에 기생한다

(2) 전파양식

① 배출 충란→ 제1중간숙주인 다슬기(체내에서 부화)→ 미라시디움(miracidium) 24시간내→ 스포로시스트(sporocyst)→ 레디아(redia→daughter redia)→ 세르카리아(cercaria)→ 메타세르카리아(metacercaria, 유미유충) 방출→ 제2중간숙주인 은어나 황어에 부착(비늘 밑, 피부 속, 근육 속, 지느러미 등) 피낭유충 성장→ 생식, 인간 감염→ 소장의 융모 사이에서 기생(7~8일 후 성충으로 성장)→ 산란, 충란 배출

② 제2중간숙주인 잉어, 은어, 붕어 등의 담수어를 생식했을 때 감염된다.

(3) 기생충증

① 소장 융모사이에 기생하면서 점막자극, 대사산물을 분비하여 융모의 위축, 카타르성 장염을 유발, 복통, 설사, 고열, 복부불쾌감, 기력쇠진, 식욕부진, 피로감 등이 나타난다.

② 염증세포 침윤, 상피세포 괴사, 융모 기질의 부종 등이 있다.

(4) 예방대책

① 구충제로 프라지콴텔 10 mg/kg 일회 경구투여로 잘 치료

② 유행지에서 은어나 황어 등 민물고기나 반염수어(혹은 반담수어)를 생식하지 말 것

5) 선모충증(旋毛蟲症, Trichinosis)

(1) 기생충

① 선모충(*Trichinella spiralis*)의 숙주는 사람과 돼지 및 쥐, 곰, 여우, 밍크, 개, 고양이 등이며 근육속에 피포유충(encysted larva)이 있을 때 서로 잡아먹고 감염 됨

② 소장 장점막에서 성충으로 성숙한다.

(2) 전파양식

사람의 경우 피포유충이 감염된 돼지고기를 날로 먹고 감염되며 한국에서는 감염사례가 없었으나 최근에 오소리 고기를 날로 먹고 감염된 일이 있다고 한다.

(3) 기생충증

① 소수 감염시는 증상이 거의 없고, 다량의 피포유충 감염시 장점막에서 성충으로 성장하여 초기에는 구토, 설사, 복통 등을 일으킨다.

② 감염 2내지 3주 후에는 성충에서 나온 자충이 혈관을 통하여 인체 내의 근육 속에 들어가 피포유충이 되기 때문에 근육통, 발열, 호흡곤란 등 여러가지 증상이 나타난다.

(4) 예방대책

① 감염원인 죽은 쥐를 돼지가 먹지 않도록 처리하고, 육류를 충분히 가열하여 섭취

② 치료법이 없으며 예방이 최선이고, 다이아벤다졸(Thiabendazole)이나 메벤다졸(Mebendazole)을 경구 투여하면 스테로이드를 사용하면 증상을 경감시킬 수 있다.

6) 유극악구충증(有棘顎口蟲, Gnathostomiasis)

(1) 기생충

① 유극악구충(*Gnathostoma spinigerum*) 감염에 의해 발생하는 원충성 질환

② Gnathostoma속에 20여종이 알려져 있고, 인도에서 일본에 이르는 아시아 대륙과 북미에서 관찰된다.

③ 유행지의 육식동물인 고양이, 개, 족제비 등이 중요한 숙주이며 타이, 일본, 중국 등 극동지방에 분포하나 한국에서는 감염이 보고된 바가 없다.

(2) 전파양식

① 감염은 주로 생고기나 덜 익힌 어육을 섭취하여 제3기 유충에 감염된다.

② 오염된 물을 마시거나 감염된 물벼룩을 삼켜도 감염이 일어나고, 조리시 유충의 피부감염도 된다.

③ 유충 감염 어류→ 유충이 성충으로 성장하지 않고 피하조직 등에 기생

(3) 기생충증

① 통증을 동반한 피하결절, 심한 부종 동반된다.

② 피하 악구충증 : 주로 얼굴, 가슴, 손 등에 발생

③ 중추신경계 악구충증 : 수막염에 의한 두통, 경련, 각종 신경계 증상

④ 눈 악구충증 : 충체가 시신경을 경유하여 이행하여 유발, 시력상실, 이물감이 나타남.

⑤ 폐악구충증 : 피하부종, 호산구(백혈구의 일종)증다증, 기침, 흉통, 자연기흉 등이 나타남

⑥ 위장관계 악구충증 : 장벽이 두꺼워지고 장강이 좁아져서 폐색에 의한 급성 복통증 유발

(4) 예방대책

① 병소로부터 충체를 외과적으로 제거하는 것이 유일한 치료법

② 유행지역의 자연수 또는 약수 등을 마시지 말고, 가물치를 비롯한 담수어, 조류, 양서류, 파충류, 포유류 등의 생식을 삼가야 함

7) 아니사키스증(Anisakiasis)

(1) 기생충

① 아니사키스(*Anisakia sp*)는 바다생선을 생식할 때 감염되는 기생충으로 흔히 고래회충이라 함

② 고래, 돌고래, 물개 등 해산 포유류에 기생하는 회충류의 애벌레가 해산 어류(참조기, 명태, 조기, 대구, 방어, 광어와 오징어, 낙지 등)에 기생하고 있다가 사람이 날로 먹으면 위 점막에 감염되어 급성 복통을 일으킨다.

③ 한국에서는 고래와 향유고래 유충이 발견되고, 감염시는 위 내시경으로 충체를 확인하고 제거하면 치료가 된다.

(2) 전파양식

해산 포유류 충란→ 갑각류가 충란 섭취→ 갑각류를 해상어류 섭취→ 해상어류의 장관, 내장, 근육조직에 유충 기생→ 해산 어류를 해산 포유류가 섭취→ 사람이 생선생식(회)→ 위급성통증

(3) 기생충증

① 일본에서 상당히 많은 보고가 있으며 제1중간숙주(고등어, 전갱이, 청어, 가자미, 갈치, 대구, 오징어) 감염된 생선, 제2중간숙주(고래, 돌고래)의 미성숙 충체가 기생 고래고기를 생식하고 위장 점막에 호산구성 육아종 생김

② 감염된 유충을 섭취할 경우 1시간 이내에 심한 복통, 메스꺼움, 구토가 유발, 가장 높은 유병률을 보이는 지역은 스칸디나비아(대구의 간), 일본(초밥 또는 사시미), 네덜란드(발효된 청어), 남아메리카의 태평양 연안(세비체) 등이다.

(4) 예방대책

① 바다생선을 생식하지 않고, 해산어류의 철저한 열처리 후 섭취

3. 육류에 의한 기생충감염

1) 유구조충증(갈고리촌충증, Taenia solium taeniasis)

(1) 기생충

① 유구조충증(*Taenia solium*) 두절에 갈고리가 있고, 전세계적으로 분포되어 있으며 특히 돼지고기를 생식하는 지역에 많고, 성충감염보다는 낭충증이 많다.

② 돼지고기를 중간숙주로 돼지고기촌충이라고도 부르며 돈육을 금기하는 회교 지역에서는 감염이 없다.

③ 돼지고기가 중간숙주로 사람의 소장에 기생하여 성장이 되고 보통 2~4m 정도 자란다.

(2) 전파양식

① 낭충증 유발 감염경로

가. 분변 충란으로부터 감염 : 분변과 같이 배출된 체절이나 충란→ 돼지, 사람 등 포유동물에 섭취→ 소장에서 부화(유구유충)→ 혈류를 따라 각 조직으로 이동(유구낭충)→ 이환된 돼지근육(사람 근육)에 많은 낭충 발견(저항력 강함), 근육 통증 유발

나. 유구조충이 오염된 생고기를 섭취→ 근육으로 이행→ 60~70일 후에는 유구낭충이 됨

② 성충감염증 감염경로

가. 유구낭충이 감염된 돼지고기를 회(또는 덜 익힌)로 섭취→ 소장에서 2개월 이내에 성충으로 성장→ 수태편절 분변 배출→ 충란 탈출

나. 자가감염 : 배출 충란→ 장내 부화(유구조충)→ 장벽 통과→ 혈액으로 각 장기로 이행

(3) 기생충증

① 성충감염증

장관을 폐쇄시켜 소화장애, 수십 년간 기생하여 빈혈 일으키고, 두통, 심한 복통, 설사, 구토, 식욕감퇴, 공복통, 호산구(백혈구의 일종) 증가증

② 낭미충증

감염장기에 따라 차이가 있으며 낭미충증은 설근, 교근, 횡격막, 흉근, 안구, 피하조직에서 잘 발생하고 각기 특유한 증상을 나타난다. 특히 흉근, 심근, 뇌, 안구, 척수에 나타나면 매우 심각한 피해를 준다.

(4) 예방대책

① 돼지고기를 생것이나 덜 익혀 먹지 말고, 철저하게 조리하여 섭취

② 부위별 정밀 도축검사 및 돼지고기 위생검사

③ 인분의 위생적 처리와 인분의 돼지사료 사용금지

2) 무구조충증(민촌충증, Taenia saginata taeniasis)

(1) 기생충

① 무구조충증(*Taenia saginata*)은 길이 10~12m(큰 것은 40m)로 1,000~2,000개 체절로 구성되어 있고, 육구유충 부화 감염되면 소장에 기생하여 2~3개월 후에 성충으로 성장하고, 10~20년간 생존한다.

② 대부분 별 증상이 없이 걸어 다니거나 잠잘 때도 다수의 체절이 항문 밖으로 배출되어 불쾌감을 주고, 이물감, 항문소양증이 발생된다.

③ 소의 근육에서 무구낭충 관찰되며 소가 중간숙주이다.

(2) 전파양식

감염자의 분변 충란이나 체절 배출→ 체절이 파열되어 충란 유리→ 충란의 목초부착→ 오염된 풀을 소가 섭취→ 육구유충 탈출→ 장벽을 뚫고 혈액→ 골격근으로 이행→ 무구낭충(3~6개월)→ 감염 소고기 생식→ 소장 상부에 탈낭→ 성충(약 2개월)

(3) 기생충증

① 급성 장폐쇄증 유발, 복통, 설사, 식욕증진, 구토, 빈혈, 식욕감퇴, 신경장애, 영양불량, 위통, 공복감, 불안, 체중감소 등

② 낭충증은 거의 발생되지 않는다.

(4) 예방대책

① 쇠고기 생식 금하고, 변에서 배출되는 수태편절 검사

② 도살 전후 소고기 검사를 철저히 하고, 위생적 관리

③ 목초지내 인분시비 금지 미 감염자의 신속한 구충제 투여

3) 톡소포자충증(톡소플라스마증, Toxoplasmosis)

(1) 기생충

① 톡소포자충 혹은 톡소플라즈마곤디(*Toxoplasma gondii*)은 정단복합체충류로 고양이가 종말숙주로 하는 기생충이고, 인간은 중간숙주이다.

② 원충은 세포내 기생충으로서 대식세포 등 거의 모든 세포에 감염되어 각종 병변을 일으킨다.

③ 주요한 감염식품으로는 돼지고기, 달걀, 고양이의 분변에 오염된 물이나 식품 등이다.

(2) 전파양식

① 인간은 주로 유충을 포함한 날고기를 섭취해서 발생하고, 국내 감염은 대부분 야생동물의 육회나 생피를 통한 감염과 씻지 않은 과일과 채소에 오염되어 감염된다.

② 본 원충의 감염은 포자소체를 가지고 있는 난포낭(Oocyst)이 종말숙주인 고양이의 분변에 섞여 외계로 배출→ 중간숙주에 경구적으로 감염(흔히 중간숙주는 먹이사슬로 상호감염)→ 인간에 감염(고양이 대변 충란의 농작물 감염, 중간숙주(돼지, 조류 등) 생육)

(3) 기생충증

① 건강한 사람에서는 독감 같은 증상이 가장 흔하지만 발열, 림프절 비대(특히 목림프절), 두통, 근육통 간혹 인후염 유발한다.

② 임산부가 감염되어 태아가 톡소플라스마증에 걸리면 뇌수종, 뇌석회화, 임신부의 조산, 유산, 사산 또는 출산 직후 사망을 초래할 수도 있다.

(4) 예방대책

① 치료에는 약물을 쓰지만 아직 톡소포자충 감염에 특효인 약은 없고, 피리메타민, 스피라마이신, 클린다마이신 등을 투약한다.

② 야생동물의 육회나 생피를 섭취를 금하고, 과일과 채소를 깨끗이 세척하여 섭취함.

4. 기타 감염 기생충

1) 이질아메바증(Amoebiasis)

(1) 기생충

① 이질아메바(*Entamoeba histolytica*)은 위생시설이 낙후하여 음식물과 먹는 물이 대변오염에 노출되는 위생 후진국인 열대 국가에서 흔하게 발생한다.

② 흔히 위생 시설이 낙후된 열대 지역을 여행하는 사람들이 감염된다.

③ 이질아메바는 생활사에서 크게 영양형과 포낭형의 두 가지 형태가 있고, 인체 감염은 주로 영향형이다.

(2) 전파양식

분변으로 배출된 포낭형→ 음식물, 물 등에 오염→ 경구침입→ 위를 통과하여 회장 하부에서 탈낭→ 대장으로 하행하여 점막에 침입→ 분열 증식→ 포낭 배출

(3) 기생충증

① 급성 장아메바증, 아급성 또는 만성 장아메바증, 간아메바증 있는데, 급성장아메바증은 점액성 혈변을 배설하며, 심한 탈수 증상, 복통이 있다.

② 만성증에도 복부팽만감, 식욕이상, 두통, 정신력 둔화 등의 증상이 있고, 간아메바증은 격심한 오한, 발열, 백혈구증다증, 간비대 등의 증상이 있다.

③ 이소적 기생에 의한 간, 폐, 뇌, 피부, 생식기, 비뇨기 등 기생부위에 따라 심한 병변을 일으키는 경우도 있다.

(4) 예방대책

① 상하수도 시설의 정비, 인분 비료의 사용 자제, 파리나 쥐 등 전파 가능한 위생 동물을 구제하는 것 등이 필요

② 유행 지역에서는 음료수를 끓여 먹고, 샐러드 등 채소나 과일의 섭취를 삼가고, 식기를 소독, 개인위생 청결 등이 중요하다.

③ 음식물, 환자의 배설물, 매개곤충 등의 감염원 관리 철저

2) 질 트리코모나스증(Trichomoniasis)

(1) 기생충

① 질 트리코모나스(*Trichomonas vaginalis*)는 여성의 질 속에서 감염되는 성병의 일종으로 주로 성교를 통해 전파된다.

② 모든 여성의 약 15%, 임산부의 20~50%, 월경기여성의 25~50%, 윤락여성의 50~70%가 감염되어 있다.

③ 여성 감염자 중 60~70%는 성관계로 남성배우자에게, 남성 감염자 중 85~100%가 성교로 여성에게 옮긴다. 남성에게는 무증상이 많으나 요도염이 생기면 40%정도는 전립선염을 유발시킨다.

(2) 전파양식

① 가장 흔한 전염 경로는 성관계이지만 손이나 불결한 변기, 수건 등을 통하여 전염될 때도 있고 구강과 직장으로도 감염 될 수 있습니다.

② 대부분의 사람들은 자신이 감염된 것을 알지 못하기 때문에 치료를 받지 않습니다.

(3) 기생충증

① 여성의 경우는 질의 발적, 질벽의 점상 출혈 반응 등이 나타나고, 배뇨통, 요도 소양증, 빈뇨, 야간뇨, 혈뇨, 급뇨와 같은 요도 자극 증상이 있다.

② 남자의 경우는 증상이 가볍거나 무증상으로 대개 성적 파트너가 이 감염으로 진단받은 경우에 남성도 이 감염에 걸린 것으로 추정하여 치료를 받습니다.

(4) 예방대책

① 트리코모나스 원충은 공중목욕탕, 양변기 같은 데서 옮는 수도 있어 주의가 필요하다.

② 환자의 속내의 세탁을 별도로 하여 가족에게 감염되는 것을 방지

③ 치료약으로 항생제 메트로니다졸(metronidazole)을 복용한다.

3) 스팔가눔증(Sparganosis)

(1) 기생충

만선열두조충(*Spirometra erinaceri, S. Mansoni, S. Hmansonoides*)의 유충에 의한 인체 감염증으로 개나 고양이의 소장에 기생하는 기생충입니다.

(2) 전파양식

분변 충란 배설→ 중간숙주인 개구리나 뱀, 쥐 등에 의해 섭취→ 유충으로 성장→ 종말숙주가 잡아먹음→ 소장에서 성충으로 성장→ 산란, 충란 배출

(3) 기생충증

① 감염 초기에는 별다른 증상이 나타나지 않지만 기생충이 피하조직이나 근육조직으로 이동하게 되면 가려움증과 통증을 동반하는 염증 반응이 유발된다.

② 흔히 감염되는 신체부위는 복벽, 음낭, 하지, 흉벽의 순이나 드물게 인후벽, 안와, 복강, 척추강, 요로 등에도 감염될 수 있다.

③ 유충이 안와 주위에 감염되면 붓고 아프며 안구 뒤로 이동하면 안구가 돌출되고, 각막에도 궤양이 발생한다. 더러는 머리 안으로 침투하면 두통, 발작, 감각이상, 마비 및 국소 신경 징후, 기억상실, 의식 변화와 언어장애 등도 나타날 수 있다.

(4) 예방대책

외과적인 수술로 기생충을 적출해내는 방법이 유일한 치료법이다.

제7장 식품과 위생동물

7-1. 위생동물과 해충

위생동물이라 함은 사람에게 위생적으로 나쁜 영향을 끼치는 동물을 말하며 쥐, 파리, 바퀴 진드기 등을 총칭하는 말이다. 이러한 위생동물들은 각종 감염병 매개는 물런 식량소비와 품질저하, 정서적 피해 등 다양하다.

위생동물의 관리는 식품위생관리에도 주요한 목적의 하나가 된다. 따라서 이들 위생동물의 서식처와 위생적 연계된 환경관리가 중요하다. 흔히 쓰레기, 분뇨처리, 하수처리 등의 공공 위생처리, 식품산업장, 식품저장고, 식당, 음식물 폐기처리장 등의 먹이사슬 환경의 정화 등에 대한 위생적 관리가 중요하다.

쥐, 파리, 바퀴, 진드기, 바구미 등에 의한 피해로는 각종 병원미생물 매개 및 인체 기생, 식량소비와 품질손상, 외관 및 풍미 손상, 정서적 불쾌감 등의 피해를 입힌다.

1. 쥐에 대한 피해

한국에는 쥐의 먹이로 인한 곡식의 피해가 연간 110만t 이상이고, 이 밖의 경제적 손실로 가공식품 손상, 의류 및 피복류, 가구재 등의 피해, 각종 질병과 정서적 피해가 매우 크다.

쥐를 매개로 전염하는 각종 병원균은 약 35종에 달하고, 이러한 감염병으로는 페스트, 이질, 살모넬라증 등의 세균성 감염병, 쯔쯔가무시병 등의 리케차에 의한 감염병, 유행성 출혈열과 같은 바이러스성 감염병, 선충증, 흡충증 등의 기생충증, 아메바성 이질과 같은 원충성 감염병 등이 있다.

쥐의 구제는 쥐덫, 쥐약 놓기, 훈증법 등이 있고, 방서(防鼠)시설, 먹이나 서식장소 관리, 이동통로 차단 등의 대책이 필요하다.

2. 파리에 의한 피해

파리방제의 기본은 주위 환경을 위생적으로 관리하는 것으로 생활 및 음식물 쓰레기, 퇴비, 분뇨, 축사 등을 위생적 처리로 파리의 산란장소를 제거하는 것이 중요하다. 음식물은 접근을 막은 방충망 설치, 조리실에 파리트랩 설치, 방충덮개 등이 필요하고, 경우에 따라서는 살충제 처리가 필요하다.

파리 중 위생적으로 문제되는 것은 집주위에서 흔히 발견되는 집파리과(Muscidae)에 속하는 집파리(Musca domestica)와 딸집파리(Fannia canicularis)이다. 파리는 주로 주택, 가축우리, 재래식 변소 등의 주위에 서식한다.

잡식성으로 사람과 동물의 배설물, 분비물, 음식물 등을 섭취하면서 오염된 병원소와 사람에게 주로 각종 소화계통 감염병을 전파시킨다. 파리의 구제법으로는 유충단계에 박멸하는 것이 가장 효과적이며, 음식물 접근을 차단하고, 경우에 따라서는 살충제로 박멸할 필요가 있다.

3. 진드기(가루응애)에 의한 피해

진드기는 성충의 몸길이가 0.4~0.5㎜ 가량 되고, 투명성 유백색으로 가는 털로 덮여 있다. 전분질 식품을 좋아하며 대량 발생 시에는 탈피각과 배설물로 이취를 풍기고, 상품가치가 저하된다. 주로 건조가 불충분한 곡물에서 장마철에 많이 발생한다.

진드기 발생은 주로 개봉된 식품이나 음식물에서 발생되므로 밀폐 보관하거나 냉장고에 보관하는 것이 중요하다. 진드기는 진드기증을 유발하며 소화기계에 복통, 설사 등, 비뇨기계에서는 혈뇨, 부종 및 호흡기계에 천식이나 염증을 일으킨다.

4. 바퀴벌레에 의한 피해

바퀴는 야간 활동성이며 잡식성이며 환경에 대한 적응력이 뛰어나 특정장소에서 장기간 서식하는 것이 특징이다. 전분질 식품, 유제품, 지방질 식품 등을 모두 좋아하고, 각 음식물이나 배설물, 서식장소에 오염된 각종 감염병균을 전파하여 피해를 준다.

또한 가정의 부엌이나 음식점 등 거주공간에 함께 살면서 여러 가지 위생적 문제와 정신적 문제를 야기한다. 특히 음식물은 물론 분변, 가래 및 각종 토물 등에도 접촉하여 각종 세균성 이질, 콜레라, 장티푸스, 살모넬라증, 결핵, 기생충성 회충증 및 소아마비 등을 전파한다.

구제약으로 흔히 붕산(boric acid)을 음식물에 섞어 식독제로 사용되고, 최근에는 각종 부착형 구제제품들이 많다.

7-2. 식품과 위생동물

1. 쥐류(Rats)

1) 쥐의 종류

(1) 시궁쥐(집쥐, *Rattus norvegicus*)

한국의 고유 집쥐류 중에서 가장 크기가 크고, 체중은 300~400g, 체장은 평균 20~27cm, 꼬리 길이는 16.5~20.5cm이다. 새끼는 한번에 7~12마리를 낳고, 임신기간은 20일이다.

몸무게 때문에 높은 곳에 오르지 못하여 천정이나 2층 이상의 높은 위치에서는 활동하지 않고, 주로 마루와 담장 밑이나 시궁창 등에서 주로 활동한다.

(2) 지붕쥐(*Rattus rattus*)

가장 흔하게 보이는 쥐로 체중은 157~270g, 체장은 15~24cm 정도이다. 시궁쥐보다 몸집이 조금 작으나 동작이 빠르고, 매우 활동적이다. 담장이나 집기둥, 나무위로 수직으로 오르내릴 수 있다. 새끼는 한번에 5~6마리를 낳으며 임신기간은 시궁쥐와 같다. 흔히 한옥집의 천정이나 다락 속을 더나들며 주로 사람들의 거주공간과 일치한 공간에 활동한다.

(3) 생쥐(*Mas musculus*)

크기가 작아 체중이 20g 정도, 체장은 6~9cm 정도 된다. 일반가옥이나 고층 건물 상층까지 서식하며 몸집이 작아 작은 틈으로도 쉽게 드나들고, 거주공간이 폐쇄적으로 먹이가 있으면 한 장소에서 새끼를 놓고 번식한다. 주로 방안의 가마니속이나 곳간에 정주하고 산다.

2) 쥐에 의한 위해

경제적으로 식량손실과 보건위생적으로 각종질병의 전파가 우려된다. 쥐의 분변을 통하여 유행성출혈열, 오줌을 매개로 Weil씨병과 랩토스피라증(leptospirosis)을 전파하고, 쥐에 기생하는 쥐벼룩을 통하여 페스트(plaque)와 발진열을 유발한다.

동물의 장내세균 중 특히 살모넬라 식중독 등의 소화기계 질병, 쥐에 기생하는 기생충이나 중간매개 기생충증으로 선모충, 왜소조충, 일본주혈흡충 등을 감염시킬 수 있다. 또한 쥐에 물리면 입안에 서식하는 스피로헤타(spirochaeta) 등의 많은 세균이 감염되어 발열과 발진을 수반하는 서교증(鼠咬症, ratbite disease)을 일으킨다.

3) 쥐의 구제

(1) 서식환경 개선

① 쥐의 둥지와 먹이 제거 : 침입 방지시설이나 구조, 음식물의 보관(용기, 기구) 철저,

② 천적(고양이 등), 쥐덫 등을 설치

(2) 살서제 사용

① 만성출혈독제 : Warfarin(coumarin계의 만성출혈독제), 살서율이 높음. 인축 약독제

② 급성독제 : 황인제, 비소제, 인화아연, Fratol(sodium monofluoro acetate제) : 급성독제로 인축(人畜)에 맹독성, 안전한 쥐의 사체 처리

③ ANTU(α-naphthyl thiourea), norbormide : 특히 시궁쥐에 강한 독성

④ 훈증제 : 청산, 인화수소, methyl bromide, chloropicrin 등 훈증제 : 창고, 선박 등

2. 파리(Flies)

식품위생상 파리방제는 중요하며 우선적으로 주거환경을 위생적으로 관리하는 것으로 생활과 음식물 쓰레기, 퇴비, 분뇨, 축사 등의 파리 산란장소를 제거하는 것이다. 음식물에 파리가 접촉하는 것을 차단하기 위하여 출입문 방충망, 조리실 파리트랩, 방충덮개 등을 설치하고, 파리밀도나 개체수가 높으면 살충제 처리로 제거한다.

가정집이나 주거환경에서 흔히 볼 수 있는 파리는 집파리, 검정파리, 금파리이고, 그 외 한국에 분포하는 파리로는 푸른둥금파리, 검정큰날개파리, 나방파리, 얼룩장다리파리, 검정빠금파리, 검정볼기쉬파리, 제주등줄집파리, 검정집파리, 애기집파리, 붉은종아리큰집파리 등이 있다.

파리는 완전변태 곤충으로 알→유충(구더기), 2회 탈피→번데기→성충으로 발육하며 1회 산란에 약 100~150개 정도 충란을 산란하고, 6~12시간 이내에 부화되어 유충이 된다. 유충은 빠르면 3~4일에서부터 10일이고, 번데기 기간은 대체로 4~5일에서부터 2~3주이다. 번데기에서 우화한 성충은 수일 후 교미하고 산란을 시작하여 일생동안 5-6번 산란한다.

1) 파리의 종류

(1) 집파리(*Musca domestica*)

가장 흔하게 보이는 파리로 농촌의 쓰레기, 퇴비, 축사 등에서 많이 발생, 유충의 크기는 10~14mm이며, 성충은 6~9mm 이고, 성충 파리의 수명은 약 2-4주

이다. 성충의 흉부에는 검은 4개의 선이 있다. 몸 전체에 강모가 있다.

(2) 큰검정파리(*Calliphora vomitoria*)

분변, 쓰레기, 동물의 시체 등에서 발생되고, 봄에서 가을에는 집주변에서 많이 발견되지만 선선한 날씨를 선호하여 한 여름에는 산의 숲으로 이동한다. 성충의 몸길이는 8~13mm 이고, 일반적인 수명은 20-50일 사이이다. 몸은 전체적으로 광택이 나는 검정색이며, 흰 비늘가루 무늬를 가지고 있다.

(3) 금파리(*Lucilia caesar*)

청록색의 금속 광택이 있어 금파리라고 부르며 서식처가 동물의 배설물이나, 죽은 사체로 흔히 살아있는 동물의 상처나 궤양에 산란하여 승저증(蠅疽症, 구더기증)을 유발한다. 몸길이는 9-10mm이고, 몸 전체적으로 센털이 있으며 두부에는 금빛 비늘가루로 덮여 있다.

(4) 초파리(*Drosophila species*)

초파리는 과일, 양조장, 과수원 등에서 쉽게 발견된다. 과일이나, 썩은 과육, 상한 음식물 등에 무리 지어 모여들고, 알을 낳아 번식하며 세대 주기가 짧아 좋은 환경에서는 급격히 발생된다. 성충은 보통 수명이 40-50일 사이이다. 몸길이는 수컷의 경우 2mm, 암컷의 경우 약 2.5mm 로 소형 파리 중이고, 전체적으로 밝은 갈색이며 몸 전반에 걸쳐 강모가 있다. 붉은색 겹눈과 배마디에 검은색 줄무늬가 있다.

(5) 쉬파리류(*Sarcophagidae spp.*)

서식처는 죽은 동물의 사체 또는 배설물이다. 생식기관이 발달하여, 알을 배 속에 품고 있다가 산란하기도 하지만, 주로 생식기 속에서 부화한 유충을 낳는다. 흔히 살아있는 동물의 상처나 궤양에 산란하여 승저증(구더기증)을 일으키기도 한다. 몸길이는 6-19mm이고, 두부와 흉부는 흑색이며 금빛의 비늘가루로 덮여 있으며 붉은색 겹눈이 있다.

(6) 왕큰집파리(*Muscina stabulans*)

집파리보다 검고 크며 유충은 동물 분변 특히 닭이나 돼지의 배설물에서 많이 발생하며 변소, 쓰레기, 동물사체에도 발생한다. 옥외성(屋外性) 파리이며 질병 매개 능력은 집파리에 비해 떨어진다. 체장은 7.0-9.0mm 이고, 흉부는 흑갈색이고, 소순판의 끝은 등적색이다.

2) 파리에 의한 피해

(1) 불결한 환경과 장소, 음식물이나 식기류, 사체나 부패한 식품에 접촉하여 불쾌하고 불결한 위생을 제공하고, 수면방해 등의 정신적 피해를 준다.

(2) 파리 유충이 식품에 혼입되어 섭취되어 소화관에 침입하면 파리유충증(myiasis)이 유발하고 더러는 상처나 염증에 산란하여 승저증(蠅疽症, 구더기증)을 유발하기도 한다.

(3) 잡식성으로 소화작용이 빨라 거의 5분 간격으로 분변을 배출하고, 오염된 식품이나 배설물 및 사체 등으로부터 턱이나 강모와 발톱사이의 욕반에는 점착성이 있어 병원체를 오염시켜 운반하는데 적합한 구조를 가지고 있다.

① 세균성 질병 : 장티푸스, 파라티푸스, 세균성 이질, 콜레라, 이질, 결핵, 나병, 급성회백수염, 뇌척수막염, 살모넬라증, 화농성질환 등

② 기생충 질환 : 아메바성이질, 회충증, 요충증, 편충증, 십이지장충증, 조충증, 수면병 등

3) 파리의 구제

(1) 발생원 제거 : 파리 발생원인 쓰레기통, 변소, 퇴비, 축사, 하수구, 동물사체 등을 제거

(2) 파리 포획장치 : 파리병, 파리포지(捕紙) 등

(3) 살충제 사용 : Pyrethrin, diazinon, malathion, sumithion, DDVP제 등을 분무하고, 식품, 식기류 및 다른 동·식물에 직접 접촉되지 않도록 유의

3. 진드기(Tick)

사람이나 가축, 식물, 식품 등에 기생해서 번식하며 식품에 부착하여 번식하는 곰팡이 등을 먹고 생활하며 곰팡이가 잘 번식하는 환경과 생활환경이 거의 일치한다. 진드기는 몸길이는 일반적으로 0.5~1mm 이다.

몸은 머리, 가슴, 배가 융합하여 한 몸이며, 더듬이, 겹눈, 날개 등은 없고, 다리는 네쌍이며 걷는다. 진드기의 발생온도는 20℃ 이상, 수분 13% 이상에서 발생하고, 60℃ 이상 가열하거나 냉동하면 죽는다.

0℃ 정도의 저온으로 유지되면 증식이 억제된다. 진드기는 식량손실은 물론 식품외관이나 품성도 저하시키고, 인간에게는 식중독, 피부염을 유발한다. 진드기 중에는 치명적인 질병을 매개하는 위험한 종류도 있다.

1) 진드기의 종류

(1) 가루진드기류(Cheese mites)

① 긴털가루진드기(*Tyrophagus putrescentiae*)

크기는 0.3~0.5mm이고 유백색~황백색으로 여름 장마시기에 많이 발생한다. 주로 곡류, 곡분, 빵, 과자, 건조과일, 분유, 치즈, 건어물, 초콜릿 등 각종 식품에서 발견되고, 가구나 돗자리, 인체배설물에서 발견된다.

② 수중다리가루진드기(*Acarus siro*)

크기는 0.4~0.6mm이며 유백색으로 여러 가지 저장식품, 종자, 건조과일 등에서 주로 발생한다. 식품에 곰팡이나 이취를 발생시키는 원인이 되며 식품의 품질을 저하시킨다.

③ 설탕진드기(*Carpoglyphus lactis*)

크기는 0.4mm 정도이고 유백색이다. 설탕, 된장 등의 표면에 많이 번식하고, 건조과일에서도 발견된다. 인체 진드기증을 일으키는 식신혈충(食腎血蟲)의 일종이다.

④ 보리가루진드기(*Aleuroglyphus ovatus*)

크기는 0.5mm 정도이며 유백색이고, 다리와 협각의 끝부분이 갈색이다. 곡류나 건어물에서 잘 발생된다.

(2) 먼지진드기류

① 보리먼지진드기(*Tarsonemus floricolis*)

크기는 0.1mm 정도로 작고, 전분질 알곡류에 많이 발생한다. 인체진드기증의 원인이 되며 사람의 분뇨, 객담 등에서도 발견된다.

2) 진드기에 의한 피해

(1) 식품에 발생하면 식품 손상, 변질, 이취 및 변색 등 부적절하게 된다.

(2) 식품과 함께 인체내에 침입하면 인체 진드기증(일명 식신혈충증)을 일으킨다.

① 장(소화기계) 진드기증 : 복통, 설사, 발열 등 장염 증상

② 신(비뇨기계) 진드기증 : 혈뇨, 단백뇨, 부종, 일과성 발열 등 산장염 증상

③ 폐(호흡기계) 진드기증 : 혈담과 급성폐렴, 급성기관지천식 등의 폐렴 증상

(3) 피부를 물거나 감염되면 피부염, 호흡기를 통해서 흡입되면 allergy성 천식이 유발된다.

(4) 유해 진드기

치명적인 질병을 매개하는 위험한 종류도 있으며 라임병(Lyme disease), 바베시아증(Babesiosis), 야토병(tularemia), 재귀열(relasing fever), 콜로라도진드기열(Colorado tick fever) 등이 있다.

3) 진드기류의 방제

(1) 식품저장은 비닐이나 적절한 용기에 넣고 밀봉하여 진드기의 침입을 차단한다.

(2) 진드기 발생은 억제하기 위하여 식품의 수분함량을 10% 이하로 충분히 건조시켜 방습용기에 넣고 보관한다.

(3) 식품은 저온으로 냉동 및 저온(냉장), 가열처리 및 건조 등 적당한 방법으로 보관한다.

(4) 살충제 malathion, diazinon, sumithion, DDVP 등을 살포하여 방제한다.

4. 바퀴(Cockroaches)

한국에는 7종이 있으며 4종인 이질바퀴(미국바퀴), 검정바퀴(먹바퀴), 집바퀴(일본바퀴), 독일바퀴(바퀴)이 가주성이고, 그 외 산바퀴, 줄바퀴가 있다. 불완전변태(알-자충-성충) 곤충으로 군서습성이 다리에 흡판이 있어서 벽이나 천정 등의 미끄러운데도 잘 걸어 다닌다.

바퀴는 흔히 바퀴벌레라고 부르지만 정확한 명칭은 바퀴이다. 일반가정, 식당 및 식품업소 등에 많고, 야행성으로 낮에는 어두운 곳에 숨어 있다가 밤이 되면 먹이를 찾아 활동한다. 바퀴는 잡식성이며 특히 전분질, 지방질 및 당질이 많은 식품을 좋아한다.

바퀴는 많은 감염병을 전파시키지만 배설물에는 자극성 물질을 분비하여 피부병, allergy을 유발하고, 발암물질도 분비하는 것으로 알려지고 있다. 특히 최근에는 주거 난방시설과 풍부한 먹이환경으로 급증하는 실정이다.

1) 바퀴의 종류

(1) 독일바퀴(*Blatella germanica*)

세계적으로 가장 널리 분포하며 기원지는 아프리카의 동북지역인 에티오피아이고, 국내에서도 전국적으로 가장 널리 분포하고 있는 종으로 가정에 정주하는 바퀴의 90% 이상이다. 독일바퀴의 크기는 1.27~1.6cm 이고, 전체적으로 황갈색에서 검은색을 띄고 있다. 앞가슴 등판에 검은 줄이 두개가 있다.

알은 달고 다니다가 부화되기 1~2일 전에 적당한 곳에 장소에 서식처 근처에 떨어뜨린다. 주거지에 잘 적응한 종으로 알주머니 하나에 자충(仔蟲)이 30~40마리가 나온다. 온도에 따라 발육속도를 조절하면서 성장하고, 날개가 있으나 거의 날지 못하며 신속하게 질주하는 습성이 있다.

(2) 이질바퀴(*Periplaneta americana*)

한대지방을 제외한 세계 각지에 널리 분포하고, 한국에서는 특히 남부지방 가주성 바퀴 중 가장 대형으로 흔히 미국바퀴 혹은 별바퀴라고도 부른다.

크기는 3.8~4.4cm로 수명은 300일에서 3년 정도이다. 앞가슴은 노란색을 띄며 몸 전체적가 적갈색이다. 앞가슴은 방패모양이며 긴 더듬이가 있다. 하나의 알주머니에 자충의 수는 14~18마리이고 일생동안 21~60개의 알을 산란한다. 주로 온도와 습도가 유지되는 지하실이나 하수관 등에 산란한다. 보통 날지 않지만 암수 모두 날개가 발달되어 있어 밤에 불빛을 보면 날아가기도 한다.

(3) 검정바퀴(*Periplaneta fuliginosa*)

열대, 아열대 지방은 물론 대부분의 온대지방까지 널리 분포하고 있다. 한국에는 남부지방에 널리 서식하며 먹바퀴, 검둥이바퀴라고도 부른다. 크기는 평균 3.0~4.0cm 정도로 성충의 수명은 약 1년이다.

몸과 날개는 짙은 밤색이나 검은색이며 광택이고, 머리는 앞가슴등판에 가려져 있고, 무늬가 없어 매끈하고 반원형이고, 더듬이는 몸길이 보다 길며 마디가 많다. 미국바퀴에 비해서는 다소 크기가 작다.

알이 부화되기 3~4일 전까지 달고 다니다가 서식처 근처에 떨어뜨리고, 알주머니 하나에는 자충이 18~22마리가 있다. 식생이 미국바퀴와 비슷하며 따뜻하고 습기가 많은 지하실이나 하수관 등에서 발견된다.

(4) 일본바퀴(*Peliplaneta japonica*)

일본 토착종으로 비교적 근년에 중국과 한국으로 전파되어 분포한다. 집바퀴라고도 부르며 검정바퀴와 비슷하지만 크기가 약간 작다. 저온에 적응한 바퀴로 세계적으로 가장 북방에 서식하는 특이한 종이다.

반옥외성 바퀴로 옥외에서는 겨울에는 동면하는 것으로 알려져 있다. 중형 바퀴로 크기는 2.0~2.5cm 이며 암컷의 수명은 3~4개월이다. 몸 전체는 무광택의 흑갈색이다. 암컷은 작고 통통하며 날개가 짧아서 배의 반만 정도만 덮여 있다.

수컷은 먹바퀴와 비슷하지만 약간 크기가 작고, 앞가슴판이 편평하지 않고 약간 울퉁불퉁하다. 보통 평생 알주머니는 14개를 만들고, 한 개에 12~17개 자충이 들어 있다.

2) 바퀴에 의한 피해

(1) 바퀴는 잡식성으로 온갖 오물과 음식물을 오가며 인간에게 각종 병원균을 옮긴다.

(2) 바퀴에는 병원성 세균, 바이러스, 원생동물 및 곰팡이류가 기생하여 번식하며 군집성으로 배설물에 의한 악취와 불결한 환경을 만든다.

(3) 바퀴 배설물은 알레르기 질환을 유발하고, 어린이 천식 유발의 원인이 된다.

(4) 배설물과 토물을 서시장소에 오염시켜 소화기계 질병인 콜레라균, 장티푸스균, 이질균, 결핵균, 소아마비 바이러스 및 Salmonella균 등의 각종 식중독균을 전파한다.

3) 바퀴의 구제

(1) 음식물 찌꺼기 제거, 주방 및 주거 환경 위생관리, 하수구 덮개와 통로 차단 등 발생원이나 서식처 제거

(2) 살충제 사용

① 분무법 : phenitrothion, bytex, diazinon 등의 유제(乳劑)를 10배 희석액으로 분무

② 훈증법 : pyrethrine, DDVP(Dichlorvos, 2,2-dichlorovinyl dimethyl phosphate) 등

③ 붕산단자 : dipterex 함유 식독제로 바퀴 서식처에 놓아먹게 함

④ 바퀴는 군집하여 살면서, 다른 바퀴의 배설물이나 구토물을 먹는 습성을 가지고 있어 각종 병원균의 전파가 일어나고, 이러한 습성은 살충 성분을 먹은 개체의 배설물을 다른 바퀴가 섭취하여 연쇄적으로 죽게 하는 이점도 있다.

제8장 식품첨가물

8-1. 식품첨가물의 정의 및 의의

식생활을 통해서 생명을 유지하고 활동에 필요한 에너지와 영양을 섭취하는 것이 식품이다. 이러한 식품의 품질이나 가치를 향상시키기 위하여 첨가하는 물질들을 사용하는 경우가 많으며 더구나 식품을 조리가공할 때 식품의 품질, 보존성 및 기호성 향상시키고, 때로는 식품의 영양가를 증진시키기 위하여 인위적으로 첨가하는 경우도 많다.

따라서 식품첨가물은 이란 식품의 고유성분 이외에 식품에 첨가되는 물질의 총칭으로 사용목적에 따라서 첨가한다. 식품첨가물은 각 국가와 식품관련 기구 마다 조금씩 정의를 다르게 규정하고 있다.

1. 식품첨가물의 정의

1) 한국

식품위생법 제2조에서는 "식품을 제조·가공 또는 보존하는 과정에서 식품에 넣거나 섞는 물질 또는 식품을 적시는 등에 사용되는 물질을 말한다. 이 경우 기구·용기·포장을 살균·소독하는데 사용되어 간접적으로 식품으로 옮아갈 수 있는 물질을 포함한다."라고 정의함.

2) 미국

Federal FD&C 201(s)(연방 식품, 의약품, 화장품법)에서 식품첨가물은 식품의 구성성분이 되거나 식품의 특성에 직접 혹은 간접적으로 영향을 끼치기 위해 의도적으로 사용되는 물질을 의미하며, 식품의 제조, 가공, 처리, 보존, 포장, 수송 등에 사용되는 물질을 말함.

다만, 잔류농약, 살충제, 동물용의약품, 영양강화제 및 식품첨가물 법령이 발효되기 이전인 1958년 이전에 승인된 물질 혹은 축산물가공법에 따라 승인된 물질은 제외됨.

3) 일본

일본 식품위생법 제4조에 "식품의 제조 과정에 사용되거나 혹은 가공·보존 목적으로 식품에 첨가·호화·침윤·기타의 방법으로 사용되는 물질을 말한다" 라고 정의

4) 유럽연합

Council Directive 89/107/EEC 지침에 의거 식품첨가물은 일반적으로 그 자체를 식품으로서 섭취하지 않고, 영양적 가치에 상관없이 식품의 일반 성분으로서 사용되지 않는 물질을 의미한다.

식품의 제조, 가공, 조리, 처리, 포장 및 보관 시에 기술적인 목적을 달성하기 위해 식품에 첨가하여 효과를 나타내거나, 직접 또는 간접적으로 식품에 효과를 나타낼 것으로 기대되거나, 그 부산물이 식품의 구성성분이 되거나, 식품의 특성에 영향을 끼칠 수 있는 물질을 말함. 다만, 가공보조제, 착향료, 영양강화제, 살충제는 제외됨.

2. 가공식품 제조시 식품첨가물의 역할

식품첨가물의 식품가공시 역할은 사용목적에 따라 다양하지만 식품자체의 품성이나 가치를 향상시켜 보다 식품의 가치를 증가시켜 준다.

1) 식중독 방지

식품의 보존성, 변질 억제 및 방지 등으로 식품의 저장·수명 연장, 음식의 손실과 낭비 억제, 품질의 불안정 및 빈번한 식중독 발생 방지

2) 식품 가공

가공식품을 제조하거나 가공하는데 중요한 역할을 함으로서 많은 가공식품생산에 절대적으로 필요함

3) 영양 강화

식품의 영양성분 강화와 보충으로 부족한 영양성분 강화로 건강에 기여

4) 식품가치 향상

착색 및 착향으로 기호성 향상, 화학적이나 물리적 품질개량

3. 식품첨가물 사용

식품첨가물의 사용은 의도적으로나 비의도적으로 사용되지만 일반적으로 식품첨가물은 사용목적에 따라 의도적으로 사용된다. 의도적 사용은 식품의 품질을 개량하여 보존성, 기호성을 향상시키고 영양가 및 식품의 실질적인 가치를 증진시킬 목적으로 사용한다.

비의도적인 경우는 식품 중에 축적, 혼입, 또는 이행에 의하여 식품 중에서 검출되는 것으로 보통 이물질이나 혼입물로 위생문제 대상이 되는 경우가 대부분이다. 따라서 사용목적과 방법에 따라 식품의 품성이나 인체에 미치는 영향이 차이가 있어 보통 엄격하게 규정하여 관리하고 있다.

1) 식품첨가물의 구비조건

(1) 인체에 무해

(2) 소량으로 효과적이며 제조가공에 필수적

(3) 영양가 유지를 손상하지 않음

(4) 식품에 변화를 일으키지 않아야 한다.

(5) 첨가물 사용 후 확인 가능하여야하며 소비자에게 이로워야 한다.

2) 식품첨가물의 규격과 기준

(1) 제조기준

식품첨가물 제조시 이물질이 혼입되어 위생적으로 문제가 되는 경우 필요

(2) 사용기준

사용방법이나 사용량 등이 부적당할 경우에 인체의 건강을 해칠 염려가 있는 경우로서 보존료, 산화방지제, 착색료, 표백제, 강산, 강알칼리 같은 첨가물은 사용대상식품의 종류, 사용량, 사용법 및 사용목적 등을 제한한다.

4. 식품첨가물 분류

1) 제조공정에 따른 분류

(1) 화학적합성품

화학적 수단에 의하여 원소 또는 화합물에 분해반응 이외의 화학반응을 일으켜 얻는 물질

(2) 천연첨가물

천연인 동물, 식물, 광물 등으로부터 유용한 성분을 추출•농축•분리•정제 등의 방법으로 얻은 물질

2) 사용목적에 따른 분류

(1) 가공식품의 제조 및 가공에 필요한 첨가물

(2) 기름의 산화를 방지하거나 미생물 증식을 억제하는 첨가물

(3) 식품에 착색, 맛, 향을 부여하여 식품의 품질을 높이는 첨가물

(4) 비타민, 미네랄, 아미노산 등의 영양성분을 보급하는 첨가물

(5) 식품의 제조•가공 시 원재료 첨가되어 사용되고 최종제품에 잔류하지 않는 첨가물

5. 식품첨가물공전

식품첨가물공전 : 식품첨가물의 성분규격, 사용기준, 보존기준, 제조기준 등을 수록

1) 내용

Ⅰ. 총칙

Ⅱ. 화학적합성품, 천연첨가물 및 혼합제제류

Ⅲ. 기구 등의 살균소독제

Ⅳ. 일반시험법

Ⅴ. 시액시약용량분석용 표준용액 및 표준용액 및 부록

2) 법률제정

(1) 1962년 1월에 식품위생법이 제정.공포되면서 217품목이 최초로 지정

(2) 식품첨가물 고시된 품목

① 2010년 12월 현재 고시된 고시 품목

가. 화학적합성품은 400품목,

나. 천연첨가물 195품목,

다. 혼합제제류 7

② 품목으로 혼합제제를 제외한 화학적 합성품과 천연첨가물은 총 595품목의 식품첨가물에 대한 기준. 규격을 각각 설정, 관리

8-2. 식품첨가물의 분류 (참조; 2010년 11월, 식품의약품안전청)

1. 식품첨가물의 종류와 용도

1) 감미료(甘味料, Sweetener)

천연 감미료로 전통적으로 단맛을 내기 위해 벌꿀이나 과일을 이용하였고, 설탕이 만들어지면서 대표적인 감미료로 현대 식생활에 깊이 영향을 준다.

단맛은 음식의 단맛을 내지만 약리적으로 약한 진통효과와 심리적 안정이 된다. 최근에는 성인병과 건강 등의 문제로 저칼로리 식품, 저칼로리 감미료에 대한 관심과 수요가 증가하고 있다.

설탕의 수십에서 수백 배의 감미도를 가진 고감미도 감미료 및 항우식성 등의 거능성을 가진 기능성 감미료에 대한 요구가 높아지고 있다.

분류	식품첨가물 품목명
감미료	삭카린나트륨, 아세설팜칼륨, 수크랄로스, 아스파탐, 자일리톨, D-소르비톨, 글리실리진산이나트륨, 감초추출물, D-키실로오스, 스테비올배당체, 효소처리스테비아, L-소르보오스, 토마틴, D-리보오스 등

(1) 아세설팜칼륨(Acesulfame potassium)

① 1967년 독일에서 개발

② 아세설팜칼륨은 2000년에 사용이 허가된 감미료로, 세계 100개국 이상에서 사용

③ 설탕의 약 200배의 감미도

④ 저칼로리 청량음료수를 비롯하여 다양한 식품에 이용

⑤ 섭취 후 24시간 이내에 소변으로 97.5~100% 배설

⑥ JECFA(FAO/WHO 합동식품첨가물전문가위원회)의 안전성 평가 결과, 1일섭취허용량(ADI)은 15mg/kg · bw/day로 설정

* JECFA : The Joint FAO/WHO Expert Committee on Food Additives

* ADI : Acceptable Daily Intake

⑦ 식품에 아세설팜칼륨을 사용한 경우에는 반드시 명칭과 용도를 함께 표시

(2) 수크랄로오스(Sucralose)

① 설탕의 세 가지 수산기(-OH)를 염소원자(Cl)로 치환한 구조

② 1970년대에 런던의 퀸엘리자베스대학에서 설탕의 화학반응으로 합성

③ 설탕으로부터 만들어진 유일한 무칼로리 감미료

④ 설탕에 가까운 고급의 단맛으로 뒷맛이 상쾌하고, 열에 대한 안정성이 우수

⑤ 설탕의 약 600배의 감미를 갖고, 아세설팜칼륨과 마찬가지로 청량음료수를 비롯하여 각종 식품에 사용

⑥ 한국에서는 2000년에 사용 허가되었고, 탄산, 과실음료, 스포츠 음료, 커피, 츄잉껌, 캔디류, 과자류, 유가공품(발효유, 가공유), 소스류, 통조림, 의약품 등에 사용된다.

⑦ 섭취하면 60~90%는 흡수되지 않고 변으로 배설되고 나머지는 소변으로 거의 배설

⑧ JECFA의 안전성 평가 결과, 1일섭취허용량(ADI)은 15mg/kg · bw/day로 설정

⑨ 식품에 사용시 반드시 명칭과 용도를 함께 표시

(3) 삭카린나트륨(Sodium saccharin)

① 설탕의 약 500배의 감미, 1879년에 팔베르크에 의해 발견

② 수용성으로 일부 식품에 사용이 허용 : 젓갈류, 절임식품 및 조림식품에 1.0g/kg 이하, 김치류에는 0.2g/kg 이하, 어육가공품 0.1g/kg 이하, 뻥튀기 0.5g/kg 이하로 사용

③ pH 3.8 이하의 산성에서는 불안정하고, 특히 열을 가하면 감미를 잃으므로 산성식품에 대한 사용은 피함.

④ 한때는 방광염, 발암성 등을 의심하였으나 근거가 없어 사용이 허용되고 있음

⑤ JECFA 안전성 평가 결과, 1일섭취허용량(ADI)은 0~5mg/kg · bw/day로 설정

⑥ 식품에 삭카린나트륨을 사용한 경우에는 반드시 명칭과 용도를 함께 표시

(4) 자일리톨(Xylitol)

①「충치를 예방하는 감미료」로 알려져 있고, 추잉껌 등에 사용

② 감미는 설탕과 비슷하지만 단맛이 산뜻하고 청량한 느낌 더 있음

③ 자두나 딸기 천연성분으로서 미량 함유되어 있음

④ 한국에는 1992년에 식품첨가물로 지정되었고, JECFA에서 ADI는 정해져 있지 않음

(5) 감초추출물(Glycyrrhiza Ext.)

① 감초추출물은 천연첨가물 감미료로, 감초의 뿌리 또는 근경으로부터 추출

② 주성분은 글리실리진산(glycyrrhizinic acid)

③ 설탕의 200~250배의 감미도를 가지고 있고, 단맛이 지속성이 있음

④ 감칠맛을 내거나 불쾌한 맛을 제거 효과가 있고, 미국에서는 GRAS물질로 분류 함

* GRAS : Generally Recognized As Safe, 일반적으로 안전하다고 인정되는 물질

(6) 스테비올배당체(Steviol glycosides)

① 천연첨가물로 분류되는 감미료, 국화과 스테비아의 잎에서 추출

② 감미의 주성분은 스테비오사이드(stevioside)와 리바우디오사이드(Rebaudioside)

③ 감미도는 설탕의 약 200~300배

④ 감초추출물과 병용하면 감미도와 감미의 질이 향상되며 흔히 병용하여 사용

⑤ 스테비아는 남미의 파라과이 원산으로 오래전부터 건조한 잎을 감미제로 이용

⑥ 현재 저칼로리식품, 탄산음료, 과자, 절임식품 등에 사용

⑦ JECFA에서 안전성 평가결과, 1일섭취허용량은 0~4mg/kg · bw/day(스테비올로) 설정

2) 착색료(着色料, Colour)

식품은 고유한 색조가 가공식품을 만드는 과정에서 가열처리 등으로 변색 혹은 퇴색된 경우 식품의 본래의 색조를 복원하기 위해 첨가되는 물질이다. 착색료는 화학적합성품으로 타르계색소와 그 알루미늄레이크, β-카로틴, 삼이산화철, 수용성안나토, 철클로로필린나트륨, 동클로로필린나트륨, 동클로로필 등이 있고, 천연첨가물로는 카라멜색소, 치자황색소, 코치닐추출색소, 홍국적색소 등이 있다.

* 합성착색료 안전성

① JECFA(FAO/WHO합동식품첨가물전문가위원회)에서 안전성을 확인하였고, 한국은 물론 세계 각국에서 사용되고 있음

② JECFA에서 합성착색료에 대한 안전성 평가결과, 1일섭취허용량(ADI)은 다음과 같다.

분류	식품첨가물 품목명
착색료	B-카로틴, 삼이산화철, 식용색소적색제2호, 식용색소적색제3호, 식용색소적색제40호, 식용색소적색제102호, 식용색소황색제4호, 식용색소황색제5호, 식용색소녹색제3호, 식용색소청색제1호, 식용색소청색제2호, 이산화티타늄, 수용성안나토, 철클로로필린나트륨, 동클로로필린나트륨, 동클로로필, 안나토색소, 심황색소, 크릴색소, 카카오색소, 감색소, 가재색소, 카라멜색소, 치자청색소, 치자적색소, 치자황색소, 자주색참마색소, 클로로필, 고량색소, 코치닐색소, 스피룰리나청색소, 양파색소, 타마린드색소, 파프리카추출색소, 토마토색소, 카로틴, 비트레드, 파피아색소, 포도과피추출색소, 피칸너트색소, 홍국황색소, 홍국적색소, 안나토색소, 홍화적색소, 홍화황색소, 마리골드색소, 락색소 등

합성착색료	ADI(mg/kg · bw/day)	합성착색료	ADI(mg/kg · bw/day)
식용색소녹색제3호	25	식용색소황색제4호	7
식용색소적색제2호	0.5	식용색소황색제5호	2.5
식용색소적색제3호	0.1	식용색소청색제1호	12.5
식용색소적색제40호	7	식용색소청색제2호	5
식용색소적색제102호	4		

(1) 식용색소 적색제102호

① 1878년에 발견된 모노아조색소, 한국에는 2000년에 식품첨가물로 지정

② 물에 잘 녹고 햇빛이나 산에 대해서도 안정적

③ 매우 미량으로 착색하며 보통 사용량은 식품중량의 1/10000~1/200000 정도 임

④ 섭취되어 거의 흡수되지 않고 배출되며, 미량 흡수되어도 몇 시간 후 모두 배설

⑤ JECFA에서 안전성 평가결과, 1일섭취허용량은 0~4mg/kg · bw/day로 설정

⑥ 식품에 사용한 경우에는 반드시 명칭과 용도를 함께 표시

(2) 식용색소 황색제4호

① 1884년에 발견된 모노아조색소, 한국에는 1962년에 식품첨가물로 지정

② 사용빈도가 비교적 높은 색소로, 캔디류, 청량음료류 등에 사용되고

③ 식품에 대한 사용량은 식품 중량의 1/10000~1/200000 정도로 매우 미량

④ 물에 잘 녹고, 햇빛이나 산, 열에 안정적 임

⑤ JECFA에서 안전성 평가 결과, 1일섭취허용량은 0~7.5mg/kg · bw/day로 설정

⑥ 식품에 식용색소황색제4호를 사용한 경우에는 반드시 명칭과 용도를 함께 표시

(3) 코치닐추출색소(Cochineal color)

① 천연첨가물인 코치닐추출색소는 선인장에 기생하는 패각충과의 연지벌레 건조체로부터 물 또는 에탄올로 추출한 것

② 주성분은 안트라퀴논계의 카르민산(Carminic acid)이며 많은 나라에서 널리 사용

③ 원산지는 중남미의 사막지대로, 페루가 주요 산지

④ 내열성, 내광성이 뛰어나고 산성액 속에서는 특히 안정적이고, 색조는 산성

에서는 등색~등적색, 중성에서는 적색, 알칼리성에서는 적자색을 띰

⑤ JECFA에서 안전성 평가 결과, 1일섭취허용량은 5mg/kg · bw/day로 설정

(4) 락색소(Lac color)

① 코치닐추출색소와 마찬가지로 천연첨가물인 락색소

② 중국이나 타이 등 동남아시아에 생식하는 패각충과의 락패각충이 분비하는 수지상 물질

③ 주색소는 안트라퀴논계의 락카인산(Laccaic acid) 임

④ 더운 물로 추출한 색소로, 색조는 산성에서 등색, 중성에서 적색, 알칼리성에서 적자색

⑤ 적~암적갈색 액체, 덩어리, 분말이나 페이스트상의 물질로 약간의 특이한 냄새가 있음

⑥ 천연식품(식육류, 어패류, 과실류, 채소류, 해조류, 콩류 등 및 그 단순가공품), 다류, 커피, 고춧가루(실고추), 김치류, 고추장, 조미고추장, 식초, 향신료가공품(고추 또는 고춧가루 함유 제품에 한함) 등에 사용

(5) 포도과피추출색소(Grape skin extract)

① 포도과 포도의 과피에서 물로 추출한 것

② 안토시아닌(Anthocyanin) 색소의 에노시아닌(Enocyanin)을 주성분으로 하는 적색 색소

③ 수용액은 산성에서 적색, 중성에서 암적색~적자색, 알카리성에서 적자색~암녹색으로 빙과, 잼, 과일 소스 등에 사용

④ JECFA에서 안전성 평가 결과, 1일섭취허용량(ADI)은 2.5mg/kg · bw/day로 설정

3) 보존료(保存料, Preservative)

보존료는 식품중의 미생물이 증식하는 것을 방지할 목적으로 사용되는 것으로, 식품의 부패방지, 보존성 향상, 식중독 예방 등의 효과가 있다.

오래전부터 식품의 보존성을 높이기 위해 훈연법, 소금절임, 설탕절임 등의 보존방법을 사용하여 왔다. 현재는 건강지향에 따라 저칼로리식품이나 저염식품이 발달하였고, 따라서 상대적으로 식품의 보존성이나 식중독의 예방을 위하여 보존료가 절실한 실정이다.

화학적합성품의 보존료에는 산성식품 중에서 유효한 산형보존료와 pH에 영향을 미치지 않는 비해리형 보존료가 있다. 산형보존료에는 안식향산 및 그 나트륨염, 소르빈산 및 그 칼륨염, 데히드로초산나트륨, 프로피온산 및 그 칼슘이나 나트륨염 등이 있고, 비해리형 보존료에는 파라옥시안식향산에스테르류가 있다.

분류	식품첨가물 품목명
보존료	아황산나트륨, 차아황산나트륨, 무수아황산, 피로아황산칼륨, 피로아황산나트륨, 안식향산, 안식향산나트륨, 소르빈산, 소르빈산칼륨, 데히드로초산나트륨, 파라옥시안식향산에틸, 파라옥시안식향산메틸, 프로피온산, 피로피온산칼슘, 프로피온산나트륨, 이리단백, ε-폴리리신, 자몽종자추출물 등

(1) 소르빈산 및 소르빈산칼륨(Sorbic acid & Potassium sorbate)

① 백~엷은 황갈색의 비늘모양결정, 결정성분말 또는 과립상

② 소르빈산 및 소르빈산칼륨은 무미, 무취로 식품 사용적성이 우수하여 가장 널리 사용

③ 항균력은 약한 편이나 광범위한 미생물에 유효하여 치즈, 어패건제품, 과실주에 많이 씀

④ JECFA에서 안전성 평가 결과, 1일섭취허용량은 0~2.5mg/kg · bw/day로 설정

⑤ 식품에 소르빈산류를 사용한 경우에는 반드시 명칭과 용도를 함께 표시

⑥ 사용대상 식품 및 사용량

사용할 수 있는 식품 및 소르빈산칼륨의 사용량은 소르빈산으로 표시하여 다음과 같다.

- 자연치즈, 가공치즈 : 3.0g/kg 이하(프로피온산, 프로피온산나트륨 또는 프로피온산칼슘과 병용할 때에는 소르빈산으로서 사용량과 프로피온산으로서 사용량의 합계가 3.0g/kg 이하)
- 식육가공품(포장육, 양념육류, 분쇄가공육제품, 갈비가공품, 식육추출가공품, 식용우지, 식용돈지 제외), 고래고기제품, 어육가공품, 성게젓, 땅콩버터, 모조치즈 : 2.0g/kg 이하(다만, 콜라겐케이싱을 사용한 소시지류의 경우, 소르빈산으로서 사용량의 합계가 2.0g/kg 이하)
- 콜라겐케이싱 : 0.1g/kg 이하
- 젓갈류(단, 염분 8% 이하의 제품에 한함), 한식된장, 된장, 조미된장, 고추장, 조미고추장, 춘장, 청국장(단, 비건조제품에 한함), 혼합장, 어패건제품, 팥등앙금류, 절임류(식초절임 제외), 플라워페이스트, 드레싱 : 1.0g/kg 이하
- 알로에 전잎(겔 포함) 건강기능식품(단, 두 가지 이상의 건강기능식품원료를 사용하는 경우에는 사용된 알로에 전잎(겔 포함) 건강기능식품성분의 배합비율을 적용) : 1.0g/kg 이하(안식향산, 안식향산나트륨, 안식향산칼륨 또는 안식향산칼슘과 병용할 때에는 소르빈산으로서 사용량과 안식향산으로서 사용량의 합계가 1.5g/kg 이하이어야 하며, 그 중 안식향산으로서의 사용량은 0.5g/kg 이하)
- 농축과실즙 : 1.0g/kg 이하(안식향산, 안식향산나트륨, 안식향산칼륨 또는 안식향산칼슘과 병용할 때에는 소르빈산으로서 사용량과 안식향산으로서 사용량의 합계가 1.0g/kg 이하이어야 하며, 그 중 안식향산으로서의 사용량은 0.6g/kg 이하)
- 잼류 : 1.0g/kg 이하(안식향산, 안식향산나트륨, 안식향산칼륨, 안식향산칼슘, 파라옥시안식향산메틸, 파라옥시안식향산에틸, 프로피온산, 프로피온산나트륨 또는 프로피온산칼슘과 병용할 때에는 소르빈산으로서 사용량, 안식향산으로서 사용량, 파라옥시안식향산으로서 사용량 및 프로피온산으로서 사용량의 합계가 1.0g/kg 이하)

- 건조과실류, 토마토케첩, 당절임(건조당절임 제외) : 0.5g/kg 이하
- 식초절임 : 0.5g/kg 이하(안식향산, 안식향산나트륨, 안식향산칼륨 또는 안식향산칼슘과 병용할 때에는 소르빈산으로서 사용량과 안식향산으로서 사용량의 합계가 1.5g/kg 이하이어야 하며, 그 중 안식향산으로서의 사용량은 1.0g/kg 이하)
- 발효음료류(살균한 것은 제외) : 0.05g/kg 이하.
- 과실주 : 0.2g/kg 이하
- 마가린 : 1.0g/kg 이하(안식향산, 안식향산나트륨, 안식향산칼륨 또는 안식향산칼슘과 병용할 때에는 소르빈산으로서 사용량과 안식향산으로서 사용량의 합계가 1.0g/kg 이하)
- 저지방마가린(지방스프레드) : 2.0g/kg 이하(안식향산, 안식향산나트륨, 안식향산칼륨 또는 안식향산칼슘과 병용할 때에는 소르빈산으로서 사용량과 안식향산으로서 사용량의 합계가 2.0g/kg 이하이어야 하며, 그 중 안식향산의 사용량은 1.0g/kg 이하)
- 당류가공품(당류를 주원료로 하여 제조한 것으로 과자, 빵류, 아이스크림류 등 식품에 도포, 충전 등의 목적으로 사용되는 시럽상 또는 페이스트상에 한한다) : 1.0g/kg 이하
- 향신료조제품(건조제품 제외) : 1.0g/kg 이하
- 마가린 : 1.0g/kg 이하(안식향산, 안식향산나트륨, 안식향산칼륨 또는 안식향산칼슘과 병용할 때에는 소르빈산으로서 사용량과 안식향산으로서 사용량의 합계가 1.0g/kg 이하)
- 저지방마가린(지방스프레드) : 2.0g/kg 이하(안식향산, 안식향산나트륨, 안식향산칼륨 또는 안식향산칼슘과 병용할 때에는 소르빈산으로서 사용량과 안식향산으로서 사용량의 합계가 2.0g/kg 이하이어야 하며, 그 중 안식향산의 사용량은 1.0g/kg 이하)
- 당류가공품(당류를 주원료로 하여 제조한 것으로 과자, 빵류, 아이스크림류 등 식품에 도포, 충전 등의 목적으로 사용되는 시럽상 또는 페이스트상에 한한다) : 1.0g/kg 이하
- 향신료조제품(건조제품 제외) : 1.0g/kg 이하

(2) 안식향산 및 안식향산나트륨(Benzoic acid & Sodium benzoate)

① 백색의 알맹이 또는 결정성분말로서 냄새가 없음

② 안식향산 및 안식향산나트륨은 소르빈산과 같이 각종 곰팡이나 세균에 대해 정균효과

③ 보존효과는 식품의 pH에 낮은 산성에서 가장 효과가 좋고, 간장, 오이초절임 등에 사용

④ 식품에 안식향산류를 사용한 경우에는 반드시 명칭과 용도를 함께 표시

⑤ 사용대상 식품 및 사용량

사용할 수 있는 식품 및 안식향산나트륨 사용량은 안식향산으로 표시하여 다음과 같다.

- 과일 · 채소류음료(비가열제품 제외) : 0.6g/kg 이하(다만, 농축과실즙의 경우 소르빈산, 소르빈산칼륨 또는 소르빈산칼슘과 병용할 때에는 안식향산으로서 사용량과 소르빈산으로서 사용량의 합계가 1.0g/kg 이하이어야 하며, 그 중 안식향산으로서의 사용량은 0.6g/kg 이하)
- 탄산음료류(탄산수 제외) : 0.6g/kg 이하
- 기타음료(분말제품 제외), 인삼.홍삼음료 : 0.6g/kg 이하(파라옥시안식향산에틸 또는 파라옥시안식향산메틸과 병용할 때에는 안식향산으로서 사용량과 파라옥시안식향산으로서 사용량의 합계가 0.6g/kg 이하이어야 하며, 그 중 파라옥시안식향산으로서의 사용량은 0.1g/kg 이하)
- 한식간장, 양조간장, 산분해간장, 효소분해간장, 혼합간장 : 0.6g/kg 이하(파라옥시안식향산에틸 또는 파라옥시안식향산메틸과 병용할 때에는 안식향산으로서 사용량과 파라옥시안식향산으로서 사용량의 합계가 0.6g/kg 이하이어야 하며, 그 중 파라옥시안식향산으로서의 사용량은 0.25g/kg 이하)
- 알로에 전잎(겔 포함) 건강기능식품(단, 두 가지 이상의 건강기능식품원료를 사용하는 경우에는 사용된 알로에 전잎(겔 포함) 건강기능식품 성분의 배합비율을 적용) : 0.5g/kg 이하(소르빈산, 소르빈산칼륨 또는 소르빈산칼슘과 병용할 때에는 안식향산

으로서 사용량과 소르빈산으로서 사용량의 합계가 1.5g/kg 이하이어야 하며, 그 중 소르빈산으로서의 사용량은 1.0g/kg 이하)

- 마요네즈 : 1.0g/kg 이하
- 잼류 : 1.0g/kg 이하(소르빈산, 소르빈산칼륨, 소르빈산칼슘, 파라옥시안식향산메틸, 파라옥시안식향산에틸, 프로피온산, 프로피온산나트륨 또는 프로피온산칼슘과 병용할 때에는 안식향산으로서 사용량, 소르빈산으로서 사용량, 파라옥시안식향산으로서 사용량 및 프로피온산으로서 사용량의 합계가 1.0g/kg 이하)
- 망고처트니 : 0.25g/kg 이하(파라옥시안식향산메틸 또는 파라옥시안식향산에틸과 병용할 때에는 안식향산으로서 사용량과 파라옥시안식향산으로서 사용량의 합계가 0.25g/kg 이하)
- 마가린 : 1.0g/kg 이하(소르빈산, 소르빈산칼륨 또는 소르빈산칼슘과 병용할 때에는 안식향산으로서 사용량과 소르빈산으로서 사용량의 합계가 1.0g/kg 이하)
- 저지방마가린(지방스프레드) : 2.0g/kg 이하(소르빈산, 소르빈산칼륨 또는 소르빈산칼슘과 병용할 때에는 안식향산으로서 사용량과 소르빈산으로서 사용량의 합계가 2.0g/kg 이하이어야 하며, 그 중 소르빈산의 사용량이 1.0g/kg 이하)
- 식초절임 : 1.0g/kg 이하(소르빈산, 소르빈산칼륨 또는 소르빈산칼슘과 병용할 때에는 안식향산으로서 사용량과 소르빈산으로서 사용량의 합계가 1.5g/kg 이하이어야 하며, 그 중 소르빈산으로서의 사용량은 0.5g/kg 이하)

(3) 보존목적으로 사용되는 천연첨가물

① 보존목적 천연첨가물로는 이리단백, ε-폴리리신, 자몽종자추출물 등이 있음

② 이리단백

가. 연어과 연어, 가다랑어 등의 정소(이리)중의 핵산과 염기성 단백질을 산으로 분해한 후 중화하여 얻어진 물질로 주성분은 프로타민이나 히스톤이다.

나. 열안정성이 뛰어나고, 중성~알칼리성에서 세균에 대해 항균성을 발휘

③ ε-폴리리신

가. 방선균의 배양액에서 분리한 것으로, 주성분은 아미노산인 L-리신이 직쇄상으로 20~30개 연결된 폴리펩티드

나. 대부분의 세균에 대해 유효하며 곰팡이에 대해서는 유효성이 낮다.

다. 내열성이 우수하여 pH 4~9의 범위에서는 고르게 효과가 있다.

4) 산화방지제(酸化防止劑, Antioxidants)

식품의 변질 원인은 미생물뿐만 아니라 공기 중의 산소에 의한 산화로도 변질된다. 기름에 튀긴 즉석면, 튀김과자 등 유지를 포함한 식품은 유통, 보존, 진열하는 동안 유지의 산화로 변색, 풍미와 맛이 떨어지고, 식품 중에 과산화물이나 알데히드 등의 유해물질이 생성된다.

기름의 산화나 식품의 변색 등 식품의 산화를 억제하기 위해 사용되는 것이 산화방지제이다. 산화방지제에는 dl-α-토코페롤(비타민 E)이나 BHT와 같은 지용성 물질과 L-아스코르빈산(비타민 C)이나 에리쏘르빈산과 같은 수용성 물질이 있다. 지용성 산화방지제는 유지식품의 산화방지, 수용성 산화방지제는 과일가공품이나 절임식품의 변색방지에 사용된다.

분류	식품첨가물 품목명
산화방지제	아황산나트륨, 차아황산나트륨 이산화황, 피로아황산칼륨, 피로아황산나트륨, EDTA • Ca2Na, EDTA • 2Na, 에리쏘르빈산, 에리쏘르빈산나트륨, 디부틸히드록시톨루엔(BHT), dl-α-토코페롤, 부틸히드록시아니솔(BHA), 몰식자산프로필, L-아스코르빈산, L-아스코르빈산나트륨, L-아스코르빌스테아레이트, 아스코르빌파르미테이트, γ-오리자놀, 카테킨, 케르세틴, 효소처리루틴, 효소분해사과추출물, 참깨유불검화물, 차추출물, d-α-토코페롤, d-토코페롤(혼합형), 페룰린산, 포도종자추출물, 헤스페리딘, 봉선화추출물, 몰식자산, 루틴 등

(1) 비타민 E(Tocopherol)

① 지용성 산화방지제로 가장 많이 사용되고 것으로, 화학적합성품은 dl-α-토

코페롤, 천연첨가물로는 d-α-토코페롤, d-토코페롤(혼합형) 등이 있음

② 주로 유지나 버터 등에 사용되고, 그 사용량은 식품의 경우 0.01~0.03% 임

③ 비타민 E는 산화방지 이외에도 영양강화제로서 비타민 E의 보충제로도 사용할 수 있음

④ JECFA에 안전성 평가 결과, dl-α-토코페롤 1일섭취허용량은 2mg/kg · bw /day로 설정

통상명	화학명
A-Tocopherol(d-α-Tocopherol)	5,7,8-Trimethyltocol
Dl-α-Tocopherol	All-rac-α-Tocopherol
B-Tocopherol	5,8-Dimethyltocol
Γ-Tocopherol	7,8-Dimethyltocol
Δ-Tocopherol(δ-Mmethyltocol)	8-Methyltocol
A-Tocotrienol	5,7,8-Trimethyltocotrienol(Tocochromanol-3)
B-Tocotrienol	5,8-Dimethyltocotrienol
Γ-Tocotrienol	7,8-Dimethyltocotrienol(Plastochromanol-3)
Δ-Tocotrienol	8-methyltocotrienol

* 천연 및 합성품의 생리활성비교(I.U./g)

합성품	I.U./g	천연품	I.U./g
Dl α-Tocopherol acetate	1.0	D α-Tocopherol acetate	1.36
Dl α-Tocopherol acid succinate	0.89	D α-Tocopherol acid succinate	1.21
Dl α-Tocopherol	1.0	D α-Tocopherol	1.49

(2) 비타민 C(Ascorbic acid)

① 백색 또는 엷은 황색을 띤 결정 또는 결정성 분말로서 무취, 신맛

② 수용성 산화방지제로 많이 사용되는 것은 비타민 C로, L-아스코르빈산 및 그 나트륨염

③ L-아스코르빈산나트륨은 L-아스코르빈산염으로 햄이나 소시지 등에 사용됨

④ 아스코르빈산스테아레이트와 아스코르빈산파르미테이트 유도체는 지용성으로 사용

⑤ 아스코르빈산의 ascorbic acid 명칭은 괴혈병(scorbutic) 치료제에서 유래

⑥ 포도당을 원료로 하여 공업적으로 제조하며 효모발효 및 화학적 합성을 통해 만듬

⑦ L-아스코르빈산은 과일, 야채, 절임식품의 변색을 방지할 목적으로 사용

⑧ 비타민C의 영양강화제로서 주스, 스포츠음료, 과일 통조림, 캔디 등에 사용

⑨ 제빵 시의 산화제로서도 사용됨

⑩ JECFA에서 안전성평가결과, 1일섭취허용량은 특별히 정하지 않음으로 평가

(3) 에리쏘르빈산(Erythorbic acid)

① 백~황색을 띤 결정 또는 결정성 분말로서 냄새는 없고 신맛이 있는 강한 환원제

② 에리쏘르빈산은 아스코르빈산의 이성체체로 일명 이소아스코르빈산으로도 부름

③ 일반적인 식품 중에는 존재하지 않고, 포도당을 Pseudomonas속의 산화세균으로 통기발효하여 얻음

④ 에리쏘르빈산의 산화속도가 L-아스코르빈산보다 조금 빠르기 때문에 과즙에 첨가하면 비타민 C의 산화분해를 방지하여 풍미를 신선상태로 유지시켜 줌

⑤ 아스코르빈산과 함께 강한 환원성이 있어 식육가공품 등에도 폭넓게 사용

⑥ JECFA에서 안전성평가결과, 1일섭취허용량은 특별히 정하지 않음으로 평가

⑦ 식품에 에리쏘르빈산류를 사용한 경우에는 반드시 명칭과 용도를 함께 표시

5) 표백제(漂白劑, Bleaching agent)

(1) 식품의 표백 및 보존 목적으로 사용되는 아황산염류에는 아황산나트륨, 차아황산나트륨, 무수아황산, 피로아황산칼륨, 메타중아황산나트륨, 메타중아황산칼륨이 있음

(2) 무~백색의 결정 또는 백색의 분말로 공기 중에서 서서히 산화되어 황산염으로 됨

(3) 강한 환원성이 있으며 산성용액 중에서 분해되어 생성되는 아황산에 의해 표백

(4) 박고지, 건조과실류, 건포도, 과실주, 곤약분, 건조감자 등에 사용

(5) JECFA에서 안전성 평가 결과, 1일섭취허용량은 0~0.7mg/kg · bw/day(이산화황)로 설정

(6) 식품에 아황산염류를 사용한 경우에는 사용한 아황산염류(6품목)의 명칭과 함께 용도(표백제, 합성보존료 또는 산화방지제)를 함께 표시하여야 함

6) 살균제(殺菌劑, Fungicide)

최근 신선편의식품으로 채소 샐러드 등을 판매하면서 직접 먹을 수 있도록 재배지에서 살균포장하여 판매한다. 적당한 크기로 자른 후 차아염소산나트륨 등의 수용액으로 살균하고, 완전하게 세척한 후 포장하여 출하한다. 즉석에서 직접 생채나 샐러드로 먹을 수 있다.

(1) 차아염소산나트륨(Sodium hypochlorite)

① 살균제로 사용이 허용된 것으로 차아염소산나트륨, 차아염소산수, 이산화염소수, 오존수, 과산화수소 등이 있음.

② 최종제품이 완성되기 전에 완전하게 제거할 것을 조건으로 사용

③ 차아염소산나트륨은 채소나 과일의 살균 외에도 식기류나 장치류 살균•소독에도 이용

④ 공업적으로는 수산화나트륨이나 탄산나트륨의 수용액에 염소가스를 흡수시켜 제조 함

⑤ 물의 소독에는 0.3~1.0ppm, 야채나 과일의 소독에는 50~100ppm, 식기류의 소독에는 100ppm의 염소농도로 사용 함

7) 발색제(發色劑, Color fixative)

(1) 전통적으로 식육에 암염을 뿌려 보관하였다. 이는 보존성과 풍미가 좋아지고 색도 좋아지는 것을 이용하였으며 암염에 함유된 질산염이 미생물에 환원으로 아질산염으로 변하여 발색제로 작용하기 때문임

(2) 아질산은 미오글로빈이나 헤모글로빈을 니트로소화하여 적주황색의 니트로소미오글로빈이나 니트로소헤모글로빈으로서 신선한 육색을 유지 함

(3) 햄과 소시지의 색조나 풍미 개선, 연어알젓이나 명란젓 등의 색조 개선의 발색제로 사용

* 아질산나트륨(Sodium nitrite)

① 아질산염을 육제품에 사용하기 시작한 것은 기원전 9세기경 호메로스의 시에 그 사용이 최초 기술되어 있으며 고대 로마시대에고 사용한 기록이 있음

② 발색제로는 아질산나트륨, 질산칼륨 및 질산나트륨이 사용

③ 아질산나트륨은 암모니아에서 산화질소를 거쳐 제조하는 방법과 질산나트륨을 환원시켜 공업적인 제조

④ 아질산염은 식중독균인 보툴리누스균의 생육억제효과가 있어 식중독 예방에 도움이 됨

⑤ JECFA에서 안전성 평가 결과, 1일섭취허용량은 0.06mg/kg · bw/day(아질산이온)로 설정

⑥ 식품에 아질산나트륨을 사용한 경우에는 반드시 명칭과 용도를 함께 표시

8) 향미증진제(香味增進劑, Flavour enhance)

식품에 감칠맛을 부여하여 맛을 조정하기 위해 사용되는 식품첨가물로 전통적으로 소금, 간장, 된장 및 표고버섯 등을 사용하였다. 감칠맛 성분의 대표적인 성분으로 L-글루타민산나트륨이며 향미증진제로 아미노산계, 핵산계, 유기산계 및 무기염류 4종류가 있다. 글루타민산나트륨과 이노신산나트륨 등의 핵산계 향미증진제는 공존하면 감칠맛이 더욱 증가하므로 종종 병용하여 사용된다.

(1) L-글루타민산나트륨(Monosodium glutamate, MSG)

① 다시마국물의 감칠맛 향미증진제로 아미노산인 글루타민산의 나트륨염이다.

② 식품이나 생체에 널리 존재하는 성분으로 우유에는 20ppm, 달걀에는 230ppm 등이다.

* 식품중의 L-글루타민산 자연 함유량(단위:ppm)

유제품/난류		난류/육류		어류		채소류			
우유	20	돼지고기	230	대구	90	양파	180	시금치	390
모유	220	쇠고기	330	연어	200	비트	300	옥수수	1,300
파머산치즈	12,000	닭고기	440	고등어	360	피망	320	토마토	1,400
달걀	230	오리고기	690			당근	330	완두콩	2,000

③ 가공식품에 대한 사용량은 식육제품은 0.2~0.5%, 어육소시지는 0.2~0.4%, 스프류는 3~4% 정도이고, 맛의 역치(맛을 느끼는 최소농도)는 0.03%이다.

④ JECFA에서 안전성 평가 결과, 1일섭취허용량은 특별히 정하지 않음으로 평가 됨

⑤ 식품에 L-글루타민산나트륨을 사용한 경우에는 반드시 명칭과 용도를 함께 표시

(2) 5'-이노신산이나트륨(Disodium 5'-inosinate)

① 이노신산은 1847년 Liebig에 의해 우육추출물에서 분리되어 발견

② 전분의 당화액을 원료로 하여 발효법과 어육류를 ATP법으로 제조한다.

③ 5'-이노신산이나트륨은 향미증진제로, L-글루타민산나트륨과 병용하면 감칠맛이 향상

④ 산이나 알칼리 및 가열에 안정하지만 식품 중의 포스파타아제(phosphatase)에 의해 분해되어 감칠맛을 상실한다.

⑤ 이노신산은 동물성 식품의 정미성분으로 가다랭이(5'-이노신산으로서 0.2~0.7%), 우육 0.11%), 돈육(0.21%), 쪄서 말린 멸치(0.86%), 말린 정어리(0.44%), 전갱이(0.27%) 등에 비교적 많이 함유되어 있다.

⑥ 하이포크산틴(hypoxanthine), D-ribose 인산으로 구성된 ribonucleotide이다.

⑦ 5'-이노신산은 체내에서 이노신과 무기인산으로 분해되고, 이노신은 하이포크산틴과 D-ribosefh 가수분해되어 요산으로 산화되어 소변으로 배설된다.

⑧ 보통 L-글루타민산이나 5'-구아닐산이나트륨과의 혼합물로 사용되고, L-글루타민산과 병용할 경우에는 L-글루타민산에 5~12% 정도의 이노신산을 혼합한 복합조미료로 사용

⑨ 5'-이노신산이나트륨의 가공식품에 대한 사용량은 어묵의 경우 0.025~0.063%, 간장의 경우 0.019~0.06%, 소스의 경우 0.06~0.08%이다.

⑩ JECFA에서 안전성평가결과, 1일섭취허용량은 특별히 정하지 않음으로 평가

(3) 5'-구아닐산이나트륨(Disodium 5'-guanylate)

① 무~백색의 결정, 백색의 결정성분말 또는 분말로서 특이한 맛이 있음

② 5'-구아닐산이나트륨은 표고버섯의 맛을 가진 향미증진제로, L-글루타민산

나트륨과 함께 사용하면 감칠맛이 현저하게 증가

③ 생체 내에 많이 존재하는 성분으로 핵산염기의 구아닌, 오탄당인 D-리보오스 및 인산으로 구성되는 nucleotide이다.

④ 5'-구아닐산은 체내에 흡수되어 구아노신과 무기인산으로 분해되고, 구아노신은 구아닌과 D-리보오스로 가수 분해된다. 구아닌은 탈아미노화되어 크산틴이 되고, 다시 산화되어 요산이 되어 소변으로 배설된다.

⑤ 발효법, 발효•합성조합법, RNA분해법 등에 의해 제조 됨

⑥ 보통 5'-구아닐산이나트륨은 5'-이노신산이나트륨, L-글루타민산나트륨과 혼합하여 사용

⑦ JECFA에서 안전성평가결과, 1일섭취허용량은 특별히 정하지 않음으로 평가

(4) 호박산(Succinic acid)

① 호박산은 동식물계에 널리 분포하는 특이한 신맛과 감칠맛이 있어 조미료로 사용

② 호박산은 대합, 재첩, 굴 등 조개류의 감칠맛 성분 및 청주나 와인의 신맛 성분

③ 생체 내에 많이 존재하는 성분으로 동물성계에 널리 존재하는 성분

④ 호박산은 구연산회로 화합물로, 호박산탈수소효소에 의해 푸마르산으로 분해

9) 산도조절제(酸度調節劑, Acidity regulator)

산도조절제는 식품의 산도를 조정하는 식품첨가물이다. 식품의 pH는 보존료나 산화방지제의 효과에도 영향을 미친다. 식품의 pH를 조정은 보존성 향상에 매우 중요하다. 산도조절제로는 구연산, 젖산, 주석산, 푸마르산 등의 유기산과 그 염류, 탄산칼륨이나 탄산수소나트륨 등의 탄산염류, 인산과 그 염류 등이 있다.

(1) L-주석산(L-Tartaric acid)

① 산도조절제로 사용되는 주석산에는 L-주석산, DL-주석산과 그 염류가 있다.

② L-주석산은 식물에 많이 함유되어 있으며 특히 포도주 제조시 생성되는 주석산칼륨을 원료로 보통 제조한다.

③ L-주석산은 청량음료수, 과즙, 캔디, 젤리 등에 산미료나 pH조정제로 사용되고, 대부분 구연산이나 사과산과 함께 사용한다.

④ 주석산은 생체에서 대사되지 않으며 소변으로 배설되거나 장내세균에 의해 분해 됨

⑤ JECFA에서 안전성 평가 결과, 1일섭취허용량은 0~30mg/kg · bw/day로 설정

⑥ 산도조절제 지정첨가물은 안정성이 충분히 확인된 것으로 안전성에 문제는 없음

10) 산미료(酸味料, Acidulant)

산미료는 식품에 산미(신맛)를 부여하여 맛을 조정하기 위하여 첨가하는 식품첨가물이다. 산미는 위장을 자극하여 식욕증진이나 소화흡수를 좋게 하는 작용도 한다. 대표적인 산미로 레몬이나 매실의 구연산, 요구르트나 치즈의 젖산 등이 있고, 대표적인 식품으로는 식초가 있다. 전통적인 대표적인 산미료는 초산 및 젖산, 호박산, 사과산 등 유기산이다.

원래 식품의 함유 유기산 등은 발효나 화학적 합성으로 제조하고, 화학적합성품으로는 구연산, 글루콘산, 호박산, 주석산, 젖산, 초산, 푸마르산, 사과산, 인산 등이 있고, 대부분의 산미료는 JECFA를 통해 안전성이 확인되어 있고, 천연첨가물로는 이타콘산, 피틴산 등이 있다.

분류	식품첨가물 품목명
산미료	구연산, 구연산칼륨, 구연산삼나트륨, 글루콘산, 글루코노델타락톤, 글루콘산칼륨, 글루콘산나트륨, 아디핀산, 호박산, 호박산이나트륨, 초산, 초산나트륨, DL-주석산, L-주석산, DL-주석산나트륨, L-주석산나트륨, L-주석산수소칼륨, 이산화탄소, 젖산, 젖산나트륨, 푸마르산, 푸마르산일나트륨, DL-사과산, DL-사과산나트륨, 인산, 이타콘산, 피틴산 등

(1) 구연산(Citric acid)

① 무색투명한 결정, 입상, 덩어리 또는 결정성분말, 분말로서 냄새가 없는 강한 신맛 물질

② 구연산은 식물에 널리 존재하는 신맛을 나타내는 유기산으로, 특히 감귤류에 많이 존재

③ 공업적으로는 설탕, 당밀, 전분, 포도당 등을 원료로 미생물을 이용해 배양하여 제조

④ 청량음료수, 과즙, 잼 등 각종 식품에 산미성분으로 널리 사용되며 사용량은 청량음료수의 경우 0.1~0.3%, 과즙이나 잼의 경우 1% 정도 사용한다.

⑤ JECFA에서 안전성 평가 결과, 1일섭취허용량은 제한하지 않음으로 평가

(2) 젖산(Lactic acid)

① 백색 또는 엷은 황색의 고체 또는 무색~엷은 황색의 맑고 투명한 액체로 신맛이다.

② 젖산은 혐기적 해당대사계계의 최종생성물 및 근육세포 불충분한 산소공급시 생성됨

③ 요구르트, 치즈, 버터, 청주 등의 발효시 젖산균에 의해서 생성됨

④ 청주 양조시에 젖산을 첨가하면 pH가 낮아져 잡균의 증식억제와 풍미가 증가되며 청량음료수에는 0.05~0.2%의 정도 첨가한다.

⑤ JECFA에서 안전성 평가 결과, 1일섭취허용량은 제한하지 않음으로 평가

11) 유화제(乳化劑, Emulsifier)

유화제란 물과 기름을 균일한 상태로 유지시켜주는 식품첨가물로 분자내에 친수성(親水性)기와 친유성(親油性)기을 갖고 있다. 유화제는 물과 기름을 유화하는 것 이외에도 고체입자와 액체, 기체와 액체 등도 균일화하는 효과를 갖고 있어 분산, 침투, 세척, 기포(起鏑), 소포, 이형 등에도 활용된다.

식품에서는 아이스크림, 휘핑크림, 드레싱, 마가린 등의 유화, 코코아음료 등의 코코아 분산, 가공용 야채나 과일의 오염 제거, 스펀지케이크 등의 거품발생(起鏑), 두부제조시의 소포, 구운 과자의 이형 등에 이용된다.

화학적합성품 유화제로는 스테아릴젖산칼슘, 구연산칼슘, 인산삼칼슘, 인산일수소칼슘, 인산이수소칼슘, 피로인산이수소칼슘, 글리세린지방산에스테르, 소르비탄지방산에스테르, 프로필렌글리콜지방산에스테르, 자당지방산에스테르, 히드록시프로필셀룰로오스, 폴리소르베이트 등이 있다. 천연첨가물 유화제로는 퀼라야추출물, 효소분해레시틴, 레시틴 등이 있다.

(1) 글리세린지방산에스테르(Monoglycerine fatty acid ester)

① 무~갈색의 분말, 얇은 조각, 입자, 덩어리, 반유동체 또는 액체로 냄새가 거의 없다.

② 지방산과 글리세린, 폴리글리세린의 에스테르 및 유도체로서 글리세린지방산에스테르, 글리세린초산지방산에스테르, 글리세린젖산지방산에스테르, 글리세린구연산지방산에스테르, 글리세린호박산지방산에스테르, 글리세린디아세틸주석산지방산에스테르, 글리세린 초산에스테르, 폴리글리세린지방산에스테르, 폴리글리세린축합리시놀레인산에스테르 등

③ 글리세린지방산에스테르는 친수기로 글리세린, 친유기로 지방산이 에스테르 결합한 것

④ 유화제 중에서는 가장 오래전부터 광범위한 용도로 사용된 유화제로 마가린, 아이스크림 등에 사용되며 식감이 좋아진다.

⑤ JECFA에서 안전성 평가 결과, 1일섭취허용량은 특별히 정하지 않음으로 평가

(2) 레시틴(Lecithin)

① 옅은 황~암갈색의 투명 또는 반투명의 점조한 액체, 반고형상 덩어리, 분말 또는 입상으로 약간 특이한 냄새와 맛을 가지고 있다.

② 레시틴은 글리세롤인지질의 하나로, 동식물의 세포 중에 존재하는 생체막구성성분으로 유량종자 또는 난황에서 얻어진다.

③ 식물레시틴

유채과 유채, 콩과 대두 종자로부터 추출하여 얻으며 세계 각국에서 사용되어 왔고, 마가린, 쇼트닝, 초콜릿, 빵, 비스킷 등에 사용된다. JECFA에서 안전성 평가 결과, 1일섭취허용량은 제한하지 않음으로 평가한다.

④ 난황레시틴

난황에서 추출하여 얻으며 주성분은 레시틴이고, 레시틴 중 80%는 포스파티딜콜린이며 이 외에 포스파티딜에탄올아민, 리소포스파티딜콜린, 스핑고미엘린 등도 포함되어 있다. 주로 아이스크림, 마가린, 초콜릿, 빵, 비스킷 등에 사용된다. JECFA에서 안전성 평가 결과, 1일섭취허용량은 제한하지 않음으로 평가한다.

12) 영양강화제(營養强化劑, Nutrient fortifying agent)

건강지향 풍조로 영양소보충용제품의 섭취가 일반화되고 소비량도 증가하고 있다. 생활양식이 복잡하고, 불규칙한 식사, 편식 또는 무리한 다이어트 등에 필요한 영양소의 불균형과 부족이 증가하고 있다. 이와 같이 부족한 영양소를 보충할 목적으로 사용되는 것이 영양강화제로, 비타민, 미네랄 및 아미노산 등이 사용되고 있다.

(1) L-아스코르빈산(L-Ascorbate)

① 비타민류 중 가장 섭취량이 많고, 수용성으로 영양강화나 산화방지제 목적으로 사용

② L-아스코르빈산과 함께 L-아스코르빌스테아레이트, 아스코르빈산나트륨, 아스코르빌파르미테이트 등도 사용된다.

③ L-아스코르빈산은 괴혈병(scorbutic)의 치료에 사용되고, 비타민C의 보충을 목적으로 주스, 스포츠음료, 과일통조림, 캔디 등에 사용된다.

④ JECFA에서 안전성평가결과, 1일섭취허용량은 특별히 정하지 않음으로 평가

(2) L-아스코르빈산 유도체

① L-아스코르빈산나트륨

L-아스코르빈산에 탄산수소나트륨을 작용시켜 제조하고, L-아스코르빈산과 거의 동일하지만 신맛은 없다.

② L-아스코르빌스테아레이트

아스코르빈산에 스테아린산을 에스테르 결합함 것으로 비타민 C의 작용이나 산화방지작용이 있고, 친유성으로 유지, 버터, 치즈, 식육제품, 어육연제품, 땅콩버터 등 유지류나 지방 함유 식품에 사용된다.

③ 아스코르빌파르미테이트

L-아스코르빌스테아레이트와 동일하게 비타민 C 및 산화방지 효능이 비슷하고, 분자량이 보다 작기 때문에 동일한 양을 사용할 경우 L-아스코르빈산파르미테이트가 보다 높은 효과를 나타낸다.

④ L-아스코르빈산칼슘

비타민C와 칼슘 양쪽의 영양보충효과가 있고, L-아스코르빈산나트륨을 포함하여 L-아스코르빌스테아레이트, 아스코르빌파르미테이트, L-아스코르빈산칼슘 모두 영양강화제로 JECFA에서 안전성 평가 결과, 1일섭취허용량은 특별히 정하지 않음으로 평가되어 있다.

(3) 칼슘(Calcium)

① 미네랄류 중 가장 섭취량이 많은 무기물로 칼슘 강화제로 사용된다.

② 화학적합성품은 구연산칼슘, 글루콘산칼슘, 글리세로인산칼슘, 산화칼슘, 수산화칼슘, 염화칼슘, 젖산칼슘, 제삼인산칼슘, 제이인산칼슘, 제일인산칼슘, 탄산칼슘, 황산칼슘 등

③ 젖산칼슘은 물에 잘 녹고(용해도 : 5.0g/100㎖), 칼슘 흡수가 뛰어난 식품첨가물로, 빵, 과자, 밀가루, 조제분유, 두부, 된장, 절임식품 등의 칼슘강화제로 사용되고, 조미료나 팽창제로 사용되며 과실통조림 속의 과육이 경화 목적으로도 사용된다.

④ 젖산칼슘은 JECFA에서 안전성 평가 결과, 1일섭취허용량은 제한하지 않음으로 평가 함

13) 증점제(增點劑, Thickener) 및 안정제(安定劑, Stabilizer)

식품의 식감 조정하거나 점착력을 향상시키는 첨가물로 젤리나 푸딩의 식감을 조정하거나, 양념장이나 케첩 등 여러 가지 식품에 점착력을 증가시킬 목적으로 사용되고 있다. 증점제(안정제)는 고기의 양념장이나 소스를 비롯하여 아이스크림, 샤베트, 젤리, 푸딩, 드레싱, 마요네즈 등 광범위하게 이용되고 있다. 일반적으로는 화학합성품 보다 천연물이 사용된다.

분류	식품첨가물 품목명
증점제 (안정제)	알긴산프로피렌글리콜, 카르복시메틸셀룰로오스칼슘, 카르복시메틸셀룰로오스나트륨, 카르복시메틸스타치나트륨, 변성전분, 메틸셀룰로오스, 폴리아크릴산나트륨, 알긴산암모늄, 알긴산칼륨, 알긴산칼슘, 알긴산나트륨, 히드록시프로필셀룰로오스, 아미드펙틴, 아라비아검, 아라비노갈락탄, 알긴산, 젤란검, 커드란, 카라기닌, 카라야검, 로커스트콩검, 산탄검, 키틴, 키토산, 구아검, 글루코사민, 사일리움씨드검, 타마린드검, 타라검, 트라가칸스검, 미소섬유상셀룰로오스, 퍼셀라란, 플루란, 펙틴 등

(1) 화학적합성품인 증점제

① 화학적합성품으로는 카르복시메틸셀룰로오스나트륨(CMC-Na), 폴리아크릴산나트륨, 알긴산나트륨 등이 있다.

② 카르복시메틸셀룰로오스나트륨(CMC-Na)은 셀룰로오스의 수산기(-OH)의 일부를 카르복시메틸기로 치환한 것이다.

③ 아이스크림을 비롯하여 잼, 케첩, 소스 등 다방면에 이용되고, 아이스크림에 0.3~0.5% 정도 사용하며 유화상태를 안정화시키고 식감도 좋아 진다.

④ CMC-Na를 섭취한 경우 90% 이상은 그대로 변으로 배설되고, 10% 정도는 장내세균에 의하여 가수분해되어 이용된다.

⑤ JECFA에서 안전성 평가 결과, 1일섭취허용량은 특별히 정하지 않음으로 설정되어 있다.

(2) 천연첨가물인 증점제

① 천연첨가물로는 아라비아검, 카라기난, 산탄검, 구아검, 펙틴 등의 다당류가 사용

② 보통 기원물질로 분류하며 로커스트콩검, 구아검 등의 종자유래다당류, 아라비아검, 카라야검 등의 수지유래다당류, 알긴산, 카라기난 등의 해초유래다당류, 커드란, 산탄검 등의 미생물유래다당류, 펙틴 등의 식물유래다당류, 키틴, 키토산 등의 갑각류유래다당류가 있다.

(3) 펙틴(Pectin)

① 펙틴은 감귤류, 사과 등에서 추출한 것으로, 메틸화폴리갈락투론산 등의 다당류이다

② 과실이나 야채 등 존재하며 특히 레몬이나 자몽 등 감귤류 과실에 약 15% 함유되어 있고, 주로 잼, 젤리 등의 제조에 사용된다.

③ JECFA에서 안전성 평가 결과, 1일섭취허용량은 특별히 정하지 않음으로 평가된다.

(4) 산탄검(Xanthan gum)

① 산탄검은 전분 등의 당류를 산토모나스에 의해 발효시켜 생성하는 다당류

② 글루코오스가 β-1,4 결합 사슬에 만노오스와 글루크론산이 결합한 구조를 가짐

③ 산탄껌은 특이 저농도에서도 높은 점성을 나타내고, 식품중의 산이나 염분, 열에도 강하여 마요네즈, 드레싱, 소스류 등 식품에 사용된다.

④ 섭취된 산탄검은 흡수되지 않고 거의 모두가 변으로 배설된다.

⑤ JECFA에서 안전성 평가 결과, 1일섭취허용량은 특별히 정하지 않음으로 평가된다.

(5) 구아검(Guar gum)

① 구아검은 콩과 구아종자의 배유부분을 분쇄하여 제조한 것으로, 갈락토오스와 만노오스로 구성된 다당류로 분자량이 약 20만 정도 된다.

② 주로 아이스크림, 스프, 소스류 등 광범위하게 사용된다.

③ JECFA에서 안전성 평가 결과, 1일섭취허용량은 특별히 정하지 않음으로 평가된다.

제9장 식품처리시설 및 위생관리

9-1. 식품취급자의 위생관리

위생관리의 목적은 음식물을 만드는 과정에서 식품취급자 및 관련시설과 기구, 작업장으로 인한 위생적 위해요소를 제거하는 것이다. 이러한 위생적 관리는 식품의 맛과 영양 유지, 식품을 매개질병인 식중독 예방 및 경제적 손실을 예방할 수 있다.

식품자체의 위생적 관리, 식품취급자의 위생가 건강, 식품 소비자의 건강이 모두 중요하게 연결되어 있다. 식품위생관리는 식품 생산이나 채취, 가공, 조리, 저장, 유통 등의 각 단계별로 적정한 위생관리가 필요하다.

1. 영업자 및 종업원의 건강진단

식품 또는 식품첨가물을 채취•제조•가공•조리•저장•운반•판매하는데 직접적으로 종사하는 자는 식품위생법에서 매년 1회의 건강진단을 의무화하고 있다. 영업자는 건강진단을 받지 않은 자나 건강진단 결과 타인에게 위해를 끼칠 우려가 있는 질병이 있는 경우 영업에 종사시키지 못하게 하고 있으며 식품영업에 종사하지 못하는 질병은 다음과 같다.

- 제1군감염병
- 결핵(비전염성인 경우는 제외)
- 피부병 또는 그 밖의 화농성질환
- 후천성면역결핍증(AIDS)
- 기타 : 복통이나 설사, 인후염이나 후두염, 피부질환, 구토나 황달 등

2. 위생교육

음식점 영업자와 유흥종사자를 둘 수 있는 음식점의 종업원은 매년 식품위생교육을 받아야 한다.(식품위생법 제41조제1항). 위생교육 내용은 식품위생에 관한 사항, 개인위생에 관한 사항, 식품위생시책에 관한 사항, 식품의 품질개선에 관한 사항, 식품행정지도와 영업자 책무에 관한 사항, 기타 위생교육과 관련하여 필요한 사항 등이다.

- 교육대상자 : 음식점 영업자와 유흥종사자를 둘 수 있는 음식점의 종업원
- 교육시간 : 영업자 : 3시간, 유흥주점영업의 유흥종사자 : 2시간
- 교육기관

교육대상	교육기관
휴게음식점영업자	한국휴게음식업중앙회
일반음식점영업자	한국외식업중앙회, 한국외식산업협회 (소속회원에 한함)
단란주점영업자	한국단란주점업중앙회
유흥주점영업자	한국유흥음식업중앙회
위탁급식영업의 영업자 및 유흥종사자	한국식품산업협회, 한국외식산업협회 (소속회원에 한함)
제과점영업자	(사)대한제과협회

3. 종업원의 개인위생

식품을 취급자는 식품을 통하여 유해한 질병을 발생 시키는 원인이 될 수 있다. 접객업소에 종사하는 종업원의 개인위생은 식품 위생관리에 매우 중요하다.

1) 개인 복장 : 상시 청결한 작업에 적합한 복장과 용모

2) 두발 : 청결 유지와 위생모 착용

3) 용모 및 장신구

(1) 손톱 : 손톱을 짧게 위생적으로 관리(매니큐어, 인조손톱 등 금지)

(2) 장신구 : 손가락이나 손목 등의 장신구 착용 금지

(3) 손의 상처 처리 : 손이나 몸에 상처가 생긴 경우 밴드를 붙이고, 조리용 장갑 착용

4) 작업복(위생복)

(1) 작업복(위생복)은 세탁하기 쉬운 재질로 만들고, 항상 청결한 상태를 유지

(2) 작업장 내에서만 착용하고, 외부 출입시는 착용 금지

(3) 조리사의 경우는 조리용, 배식용, 세척용으로 구분하여 앞치마 사용,

(4) 조리실에서는 전용 작업화 착용하고, 외부 출입시는 별도의 신발을 착용

5) 화장실

(1) 화장실은 반드시 전용화장실을 사용

(2) 화장실 사용시는 작업복을 벗고, 화장실 전용 신발 착용

(3) 용무 후 손을 깨끗이 씻고, 소독 후 작업장으로 복귀

4. 종업원의 손위생

손은 교차오염의 주요 원인으로 식품취급자의 손은 위생적으로 관리하는 것이 식품으로 인한 질병 발생을 예방하는데 가장 중요한 위생관리이다. 다음과 같은 경우 반드시 손을 씻고 작업을 수행해야 한다.

1) 반드시 손 세척 후 작업을 해야 하는 경우

(1) 화장실 사용한 후

(2) 귀, 입, 코, 머리 등 신체부위를 만진 후

(3) 애완동물 등과 접촉 후

(4) 흡연 후(금연이 바람직 함)

(5) 싱크대 하수구 및 음식 쓰레기 등의 오물 처리 후

(6) 식재료 작업이나 취급 후

(7) 조리를 위하여 조리실에 들어가기 전

(8) 돈을 만진 후

(9) 작업하는 품목이 변경됐을 경우

(10) 기타 손을 오염시킬 우려가 있는 물건과 접촉하였거나 행동 후

2) 손 상처

손의 염증에는 황색포도상구균이 존재하며 식중독의 원인이 된다. 따라서 반드시 소독액으로 상처를 소독하고, 소독 후 밴드 착용한 후 골무 착용하여 상처를 보호하고, 위생장갑을 꼭 착용한다.

3) 손 세척 후 주의사항

- 세척 후 위생장갑을 착용하기 전까지는 다른 오염물질이나 기구 등을 접촉하지 말 것
- 앞치마나 손수건으로 손을 닦지 말고, 전용 위생수건을 사용할 것
- 손 세척 후 로션 등의 화장품을 사용하지 말 것

9-2. 식품작업 및 처리시설 위생관리

1. 식품 작업장 입지조건 및 식품 작업장 위생

1) 건물의 입지조건

(1) 쾌적한 환경과 위생적 물이 풍부하게 공급되는 곳

(2) 원활한 교통환경과 전력의 공급용이

(3) 작업 후 발생되는 폐기물 처리가 용이

(4) 주변에 가축농가나 오수처리시설 등이 없어야 함

2) 건물의 내부구조 및 설비

(1) 식품처리공정상 예상되는 작업동선을 고려하여 효율적인 배치와 설비

(2) 작업공정 간의 교차오염 가능성을 최소화되도록 오염구역과 청결구역을 구분하여 관리

(3) 식품작업의 특성상 저장시설과 작업장의 효율적이고 위생적인 연계 공정과 관리

(4) 식품재료의 반입·검수·전처리 작업이 용이하고 각 작업장과의 효율적 배치

(5) 작업의 특성에 맞는 작업시설과 설비, 식재료의 위생적 분리 저장 및 효율적인 유효기간 관리

3) 식품 작업장 위생

(1) 바닥 및 배수구

작업장 바닥과 배수구는 내수성, 내열성, 내약품성, 항균성, 내부식성 등의 재질로 사용하고, 바닥과 벽이 만나는 모서리 부분은 최소 반경이 2.5cm 이상의 곡면이 되도록 설계한다. 바닥은 경사지게 하여 쉽게 배수되도록 한다.

배수구는 곤충이나 설치류 등의 침입 방지를 위하여 U자형 트랩 설치하고, 배수구는 벽면에서 15cm 이상 떨어진 곳에 깊이는 최소한 15cm 이상, 내경은 최소한 10cm 이상이 되도록 설치한다. 배수로는 설치는 청결구역에서부터 일반구역이나 오염구역 방향으로 흐르도록 설치해야 한다.

(2) 벽과 창문

작업장은 바닥면에서부터 1.5m 까지는 내수성, 내산성, 내열성 등이 있는 적절한 자재로 설비하거나 세균 방지용 페인트로 도색하여야 한다. 창문은 바닥면적의 5% 이상, 벽 면적의 70% 이상의 크기로 설계하고, 천장에 가까운 위치에 설치하며 창문이 부분의 벽면은 경사지게 만들어 먼지가 쌓이거나 곤충서식 방지 및 빗물 등이 유입되지 않도록 만든다.

(3) 천장

작업 특성에 따라 내수성, 내열성, 내약품성, 항균성, 내부식성 등의 적절한 재질을 사용하고, 곰팡이 살균용 방균 페인트를 도색해야 한다. 천정은 바닥으로부터 높이가 최소 2.4m 이상이되도록 설계한다. 응축수가 식품에 떨어지지 않도록 보온설계하고, 복잡한 구조물에 노출되지 않도록 설계하고, 천장에는 환기통을 설치한다.

(4) 조명 및 채광

육안 확인이 필요한 식품 선별 및 검사구역에는 540lux(50피트 촉광) 이상 조명시설을 설치하고, 일반 작업구역은 220lux(20피트 촉광) 이상, 창고, 화장실, 탈의실 등의 부대시설은 110lux(10피트 촉광) 이상으로 설치한다.

(5) 환기

외부로 개방된 흡기구와 배기구 등에는 여과망이나 방충망 등의 부착하여 해충이나 위생동물의 침입을 차단한다. 조리장의 적정 온도는 21~22℃, 적정 습도는 30~79%을 적당하고, 환풍기는 조리공간에서는 20~30$m^3/hr/m^3$으로 가동하고, 원자재와 부자재 보관 공간에는 5$m^3/hr/m^3$으로 가동하는 것이 좋다.

(6) 방충 및 방서

작업장에 곤충이나 설치류 침입은 식품 매개성 병원균이 오염될 우려가 높고, 식품 위생환경에도 좋지 않으므로 방충•방서 관리를 철저하게 하여야 한다. 식품을 취급하고 조리하는 공간과 화장실에 있는 창문에 30mesh 크기의 금속망을 설치해야 하고, 작업장이나 화장실의 내부와 연결된 배수구에는 U자형의 트랩을 설치해야 한다.

(7) 출입구

출입문 입구에는 폭 3m, 길이 4m, 깊이 10~30cm 소독시설을 설치하여 출입시 신발소독을 실시하거나 HACCP 관리계획에 따라 손과 신발을 세척•소독할 수 있는 설비를 갖추고, 외부의 먼지나 미생물 침입을 막기 위하여 에어커턴(air curtain)을 설치한다. 출입구는 내수성, 내부식성의 재질로 설치하고, 해충과 설치류의 침입을 막기 위한 방충•방서 시설, 종사자나 방문객을 위한 탈의실과 신발장 및 전용 신발을 비치한다.

(8) 화장실

화장실의 위치는 식품을 취급하는 장소와 완전히 격리된 곳에 설치하고, 설비와 관리가 위생적으로 관리되어야 한다. 식품제조•가공업 작업장의 경우 작업장에 영향을 미치지 아니하는 곳에 정화조를 갖춘 수세식화장실을 설치하여야 하고, 화장실은 콘크리트 등으로 내수처리를 하여야 하고, 바닥과 내벽(바닥으로부터 1.5미터까지)에는 타일을 붙이거나 방수페인트로 색칠하여야 한다.

(9) 식품저장실

식품을 저장하거나 보관하는 장소에는 제품의 원•부자재는 가공 정도에 따라 분리하여 분리된 공간에 보관하고, 방충•방서 시설을 설치해야 한다. 식품오염과 위생적으로 문제가 될 수 있는 세척제나 소독제 등 비식용 화학물질은 함께 보관하지 말아야 한다.

식품보관 선반은 보관 중인 식품의 교차오염 방지, 청소 및 통풍이 잘 되도록 바닥과 벽으로부터 15cm 이상 거리를 확보하고, 저장실의 적정온도는 10~15℃, 적정습도는 70~80%로 유지한다.

(10) 냉장고와 냉동고

냉장고는 5℃ 이하, 냉동시설은 -18℃로 유지해야 하며, 출입형 대형 냉장•냉동고의 출입구에는 소독판을 비치해 두어야 한다.

(11) 급수 및 하수설비

급수시설은 작업장 내에서 사용하는 물은 일 년에 한번 이상 '먹는 물 수질기준'의 전 항목에 대하여 검사 받아야 하고, 배관시설은 음용수와 비음용수를 구별하여 표시하여 관리한다. 급수와 하수설비는 교차되거나 합류되지 않도록 설계하여야 한다.

(12) 폐기물 처리설비

쓰레기통은 내수성, 내구성이 있는 스테일리스스틸이나 플라스틱으로 만들어진 것을 사용하고, 폐기물을 처리하는 기구나 시설은 식품을 취급하는 장소와 분리되어 관리하여야 한다.

2. 식품처리 작업장 위생

• 청결상태 정기 점검 및 청결상태 유지	• 쓰레기통의 해충 침입과 악취 방지
• 식품용 상자는 항상 청결유지	• 작업장내의 흡연, 재채기, 양치질 등 금지
• 바닥에 떨어진 물건은 즉시 정리	• 냉장과 냉동고 작동과 온도 수시로 점검
• 작업장 바닥 습기제거 및 건조유지	• 식품은 바닥에 놓아두지 말 것

3. 작업장 기구 및 도구 위생관리

작업장의 기구, 용기 및 조리와 작업 도구, 행주 등은 소독을 철저히 해야 하며 열탕소독이나 증기소독하고 열탕소독의 경우 30초 이상, 증기고압소독의 경우는 120℃에서 30분 이상 소독을 실시한다.

기기 및 도구	위생관리
냉장. 냉동고	• 주 1회 이상 청소 • 온도를 주기적으로 측정 기록 • 식품을 분리 보관(교차오염 예방) • 내부 용적의 70% 이하로 식품 보관
식기세척기	• 바닥에서 최소한 15cm 이상 위에 설치 • 온도, 수압 등 계기판은 잘 보이도록 설치
식기와 각종 기물	• 사용 후 더운 물과 세제로 깨끗이 세척 • 흐르는 물로 세제를 깨끗이 제거 • 기물은 청결한 행주로 닦고 사용전후에 소독용 알코올 분무
칼. 도마. 행주. 고무장갑	• 고무나 아크릴제품은 틈이나 금이 없을 것 • 도마는 조리전과 후, 생선과 채소 등 식품을 구분 사용 • 칼, 도마는 청결하고 건조된 상태로 보관 • 자외선 살균시는 충분한 조사 • 행주 열탕소독은 5분 이상 열탕 • 도마 구분 사용 예) 색이 서로 다른 경우 . 파란색 : 육류, 가금류 전처리 작업 . 초록색 : 신선 야채류 전처리 작업 . 빨간색 : 김치류 전처리 작업 . 흰색 : 가공품 및 조리 완제품 • 장갑 구분 사용 : 청소/소독용, 조리용, 전처리용 등 • 행주 구분 사용 : 조리용, 정리용, 청소용 등

4. 교차오염 방지

식품의 저장시 오염된 식재료나 음식이 오염된 식재료나 기구, 식품종사자 등과 접촉하여 미생물이 혼입되어 부패 및 식중독의 원인이 될 수 있다. 보관용 용기, 온장고, 냉장고 등은 항상 청결하게 관리하고 조리된 제품을 보관 중 호일, 랩 등으로 덮거나 뚜껑이나 덮개, 마개 등으로 다른 식품이나 용기로부터 교차오염이 일어나지 않도록 주의한다.

오염된 식품이나 기구로부터 교차오염을 방지하기 위하여 도마와 칼은 채소, 어류 및 육류 등으로 구분, 조리전과 후의 음식을 구분하여 사용한다. 위생장갑은 조리시 무치기, 버무리기 등으로 혼합시 반드시 착용해야 한다.

5. 위생적인 해동 방법

조리된 식품과 조리하지 않은 식품은 분리하여 해동하고, 특히 생식품은 완전히 해동하여 조리하여야 한다. 냉장고 해동시는 다른 식자재와 오염되는 것을 피하기 위하여 맨 하단이나 별도의 공간을 구분하여 사용하고, 해동된 식품은 즉시 조리하고, 다시 동결하여 사용하지 않는 것이 좋다. 흐르는 물에서 해동하는 경우는 물의 온도에 따라 해동 효과가 다르다.

흐르는 물로 해동하는 경우	냉장고 내에서 해동하는 경우
• 흐르는 물 : 21℃ 이하, 2시간 이내 실시 • 해동한 식품 : 즉시 전처리 및 조리 함 • 해동식품 : 소단위나 소포장, 10℃ 이하 • 위생적 해동 전용 싱크대에서 식수 사용	• 다른 식품과 접촉 방지 : 냉장고 하단 • 육류 덩어리 해동 : 하루 전에 실시 • 냉장온도와 해동시각을 기록

해동방법으로는 공기해동(air thawing), 송풍해동(air blast thawing), 수증기해동(water thawing), 접촉해동(contact thawing), 전기해동(electric thawing), 마이크로파해동(microwave thawing) 등이 있으며 식품이나 조리방법에 따라 적절히 활용할 필요가 있다.

9-3. 식품위생법에 따른 식품의 위생 관리

1. 식품 취급 및 판매 등의 준수사항

음식점 영업자 및 종업원은 식품 또는 식품첨가물을 위생적으로 취급해야 하고, 위해식품 등의 판매 등을 해서는 안 되며, 일정한 기준 및 규격을 준수해야 한다.

1) 식품 등의 위생적 취급

판매를 목적으로 하는 식품을 채취 · 제조 · 가공 · 사용 · 조리 · 저장 · 소분 · 운반 또는 진열을 할 때에는 깨끗하고 위생적으로 취급해야 하고, 영업에 사용하는 기구 및 용기 · 포장은 깨끗하고 위생적으로 다루어야 한다.

2) 위해식품 등의 판매 등 금지

(1) 썩거나 상하거나 설익어서 인체의 건강을 해칠 우려가 있는 것

(2) 유독 · 유해물질이 들어 있거나 묻어 있는 것 또는 그러할 염려가 있는 것

(3) 병(病)을 일으키는 미생물에 오염된 것

(4) 불결하거나 다른 물질이 섞이거나 첨가(添加)된 것

(5) 농 · 축 · 수산물 등 법적 안전성 심사를 받지 않았거나 식용이 부적합 한 것

(6) 수입이 금지된 것과 수입신고를 하지 않고 수입한 것

(7) 영업자가 아닌 자가 제조 · 가공 · 소분한 것

3) 병든 동물 고기 등의 판매 등 금지

도축이 금지되는 가축감염병 및 리스테리아병, 살모넬라병, 파스튜렐라병 및 선모충증에 걸렸거나 그 염려가 있는 동물 또는 그 질병으로 인하여 죽은 동물의 고기, 뼈, 젖, 장기 또는 혈액은 식품으로 판매할 수 없음

2. 식품위생검사의 실시 등

식품 등의 안정성을 확보하고 위해식품 등을 판명하기 위해 식품위생법 제7조(식품 또는 식품첨가물) 및 제9조(기구 및 용기, 포장)에 따른 기준 및 규격 등

에 맞는지 검사하는 것

1) 식품위생검사기관의 검사

(1) 출입 · 검사 · 수거 및 검사 등

식품의약품안전처장(지방식품의약품안전처장 포함), 특별시장 · 광역시장 · 특별자치시장 · 도지사 · 특별자치도지사(이하 "시 · 도지사"라 함) 또는 시장 · 군수 · 자치구의 구청장은 식품 등의 위해방지 · 위생관리와 영업질서의 유지를 위해 필요하면 출입 · 검사 · 수거 등은 실시하고, 지체 없이 식품의약품안전처장이 지정한 식품전문 시험 · 검사기관에 검사를 의뢰해야 한다

(2) 식품위생검사기관

식품의약품안전처장이 지정한 시험 · 검사기관은 2016. 12. 현재에 전문 시험 · 검사기관 11개소(업무범위 : 자가품질위탁검사, 수입식품검사), 자가품질위탁 시험 · 검사기관 52개소(업무범위 : 자가품질위탁검사) 지정되어 있다.

2) 자가품질검사기준 등

자가품질검사는 다음의 자가품질검사기준에 따라 해야 한다.

(1) 식품 등에 대한 자가품질검사는 판매를 목적으로 제조 · 가공하는 품목별로 실시

(2) 기구 및 용기 · 포장의 경우 동일한 재질의 제품으로 크기나 형태가 다를 경우에는 재질별로 자가품질검사를 실시

(3) 자가품질검사는 식품의약품안전처장이 정하여 고시하는 식품유형별 검사항목을 검사

(4) 영업자가 다른 영업자에게 식품제조를 의뢰한 경우에는 의뢰자나 의뢰받은 자가 실시

(5) 자가품질검사에 관한 기록서는 2년간 보관해야 한다.

(6) 9개월마다 1회 이상 검사해야 하는 식품유형 :

빵류(크림을 위에 바르거나 안에 채워 넣은 것만 해당함), 설탕, 포도당, 과당, 올리고당류, 식육제품, 어육가공품(어묵, 어육소세지, 연육 및 그 밖의 어육가공품만 해당함), 두부류 또는 묵류, 식용유지(압착식용유만 해당함), 인스턴트커피, 특수용도식품, 드레싱, 음료로, 추출 가공식품, 아이스크림제품류, 즉석섭취식품(도시락, 김밥류, 햄버거류 및 샌드위치류만 해당함), 순대류 및 그 밖의 식품류(캡슐류만 해당함)

3. 위해식품 등의 회수

1) 위해식품 등의 회수 의무

판매의 목적으로 식품 등을 제조·가공·소분·수입 또는 판매한 영업자는 해당 식품 등이 회수대상 식품 등의 기준을 위반한 사실을 확인한 경우에는 지체 없이 유통 중인 해당 식품 등을 회수하거나 회수하는 데에 필요한 조치를 해야 합니다.

(1) 위해식품 등의 판매 등 금지

(2) 병든 동물 고기 등의 판매 등 금지

(3) 기준·규격이 고시되지 않은 화학적 합성품 등의 판매 등 금지

(4) 식품 또는 식품첨가물에 관한 기준 및 규격

(5) 유독기구 등의 판매·사용 금지

(6) 기구 및 용기·포장에 관한 기준 및 규격

(7) 표시기준

(8) 유전자재조합식품등의 표시

(9) 허위표시 등의 금지

(10) 자가품질검사 또는 식품 등 시험·검사기관의 위탁검사 결과 해당식품 등이 회수 대상

2) 식품 등의 이물 발견보고 등

판매의 목적으로 식품 등을 제조·가공·소분·수입 또는 판매하는 영업자는 소비자로부터 판매제품에서 식품의 제조·가공·조리·유통 과정에서 정상적으로 사용된 원료 또는 재료가 아닌 것으로서 섭취할 때 위생상 위해가 발생할 우려가 있거나 섭취하기에 부적합한 물질을 발견한 사실을 신고 받은 경우 지체 없이 이를 식품의약품안전처장, 시·도지사 또는 시장·군수·구청장에게 보고해야 한다.

(1) 이물 보고의 대상

① 금속성 이물, 유리조각 등 섭취과정에서 인체에 직접적인 위해나 손상을 줄 수 있는 재질 또는 크기의 물질

② 기생충 및 그 알, 동물의 사체 등 섭취과정에서 혐오감을 줄 수 있는 물질

③ 그 밖에 인체의 건강을 해칠 우려가 있거나 섭취하기에 부적합한 물질로서 식품의약품안전처장이 인정하는 물질

9-4. 금연구역 및 흡연실의 설치

1. 금연구역의 지정

휴게음식점, 일반음식점 및 제과점은 해당 시설의 전체를 금연구역으로 지정해야 하며, 금연구역임을 알리는 표지와 흡연자를 위한 흡연실을 설치할 수 있다.

2. 금연구역의 표지 설치

음식점의 소유자·점유자 또는 관리자는 금역구역을 알리는 표지를 설치할 수 있다.

(1) 음식점의 소유자·점유자 또는 관리자는 해당 시설 전체가 금연구역임을 나타내는 표지판 또는 스티커를 달거나 부착해야 합니다.

(2) 표지판 또는 스티커는 해당 시설을 이용하는 자가 잘 볼 수 있도록 건물 출입구에 부착해야 하며, 그 외 계단, 화장실 등 주요 위치에 부착합니다.

3. 금연구역에서의 흡연실 설치

음식점의 소유자·점유자 또는 관리자는 해당 음식점에 흡연자를 위해 다음의 기준 및 방법에 따라 흡연실을 설치할 수 있습니다

(1) 흡연실의 설치 위치

가급적 실외에 흡연실을 설치하되, 부득이한 경우 건물 내에 흡연실을 설치할 수 있습니다.

(2) 흡연실의 표지 부착

시설 전체가 금연구역이라는 표시와 함께 흡연실임을 나타내는 표지판을 달거나 부착해야 한다.

4. 흡연실의 설치 방법

(1) 실외 흡연실

자연환기 및 환기시설을 설치하고 흡연실은 지붕 및 바람막이 등을 설치

(2) 건물내 흡연실

담배연기가 실내로 유입되지 않도록 완전히 차단하고, 환풍기 등 환기시설을 설치해야하며 재떨이 등 흡연을 위한 시설 외에는 설치할 수 없다.

(3) 흡연실은 공동으로 이용하는 시설인 사무실, 화장실, 복도, 계단 등의 공간을 흡연실로 사용해서는 안된다.

10장 HACCP

10-1. HACCP의 정의

HACCP란 [Hazard Analysis Critical Control Point]의 머리글자를 취한 것으로서, 한글로 [위해요소중점관리기준]이라는 용어로 쓰고, 짧게는 [햇셉]이라고도 한다.

즉 위해분석과 중요관리점의 합성어로 [위해분석]이란 미리 예측되는 위해 요인을 정해두는 것으로 [위해예측분석]이고, [중요관리점]이란 중점적으로 억제하거나 제어해야할 관리할 중요 항목을 의미한다.

식품의 안전성을 확보하기 위하여 식품을 생산단계(농장)에서부터 소비(식탁)에 이르기까지의 모든 단계에 있어서 대상 식품의 모든 건강위해 요소 사전에 예측, 예측된 건강위해 요소의 대상식품에 미치는 위해 지정, 예측된 건강위해를 예방하기 위한 관리방법, 관리방법이 적절한 지 여부를 모니터링(감시), 적절한 관리가 어려운 위해요소에 대한 개선조치 등을 미리 설정하고 관리 및 개선조치를 기록하고 보관하면서 관리하는 시스템을 의미한다.

10-2. HACCP의 역사적 배경

HACCP의 원리를 식품에 응용한 것은 960년대 초 미국 NASA(미항공우주국)이 미생물학적으로 100% 안전한 우주식량을 제조하기 위하여 Pillsbury사, 미육군 NATICK연구소와 공동으로 HACCP를 실시한 것이 최초로 알려져 있고, 그 내용을 1971년 미국식품보호위원회에서 처음으로 공표 되었다고 한다.

그 후 1973년 미국 FDA에 의해 저산성 통조림 식품의 GMP에 도입된 후 미국의 식품업계에서 도입이 시작 됐다. 식품의 미생물을 기준으로 전국자문위원회가 설치되어 1989년에 HACCP의 지침이 설정되어 HACCP의 7원칙을 제시하게 되었다. 1993년 7월 CODEX(국제식품규격위원회) 제20차 총회에서 "HACCP 시스템의 적용지침"을 채택하여 각국에 HACCP 도입을 권고함에 따라 HACCP는 전세계에 확산되고 있다. 최근 세계 각국은 식품의 안전성 확보를 위해 HACCP를 널리 도입하고 있다.

- 1959~60년대 : 미국 우주인 식품제조를 위한 위생관리 방법을 고민
- 1973년 : FDA에 의하여 저산성 통조림의 GMP에 도입됨
- 1985년 : NAS의 식품보호위원회가 법적 강제력이 있는 HACCP도입 권고
- 1993년 : FAO/WHO가 HACCP적용 가이드라인을 제시
- 1995년 12월 : 우리나라의 식품위생법(제 32조의 2)에 HACCP 규정을 신설함

10-3. HACCP 제도 도입의 필요성

최근 수입식육이나 냉동식품, 아이스크림류 등에서 식중독 세균 오염, 농약 잔류, 항생물질, 중금속, 포장재 추출물, 다이옥신 등 많은 위해 작용으로 많은 문제점이 발생되고 있다.

국산품은 물론 수입식품의 위해요소에 대한 우려가 확산되고 식품위생안전성에 대한 사회적 관심이 고조되고 있는 실정이다. 또한 EU, 미국 등 각국에서 수입식품에 대하여 HACCP 적용을 요구하고 있어 수출경쟁력 확보를 위해서도 HACCP 도입이 절실하다.

한국에서는 1995년 12월 HACCP시스템의 적용을 위하여 식품위생법 제32조의 2에 '위해요소중점관리기준' 이란 조항을 신설하고, 1997년 12월에는 축산물 가공처리법을 개정하여 도축장과 축산물가공장에 '축산물위해요소중점관리기준'을 도입하였다.

10-4. HACCP 제도의 특징

식품위생검사는 궁극적으로 최종제품에 대한 미생물건사로 오염여부를 판정하여

야 하고, 생산제품의 일부를 샘플로 검사함으로서 검사결과에 대한 신뢰성도 낮고, 위생관리에 대한 사후적 대책을 실시할 수밖에 없고, 경제적 손실도 크다.

HACCP 시스템을 적용하는 위생관리방법은 종래의 위생관리방법과는 근본적으로 다른 식품 안전성에 대하여 예측되는 위해요소를 예방적 관리함으로써 사전관리대책으로 미리 발생될 수 있는 위생문제와 경제적 손실을 막을 수 있다.

따라서 식품의 제조(조리)공정을 각각 중점적으로 위생 관리함으로써 식품제조공정전반에 대한 위해 발생을 예방하고, 최종적으로는 제품의 안전성을 확보하는데 목적이 있다. HACCP 시스템 적용 절차는 다음과 같다.

1. 식품재료의 생산에서 소비단계까지 위해 발견 : 미생물, 화학물질, 이물질 등
2. 위해요소 중 위해발생방지를 위한 가장 핵심적인 관리점을 찾아 특별히 관리
3. 중요 핵심 관리점을 관리하기 위한 적정한 시행 : 온도, pH, 가열시간 등 설정 관리
4. 중요 관리점 시행 실시 여부, 모니터링, 설정관리기준 준수 및 미시행에 따른 대책 강구
5. 각 공정의 표준 작업 절차를 문서화하여 누구나 동일한 일관된 절차로 실시도록 함
6. 이러한 결과를 기록하여 보관하여 HACCP에 따라 제품제조가 안전성이 담보됨을 증명

1. HACCP제도 도입의 이점

1) 안정성이 향상

위해분석과 시행으로 종전의 제조(조리)방법을 평가함으로서 중요 관리요소를 분명하게 파악할 수 있고, 보다 안전한 식품을 제조(조리)함으로서 식품의 안전성을 향상 시킬 수 있음.

2) 경쟁력이 강화

식품의 위해 예방을 위하여 안전한 식품을 취급, 제조(조리) 제품의 안전성 보증, 불량제품 발생 저하, 사고 예방, 손해배상 및 불량품 회수 감소 등 경쟁력 강화

3) 작업팀의 의식 일체화

경영자, 현장책임자, 작업종사자 등 작업관련자의 동일한 목적으로 일체화되어 조직전체가 제품의 위생지식 및 공동체 의식 향상

4) 경험적 과학적 기술 축적

특정한 기술을 경험적으로 획득된 기술을 과학적으로 뒷받침하여 알기 쉬운 매뉴얼을 작성함으로써 누구나 품질향상, 위생관리, 위해방지 기술 시행관리

5) 지속적인 안정성 확보

위해요소를 계획적인 제도적 실천 여부를 과학적인 수단으로 정기적으로 파악하고, 필요시 향상된 시스템으로 위생수준을 유지할 수 있어 안전성이 보장됨.

2. HACCP제도와 일반적 위생관리프로그램

HACCP시스템에 의한 위생관리를 효과적으로 실시하기 위해서는 그 전단계로서 식품의 제조(조리)에 사용하는 시설과 설비가 청결하고 위생적으로 관리하는 것을 이른다.

1) 일반적 위생관리프로그램의 필요성

HACCP시스템을 적용하여 효과적인 위생관리를 달성하기 위해서는 일반적으로 시행되는 위생관리프로그램을 충실히 이행함으로서 HACCP 시스템을 적용이 용

이하고, 효과적인 관리를 이룰 수 있다.

HACCP의 전제조건으로 일반적 위생관리프로그램을 착실하게 실천함으로서 CCP(중점관리점)로 관리 항목이 감소되어 적용이 보다 쉬워지기 때문이다.

2) 일반적 위생관리프로그램의 요건

시설과 설비의 위생적 관리, 종사자의 위생교육 실시, 시설설비와 기계기구의 보수점검, 해충이나 쥐의 방제, 용수의 위생적 관리, 배수 및 폐기물 위생관리, 종사자의 개인 위생관리, 식재료 및 제품의 위생적 취급, 제품 회수 수단의 설정, 시험검사 설비 등 관리

3. HACCP 시스템의 7원칙과 12절차

HACCP를 적용하여 위생관리를 실시하는데는 국제식품규격위원회에서 정한 HACCP 7 원칙에 따라 시행하고, 7원칙을 적용하는데는 12가지 절차를 따르도록 하고 있다.

1) 절차 1 : HACCP 팀을 편성 : 해당제품에 대한 충분한 지식과 기술을 갖고 있으며 기관 전체를 선도할 수 있는 전문가로 팀을 편성.

2) 절차 2 : 제품의 특징 기술 : 대상 식품을 선정하고, 원료명, 구입처 및 산지, 제조자, 제조 방법 등을 확인하고 기록

3) 절차 3 : 제품의 사용 의도 : 완성된 제품은 섭취방법, 소비자 특성, 제품의 구입의도 및 제품의 만족도나 재구매 의도 등 제품의 사용 의도 기록

4) 절차 4 : 공정흐름도의 작성 : 제조(조리) 공정흐름도, 시설 도면, 표준 작업서 작성, 시설 도면에는 종업원의 움직임, 공기 흐름 등을 기입 관리

5) 절차 5 : 공정흐름도 현장 확인 : 절차 4에서 작성한 작업 공정흐름도, 작업 지침서 및 시설의 도면 등의 서류상 기록이 현장과 일치하는 지를 확인

6) 절차 6 : 위해 분석을 실시--------------------------------제 1원칙
원료, 제조공정 등에 대한 생물학적, 화학적, 물리적 위해요소를 찾아 위해 정도 평가, 발생요인 및 방지 조치를 정함

7) 절차 7 : 중요 관리점 결정--------------------------------제 2원칙
HACCP를 적용하여 식품의 위해를 방지 및 제거하거나 안전성을 확보할 수 있는 단계 또는 공정 결정

8) 절차 8 : 위해요소 허용한도 설정(관리기준 설정)--------------제 3원칙
절차 7의 중요관리점이 적절한 관리 여부를 판단하여 가열온도 및 시간, pH 등의 측정 기준을 정함

9) 절차 9 : 각 CCP에 대한 모니터링 방법 설정-----------------제 4원칙
CCP 관리가 정해진 관리기준에 따라 이루어지고 있는지 여부를 판단하기 위해 정기적으로 측정 또는 관찰 함

10) 절차 10 : 개선/시정 조치 설정---------------------------제 5원칙
중요관리점(CCP) 마다 관리기준을 설정하고, 준수여부를 모니터링한 결과, 관리기준을 벗어난 경우 개선조치를 설정하여 관리

11) 절차 11 : 검증의 절차를 설정------------------------------제 6원칙
HACCP 시스템이 목적하는데로 적정하게 실행되고 있다는 것을 검증하기 위한 절차를 설정함

12) 절차 12 : 실시, 기록문서의 보존-------------------------제 7원칙

모니터링, 개선조치, 일반적 위생관리프로그램, 검증 등의 실시 결과의 기록을 정확히 작성, 보존 함 ; HACCP계획을 적절히 실시함을 증거로 입증

* HACCP 시스템의 12절차와 7원칙

12절차	HACCP 시스템 적용		7원칙
절차 1	HACCP 팀을 편성 ↓	해당제품에 대한 충분한 지식과 기술을 갖고 있으며 기관전체를 선도할 수 있는 전문가로 팀을 편성	
절차 2	제품의 특징 기술 ↓	대상 식품을 선정하고, 원료명, 구입처 및 산지, 제조자, 제조방법 등을 확인하고 기록	
절차 3	제품의 사용 의도 ↓	완성된 제품은 섭취방법, 소비자 특성, 제품의 구입의도 및 제품의 만족도 등 제품의 사용 의도 기록	
절차 4	공정흐름도의 작성 ↓	제조(조리)공정흐름도, 시설도면, 표준작업서 작성, 시설도면에는 종업원의 움직임, 공기흐름 등 기입 관리	
절차 5	공정흐름도 현장확인 ↓	절차 4에서 작성한 작업공정흐름도, 작업지침서, 시설의 도면 등의 서류 기록과 현장과 일치하는 지를 확인	
절차 6	위해 분석 및 열거 ↓	원료와 제조공정 등에 대한 생물/물리/화학적 위해요소를 찾아 위해 정도 평가, 발생 요인, 방지 조치를 정함	제1원칙
절차 7	중요관리점(CCP)결정 ↓	HACCP를 적용하여 식품의 위해를 방지 및 제거하거나 안전성을 확보할 수 있는 단계 또는 공정 결정	제2원칙
절차 8	위해관리 기준 설정 ↓	절차 7의 설정 중요관리점이 적절한 관리 여부를 판단하여 가열온도와 시간, pH 등 위해요소 허용한도 설정	제3원칙
절차 9	각 CCP의 모니터링방법 설정 ↓	CCP 관리가 정해진 관리기준에 따라 이루어지고 있는지 여부를 판단하기 위해 정기적으로 측정이나 관찰 함	제4원칙
절차10	개선/시정 조치 설정 ↓	각 CCP마다 관리기준을 설정하고, 준수여부를 모니터링한 결과, 관리기준을 벗어날시 개선조치를 설정 관리	제5원칙
절차11	검증의 절차를 설정 ↓	HACCP 시스템이 목적하는데로 적정하게 실행되고 있다는 것을 검증하기 위한 절차를 설정함	제6원칙
절차12	실시, 기록문서의 보존	모니터링, 개선조치, 일반적위생관리프로그램, 검증 등의 실시 결과의 기록을 정확히 작성, 보존 함 ; HACCP계획을 적절히 실시함을 증거로 입증	제7원칙

HACCP를 효과적인 실천을 위해서는 영업자, 영업종사자가 다함께 HACCP를 잘 이해하도록 HACCP제도의 개념, 운용방법, 기록유지, 예방조치, 이상발생시 조치방법 등에 관한 교육을 통하여 HACCP에 대한 인식도 제고와 소비자에 대한 이해를 촉구하는데 중요한 계기가 되므로 HACCP에 따른 교육·훈련계획을 수립하여 실천하는 것은 중요한 성공요인이다.

4. HACCP 적용업소 신청 및 지정

HACCP의 효율적인 적용을 위하여 업종별 적용 희망업체의 신청에 따라 시범사업이나 우대조치를 마련하고, 업체의 자발적인 적용 및 자율적인 운용이 필요하다.

1) 구비서류

(1) 영업허가증 사본

(2) 제품생산 현황

(3) 제조 및 검사기계·기구목록

(4) HACCP실시상황 자체평가표

(5) HACCP관리기준서 및 관련서식

(6) 작업장관리기준서 및 관련서식

(7) 제조시설관리기준서 및 관련서식

(8) 냉장·냉동설비 관리기준서 및 관련서식

(9) 위생관리기준서 및 관련서식

(10) 보관 및 운반관리기준서 및 관련서식

(11) 검사관리기준서 및 관련서식

(12) 가공용수관리기준서 및 관련서식

(13) 교육·훈련수료증 사본(HACCP 팀장, HACCP 담당자)

2) 지정신청

(1) HACCP 적용업소로 지정 받고자 하는 업체는 우선 식품별로 HACCP 적용 실시일을 식품의약품안전청장에게 통보한 후 3개월 이상「위해요소중점관리기준」에 의해 HACCP를 실시하여야 한다. 단, HACCP 시범사업 실시업소의 경우에는 면제된다.

(2) 3개월 이상 실시한 후에는 지정신청서와 구비서류를 작성하여 식품의약품안전청(식품안전과)에 제출하여야 한다.

3) 서류 및 현장심사

(1) 제출된 신청서에 대한 검토결과 보완사항이 있을 때에는 이를 지적하여 신청자에게 통지하며, 서류검토가 완료되면 신청자에게 현장심사일자를 통보한다.

(2) 현장심사는 정해진 평가기준에 의거 실시하며 심사방법은 최근 3개월간의 관리실적을 토대로 하여 각종 사내규정과 규격 및 제품 생산공정 등에 대하여 심사하게 된다.

5. 우대조치 및 사후관리

1) 우대조치(기준 제14조 관련)

(1) HACCP 적용업소로 지정된 업소에 대해서는 식품위생법 제17조 제1항에 의한 출입 · 검사 · 수거 등이 완화된다.

(2) HACCP 적용품목 표시를 할 수 있으며 HACCP 품목지정 사실에 대한 광고도 허용된다. 이 경우 동일한 제조회사라 하더라도 HACCP를 적용하지 아니하는 공장에서 생산된 제품에는 HACCP 적용품목의 표시를 해서는 안 된다.

2) 사후관리(기준 제15조 관련)

정부는 HACCP 적용업소에 대하여 2년에 1회 이상 실태조사를 실시할 수 있으며, 실태조사 결과 평가기준에 부적합하다고 인정되는 업소에 대하여는 기간을 정하여 시정을 명하거나 지정사실을 취소할 수 있다.

제11장 식품위생검사

11-1. 검체 채취 및 취급

1. 검체채취의 의의

검체의 채취는 식품위생법에 따라서 식품위생감시원이 검사대상으로부터 일부의 검체를 채취하여 기준.규격 적합여부, 오염물질 등에 대한 안전성 검사를 실시하여 그 검사결과에 따라 행정조치 등이 이루어지게 되므로 검사대상 선정, 검체채취.취급.운반.시험검사 등은 효율성을 확보하면서 과학적인 방법으로 수행하여야 한다.

따라서 검체를 채취하여 식품위생검사기관에 검사의뢰하는 것은 중요한 의의를 가지므로 식품위생감시원은 검체채취 및 취급방법 등에 대하여 충분한 지식을 가지고 그 직무를 수행하여야 한다.

2. 용어의 정의

1) 검 체

검사대상으로부터 채취된 시료를 말한다.

2) 검사대상

같은 조건에서 생산.제조.가공.포장되어 그 유형이 같은 식품 등으로 검체가 채취되는 하나의 대상을 말한다. 다만, 농.임.축.수산물에 있어서는 같은 품목으로 동시에 생산.도착.운송된 것은 하나의 검사대상으로 볼 수 있으나, 내용량 검사가 필요한 경우에는 하나의 검사대상으로 볼 수 없다.

3) 벌크(Bulk)

최종소비자에게 그대로 유통 판매하도록 포장되지 아니한 검사대상을 말한다.

3. 검체채취의 일반원칙

1) 검체의 채취는 「식품위생법」 제32조 및 같은 법 시행령 제16조에 따른 식품위생감시원이 수행하여야 한다.

2) 검체를 채취하는 때에는 검사대상으로부터 식품공전 일반시험법의 제 12. 부표 중의 난수표법을 사용하여 대표성을 가지도록 하여야 한다. 다만, 난수표법을 사용할 수 없는 사유가 있을 때에는 채취자가 검사대상을 선정.채취할 수 있다.

3) 검체는 검사목적, 검사항목 등을 참작하여 검사대상 전체를 대표할 수 있는 최소한도의 양을 수거하여야 한다.

4) 검체채취 시에는 검체채취결정표에 따라 검체를 채취하며, 식품공전 일반시험법의 개별 검체채취 및 취급방법에서 정한 검체 채취지점수 또는 시험검체수와 중복될 경우에는 강화된 검체채취 지점수 또는 시험검체수를 적용하여 채취하여야 한다. 다만, 기구 및 용기.포장의 경우에는 검체채취결정표에 따르지 아니하고 식품 등의 기준 및 규격 검사에 필요한 양만큼 채취한다.

* 검체채취결정표

검사대상 크기(kg)	검체채취 지점수(이상)	시험검체수
~5,000 미만	2	1
5,000 이상~15,000 미만	3	1
15,000 이상~25,000 미만	5	1
25,000 이상~	8(4×2)	2

※ 25,000kg 이상인 검사대상의 경우에는 4곳이 상에서 채취.혼합하여 1개로 하는 방법 으로 총 2개의 검체를 채취하여 검사 의뢰한다.

5) 냉동검체, 대포장검체 및 유통중인 식품 등 검체채취결정표에 따라 채취하기 어려운 경우에는 식품위생감시원이 판단하여 수거량 안에서 대표성 있게 검체를 채취할 수 있다.

6) 일반적으로 검체는 제조번호, 제조년월일, 유통기한이 동일한 것을 검사대상으로 하나, 품종, 식품유형, 제조회사, 기호, 수출국, 수출년월일, 도착년월일, 적재선, 수송차량, 화차, 포장형태 및 외관 등의 상태를 잘 파악하여 그 식품의 특성 및 검사목적을 고려하여 채취하도록 한다.

7) 채취된 검체가 검사대상이 손상되지 않도록 주의하여야 하고, 식품을 포장하기전 또는 포장된 것을 개봉하여 검체로 채취하는 경우에는 이물질의 혼입, 미생물의 오염 등이 되지 않도록 주의하여야 한다.

8) 채취한 검체는 봉인하여야 하며 파손하지 않고는 봉인을 열 수 없도록 하여야 한다.

9) 기구 또는 용기.포장으로서 재질 및 바탕색상이 같으나 단순히 용도.모양.크기 또는 제품명 등이 서로 다른 경우에는 그중 대표성이 있는 것을 검체로 할 수 있다. 다만, 재질 및 바탕색이 같지 않은 세트의 경우에는 판매단위인 세트별로 검체를 채취할 수 있다.

10) 식품위생감시원은 검사대상식품 중 곰팡이독소, 방사능오염 등이 의심되는 부분을 우선 채취할 수 있으며, 추가적으로 의심되는 물질이 있을 경우 검사항목을 추가하여 검사를 의뢰할 수 있다.

4. 검체의 채취 및 취급요령

검체채취시에는 검사 목적, 대상 식품의 종류와 물량, 오염 가능성, 균질 여부 등 검체의 물리.화학.생물학적 상태를 고려하여야 한다.

1) 검체의 채취 요령

(1) 검사대상식품 등이 불균질할 때

① 검체가 불균질할 때에는 일반적으로 다량의 검체가 필요하나 검사의 효율성,

경제성 등으로 부득이 소량의 검체를 채취할 수 밖에 없는 경우에는 외관, 보관상태 등을 종합적으로 판단하여 의심스러운 것을 대상으로 검체를 채취할 수 있다.

② 식품 등의 특성상 침전.부유 등으로 균질하지 않은 제품(예, 식품첨가물 중 향신료 올레오레진류 등)은 전체를 가능한 한 균일 하게 처리한 후 대표성이 있도록 채취하여야 한다.

(2) 검사항목에 따른 균질 여부 판단

검체의 균질 여부는 검사항목에 따라 달라질 수 있다. 어떤 검사대상식품의 선도판정에 있어서는 그 식품이 불균질하더라도 이에 함유된 중금속, 식품첨가물 등의 성분은 균질한 것으로 보아 검체를 채취할 수 있다.

(3) 포장된 검체의 채취

① 깡통, 병, 상자 등 용기.포장에 넣어 유통되는 식품 등은 가능한 한 개봉하지 않고 그대로 채취한다.

② 대형 용기.포장에 넣은 식품 등은 검사대상 전체를 대표할 수 있는 일부를 채취 할 수 있다.

(4) 선박의 벌크검체 채취

① 검체채취는 선상에서 하거나 보세장치장의 사일로(silo)에 투입하기 전에 하여야 한다. 다만, 부득이한 사유가 있는 경우에는 그러하지 아니할 수 있다.

② 같은 선박에 선적된 같은 품명의 농.임.축.수산물이 여러 장소에 분산되어 선적된 경우에는 전체를 하나의 검사대상으로 간주하여 난수표를 이용하여 무작위로 장소를 선정하여 검체를 채취한다.

③ 같은 선박 벌크 제품의 대표성이 있도록 5곳 이상에서 채취 혼합하여 1개로 하는 방법으로 총 5개의 검체를 채취하여 검사 의뢰한다.

(5) 냉장, 냉동 검체의 채취

냉장 또는 냉동식품을 검체로 채취하는 경우에는 그 상태를 유지하면서 채취하여야 한다.

(6) 미생물 검사를 하는 검체의 채취

① 검체를 채취.운송.보관하는 때에는 채취당시의 상태를 유지할 수 있도록 밀폐되는 용기.포장 등을 사용하여야 한다.

② 미생물학적 검사를 위한 검체는 가능한 미생물에 오염되지 않도록 단위포장상태 그대로 수거하도록 하며, 검체를 소분채취할 경우에는 멸균된 기구.용기 등을 사용하여 무균적으로 행하여야 한다.

③ 검체는 부득이한 경우를 제외하고는 정상적인 방법으로 보관.유통중에 있는 것을 채취하여야 한다.

④ 검체는 관련정보 및 특별수거계획에 따른 경우와 식품접객업소의 조리식품 등을 제외하고는 완전 포장된 것에서 채취하여야 한다.

(7) 기체를 발생하는 검체의 채취

검체가 상온에서 쉽게 기체를 발산하여 검사결과에 영향을 미치는 경우는 포장을 개봉하지 않고 하나의 포장을 그대로 검체단위로 채취하여야 한다. 다만, 소분 채취하여야 하는 경우에는 가능한 한 채취된 검체를 즉시 밀봉.냉각시키는 등 검사결과에 영향을 미치지 않는 방법으로 채취하여야 한다.

(8) 페이스트상 또는 시럽상 식품 등

① 검체의 점도가 높아 채취하기 어려운 경우에는 검사결과에 영향을 미치지 않는 범위내에서 가온 등 적절한 방법으로 점도를 낮추어 채취할 수 있다.

② 검체의 점도가 높고 불균질하여 일상적인 방법으로 균질하게 만들 수 없을 경우에는 검사결과에 영향을 주지 아니하는 방법으로 균질하게 처리할 수 있는 기구 등을 이용하여 처리한 후 검체를 채취할 수 있다.

(9) 검사 항목에 따른 검체채취 주의점

① 수분

증발 또는 흡습 등에 의한 수분 함량 변화를 방지하기 위하여 검체를 밀폐 용기에 넣고 가능한 한 온도 변화를 최소화하여야 한다.

② 산가 및 과산화물가

빛 또는 온도 등에 의한 지방 산화의 촉진을 방지하기 위하여 검체를 빛이 차단되는 밀폐 용기에 넣고 채취 용기내의 공간 체적과 가능한 한 온도 변화를 최소화하여야 한다.

2) 검체채취내역서의 기재

식품위생감시원은 검체채취시 당해 검체와 함께 식품공전 일반시험법의 제 12. 부표중의 검체채취내역서를 첨부하여야 한다. 다만, 검체채취내역서를 생략하여도 기준.규격검사에 지장이 없다고 인정되는 때에는 그러하지 아니할 수 있다.

3) 식별표의 부착

수입식품검사(유통수거 검사는 제외한다)의 경우 검체채취 후 검체를 수거하였음을 나타내는 제 12. 부표 중의 10. 식별표를 보세창고 등의 해당 식품에 부착한다.

4) 검체의 운반 요령

(1) 채취된 검체는 오염, 파손, 손상, 해동, 변형 등이 되지 않도록 주의하여 검사실로 운반하여야 한다.

(2) 검체가 장거리로 운송되거나 대중교통으로 운송되는 경우에는 손상되지 않도록 특히 주의하여 포장한다.

(3) 냉동 검체의 운반

냉동 검체는 냉동 상태에서 운반하여야 한다. 냉동 장비를 이용할 수 없는 경우에는 드라이아이스 등으로 냉동상태를 유지하여 운반할 수 있다.

(4) 냉장 검체의 운반

냉장 검체는 온도를 유지하면서 운반하여야 한다. 얼음 등을 사용하여 냉장온도를 유지하는 때에는 얼음 녹은 물이 검체에 오염되지 않도록 주의하여야 하며 드라이아이스 사용시 검체가 냉동되지 않도록 주의하여야 한다.

(5) 미생물 검사용 검체의 운반

① 부패.변질 우려가 있는 검체

미생물학적인 검사를 하는 검체는 멸균용기에 무균적으로 채취하여 저온(5℃±3 이하)을 유지시키면서 24시간 이내에 검사기관에 운반하여야 한다. 부득이한 사정으로 이 규정에 따라 검체를 운반하지 못한 경우에는 재수거하거나 채취일시 및 그 상태를 기록하여 식품위생검사기관에 검사 의뢰한다.

② 부패.변질의 우려가 없는 검체

미생물 검사용 검체일지라도 운반과정 중 부패.변질우려가 없는 검체는 반드시 냉장온도에서 운반할 필요는 없으나 오염, 검체 및 포장의 파손 등에 주의하여야 한다.

③ 얼음 등을 사용할 때의 주의사항

얼음 등을 사용할 때에는 얼음 녹은 물이 검체에 오염되지 않도록 주의하여야 한다.

(6) 기체를 발생하는 검체의 운반 : 소분 채취한 검체의 경우에는 적절하게 냉장 또는 냉동 한 상태로 운반하여야 한다.

5. 검체채취 기구 및 용기

1) 검체채취 기구 및 용기는 검체의 종류, 형상, 용기.포장 등이 다양하므로 검체의 수거목적에 적절한 기구 및 용기를 준비하여야 한다.

2) 기구 및 용기.포장의 기준.규격에 적합한 것이어야 한다.

3) 기구 및 용기는 운반, 세척, 멸균에 편리한 것이어야 하며 미생물 검사를 위

한 검체 채취의 기구.용기 중 검체와 직접 접촉하는 부분은 반드시 멸균 처리하여야 한다.

4) 검체와 직접 접촉하는 기구 및 용기는 검사결과에 영향을 미치지 않는 것이어야 한다.

5) 검체채취 및 기구.용기의 종류

(1) 채취용 기구

저울, 핀셋, 가위, 칼, 캔따개, 망치, 전기톱 또는 톱, 곡물검체채취기(색대), 드라이어, 피펫, 커터, 액체 검체채취용 펌프 또는 튜브, 국자, 깔때기 등

(2) 채취용 용기.포장

검체봉투(대, 중, 소), 검체채취병(광구병) 등

(3) 미생물검사용 검체채취 기구

멸균백, 멸균병, 일회용 멸균플라스틱 피펫, 멸균피펫 inspirator, 일회용 멸균장갑, 70% 에틸알콜, 멸균스테인레스 국자, 멸균스테인레스 집게 등

(4) 냉장.냉동 검체 운반기구

아이스박스, 아이스팩, 실시간온도기록계 등

(5) 기타

안전모, 간이사다리, 위생장화, 테이프, 아이스박스, 사진기, 필기구 등

6. 개별 검체채취 및 취급 방법

1) 수산물의 검체채취

(1) 관능검사용 검체채취방법

관능검사용 검체채취는 무포장 수산물과 포장수산물로 구분하고 난수표 등을 이용, 다음의 표에 따라 검체를 채취하여 성상(관능)검사를 실시하고 이 중 채점 개수만큼 채취하여 채점을 실시한다.

① 무포장 수산물(단위중량이 일정하지 아니한 것)

검사대상	채취 개수	채점 개수	채취요령
1톤미만	3	2	-. 채취개수는 개체중량이 2kg이상은 1마리를, 2kg 미만은 기구 또는 그물망 등으로 채취(2~3 kg)한 것을 1개의 채취개수로 한다. -. 활어 등 살아있는 상태로 2개이상 수조에 분산되어 수용되어 있는 경우 각 수조별 품질상태, 크기, 중량 등을 고려하여 채취개수를 추가할 수 있다.
1톤이상~ 3톤미만	5	3	
3톤이상~ 5톤미만	7	4	
5톤이상~10톤미만	9	5	
10톤이상~20톤미만	11	6	
20톤이상	13	7	

② 포장제품(단위중량이 일정한 Block형의 무포장제품 포함)

검사대상	채취 개수	채점 개수	채취요령
4개이하	1	1	-. 포장별 제품의 제조연월일(포장일), 크기, 중량 등을 고려하여 대표성 있게 채취한다. -. 검사대상이 1,001개 이상인 경우에는 채취개수를 추가할 수 있다.
5~ 50개	3	1	
51~ 100개	5	2	
101~ 200개	7	2	
201~ 300개	9	3	
301~ 400개	11	3	
401~ 500개	13	4	
501~ 700개	15	5	
701~1,000개	17	5	
1,001개이상	2	6	

(2) 정밀검사용 검체채취 방법

① 정밀검사용 검체의 채취는 관능검사 채점대상 수산물에서 무작위 채취한다.

② 패류(패각이 붙어 있는 경우) 및 해조류, 한천 등은 중량으로 채취하고 그 이외의 정밀검사용 검체는 마리수 또는 단위포장을 기준으로 채취함을 원칙으로 한다.

③ 정밀검사 결과에 영향을 줄 우려가 있는 포장횟감용 수산물은 포장단위로 검체를 채취할 수 있다.

④ 정밀검사는 채취된 검체 전체에서 먹을 수 있는 부위만을 취해 균질화 한 후 그 중 일정량을 1개의 시험검체로 한다. 다만, 어류는 머리, 꼬리, 내장, 뼈, 비늘을 제거한 후 껍질을 포함한 근육부위를 시험검체로 한다.

⑤ 정밀검사용 검체 채취량은 다음의 표와 같다. 다만, 가격이 고가이거나 마리수 또는 단위포장별로 검체채취가 곤란한 경우에는 채취량의 범위 안에서 정밀검사 최소 필요량(가식부 300g)이 되도록 검체를 절단·분할·파쇄하여 채취할 수 있다.

종 류 별	채 취 량
○ 대형 수산물	
- 개체중량이 2kg이상	2 마리(포장)
- 개체중량이 1kg이상~2kg미만	3 마리(포장)
○ 중형 수산물	
- 개체중량이 500g이상~1kg미만	3 마리(포장)
- 개체중량이 200g이상~500g미만	5 마리(포장)
○ 소형 수산물	
- 개체중량이 100g이상~200g미만	10 마리(포장)
- 개체중량이 50g이상~100g미만	10~20 마리(포장)
- 개체중량이 50g미만	2kg이하
○ 패류(패각이 붙어 있는 경우)	1~4kg
○ 해조류, 한천 등 기타수산물	0.3~0.5kg

(3) 잔류농약검사를 위한 검체의 채취

가능한 한 잔류농약검사를 위한 검체는 냉장보관하여 운반한다. 가공식품의 경우에는 식품공전 일반시험법의 검체채취의 일반원칙의 검체채취결정표에 따라 채취하고 농산물 등의 경우에는 다음의 표에 따라 채취한다.

검사대상 크기(kg)	검체채취 지점수(이상)	시험검체수
~5,000 미만	3	1
5,000 이상~15,000 미만	5	1
15,000 이상~25,000 미만	8	1
25,000 이상~	14	1

(4) 아플라톡신 검사를 위한 검체의 채취

가공식품의 경우에는 식품공전 일반시험법의 검체채취의 일반원칙의 검체채취 결정표에 따라 채취하고 곡류, 두류, 땅콩 및 견과류의 경우에는 다음의 표에 따라 채취한다.

검사대상 크기(kg)	검체채취 지점수(이상)	시험검체수	검체채취량(kg)
~1,000 미만	8	1	1
1,000 이상~ 5,000 미만	10	1	1
5,000 이상~15,000 미만	15	1	1
15,000 이상~25,000 미만	18(9×2)	2	2
25,000 이상~60,000 미만	20(10×2)	2	2
60,000 이상~	24(8×3)	3	3

예시) 시험검체수가 3개인 경우에는 8곳이상에서 채취혼합하여 1개로 하는 방법으로 총 3개 검체를 각각 시험검체로 의뢰한다.

(5) 잔류동물용의약품 검사를 위한 검체의 채취

가공식품 및 축산물의 경우에는 식품공전 일반시험법의 검체채취의 일반원칙의 검체채취결정표에 따라 채취하고, 수산물의 경우에는 개별 검체채취 및 취급 방법의 수산물의 검체채취에 따라 채취한다. 다만, 잔류동물용의약품이 비균질하게 분포하는 제품이라고 판단되는 경우에는 검체채취 지점수만큼 시험검체수가 되도록 채취한다.

(6) 유전자재조합성분 검사를 위한 검체의 채취

가공식품의 경우에는 식품공전 일반시험법의 검체채취의 일반원칙중 검체채취 결정표에 따라 검체채취하고 곡류, 두류, 및 대두분의 경우에는 개별 검체채취 및 취급 방법의 잔류농약검사를 위한 검체의 채취의 표에 따라 채취한다.

(7) 컨테이너의 검체채취

① 곡류벌크선적물의 경우에는 컨테이너 내부를 을(乙)자형으로 이동하며 무작위로 채취한다.

② 여러개의 컨테이너가 하나의 검사대상인 경우에는 다음 표에 따라 컨테이너를 개봉하여 검체채취하여야 한다. 다만, 이 검체채취 및 취급 방법 상 규정된 검체채취지점수 등을 고려하여 개봉수를 가감할 수 있다.

컨테이너수	1-3개	4-6개	7-10개	11-20개	21-30개	31-50개	51개 이상
개봉수	1개	2개이상	3개이상	4개이상	6개이상	8개이상	10개이상

③ 컨테이너에 실려 있는 상태에서 대표성 있는 검체를 수거할 수 없는 경우에는 당해 식품 등을 검사 가능하도록 1/3이상 꺼내게 한 후 검체를 채취할 수 있다. 이 경우 냉장.냉동검체인 경우에는 보관온도를 유지할 수 있는 장소에서 화물을 꺼내게 할 수 있다.

11-2. 식품의 오염지표균 검사

1. 오염 지표균

대부분의 식품은 미생물의 증식에 필요한 영양소를 충분히 함유하고 있어 배지로서 역할을 할 수 있다. 식품 중의 미생물 중에는 발효와 제조에 유익한 것도 많으나, 증식하면 식품의 부패를 일으켜 품질을 저하시키는 것도 있으며, 포도상구균, 살모넬라균, 이질균 등 식중독을 일으키거나 감염병의 원인이 되는 것도 있다.

따라서 식품에 들어 있는 미생물의 종류와 양은 식품의 안전성과 매우 깊은 연관이 있다. 비록 병원성이 없다고 하더라도 많은 균이 존재한다면 식품을 부패 또는 변패시켜 식품의 안전성을 해칠 수 있으며, 병원성 미생물은 비록 양이 적다고 하더라도 식중독이나 감염병을 일으킬 수 있다.

식품의 미생물 오염은 원재료의 생산에서부터 제품의 소비까지의 여러 경로를 통해서 일어날 수 있으며, 1차 오염(primary contamination)과 2차 오염(secondary contamination)으로 구별된다.

1차 오염은 식품의 가공 및 저장 이전에 일어나는 오염으로, 원재료의 생산, 저장 및 유통 환경, 식품의 조리 및 가공 환경, 조리 및 가공에 사용하는 기구 및 사람 등에 의해 일어난다.

2차 오염은 식품의 가공 이후에 일어나는 오염으로, 가공 직후부터 소비 전까지의 전 과정에 있는 다양한 경로를 통해 오염이 일어날 수 있다. 따라서 식품의 안전성을 담보하기 위해서는 조리 및 가공을 통해서 질병 또는 부패의 원인이 되는 미생물을 사멸시키고, 조리 또는 가공 후 소비 전까지 이들 미생물의 증식이나 재오염이 일어나지 않도록 해야 하며, 식품에 존재하는 미생물의 종류와 수를 조사하여 식품의 미생물학적 품질을 평가해야 한다.

2. 위생 지표균 시험

식품의 미생물학적 품질 평가는 식품의 품질 관리와 안전성 담보를 목적으로 이루어진다. 식품의 안전성 담보를 목적으로 한 품질 평가는 병원성 미생물에 의한 오염 여부를 확인함으로써 이루어지는데, 병원미생물에 의한 오염 여부를 직접 확인하는 방법과 위생 지표균(indicator organism)을 측정하여 간접적으로 식품의 미생물학적 안전성을 확인하는 두 가지 방법이 있다.

위생 지표균을 검사하는 방법은 병원성 미생물의 종류나 수를 직접 확인할 수는 없으나 직접 시험법에 비하여 신속하게 오염 여부를 확인할 수 있으므로 위생학적인 측면에서는 매우 유용한 시험이라 할 수 있다.

위생 지표균 시험법으로는 세균수(총균수와 생균수), 대장균군, 분변성 대장균군, 장구균, 녹농균, 아포형성균 및 저온세균 시험법 등이 있으며, 생균수, 대장균군 및 분변성 대장균군 시험법이 주로 사용된다.

3. 시험용액의 제조

1) 채취한 검체는 희석액을 이용하여 필요에 따라 10배, 100배, 1,000배 등 단계별 희석용액을 만들어 사용할 수 있다.

2) 희석액은 멸균생리식염수, 멸균인산완충액 등을 사용할 수 있다. 단, 별도의 시험용액 제조법이 제시되는 경우 그에 따른다.

3) 검체를 용기 포장한 대로 채취할 때에는 그 외부를 물로 씻고 자연 건조시킨 다음 마개 및 그 하부 5~10cm의 부근까지 70% 알코올탈지면으로 닦고, 화염멸균한 후 냉각하고 멸균한 기구로 개봉, 또는 개관하여 2차 오염을 방지하여야 한다.

4) 지방분이 많은 검체의 경우는 Tween 80과 같은 세균에 독성이 없는 계면활성제를 첨가하는 것이 좋다.

5) 실험을 실시하기 직전에 잘 균질화 하고 검사검체에 따라 다음과 같이 시험용액을 제조한다.

(1) 액상검체

채취된 검체를 강하게 진탕하여 혼합한 것을 시험용액으로 한다.

(2) 반유동상검체

채취된 검체를 멸균 유리봉 또는 시약스푼 등으로 잘 혼합한 후 그 일정량(10~25mℓ)을 멸균용기에 취해 9배 양의 희석액과 혼합한 것을 시험용액으로 한다.

(3) 고체검체

채취된 검체의 일정량(10~25g)을 멸균된 가위와 칼 등으로 잘게 자른 후 희석액을 가해 균질기를 이용해서 가능한 한 저온으로 균질화한다. 여기에 희석액을 가해서 일정량(100~250mℓ)으로 한 것을 시험용액으로 한다.

(4) 고체표면검체

검체표면의 일정면적(보통 100㎠)을 일정량(1 ~ 5㎖)의 희석액으로 적신 멸균거즈와 면봉 등으로 닦아내어 일정량(10 ~ 100㎖)의 희석액을 넣고 강하게 진탕하여 부착균의 현탁액을 조제하여 시험용액으로 한다.

(5) 분말상검체

검체를 멸균유리봉과 멸균 시약스푼 등으로 잘 혼합한 후 그 일정량(10 ~ 25g)을 멸균용기에 취해 9배 양의 희석액과 혼합한 것을 시험용액으로 한다.

(6) 버터와 아이스크림류

버터와 아이스크림류는 40℃이하의 온탕에서 15분 내에 용해시켜 10㎖를 취한 후 희석액을 가하여 100㎖로 한 것을 시험용액으로 한다.

(7) 캡슐제품류

캡슐을 포함하여 검체의 일정량(10 ~ 25g)을 취한 후 9배 양의 희석액을 가해 균질기 등을 이용하여 균질화한 것을 시험용액으로 한다.

(8) 냉동식품류

냉동상태의 검체를 포장된 상태 그대로 40℃이하에서 될 수 있는 대로 단시간에 녹여 용기, 포장의 표면을 70% 알코올솜으로 잘 닦은 후 시험용액을 조제한다.

(9) 칼.도마 및 식기류

멸균한 탈지면에 희석액을 적셔, 검사하고자 하는 기구의 표면을 완전히 닦아낸 탈지면을 멸균용기에 넣고 적당량의 희석액과 혼합한 것을 시험용액으로 사용한다.

4. 세균수 측정

세균수 측정법은 일반세균수를 측정하는 표준평판법 및 건조필름법을 원칙적으로 사용한다. 기타 세균수 측정법으로는 저온에서 생육하는 세균을 측정하는 저온세균수 측정법, 호기성 아포형성균을 측정하는 내열성 세균수 측정법, 총균수를 측정하는 직접현미경법 등이 있다.

1) 일반세균수

(1) 표준평판법

표준한천배지에 검체를 혼합 응고시켜 배양 후 발생한 세균 집락수를 계수하여 검체 중의 생균수를 산출하는 방법이다.

* 표준한천배지(Plate Count Agar)

Tryptone 5.0g, Yeast Extract 2.5g, Dextrose 1.0g, Agar 15.0g

위의 성분에 증류수 1,000㎖에 녹여 pH 7.0±0.2로 조정한 후 121℃로 15분간 멸균한다.

① 시험조작

검체를 시험용액의 제조법에 따라 제조한 시험용액 1㎖와 10배 단계 희석액 1㎖씩을 멸균 페트리접시 2매 이상씩에 무균적으로 취하여 약 43~45℃로 유지한 표준한천배지 약 15㎖를 무균적으로 분주하고 페트리접시 뚜껑에 부착하지 않도록 주의하면서 조용히 회전하여 좌우로 기울이면서 검체와 배지를 잘 혼합하여 응고시킨다.

확산집락의 발생을 억제하기 위하여 다시 표준한천배지 3~5㎖를 가하여 중첩시킨다. 이 경우 검체를 취하여 배지를 가할 때까지의 시간은 20분 이상 경과하여서는 안 된다. 응고시킨 페트리접시는 거꾸로 하여 35~37℃에서 24~48시간(검체에 따라서는 35~37℃에서 72±3시간) 배양한다. 검액을 가하지 아니한 동일 희석액 1㎖를 대조시험액으로 하여 시험조작의 무균여부를 확인한다.

② 집락수 산정

배양 후 즉시 집락 계산기를 사용하여 생성된 집락수를 계산한다. 부득이할 경우에는 5℃에 보존시켜 24시간 이내에 산정한다. 집락수의 계산은 확산집락이 없고(전면의 1/2이하 일 때에는 지장이 없음) 1개의 평판당 30~300개의 집락을 생성한 평판을 택하여 집락수를 계산하는 것을 원칙으로 한다.

전 평판에 300개 이상 집락이 발생한 경우 300에 가까운 평판에 대하여 밀집

평판 측정법에 따라 안지름 9 cm의 페트리접시인 경우에는 1㎠ 내의 평균집락수에 65를 곱하여 그 평판의 집락수로 계산한다. 전 평판에 30개 이하의 집락만을 얻었을 경우에는 가장 희석배수가 낮은 것을 측정한다.

세균수의 기재보고 표준평판법에 있어서 검체 1㎖ 중의 세균수를 기재 또는 보고할 경우에 그것이 어떤 제한된 것에서 발육한 집락을 측정한 수치인 것을 명확히 하기 위하여 1평판에 있어서의 집락수는 상당 희석배수로 곱하고 그 수치가 표준평판법에 있어서 1㎖ 중(1g 중)의 세균수 몇 개라고 기재보고하며 동시에 배양온도를 기록한다. 숫자는 높은 단위로부터 3단계에서 반올림하여 유효숫자를 2단계로 끊어 이하를 0으로 한다.

(2) 건조필름법

① 시험조작

검체를 시험용액의 제조법에 따라 제조한 시험용액 1㎖와 각 10배 단계 희석액 1㎖를 세균수 건조필름배지에 접종한 후 35～37℃에서 24～48시간 배양한 후 생성된 붉은 집락수를 계산하고 그 평균집락수에 희석배수를 곱하여 일반 세균수로 한다.

2) 저온세균수

저온세균은 보통 20～25℃ 저온에서 비교적 신속하게 발육하는 세균을 말한다.

(1) 시험조작

일반세균수 시험법의 표준평판법에 준하여 실시한다. 다만 배양조건을 25±1℃에서 72±3시간으로 한다.

3) 내열성세균수(세균아포수)

내열성 세균수는 다음의 처리 및 배양조건에서 발생한 호기성 아포형성균의 집락수로부터 산출된 수를 말한다.

(1) 시험조작

검체를 시험용액의 제조법에 따라 제조한 시험용액 20㎖를 멸균중형시험관(18×170㎜)에 넣고 끓는 물속에 10분간 넣어 가열한 후 일반세균수 표준평판법에 준하여 실시한다. 다만 배양조건을 35~37℃에서 48±3시간으로 한다.

4) 총균수

주로 생유 중 오염된 세균을 측정하기 위하여 일정량의 생유를 슬라이드그라스 위에 일정면적으로 도말하고 건조시켜 염색한 후 현미경으로 검경하고 염색된 세균수를 측정한다. 측정된 세균수를 현미경 시야 면적과의 관계에 따라 검체 중에 존재하는 세균수를 측정하는 방법이다.

(1) 표본제작

검체를 그 용기와 같이 25회 이상 잘 흔들어 우유세균검사용 마이크로피펫으로 검액 적당량을 흡입시키고 백포(백색헝겊)로 피펫 외벽에 부착한 우유를 깨끗이 씻은 다음 피펫내의 우유를 그 선단으로부터 백포를 사용하여 흡인시키면서 정확히 0.01㎖로 하고 그 전부를 슬라이드글라스 위에 방출하고 도말침을 사용하여 1㎠ 면적에 도말하고 약 5분간 가온하여 건조시킨 다음, 뉴만염색액(시액 3)중에 순간적으로 적셔서 염색하고 남은 액을 즉시 흔들어 떨어뜨린 다음 건조시켜 물로 씻고 다시 건조시켜 표본을 만든다.

(2) 측정

유침렌즈를 장치한 현미경을 미리 대물측미계를 사용하여 시야의 직경을 0.206㎜로 조절하고 여기에 위에서 제작한 표본을 장착하고 그 도말면의 중심을 통과하는 직선상의 등간격의 16시야에 모든 세균수를 측정하고 1시야 중에 대한 평균수를 구한다. 여기에 30만을 곱한 수의 첫째자리 숫자로부터 3째 자리에서 반올림하여 상위 2단위 수로 표시한다. 1시야에 나타난 세균의 수를 측정하는 방법은 다음과 같다.

① 개체법

1시야에 나타난 세균이 균괴를 형성하였을 때 그것이 쌍쌍을 이루고 있거나 연쇄상을 이루고 있는 세균은 1개씩 측정한다. 균괴로 되어 있을 때에는 개개의 균을 눈으로 보아 균을 구별할 수 없을 때에는 1개로 측정한다.

균괴법(Group Count) 1시야에 나타난 세균이나 균괴를 형성하고 있을 때 즉, 쌍쌍 또는 연쇄균괴를 형성하고 있을 때에는 각각 1군을 1개로 계산한다. 그러나 옆에 인접한 균 또는 균괴가 최소의 균경(균의 지름)에 2배이상 떨어져 있을 때에는 별도균의 Clamp로 측정한다. 따라서 떨어져 있는 1개의 균은 Clamp로서 측정하는 것으로 한다.

5. 세균발육시험

통.병조림, 레토르트 등 멸균제품에서 세균의 발육유무를 확인하기 위한 것이다.

1) 가온보존시험

검체 3관(또는 병)을 항온기에서 35~37℃에서 10일간 보존한 후, 상온에서 1일간 추가로 방치한 후 관찰하여 용기.포장이 팽창 또는 새는 것은 세균발육 양성으로 하고 가온보존시험에서 음성인 것은 다음의 세균시험을 한다.

2) 세균시험

(1) 시험용액의 조제

검체 3관(또는 병)의 개봉부의 표면을 70% 알코올탈지면으로 잘 닦고 개봉하여 검체 25g을 희석액 225㎖에 가하여 균질화 시킨다. 이 액의 1㎖를 멸균시험관에 채취하고 희석액 9㎖에 가하여 잘 혼합한 것을 시험용액으로 한다.

(2) 시험법

시험용액을 1㎖씩 5개의 티오글리콜린산염 배지에 접종하여 35~37℃에서 48±

3시간 배양한 후 세균증식이 확인된 것을 세균발육 양성으로 한다.

6. 대장균군 및 분변성 대장균군 시험

대장균군(coliformgroup microorganism)은 그람 음성의 내생포자를 형성하지 않는 간균으로 젖당을 분해하여 산과 가스를 생성하는 호기성 또는 통성혐기성균을 말한다.

식품 또는 물에서 대장균군의 검출은 분변오염을 나타내는 것으로, 대장균군이 검출된 식품 또는 물은 Shiegella 균, 콜레라균, 살모넬라균 등의 장관계 감염병균과 식중독균에 오염되었을 가능성이 크다. 따라서 대장균군은 식품 또는 물 자체의 안전성의 지표로서 사용될 뿐만 아니라, 식품의 생산 및 저장에 필요한 환경위생 관리의 척도를 나타내는 오염지표균으로 사용된다.

대장균군에는 대장균(*Escherichia coli*)을 포함하여 *Enterobacter* 속, *Citrobacter* 속 및 *Klebsiella* 속 등의 많은 장내 세균과에 속하는 세균과 생태계에 존재하는 몇 개의 균종이 포함되어 있다.

대장균군 중에서 35.5℃에서 증식하여 젖당을 분해하여 산과 가스를 만드는 것을 대장균군, 45.5℃에서 배양 검출되는 균을 특히 분변성 대장균군(fecal coliform)이라 한다. 분변성 대장균군은 대장균군에 비하여 일반 자연 환경보다는 사람 및 동물의 분변에서 유래할 가능성이 높아 분변 오염의 지료로 더 유력하다.

대장균군 시험에는 대장균군의 존재 여부만을 검사하는 정성시험(qualitative test)과 밀도까지 측정하는 정량시험(quantitative test)이 있다. 정성시험은 추정시험(presumtive test), 확정시험(confirmed test) 및 완전시험(completed test)의 3단계로 이루어지며, 정량시험에는 균의 밀도가 높을 때 사용하는 최확수법(MPN, most probable number)과 균의 밀도가 낮을 때 사용하는 막여과법(membrane filtration)이 있다.

정성시험의 첫 단계인 추정시험에서는 젖당을 함유한 배지에서 균이 증식하여 가스를 형성하는 지를 Durham tube를 사용하여 조사하며, 이 때 가스의 생성은 분변성 대장균의 존재를 나타낸다.

여러 단계로 희석된 시료를 사용하고, 한 희석 당 3~5개의 배지를 사용하면 최확수법으로 대장균군의 밀도를 알 수 있다. 대장균뿐만 일부의 비분변성 대장균군(nonfecal coliform)도 37℃에서 배양하면 젖당을 함유한 배지에서 가스를 형성한다. 따라서 추정시험에서 양성반응을 보인 배양액을 담즙산(bile salts)를 함유한 배지에 접종.배양하여 장내세균의 존재 여부를 확인한다.

장내세균 즉 분변성 대장균군은 담즙산을 함유한 배지에서 증식하여 가스를 생성하나, 다른 균들은 담즙산에 의해 증식이 저해된다. 위 시험에서 양성반응을 보인 것은 EMB(eosin methylene blue) 한천 평판배지에 배양하여 대장균군은 특유의 녹색 금속성 광택을 가진 집락의 형성 여부를 검사하고, 현미경으로 그람 음성의 간균인지 여부를 확인한다.

7. 대장균군 측정

대장균군은gram음성, 무아포성 간균으로서 유당을 분해하여 가스를 발생하는 모든 호기성 또는 통성 혐기성세균을 말한다. 대장균군 시험에는 대장균군의 유무를 검사하는 정성시험과 대장균군의 수를 산출하는 정량시험이 있다.

1) 시료준비 및 배지 만들기

(1) 실험 기구 및 재료

항온기, 교반배양기, 균질기, 멸균 용기, 멸균 가제 또는 면봉, 70% 알코올, 멸균 피펫, 알코올 램프, 백금이, 시험관(screw capped), 다람발효관(Durham tube), Beef extract, Peptone, Lactose, Oxgall(dehydrated), Brilliantgreen, Pancreatic digest of gelatin, Pancreatic digest of casein, sucrose, K_2HPO_4, Eosin Y, Methylene Blue, Agar, 멸균 생리식염수, 시료

(2) 배지 만들기

① 일반 농도 젖당배지(SSLB, single strength lactose broth)

가. 조성 : 배지 1L당

Beef extract 3.0g, Peptone 5.0g, Lactose 5.0g, D.W. To 1.0L

나. 만들기

증류수에 beef extract, peptone, lactose를 완전히 용해시킨 후 시험관에 10㎖씩 넣은 후 다람 발효관을 거꾸로 넣는다. 이 때 발효관에 기포가 들어가지 않도록 주의해야 한다. 121℃에서 15분 고압증기멸균한다.

② 두 배 농도 젖당배지(DSLB, double strength lactose broth)

가. 조성 : 배지 1L당

Beef extract 6.0g, Peptone 10.0g, Lactose 10.0g, D.W. To 1.0L

나. 만들기 : 일반 농도 젖당배지와 같다.

③ BGLB(brilliantgreen lactose bile) broth)

가. 조성 : 배지 1L당

Oxgall dehydrated 20.0g, Lactose 10.0g, Pancreatic digest of gelatin 10.0g, Brilliantgreen 0.013g, D.W. To 1.0L

* pH 7.2 ± 0.2

나. 만들기 : 일반 농도 젖당배지와 같으나 12분 멸균한(15분을 초과하면 안 됨) 후 즉시 냉각시킨다. 배지가 빛에 민감하므로 주의해야 한다.

④ EMB(eosin methylene blue) 한천 평판배지

가. 조성 : 배지 1ℓ당

Pancreatic digest of casein 10.0g, Lactose 5.0g, Sucrose 5.0g, K_2HPO_4 2.0g, Eosin Y 2.0g, Methylene blue 2.0g, Agar 13.5g, D.W. To 1.0ℓ

* pH 7.2 ± 0.2

나. 만들기 : 증류수에 배지 성분을 완전히 용해시킨 후 121℃에서 15분 고압증기멸균하고, 멸균 페트리접시에 분주한다.

(3) 시료의 채취 및 운반

① 시료가 균질일 때에는 어느 일부분을 채취해도 관계없으나, 불균질한 시료는 여러 부분에서 다량의 시료를 채취하는 것이 좋다.

② 시료의 채취는 반드시 무균적으로 하여야 하며, 채취한 시료는 멸균한 용기에 넣은 후 밀봉 또는 밀폐해야 한다. 포장한 용기로부터 시료를 채취할 때에는 용기 외부를 물로 씻고 자연 건조시킨 다음 마개와 그 주변부를 70% 알코올을 적신 탈지면으로 닦고, 화염 멸균한 후 멸균한 기구로 개봉한 후 시료를 채취해야 한다.

③ 채취한 시료에 대해서는 채취 일시, 채취 장소, 시료 상태 및 기타 필요한 사항을 기록해 두어야 한다.

④ 채취한 시료는 저온(냉장)으로 보관하면서 신속하게 실험실로 운반하여 즉시 시험을 수행해야 한마. 특히 세균의 쉽게 증식할 수 있는 시료는 채취와 운반에 주의해야 하며, 냉장운반을 위해 얼음을 사용할 때에는 2차 오염을 방지하기 위해 얼음이나 그 녹은 물이 시료에 직접 접촉하지 않도록 해야 한다.

⑤ 표면에서 시료를 채취할 때에는 멸균한 탈지면 또는 면봉에 멸균 생리식염수를 적셔 검사하고자 하는 표면을 완전히 닦아내 시료를 채취하고 멸균 용기에 넣어 운반한다.

2) 시험 용액의 조제

(1) 모든 시료는 무균적으로 취급해야 한다. 특히 미생물의 밀도가 낮을 것으로 예상되는 시료는 신중히 취급해야 한다.

(2) 액상 시료 : 채취한 시료를 강하게 진탕해 혼합된 것을 시험용액으로 한다.

(3) 반유동상 시료 : 채취한 시료를 멸균 유리봉 또는 멸균 수저(spatula) 등으로 잘 혼합한 후 일정량을 멸균 용기에 취해 9배량의 멸균 생리식염수와 혼합한 것을 시험 용액으로 사용한다.

(4) 고체 시료 : 채취한 시료의 일정량을 멸균한 가위와 칼 등으로 잘게 자른 후 멸균 생리식염수를 가해 균질기(homogenizer 또는 stomacher) 등을 사용해 저온 상태에서 균질화한다. 여기에 멸균 생리식염수를 가하여 일정량으로 한 것을 시험 용액으로 사용한다.

(5) 고체 표면 시료 : 멸균한 탈지면 또는 면봉에 멸균 생리식염수를 적셔 검사하고자 하는 표면을 완전히 닦아내 시료를 채취하여 멸균 용기에 넣은 후 일정량의 멸균 생리식염수를 넣어 강하게 진탕하여 부착된 미생물을 현탁시킨 것을 시험 용액으로 사용한다.

(6) 분말상 시료 : 채취한 시료를 멸균 유리봉이나 멸균 수저(spatula) 등으로 잘 혼합한 후 그 일정량을 멸균 용기에 취해 9배량의 멸균 생리식염수와 혼합한 것을 시험 용액으로 사용한다.

(7) 시험 용액의 희석 : 조제된 시험 원액은 필요에 따라 멸균생리식염수를 이용하여 10배, 100배, 1000배 희석하여 시험에 사용한다.

3) 정성시험

(1) 유당배지법

유당배지를 이용한 대장균군의 정성시험은 추정시험, 확정시험, 완전시험의 3단계로 나눈다. 검체를 시험용액의 제조법에 따라 제조한 시험용액 10㎖를 2배 농도의 유당배지에, 시험용액 1㎖ 및 0.1㎖를 유당배지에 각각 3개 이상씩 가한다.

① 추정시험

시험용액을 접종한 유당배지를 35～37℃에서 24±2시간 배양한 후 발효관내에 가스가 발생하면 추정시험 양성이다. 24±2시간 내에 가스가 발생하지 아니하였을 때에 배양을 계속하여 48±3시간까지 관찰한다. 이때까지 가스가 발생하지 않았을 때에는 추정시험 음성이고 가스발생이 있을 때에는 추정시험 양성이며 다음의 확정시험을 실시한다.

② 확정시험

추정시험에서 가스 발생한 유당배지발효관으로부터 BGLB 배지에 접종하여 35~37℃에서 24±2시간 동안 배양한 후 가스발생 여부를 확인하고 가스가 발생하지 아니하였을 때에는 배양을 계속하여 48±3시간까지 관찰한다.

가스발생을 보인 BGLB 배지로부터 Endo 한천배지 또는 EMB 한천배지에 분리 배양한다. 35~37℃에서 24±2시간 배양 후 전형적인 집락이 발생되면 확정시험 양성으로 한다. BGLB 배지에서 35~37℃로 48±3시간 동안 배양하였을 때 배지의 색이 갈색으로 되었을 때에는 반드시 완전시험을 실시한다.

③ 완전시험

대장균군의 존재를 완전히 증명하기 위하여 위의 평판상의 집락이 그람음성, 무아포성의 간균임을 확인하고, 유당을 분해하여 가스의 발생 여부를 재확인한다.

확정시험의 Endo 한천배지나 EMB 한천배지에서 전형적인 집락 1개 또는 비전형적인 집락 2개 이상을 각각 유당배지발효관과 보통한천배지에 접종하여 35~37℃에서 48±3시간동안 배양한다. 이때 가스를 발생한 발효관에 해당되는 한천배지의 집락에 대하여 그람음성, 무아포성 간균이 증명되면 완전시험은 양성이며 대장균군 양성으로 판정한다.

(2) BGLB 배지법

검체를 시험용액의 제조법에 따라 제조한 시험용액 1~0.1㎖를 2개씩 BGLB 배지에 가한다. 대량의 시험용액을 가할 필요가 있을 때에는 대량의 배지를 넣은 발효관을 사용한다.

시험용액을 넣은 BGLB 배지을 35~37℃에서 48±3시간 배양한 후 가스 발생을 인정하였을 때에는(배지를 흔들 때 거품모양의 가스의 존재를 인정하였을 때에도) Endo 한천배지 또는 EMB 한천배지에 분리 배양한다. 이하의 조작은 유당배지법의 확정시험 또는 완전시험 때와 같이 행하여 대장균군의 유무를 확인한다.

(3) 데스옥시콜레이트 유당한천 배지법

검체를 시험용액의 제조법에 따라 제조한 시험용액 1mℓ와 10배 단계 희석액 1mℓ씩을 멸균 페트리접시 2매 이상씩에 무균적으로 취하고 약 43~45℃로 유지한 데스옥시콜레이트 유당한천배지 약 15mℓ를 무균적으로 분주하고 페트리접시 뚜껑에 부착하지 않도록 주의하면서 회전하여 검체와 배지를 잘 혼합한 후 응고시킨다.

그리고 그 표면에 동일한 배지 또는 보통한천배지를 3 ~ 5mℓ를 가하여 중첩시킨다. 이것을 35~37℃에서 24±2시간 배양 한 후 전형적인 암적색의 집락을 인정하였을 때에는 1개 이상의 집락을, 의심스러운 집락일 경우에는 2개 이상을 Endo 한천배지 또는 EMB 한천배지에서 분리 배양한다. 이하의 조작은 가. 유당배지법의 확정시험 또는 완전시험 때와 같이 행하고 대장균군의 유무를 시험한다.

4) 정량시험

(1) 최확수법

최확수란 이론상 가장 가능한 수치를 말하여 동일 희석배수의 시험용액을 배지에 접종 하여 대장균군의 존재여부를 시험하고 그 결과로부터 확률론적인 대장균군의 수치를 산출하여 이것을 최확수(MPN)로 표시하는 방법이다.

최확수는 시험용액 10, 1 및 0.1mℓ와 같이 연속해서 3단계 이상을 각각 5개씩(별표 1) 또는 3개씩(별표 2) 발효관에 가하여 배양 후 얻은 결과에 의하여 검체 100mℓ중 또는 100g중에 존재하는 대장균군수를 표시하는 것이다.

예로 검체 또는 희석검체의 각각의 발효관을 5개씩 사용하여 다음과 같은 결과를 얻었다면 최확수표에 의하여 시험검체 100mℓ중의 MPN은 94 로 된다. 이때 접종량이 1, 0.1, 0.01mℓ일 때에는 94×10 = 940으로 한다.

시험용액 접종량	10mℓ	1mℓ	0.1mℓ	MPN
가스발생양성관수	5 개	2 개	2 개	94

시험용액 접종이 4단계 이상으로 행하여졌을 때에는 다음 표와 같이 취급한다.

예	가스발생 양성관수				유효숫자			
	1mℓ	0.1mℓ	0.01mℓ	0.001mℓ	1mℓ	0.1mℓ	0.01mℓ	0.001mℓ
I	5	5	2	0	-	5	2	0
II	5	4	3	0	5	4	3	-
III	0	1	0	0	0	1	0	-
IV	5	3	1	1	5	3	2	-

예 I, II : 5개 양성을 표시한 최소 접종량부터 시작한다.

예 III : 양성을 인정한 접종량을 중간으로 한다.

예 IV : 최소 유효 접종량 보다 1단계 적은 접종량에서 양성을 인정한 때에는 양성을 인정한 수를 최소유효 접종량의 양성관 수에 더한다(0.001mℓ 단계의 양성관의 수를 0.01단계의 양성관의 수에 더함)

① 유당배지법

검체를 시험용액의 제조법에 따라 제조한 시험용액 10, 1, 0.1mℓ와 같이 연속해서 3단계 이상을 5개 또는 3개씩의 유당배지에 접종한다. 단, 10mℓ를 접종할 때에는 두 배 농도 유당 배지를 사용하고 0.1mℓ 이하를 접종할 필요가 있을 때에는 10배 희석단계액을 각각 1mℓ씩 사용한다.

가스발생 발효관 각각에 대하여 추정, 확정, 완전시험을 행하고 대장균군의 유무를 확인한 다음 최확수표로부터 검체 100mℓ 또는 100g중의 대장균군수를 구한다. 이때 시험용액을 가한 배지의 전부 또는 대부분에서 가스발생이 인정되거나 또 최소량을 가한 배지의 전부 또는 대부분이 가스가 발생되지 않도록 접종량과 희석도를 고려하여야 한다

② BGLB 배지법

검체를 시험용액의 제조법에 따라 제조한 시험용액 10, 1 또는 0.1mℓ를 5개 또는 3개씩 BGLB 배지에 각각 접종한다. 단, 10mℓ를 접종할 때에는 두배 농도

BGLB 배지를 사용하고 0.1㎖ 이하를 접종할 필요가 있을 때에는 10배 희석단계액을 각각 1㎖씩 사용한다.

이때 시험용액을 가한 배지의 전부 또는 대부분에서 가스발생이 인정되거나 또 최소량을 가한 배지의 전부 또는 대부분이 가스가 발생되지 않도록 접종량과 희석도를 고려하여야 한다. 이하의 조작은 각 발효관에 대하여 BGLB 배지에 의한 정성시험법에 따라 하고 대장균군의 유무를 확인한 다음 최확수표로부터 검체 100㎖ 또는 100g중의 대장균군수를 산출한다.

(2) 데스옥시콜레이트유당한천배지법

검체를 시험용액의 제조법에 따라 제조한 시험용액 1㎖와 각 10배 단계 희석액 1㎖에 대하여 이 배지에 의한 정성시험법과 같은 조작으로 35~37℃에서 24±2시간 배양한 후 생성된 집락중 전형적인 집락 또는 의심스러운 집락에 대하여 정성시험 때와 같은 조작으로 대장균군의 유무를 결정한다. 균수 산출은 3.5.1 일반세균수에 따라 한다.

(3) 건조필름법

검체를 시험용액의 제조법에 따라 제조한 시험용액 1㎖와 각 10배 단계 희석액 1㎖를 대장균군 건조필름배지에 접종한 후, 35~37℃에서 24±2시간 배양하여 생성된 붉은 집락 중 주위에 기포를 형성한 집락수를 계산하고, 그 평균 집락수에 희석배수를 곱하여 대장균군수를 산출한다.

8. 대장균 측정

1) 대장균

대장균의 시험법에는 최확수법 및 건조필름법에 의한 정량시험과 일정한 한도까지 균수를 정성으로 측정하는 한도 시험법이 있다.

(1) 정성시험

① 한도시험

검체를 시험용액의 제조법에 따라 제조하여 시험용액 1㎖를 3개의 EC 배지에 접종하고 44.5±0.2℃에서 24±2시간 배양 후 가스발생을 인정한 발효관은 추정시험 양성으로 하고 가스발생이 인정되지 않을 때에는 추정시험 음성으로 한다.

추정시험이 양성일 때에는 해당 EC 발효관으로부터 EMB 배지에 접종하여 35~37℃에서 24±2시간 배양한 후 전형적인 집락을 유당배지 및 보통한천배지로 각각 이식한다. 유당배지에 접종한 것은 35~37℃에서 48±3시간 배양하고 보통한천배지에 접종한 것은 35~37℃에서 24±2시간 배양한다.

유당배지에서 가스발생을 인정하였을 때에는 이에 해당하는 보통한천배지에서 배양된 집락을 취하여 그람염색을 실시하여 그람음성, 무아포성 간균을 확인한 후 생화학 시험을 실시하여 대장균 양성으로 판정한다.

(2) 정량시험

① 최확수법

검체를 시험용액의 제조법에 따라 제조하여 시험용액 10㎖, 1㎖ 및 0.1㎖를 각각 5개(별표 1) 또는 3개(별표 2)의 EC 배지 발효관에 접종한 다음 44.5±0.2℃ 항온수조에서 24±2시간 배양한다. 시험용액 10㎖를 첨가할 경우 배농도의 배지 10㎖를 이용한다.

가스발생을 인정한 발효관을 대장균(E. Coli) 양성이라고 판정하고 별표1 또는 별표2 최확수표에 따라 검체 100g(또는 100㎖)중의 대장균수를 산출한다.

② 건조필름법

검체를 시험용액의 제조법에 따라 제조한 시험용액 1㎖와 각 단계 희석액 1㎖를 대장균 건조필름배지에 접종한 후 잘 흡수시키고, 35~37℃에서 24~48시간 배양한 후 생성된 푸른 집락 중 주위에 기포를 형성하고 있는 집락수를 계산하고 그 평균집락수에 희석배수를 곱하여 대장균수를 산출한다

별표 1. 대장균군시험의 최확수표

양성관수			최확수	양성관수			최확수	양성관수			최확수
10	1	0.1	100	10	1	0.1	100	10	1	0.1	100
0	0	0	<1.8	1	0	0	2.0	2	0	0	4.5
0	0	1	1.8	1	0	1	4.0	2	0	1	6.8
0	0	2	3.6	1	0	2	6.0	2	0	2	9.1
0	0	3	5.4	1	0	3	8.0	2	0	3	12
0	0	4	7.2	1	0	4	10	2	0	4	14
0	0	5	9.0	1	0	5	12	2	0	5	16
0	1	0	1.8	1	1	0	4.0	2	1	0	6.8
0	1	1	3.6	1	1	1	6.1	2	1	1	9.2
0	1	2	5.5	1	1	2	8.1	2	1	2	12
0	1	3	7.3	1	1	3	10	2	1	3	14
0	1	4	9.4	1	1	4	12	2	1	4	17
0	1	5	11	1	1	5	14	2	1	5	19
0	2	0	3.7	1	2	0	6.1	2	2	0	9.3
0	2	1	5.5	1	2	1	8.2	2	2	1	12
0	2	2	7.4	1	2	2	10	2	2	2	14
0	2	3	9.2	1	2	3	12	2	2	3	17
0	2	4	11	1	2	4	15	2	2	4	19
0	2	5	13	1	2	5	17	2	2	5	22
0	3	0	5.6	1	3	0	8.3	2	3	0	12
0	3	1	7.4	1	3	1	10	2	3	1	14
0	3	2	9.3	1	3	2	13	2	3	2	17
0	3	3	11	1	3	3	15	2	3	3	20
0	3	4	13	1	3	4	17	2	3	4	22
0	3	5	15	1	3	5	19	2	3	5	25
0	4	0	7.5	1	4	0	11	2	4	0	15
0	4	1	9.4	1	4	1	13	2	4	1	17
0	4	2	11	1	4	2	15	2	4	2	20
0	4	3	13	1	4	3	17	2	4	3	23
0	4	4	15	1	4	4	19	2	4	4	25
0	4	5	17	1	4	5	22	2	4	5	28
0	5	0	9.4	1	5	0	13	2	5	0	17

0	5	1	11	1	5	1	15	2	5	1	20
0	5	2	13	1	5	2	17	2	5	2	23
0	5	3	15	1	5	3	19	2	5	3	26
0	5	4	17	1	5	4	22	2	5	4	29
0	5	5	19	1	5	5	24	2	5	5	32

양성관수			최확수	양성관수			최확수	양성관수			최확수
10	1	0.1	100	10	1	0.1	100	10	1	0.1	100
3	0	0	7.8	4	0	0	13	5	0	0	23
3	0	1	11	4	0	1	17	5	0	1	31
3	0	2	13	4	0	2	21	5	0	2	43
3	0	3	16	4	0	3	25	5	0	3	58
3	0	4	20	4	0	4	30	5	0	4	76
3	0	5	23	4	0	5	36	5	0	5	95
3	1	0	11	4	1	0	17	5	1	0	33
3	1	1	14	4	1	1	21	5	1	1	46
3	1	2	17	4	1	2	26	5	1	2	64
3	1	3	20	4	1	3	31	5	1	3	84
3	1	4	23	4	1	4	36	5	1	4	110
3	1	5	27	4	1	5	42	5	1	5	130
3	2	0	14	4	2	0	22	5	2	0	49
3	2	1	17	4	2	1	26	5	2	1	70
3	2	2	20	4	2	2	32	5	2	2	95
3	2	3	24	4	2	3	38	5	2	3	120
3	2	4	27	4	2	4	44	5	2	4	150
3	2	5	31	4	2	5	50	5	2	5	180
3	3	0	17	4	3	0	27	5	3	0	79
3	3	1	21	4	3	1	33	5	3	1	110
3	3	2	24	4	3	2	39	5	3	2	140
3	3	3	28	4	3	3	45	5	3	3	180
3	3	4	31	4	3	4	52	5	3	4	210
3	3	5	35	4	3	5	59	5	3	5	250
3	4	0	21	4	4	0	34	5	4	0	130
3	4	1	24	4	4	1	40	5	4	1	170
3	4	2	28	4	4	2	47	5	4	2	220
3	4	3	32	4	4	3	54	5	4	3	280

3	4	4	36	4	4	4	62	5	4	4	350
3	4	5	40	4	4	5	69	5	4	5	430
3	5	0	25	4	5	0	41	5	5	0	240
3	5	1	29	4	5	1	41	5	5	1	350
3	5	2	32	4	5	2	41	5	5	2	540
3	5	3	37	4	5	3	41	5	5	3	920
3	5	4	41	4	5	4	41	5	5	4	1,600
3	5	5	45	4	5	5	41	5	5	5	>2,400

* 다음의 희석과 시험관수에 의한 양성수에 대한 최확수와 95%의 신뢰한계
* 10mℓ씩 5개, 1mℓ씩 5개, 0.1mℓ씩 5개

별표 2. 대장균군시험의 최확수표(3관법)

양성관수			최확수	양성관수			최확수	양성관수			최확수	양성관수			최확수
10	1	0.1	100	10	1	0.1	100	10	1	0.1	100	10	1	0.1	100
0	0	0	0	1	0	0	3,6	2	0	0	9.1	3	0	0	23
0	0	1	3	1	0	1	7,2	2	0	1	14	3	0	1	39
0	0	2	6	1	0	2	11	2	0	2	20	3	0	2	64
0	0	3	9	1	0	3	15	2	0	3	26	3	0	3	95
0	1	0	3	1	1	0	7,3	2	1	0	15	3	1	0	43
0	1	1	6.1	1	1	1	11	2	1	1	20	3	1	1	75
0	1	2	9.2	1	1	2	15	2	1	2	27	3	1	2	120
0	1	3	12	1	1	3	19	2	1	3	34	3	1	3	160
0	2	0	6.2	1	2	0	11	2	2	0	21	3	2	0	93
0	2	1	9.3	1	2	1	15	2	2	1	28	3	2	1	150
0	2	2	12	1	2	2	20	2	2	2	35	3	2	2	210
0	2	3	16	1	2	3	24	2	2	3	42	3	2	3	290
0	3	0	9.4	1	3	0	16	2	3	0	29	3	3	0	240
0	3	1	13	1	3	1	20	2	3	1	36	3	3	1	460
0	3	2	16	1	3	2	24	2	3	2	44	3	3	2	1,100
0	3	3	19	1	3	3	29	2	3	3	53	3	3	3	22,400

* 다음의 희석과 시험관수에 의한 양성수에 대한 최확수와 95%의 신뢰한계
* 10mℓ씩 3개, 1mℓ씩 3개, 0.1mℓ씩 3개

9. 살모넬라(*Salmonella spp.*)

1) 증균배양

검체 25g 또는 25㎖를 취하여 225㎖의 펩톤수에 가한 후 35~37℃ 에서 24±2시간 증균 배양한다. 배양액 0.1㎖를 취하여 10㎖의 Rappaport-Vassiliadis배지에 접종하여 2±1℃에서 24±2시간 배양한다.

* 펩톤수(Peptone water)

Peptone 10g, Sodium chlroride 5g,

위의 성분을 증류수 1,000㎖에 녹여 pH 7.2±0.2되도록 조정한 후 121℃에서 15분간 멸균한다.

* RV 배지(Rappaport-Vassiliadis broth)

Tryptone 5g, Sodium chloride 5g, Monopotassium phosphate 1.6g, MAgnesium chloride 6H2O 40.0g, Malachite green oxalate 0.036g

위의 성분을 증류수 1,000㎖에 녹여 시험관에 10㎖ 씩 분주한 후 121℃에서 15분간 멸균하여 사용한다.

2) 분리배양

증균배양액을 MacConkey 한천배지 또는 Desoxycholate Citrate 한천배지 또는 XLD 한천배지 또는 Bismuth Sulfite 한천배지(배지64)에 접종하여 35~37℃에서 24±2시간 배양한 후 전형적인 집락은 확인시험을 실시한다.

* MacConkey 한천배지(MacConkey Agar)

Peptone 17.0g, Polypeptone 3.0g, Lactose 10.0g, Bile salts No.3 1.5g, Sodium chloride 5.0g, Neutral red 0.03g, Crystal violet 0.001g, Agar 13.5g

위의 성분을 증류수 1,000㎖에 녹여 pH 7.1±0.2로 조정하고 가열 용해한 후 121℃에서 15분간 멸균한다

* Desoxycholate citrate 한천배지(Desoxycholate citrate agar)

Beef extract 5.0g, Peptone 5.0g, Lactose 10.0g, Sodium citrate 8.5g, Sodium Thiosulfate 5.4g, Ferric ammonium citrate 1.0g, Sodium desoxycholate 5.0g, Neutral red 0.02g, Agar 12.0g

위의 성분을 증류수 1,000㎖에 녹여 pH 7.5±0.2로 조정하고 가열 용해한다.

* XLD 한천배지(Xylose lysine desoxycholate agar)

Yeast extract 3g, L-lysine 5g, Xylose 3.75g, Lactose 7.5g, Sucrose 7.5g, Sodium desoxycholate 2.5g, Ferric ammonium citrate 0.8g, Sodium Thiosulfate 6.8g, Sodium chloride 5g, Agar 15g, Phenol red 0.08g

위의 성분에 증류수 1,000㎖를 가하여 가열용해한 후 사용한다. 단, 고압증기멸균해서는 안 된다.

* Bismuth Sulfite 한천배지(Bismuth sulfite agar)

Peptone 10g, Beef extract 5g, Dextrose 5g, Disodium phosphate 4g, Ferrous sulfate 12g, Bismuth sulfite indicator 8g, Brilliant green 0.025g, Agar 20g

위의 성분을 증류수 1,000㎖에 녹이고 pH 7.2로 조정한 후 가열하여 사용한다.

3) 확인시험

(1) 생화학적 확인시험

분리배양된 평판배지상의 집락을 보통한천배지에 옮겨 35~37℃에서 18~24시간 배양한 후, TSI 사면배지의 사면과 고층부에 접종하고 35~37℃에서 18~24시간 배양하여 생물학적 성상을 검사한다. 살모넬라는 유당, 서당 비분해(사면부 적색), 가스생성(균열 확인) 양성인 균에 대하여 그람음성 간균임을 확인하고 urease 음성, Lysine decarboxylase 양성 등의 특성을 확인한다.

* 보통한천배지(Nutrient agar)

Peptone 5.0g, Beef extract 3.0g, Agar 15.0g

위의 성분을 증류수 1,000㎖에 녹여 pH 6.8±0.2로 조정한 후 121℃에서 15

분간 멸균한다

* TSI 사면배지(Triple sugar iron agar)

Beef extract 3.0g, Yeast extract 3.0g, Peptone 20.0g, Lactose 10.0g, Sucrose 10.0g, Dextrose 1.0g, Ferrous sulfate 0.2g, Sodium chloride 5.0g, Sodium Thiosulfate 0.3g, Phenol red 0.24g, Agar 13.0g

위의 성분을 증류수 1,000mℓ에 녹여 pH 7.4±0.2로 조정하고 가열용해 한 후 시험관에 분주하여 121℃에서 15분간 멸균한 후 사면으로 굳혀 사용한다.

(2) 응집시험

Spicer-Edwards등과 같은 H 혼합혈청과 O 혼합혈청을 사용하여 응집반응을 확인한다.

10. 황색포도상구균(*Staphylococcus aureus*)

1) 정성시험

(1) 증균배양

검체 25g 또는 25mℓ를 취하여 225mℓ의 10% NaCl을 첨가한 TSB 배지에 가한 후 35~37℃에서 18~24시간 증균배양한다.

* TSB 배지(Tryptic soy broth)

Tryptone 17g, Soytone 3g, Dextrose 2.5g, Sodium chloride 5g, Dipotassium Phosphate 2.5g

위의 성분을 증류수 1,000mℓ에 녹여 pH 7.3±0.2로 조정한 후 121℃에서 15분간 멸균한다

(2) 분리배양

증균배양액을 난황첨가 만니톨 식염한천배지 또는 Baird-Parker 한천배지에 접종하여 35~37℃에서 18~24시간 배양한다.

배양결과 난황첨가만니톨 식염한천배지에서 황색 불투명 집락을 나타내고 주변

에 혼탁한 백색환이 있는 집락 또는 Baird-Parker 한천배지에서 투명한 띠로 둘러싸인 광택이 있는 검정색 집락은 확인시험을 실시한다.

* 난황첨가 만니톨 식염한천배지(Mannitol salt agar with egg yolk)

Beef extract 2.5g, Peptone 10g, Mannitol 10g, Sodium chloride 75g, Agar 15g, Phenol red 0.025g

위의 성분을 증류수 1,000㎖에 녹여 가열 용해한 후 pH 7.2~7.6으로 조정한 후 121℃에서 15분간 멸균하고 50℃정도로 식혀 난황액을 10%의 비율로 무균적으로 가해 잘 혼합한 후 사용한다.

* Baird-Parker 한천배지(Baird-parker agar)

Tryptone 10g, Beef extract 5g, Yeast extract 1g, Sodium pyruvate 10g, Glycine 12g, Lithium chloride 6h2o 5g, Agar 20g

위의 성분을 증류수 950㎖에 녹이고 pH를 7.2로 조정한 후 50˚C정도로 식힌 다음 0.1% Potassiun tellurite가 첨가된 난황액 50㎖을 첨가한다.

* 난황액

계란을 1시간가량 0.1% Mercury Chloride($HgCl_2$)에 담근 후 꺼내 70% ethanol에 30분가량 담궈 놓는다. 계란을 꺼내 노른자만 취한 후 동량의 멸균생리식염수를 가하여 사용한다.

(3) 확인시험

분리배양된 평판배지상의 집락을 보통한천배지에 옮겨 35~37℃에서 18~24시간 배양한 후 그람염색을 실시하여 포도상의 배열을 갖는 그람양성 구균을 확인한다. 포도상의 배열을 갖는 그람양성구균이 확인된 것은 coagulase 시험을 실시한다.

토끼혈장(신선혈장은 5%, 건조혈장의 용액은 10%)을 가한 생리식염수를 멸균한 시험관에 0.5~1㎖씩 무균적으로 분주한다. 여기에 분리배지상의 집락에서 직접또는 보통한천배지에서 순수배양시킨 균 1백금이를 접종하여 35~37℃에서 배양한다.

배양 후 3, 6, 24시간의 각 시간에 응고유무를 판정하여 어느 시간 후에도 응고 또는 섬유소(fibrin)가 석출된 것은 모두 coagulase 양성으로 하며 이상과 같이 확인된 것은 황색포도상구균 양성으로 판정한다. 시험에 있어서는 coagulase 양성균 및 균주접종의 음성대조군을 둔다.

* 보통한천배지(Nutrient agar)

Peptone 5.0g, Beef extract 3.0g, Agar 15.0g

위의 성분을 증류수 1,000㎖에 녹여 pH 6.8±0.2로 조정한 후 121℃에서 15분간 멸균한다.

2) 정량시험

(1) 균수 측정

검체 25g 또는 25㎖를 취한 후, 225㎖의 희석액을 가하여 2분간 고속으로 균질화하여 시험용액으로 하여 10배 단계 희석액을 만든 다음 각 단계별 희석액을 Baird-Parker 한천배지 3장에 0.3㎖, 0.4㎖, 0.3㎖씩 총 접종액이 1㎖이 되게 도말한다.

사용된 배지는 완전히 건조시켜 사용하고 접종액이 배지에 완전히 흡수되도록 도말한 후 10분간 실내에서 방치시킨 후 35~37℃ 에서 48±3시간 배양한 다음 투명한 띠로 둘러싸인 광택의 검정색 집락을 계수한다.

(2) 확인시험

계수한 평판에서 5개 이상의 전형적인 집락을 선별하여 보통한천배지에 접종하고 35~37℃에서 18~24시간 배양한 후 3.12.1 정성시험 3) 확인시험에 따라 시험을 실시한다.

(3) 균수계산

확인 동정된 균수에 희석배수를 곱하여 계산한다.

11-3. 식품 신선도 검사

1. 성상(관능시험)

1) 시험법 적용범위

성상을 검사하고자 하는 모든 식품에 적용한다.

2) 분석원리

성상시험은 식품의 특성을 시각, 후각, 미각, 촉각 및 청각으로 감지되는 반응을 측정하여 시험한다.

3) 시험조작

식품고유의 색깔, 풍미, 조직감 및 외관을 다음의 성상 채점기준에 따라 채점한 결과가 평균 3점 이상이고 1점 항목이 없어야 한다.

항 목	채 점 기 준
색 깔	1. 색깔이 양호한 것은 5점으로 한다. 2. 색깔이 대체로 양호한 것은 그 정도에 따라 4점 또는 3점으로 한다. 3. 색깔이 나쁜 것은 2점으로 한다. 4. 색깔이 현저히 나쁜 것은 1점으로 한다.
풍 미	1. 풍미가 양호한 것은 5점으로 한다. 2. 풍미가 대체로 양호한 것은 그 정도에 따라 4점 또는 3점으로 한다. 3. 풍미가 나쁜 것은 2점으로 한다. 4. 풍미가 현저히 나쁘거나 이미.이취가 있는 것은 1점으로 한다.
조직감	1. 조직감이 양호한 것은 5점으로 한다. 2. 조직감이 대체로 양호한 것은 그 정도에 따라 4점 또는 3점으로 한다. 3. 조직감이 나쁜 것은 2점으로 한다. 4. 조직감이 현저히 나쁜 것은 1점으로 한다.
외 관	1. 병충해를 입은 흔적 및 불가식부분 제거, 제품의 균질 및 성형상태와 포장상태 등 외형이 양호한 것은 5점으로 한다. 2. 제품의 제조.가공상태 및 외형이 비교적 양호한 것은 그 정도에 따라 4점 또는 3점으로 한다. 3. 제품의 제조.가공상태 및 외형이 나쁜 것은 2점으로 한다. 4. 제품의 제조.가공상태 및 외형이 현저히 나쁜 것은 1점으로 한다.

2. 이물

1) 일반이물

(1) 체분별법

① 시험법 적용범위

검체가 미세한 분말일 때 적용한다.

② 분석원리

분말을 체로 쳐서 큰 이물을 체위에 모아 육안으로 확인하고, 필요시 현미경 등으로 확대하여 관찰한다.

③ 시험조작

검체가 미세한 분말일 때 비교적 큰 이물을 체로 포집하여 육안으로 검사한다. 필요에 따라 이물의 종류를 확인하고자 할 때는 현미경으로 약 40배 정도의 저배율로 본다. 이하 이물시험에 있어서는 모두 이와 같다.

(2) 여과법

① 시험법의 적용범위

검체가 액체일 때 또는 용액으로 할 수 있을 때 적용한다.

② 분석원리 및 시험조작

검체가 액체일 때 또는 용액으로 할 수 있을 때 그 용액을 신속여과지로 여과하여 여과지상의 이물을 검사한다.

(3) 와일드만 라스크법

① 시험법 적용범위

곤충 및 동물의 털과 같이 물에 잘 젖지 않는 가벼운 이물검출에 적용한다.

② 분석방법

식품의 용액에 소량의 휘발유나 피마자유 등 물과 섞이지 않는 포집액을 넣고 세게 교반한 후 방치해 놓으면 물에 잘 젖지 않는 가벼운 이물이 유기용매층에 떠오르는 성질을 이용하여 이물을 분리, 포집 후 검사한다.

③ 시험조작

와일드만플라스크 중에 검체를 물 및 기타 지정액(1ℓ의 플라스크에서는 600㎖, 2ℓ에서는 900㎖)과 섞어 다시 휘발유(무색투명하고 납을 함유하지 아니하는 것), 피마자유 등 물과 섞이지 않는 포집액을 넣어 플라스크를 약 45℃기울여 교반봉으로 1분에 약 200~250회 저어 섞는다(이 때 공기의 기포가 들어가지 않도록 주의한다).

그 후 20분간은 수분마다 저어 섞고 약 30분간 방치한 다음 두 액층의 경계가 그림에서와 같은 위치에 올 때까지 물 또는 지정액을 조용히 부어 넣고 고무마개로 플라스크의 기벽을 긁어 부착해 있는 기름방울을 부상시켜 더욱 손잡이를 급속도로 회전시켜 고무마개에 부착된 검체와 기름을 털어내고 마개를 끌어 올려 플라스크의 목에 밀착시키고 이물을 포함한 기름층을 소량의 하층액과 함께 비커에 기울여 취하고 알코올 및 물로 막대기, 고무마개 및 플라스크 내벽을 씻어 그 씻은 액을 비커에 합쳐 그 액을 흡인 여과하여 여과지상에 이물이 있는가를 검사한다.

현미경으로 검사하고자 할 때는 글리세린.알코올혼액(1:1) 약 5㎖를 담은 페트리접시에 여과지를 옮겨 잘 적신 후 검사한다. 다시 와일드만플라스크에 포집액 10~20㎖를 넣어 잘 저어 섞고 때때로 하층액을 저으면서 약 10~20분간 방치한 다음 먼저와 같이 조작하여 이물을 검사한다.

기울여 따라 포집한 액이 다량의 식품조직을 함유할 때 또는 여과지에 식물조직이 다량 협잡되어 현미경 검사가 어려울 때는 다시 새로운 와일드만플라스크에 옮겨 물로 잘 혼합시켜 먼저와 같이 포집하고 식물조직을 하층액에 옮겨 포집액을 여별한다. 다만, 이 조작은 이물의 손실을 초래할 염려가 있으므로 처음의 포집조작에서 가급적 검체가 떠오르지 않게 하는 것이 중요하다.

하층액으로서 포화식염수 또는 수성알코올을 사용하면 식물 조직의 떠오름을 어느 정도 방지할 수 있다.

(4) 침강법

① 시험법 적용범위

쥐똥, 토사 등의 비교적 무거운 이물의 검사에 적용한다.

② 분석원리

검체에 비중이 큰 액체를 가하여 교반한 후 그 액체보다 비중이 큰 것은 바닥에 가라앉고 이보다 비중이 작은 식품의 조직 등은 위에 떠오르므로, 상층액을 버린 후 바닥의 이물을 검사한다.

③ 시험조작

검체에 클로로포름(또는 사염화탄소, 에테르 또는 메탄올 등을 가하여 그 비중을 1.49로 한 것)을 가하여 저어 섞으면 이물은 용기의 밑에 가라앉는다. 바닥의 이물이 떠오르지 않게 조심하여 상층액을 기울여 버리고 바닥에는 클로로포름 소량과 이물만 남게 하고 이를 흡인여과 하여 여과지상에 이물이 있는가를 검사한다. 현미경검사를 하고자 할때는 글리세린.알코올 혼액(1:1)을 넣은 페트리접시에 여과지를 옮겨 잘 적셔 신 후 검사한다.

(5) 금속성이물(쇳가루)

① 시험법 적용범위

분말제품, 환제품, 액상 및 페이스트제품, 코코아가공품류 및 초콜릿류 중 혼입된 쇳가루 검출에 적용한다.(분쇄공정을 거친 원료 혹은 제품에 한한다.)

② 분석원리

쇳가루가 자석에 붙는 성질을 이용하여 식품 중 쇳가루를 검사한다.

③ 시험조작

A. 분말제품, 환제품, 액상 및 페이스트제품

Ⓐ 검체(분말제품 및 환제품 500g, 액상 및 페이스트제품 1kg)를 증류수 5~6ℓ와 혼합 후(환제품의 경우 2시간이상 정치하여 검체를 으깸) 비닐을 씌운

봉자석(10,000 가우스자력) 으로 10분간 저어 쇳가루를 모은 후 건조하여 무게를 측정한다.

Ⓑ 모은 쇳가루를 자력제거장치로 자력을 제거하고 표준망체(1.4x1.4㎜)에 통과하지 않고 남아 있는 쇳가루의 크기를 측정한다.

Ⓒ 검출된 쇳가루가 식품과 붙어있거나 물리적으로 결합된 경우 300℃에서 1시간 회화로에서 가열하여 회화시킨 후 자석으로 쇳가루를 모아 무게를 측정하고 Ⓑ에 따라 크기를 측정한다.

B. 코코아가공품류 및 초콜릿류

Ⓐ 검체(코코아분말 등 50g, 초콜릿 100g)를 비이커에 넣고 클로로포름 250 ㎖을 가한 후 유리나 플라스틱 막대로 균질화가 될 때까지 혼합하고 필요하면 가열하면서 혼합한다.

Ⓑ 1N HCl로 자석교반막대를 세척(자석교반막대에 묻어있는 쇳가루를 없애주기 위함)하고, HCl이 완전히 없어질 때까지 증류수로 세척한 후 건조한다.

Ⓒ 비이커에 자석교반막대를 넣어 커버를 씌우고 핫 플레이트에서 낮은 온도로 10분 동안 교반한 후 플라스틱 집게(핀셋)로 자석교반막대를 제거한다.

Ⓓ 자석교반막대를 다른 비이커에 옮겨 소량의 클로로포름, 에탄올로 세척하고, 쇳가루가   떨어져 나갈 때까지 과량의 세제(1% sodium lauryl sulphate solution)로 세척한 다음 마지막으로 에탄올로 세척하며 비이커에 붙어있는 쇳가루를 제거하기 위해 클로로포름 20~25㎖을 가한다.

Ⓔ 코코아분말, 초콜릿 현탁액에 자석교반막대를 다시 넣고 커버를 씌우고 핫 플레이트에 올려놓은 다음 10분 동안 교반하고 수세하는 과정을 2회 반복한다. 각 수세한 액을 비이커에 옮긴다.

Ⓕ 쇳가루가 포함되어 있는 액을 흡입여과기와 여과지 또는 이와 동등한 것으로 여과한다.

Ⓖ 자력 때문에 응집되어 있는 입자가 있을 경우에는 덩어리가 분리될 때까지

적당히 강한 물로 수세한다.

Ⓗ 자석교반막대에 붙은 모든 입자를 떼어내기 위해 비이커에서 클로로포름으로 수세하고 수 초간 건조한 후 셀로판테이프로 자석교반막대에 묻어 있는 입자를 떼어낸 후 비이커에 넣고 클로로포름이나 아세톤을 가하여 녹인 후 여과지로 여과한다.

Ⓘ 여과지를 페트리접시로 옮긴 다음 글리세롤-알코올 혼합액으로 적신 후 현미경으로 검경하고 크기가 0.5mm이상인 쇳가루의 무게를 측정한다.

(6) 김치 중 기생충(란)

① 장치

A. 광학 현미경(100배~400배 검경 가능한 것)

B. 원심분리기(swinging bucket rotor가 장착된 것)

② 기구

A. 2ℓ 비커

B. 18 mesh 체 및 35 mesh 체

C. 50㎖ conical centrifuge tubes

D. 10㎖ 일회용 주사기(19g 바늘 달린 것)

E. 현미경용 슬라이드글라스, 커버글라스(20×40㎜)

F. 액량계 2ℓ

③ 시약 및 시액

A. 포르말린

B. Tween 80

C. 포화 sucrose 용액 : sucrose 128g을 80~90℃ 증류수 100㎖에 넣어 녹인 다음 상온이 될 때까지 식힌다. 포화 sucrose 용액에 포르말린 원액 400㎕를 넣고 잘 흔들어서 섞어 준다.

D. 세척액(0.5% sodium dodecyl sulfate, SDS) : SDS 0.5g을 적당량의 물에 녹이고 Tween 80 0.1㎖를 넣어 잘 흔들어 섞은 후 100㎖로 한다.

④ 시험용액의 조제

A. 검체 200g을 2ℓ의 세척액에 담근다.

B. 검체를 건져내고, 침전물을 18메쉬 체(1×1㎜) 및 35메쉬 체(0.5×0.5㎜)로 연속해서 걸러 고춧가루 등 고형물을 제거한다.

C. 여과액을 2ℓ 액량계에 모으고 30분간 두었다가 200㎖를 남기고 조심스럽게 상층액만을 버린다.

D. 같은 방법으로 증류수로 2차례 반복하여 세정한다. 침전물을 50㎖ conical centrifuge tubes에 옮겨 1,000g에서 10분간 원심분리한 후 상층액을 버린다.

E. 김치 침전물을 1㎖씩 3개의 50㎖ conical centrifuge tube에 각각 옮겨놓고 부유액(포화 sucrose 용액) 10㎖를 넣고 잘 흔들어서 김치 침전물이 부유액과 섞이도록 한 후 conical centrifuge tube 상단 10㎜ 전까지 부유액을 채운다.

F. 50㎖ conical centrifuge tube를 swinging bucket rotor가 장착된 원심분리기에서 1,000g로 15분간 원심분리 한다.

G. 원심분리 후 conical centrifuge tube가 흔들리지 않도록 조심스럽게 꺼내어 미리 준비해 둔 부유액(포화 sucrose 용액)이 채워진 주사기의 바늘을 conical centrifuge tube의 한쪽 벽에 대고 조심스럽게 천천히 용액을 주입하여 conical tube 상단으로 액면이 약간 볼록하게 솟아오르도록 한다.

⑤ 검경

A. Conical tube의 솟아 오른 액면 위에 22×40㎜ 커버글라스를 살짝 올려서 부유물을 붙게 한 후 커버글라스를 슬라이드글라스 위에 올려놓고 tube 한 개당 2~3장의 슬라이드 표본을 제작하여 검경한다.

B. 검체 슬라이드를 광학현미경에서 100배로 검경하다가 충란유사물체가 관찰되면 400배로 확인한 후 크기를 계측하고 동정한 다음 기록한다.

2) 식품별 이물

(1) 시험법 적용범위

아래의 개별 시험법에 예시된 식품에 적용한다.

(2) 분석원리

식품의 특성에 따라 검체를 전처리한 후 9.2.1 일반이물을 활용하여 검사한다.

(3) 시험조작

① 식빵, 라면, 국수, 두부, 건과, 유과, 건빵, 도나스, 전분 및 이유식

검체 50～100g을 잘게 하여 1ℓ의 와일드만플라스크에 넣고 석유에테르를 검체가 담겨질 정도로 부어 때때로 흔들어 섞으면서 1시간 방치한 후 부흐너깔때기로 흡인 여과해서 가능한 한 석유에테르를 제거하고 깔때기 위의 검체를 물로 와일드만플라스크에 씻어 넣고 물을 가하여 전량을 500㎖로 하고 수욕상에서 가열한다.

이때 때때로 흔들면 검체 덩어리를 더욱 잘게 하면서 남아 있는 석유에테르를 제거한 후 식히면 염산을 1%가 될 정도로 가하여 약 1시간 끓여 소화시킨다. 이 때 될 수 있는 대로 검체를 더 잘게 한 후 위의 일반 이물시험 와일드만 라스크법 및 침강법에 따라 시험한다.

② 간장, 식초, 소스, 청량음료수, 유산균음료, 주류, 우유, 살균산양유, 탈지유, 가공유, 발효유 및 유음료

A. 검병법

검체가 투명한 것은 광원(태양광선 또는 전등)을 향하여 백색 또는 흑색지를 배경으로 하여 병을 조용히 거꾸로 하여 투시한다. 이물이 있으면 상징액을 이물이 흘러나가지 않게 기울여 버리고 잔사를 잘 섞어서 흡인 여과하거나 원심침전하여 여과지상의 잔류물 또는 원심침전한 경우는 병밑의 침전물을 모세관 피펫으로 빨아올려 이물의 종류를 확인한다.

또한 투명한 것일지라도 색이 진한 것이나 점조성으로 인하여 위의 방법으로

침전물의 검사가 되지 않는 것은 다음의 희석법에 따른다.

B. 희석법

침전물이 있는 것 및 혼탁된 것은 검체를 대형비커에 옮기고 물을 가하여 적당히 희석하고 조용히 저으면서 광원을 향해 이물의 유무를 검사한다. 이물이 있을 때는 다음 분리법의 Ⓐ 또는 Ⓑ의 방법에 의하여 분리한다.

C. 분리법

Ⓐ 클로로포름에 의한 분리(주로 광물성 이물)

병속에 검체 전부를 원심침전하여 상징액을 기울여 버리고 침전을 비커에 옮겨 건조하고 클로로포름을 가하여 잘 섞는다. 다음에 30분간 때때로 침전을 유리봉으로 조용히 저어 정치한 후 상층 및 클로로포름층을 기울여 버리고 비커에 남은 이물을 다시 클로로포름으로 수회 씻고 클로로포름으로 부흐너깔때기 혹은 힐슈깔때기로 흡인 여과하여 여지상의 이물을 검사한다.

Ⓑ 염산분해에 의한 분리(주로 동.식물성 이물)

검체 전부를 원심침전하고 상징액을 기울여 버리고 침전을 삼각플라스크에 옮겨 1% 염산용액 약 200~300㎖를 가하여 약 1시간 끓인다. 식힌 후 부흐너깔때기 혹은 힐슈깔때기로 흡인여과하여 여과지상의 이물을 검사한다.

③ 된장, 고추장, 춘장, 케첩, 잼, 커피, 차, 고추가루, 후추가루 및 카레

검체 50g을 500㎖의 비커에 넣고 물 300㎖를 가하여 잘 저어 균일하게 한 다음 염산 2㎖를 가하고 약 5분간 조용히 끓인 후 식히고 위의 일반 이물시험 와일드만 라스크법에 따라 시험하고 침전물이 있을 때는 수분을 제거한 후 일반이물시험 침강법에 따라 시험한다.

④ 설탕, 포도당, 물엿, 벌꿀, 분말청량음료, 인스탄트커피 및 인삼차

검체 50g을 취하여 물 200㎖에 녹여 위의 일반이물시험 여과법 따라 시험한다(다만, 벌꿀에 있어서는 꽃가루, 벌집 및 꿀벌에서 유래되는 이물을 제외한다).

⑤ 버터, 마아가린, 쇼트닝, 참기름, 채종유, 미강유, 대두유 및 크림

검체 100g을 1ℓ의 비커에 넣고 2% 염산용액 200㎖를 가하여 섞은 후 가열하여 검체가 완전히 녹으면 여과지로 여과한다. 따로 열탕을 준비하여 여과지에 지방이 응고되어 잘 여과되지 아니할 때, 이 열탕으로 완전히 녹여 여과한 후 여과지에 부착된 이물을 검사한다.

⑥ 아이스크림분말, 무당연유, 가당연유, 가당탈지연유, 전지분유, 탈지분유, 가당분유 및 조제분유

검체 100g을 1ℓ의 비커에 넣고 2% EDTA용액 100㎖를 가하여 잘 섞어서 덩어리가 없도록 한 후 저으면서 2% EDTA용액 400㎖를 천천히 가한다. 저어 섞는 동안 차차 황색의 반투명한 액체가 되며 약 30분 방치하면 완전히 녹는다. 이를 부흐너깔때기 또는 힐슈깔때기로 흡인 여과해 여과지상의 이물을 검사한다.

⑦ 식육제품, 어육제품

검체 50g을 사방 약 7㎜의 크기로 잘라서 와일드만플라스크에 넣고 1% 염산용액 300㎖를 가하여 끓인 다음 수산화나트름용액으로 pH 6으로 하고 다시 제3인산나트륨액으로 pH를 7~8로 하여 온도를 40℃로 한 후 판크레아틴용액 50㎖를 가하여 충분히 섞어 40℃에서 30분간 방치한다.

다음에 pH를 7~8로 조정하고 하룻밤 40℃항온기에 넣어 소화시킨다. 소화 후 일단 끓이고 식혀서 휘발유 25㎖를 가하여 위의 일반 이물시험 와일드만라스크법에 따라 시험하고 침전물이 있을 때는 수분을 제거한 후 일반이물시험 침강법에 따라 시험한다.

* 판크레아틴용액 : 판크레아틴 5g에 물 50㎖를 가하여 5~15분간 저어 섞은 후 가볍게 물로 적신 탈지면으로 여과하여 여액을 쓴다. 사용 직전에 만든다.

⑧ 마요네즈

검체 100g을 1ℓ의 비커에 넣고 인산 50㎖를 넣어 잘 섞고 물 300㎖를 가하여 다시 잘 섞어서 이를 부흐너깔때기 혹은 힐슈깔때기로 흡인 여과하여 여과지

에 부착된 이물을 검사한다.

⑨ 아이스크림류

녹였을 때 투명한 액체일 때는 청량음료수에 따르고 아이스크림의 경우에는 검체 50g에 을 가하여 100㎖로 하고 이에 4% EDTA용액을 가하여 이하 아이스크림 분말에 따른다. 팥 등 식물을 가하여 만든 빙과는 된장에 따라 시험한다.

⑩ 캐러멜 및 알사탕류

검체 100g을(필요하면 분쇄한다) 500㎖의 비커에 넣고 250㎖의 열탕을 가하여 약 80℃의 수욕중에서 30분간 저어 녹여 150메쉬 체로 여과하고 약 50℃의 온탕으로 잘 씻은 후 잔류물에 대하여 이물을 검사한다.

⑪ 껌

검체 100g을 150～600㎖의 물 또는 300～600㎖의 2% 염산 중에 가하여 10～12분간(껌베이스가 분리할 때까지) 끓이고 즉시 가열을 그친다. 혼합액을 55℃이하로 식히고 삼각 플라스크에 옮겨 초산에틸 150㎖를 가하고 환류냉각관를 달아 혼액이 고르게 될 때까지 끓인다. 따뜻할 때 110메쉬 체로 여과하여 에틸아세테이트로 씻고 여과지에 옮겨 이물을 검사한다.

⑫ 초콜릿류

검체 50g을 1ℓ의 비커에 넣고 5～10% 붕산용액 500㎖를 가하여 15분간 끓인다. 이를 140메쉬체로 여과하고 온탕을 강하게 부어 충분히 씻고 에탄올 및 클로로포름으로 2회 교대로 씻고 최후에 에탄올로 씻은 후 여과지에 옮겨 이물을 검사한다.

⑬ 빵류 및 생과자류

검체의 크림부분 50g에 2% 염산용액 200㎖를 가하여 끓이고 저어 섞어 곧 흡인여과한다. 여과하기 어려울 때는 에탄올 약 100㎖를 가하여 여과하고 여과지는 2% 뜨거운 염산용액으로 씻은 다음 이물을 검사한다.

또 생지(즉 카스테라 및 빵부분) 부분은 별도로 60g을 취하여(빵은 100g) 1ℓ

의 와일드만플라스크에 넣어 석유에테르를 침윤될 정도로 가하고 때때로 흔들어 주면서 1~2시간 방치한다. 다음에 부흐너깔때기로 흡인하여 가급적 석유에테르를 제거하고(이 때 빵의 조직물은 가급적 여과지상에 따라 오지 않게 한다) 여과지상에 남아 있는 소량의 조직물을 물로 먼저의 와일드만플라스크에 씻어 넣어 600㎖ 로 하고 수욕상에서 인화되지 않게 주의하면서 가열한다.

이때 가끔 저어주면서 덩어리를 부셔주면서 석유에테르를 완전히 날려 보내고 식힌 후 염산을 1%정도가 되도록 넣어 약 1시간 끓이면서 가끔 부수어 주며 소화시킨다. 식힌 후에 휘발유 25㎖를 넣어 위의 일반 이물시험 중의 와일드만 라스크법에 따라 시험한다.

무거운 이물은 조작 후의 상징액을 기울여 버리고 60% 알코올로 잔류물을 비커에 옮겨 수분을 제거하고 클로로포름을 가하여 위의 일반 이물 중의 침강법에 따라 시험한다.

⑭ 통조림

검체 약 350g을 깨끗한 용기에 옮겨 관 내면을 물로 잘 씻고 다시 물로 내용물이 부서지지 않게 주의해서 충분히 씻어 이 씻은 액을 부흐너깔때기 혹은 힐슈깔때기로 흡인여과하여 여과지상의 이물을 검사한다. 만일 작은 조직이 많을 때는 씻은 액을 와일드만플라스크에 옮겨 휘발유를 가하여 위의 일반 이물 중의 와일드만 라스크법에 따라 시험하고 무거운 이물이 있을 때는 일반 이물 중의 침깅법에 따라 시험한다.

3. 유지류 신선도

1) 산가

(1) 시험법 적용범위

식용유지류, 과자류, 조미김, 유탕.유처리식품, 튀김식품, 식용유지가공품, 참깨분, 대두분, 식용번데기가공품 등에 적용한다.

(2) 분석원리

산가라 함은 지질 1g을 중화하는데 필요한 수산화칼륨의 mg수를 말하며, 산가는 지방산이 glyceride로서 결합형태로 있지 않은 유리지방산의 양을 나타낸다.

(3) 시험조작

검체 5~10g을 정밀히 달아 마개달린 삼각플라스크에 넣고 중성의 에탄올.에테르혼액(1 : 2) 100㎖를 넣어 녹인다. 이를 페놀프탈레인시액을 지시약으로 하여 엷은 홍색이 30초간 지속할 때까지 0.1N 에탄올성수산화칼륨용액으로 적정한다(다만, 검체가 착색되어 있을 때는 지시약은 1% 티몰프탈레인.알코올용액이나 2% 알칼리블루-6B 알코올 용액을 사용하던지 또는 검체를 소량으로 하여 상기 용제를 증량하여 시험한다)

산 가 $= 5.611 \times a \times f/S$

S : 검체의 채취량(g)

A : 0.1N 에탄올성 수산화칼륨용액의 소비량(㎖)

F : 0.1N 에탄올성 수산화칼륨용액의 역가

2) 비누화가

비누화가라 함은 지질 1g중의 유리산의 중화 및 에스테르의 검화에 필요한 수산화칼륨의 mg수이다. 검체 1~2g을 200㎖의 플라스크에 정밀히 달아 넣고 0.5N 수산화칼륨에탄올용액 25㎖를 정확히 가하고 이에 갈아 맞춘 작은 환류냉각관 또는 공기 냉각기로써 길이 약 75 cm, 직경 7㎜의 유리관을 달고 수욕중에서 때때로 흔들어 저으면서 30분간 가열한다. 다음 페놀프탈레인시액을 지시약으로 하여 즉시 0.5N 염산으로 과잉의 수산화칼륨을 적정한다. 따로 검체를 사용하지 않고 같은 방법으로 공시험을 한다.

비누화가 $= 28.05 \times (b-a) \times f/S$

A : 검체를 사용했을 때의 0.5N 염산의 소비량(㎖)

B : 공시험에 있어서의 0.5N 염산의 소비량(mℓ)

S : 검체의 채취량(g)

F : 0.5N 염산의 역가

3) 요오드가

요오드가라 함은 일정한 측정법으로 측정한 지질 100g에 흡수되는 할로겐의 양을 요오드의 g수로 나타낸 것이다.

(1) 하누스법

① 시액 및 시약

A. 브롬요오드시액 : 요오드 13.2g을 초산 1,000mℓ에 가온하여 녹이고 이것을 25℃로 식힌 다음 20.0mℓ를 취하여 0.1N 티오황산나트륨액으로 적정한다. 요오드용액의 나머지에 그 중에 함유되는 요오드의 양과 당량의 브롬(약 3mℓ)을 가한다. 이 액은 차광한 마개달린병에 보존한다.

② 시험조작

검체의 요오드가를 감안하여 다음 표에 따라 0.1~0.8g을 작은 유리용기에 정밀히 달고 250mℓ의 마개달린 삼각플라스크 중에 유리용기와 같이 넣는다. 클로로포름 10mℓ를 가하여 녹이고 여기에 브롬요오드시액 25mℓ를 정확히 가하고 밀전하여 잘 섞고 차광하여 30분간(요오드가가 100이상의 것은 1시간) 방치한다. 다음에 1N 요오드화칼륨액 30mℓ를 가하여 흔들어 섞고 다시 물 100mℓ를 가하여 유리한 요오드를 0.1N 티오황산나트륨액으로 적정한다(지시약 전분시액 1 mℓ). 따로 검체를 사용하지 않고 같은 방법으로 공시험을 한다.

요오드가 : 1.269×(b-a)×f/S

A : 본시험에 있어서의 0.1N 티오황산나트륨액의 소비량(mℓ)

B : 공시험에 있어서의 0.1N 티오황산나트륨액의 소비량(mℓ)

S : 검체의 채취량(g)

F : 0.1N 티오황산나트륨액의 역가

이 시험에서 만약 브롬요오드시액의 반량 이상이 소비되었을 때에는 검체를 감량하여 그 측정을 되풀이 한다.

요오드가	검체채취량(g)
120이상	0.1 ~ 0.2
60 ~ 120	0.2 ~ 0.4
60이하	0.4 ~ 0.8

(2) 위이스법

① 시액 및 시약

A. 일염화요오드시액

재승화시킨 요오드 13g을 초산 1,000㎖에 녹이고 그 일부에 대하여 티오황산나트륨액으로 적정하여 놓고, 이에 씻은 건조염소를 통하여 다시 일부에 대하여 티오황산나트륨액으로 적정하여 그 양이 최초의 적정량의 2배가 되도록 한다. 요오드는 약간 과잉의 정도로 한다. 이 시액은 마개달린갈색유리병에 넣어 파라핀으로 봉하고 사용직전에 연다. 30일 이상 지난 시액은 사용하면 안된다.

② 시험조작

검체의 요오드를 감안하여 적당량의 검체를 250㎖의 마개달린 삼각플라스크에 취하고 사염화탄소 15 ~ 20㎖를 가하고 일염화요오드시액 25㎖를 피펫으로 일정한 속도로 적가한다. 다음에 암소에 30분간(요오드가가 100이상의 것은 1시간) 방치한 다음 1N 요오드화칼륨액 20㎖ 및 물 100㎖를 가하여 흔들어 섞은 다음 유리한 요오드를 0.1N 티오황산나트륨액으로 적정한다(지시약 전분시액1㎖). 같은 방법으로 공시험을 한다. 계산은 하누스법에 따라 한다.

요오드가 : 1.269×(b-a)×f/S

A : 본시험에 있어서의 0.1N 티오황산나트륨액의 소비량(㎖)

B : 공시험에 있어서의 0.1N 티오황산나트륨액의 소비량(mℓ)

S : 검체의 채취량(g)

F : 0.1N 티오황산나트륨액의 역가

4) 과산화물가

① 시험법 적용범위

식용유지류, 조미김, 튀김식품, 유탕.유처리식품, 식용번데기가공품 등에 적용한다.

② 분석원리

과산화물가라 함은 규정의 방법에 따라 측정하였을 때 유지 1kg에 의하여 요오드화칼륨에서 유리되는 요오드의 밀리당량수(mN)이다.

③ 시험조작

검체 약 1~5g을 달아 초산.클로로포름(3 : 2) 25mℓ에 필요하면 약간 가온하여 녹이고 쓸 때에 만든 포화요오드화칼륨용액 1mℓ를 가볍게 흔들어 섞은 다음 어두운 곳에 10분간 방치하고 물 30mℓ를 가하여 세게 흔들어 섞은 다음 전분시액 1mℓ를 지시약으로 하여 0.01N 티오황산나트륨액으로 적정한다. 따로 공시험을 하여 보정한다.

과산화물가(meq/kg) = [(a-b)×f/검체의채취량(g)]×10

A : 0.01N 티오황산나트륨액의 적정수(mℓ)

B : 공시험에서의 0.01N 티오황산나트륨액의 소비량(mℓ)

F : 0.01N 티오황산나트륨액의 역가

제12장 식품위생법

12-1. 식품위생법 구성과 주요내용

제1장	총칙 : 목적, 정의, 식품 등의 취급
제2장	식품과 식품첨가물 : 위해 및 병육 등 판매금지, 기준 및 규격
제3장	기구와 용기 · 포장 : 유독기구 등 사용금지, 기준 및 규격
제4장	표시 : 표시기준, 영양표시, 허위표시 등
제5장	식품등의 공전(公典) : 식품 또는 식품첨가물공전 작성 · 보급
제6장	검사 등 : 위해평가, 위생검사, 자가품질검사 등
제7장	영업 : 시설기준, 영업허가•제한, 건강진단, 식품위생교육, 위생등급, 유효기간 등
제8장	조리사 등 : 조리사, 영양사, 결격사유, 교육 등
제9장	식품위생심의위원회 : 식품위생심의위원회 설치, 조직과 운영
제10장	식품위생단체 : 동업자조합, 식품산업협회, 식품안전정보원, 한국식품안전관리인증원
제11장	시정명령, 허가취소, 행정제재 : 시정명령과 허가취소 등 행정 제재
제12장	보칙 : 국고보조, 식중독에 관한 조사보고, 집단급식소, 포상금, 수수료 등
제13장	벌칙 : 벌칙, 양벌규정, 과태료 등
부칙	경과조치 등 : 경과조치, 적용례, 다른 법령과의 관계

1. 목적(제1조)

이 법은 식품으로 인하여 생기는 위생상의 위해(危害)를 방지하고 식품영양의 질적 향상을 도모하며 식품에 관한 올바른 정보를 제공하여 국민보건의 증진에 이바지함을 목적으로 한다.

2. 정의(제2조)

① 식품 : 모든 음식물(의약으로 섭취하는 것은 제외한다)을 말한다.

② 식품첨가물 : 식품을 제조 · 가공 · 조리 또는 보존하는 과정에서 감미(甘味), 착색(着色), 표백(漂白) 또는 산화방지 등을 목적으로 식품에 사용되는 물질을 말한다. 이 경우 기구(器具) · 용기 · 포장을 살균 · 소독하는 데에 사용되어 간접적으로 식품으로 옮아갈 수 있는 물질을 포함한다.

③ 화학적 합성품 : 화학적 수단으로 원소(元素) 또는 화합물에 분해 반응 외의 화학 반응을 일으켜서 얻은 물질을 말한다.

④ 기구 : 식품 또는 식품첨가물에 직접 닿는 기계 · 기구나 그 밖의 물건(농업과 수산업에서 식품을 채취하는 데에 쓰는 기계 · 기구나 그 밖의 물건은 제외한다)을 말한다.

-. 음식을 먹을 때 사용하거나 담는 것

-. 식품 또는 식품첨가물을 채취 · 제조 · 가공 · 조리 · 저장 · 소분(小分): 완제품을 나누어 유통을 목적으로 재포장하는 것을 말한다. 이하 같다] · 운반 · 진열할 때 사용하는 것

⑤ 용기 · 포장 : 식품 또는 식품첨가물을 넣거나 싸는 것으로서 식품 또는 식품첨가물을 주고받을 때 함께 건네는 물품을 말한다.

⑥ 위해 : 식품, 식품첨가물, 기구 또는 용기 · 포장에 존재하는 위험요소로서 인체의 건강을 해치거나 해칠 우려가 있는 것을 말한다.

⑦ 표시 : 식품, 식품첨가물, 기구 또는 용기 · 포장에 적는 문자, 숫자 또는 도형을 말한다.

⑧ 영양표시 : 식품에 들어있는 영양소의 양(量) 등 영양에 관한 정보를 표시하는 것을 말한다.

⑧ 영업 : 식품 또는 식품첨가물을 채취 · 제조 · 가공 · 조리 · 저장 · 소분 · 운반 또는 판매하거나 기구 또는 용기 · 포장을 제조 · 운반 · 판매하는 업(농업과 수산

업에 속하는 식품 채취업은 제외한다)을 말한다.

⑩ 영업자 : 영업허가를 받은 자나 영업신고를 한 자 또는 영업등록을 한 자를 말한다.

⑪ 식품위생 : 식품, 식품첨가물, 기구 또는 용기·포장을 대상으로 하는 음식에 관한 위생을 말한다.

⑫ 집단급식소 : 영리를 목적으로 하지 아니하면서 특정 다수인에게 계속하여 음식물을 공급하는 곳의 급식시설 ; 기숙사, 학교, 병원, 사회복지시설, 산업체, 공공기관, 후생기관

⑬ 식품이력추적관리 : 식품을 제조·가공단계부터 판매단계까지 각 단계별로 정보를 기록·관리하여 그 식품의 안전성 등에 문제가 발생할 경우 그 식품을 추적하여 원인을 규명하고 필요한 조치를 할 수 있도록 관리하는 것을 말한다.

⑭ 식중독 : 식품 섭취로 인하여 인체에 유해한 미생물 또는 유독물질에 의하여 발생하였거나 발생한 것으로 판단되는 감염성 질환 또는 독소형 질환을 말한다.

⑮ 집단급식소에서의 식단 : 급식대상 집단의 영양섭취기준에 따라 음식명, 식재료, 영양성분, 조리방법, 조리인력 등을 고려하여 작성한 급식계획서를 말한다.

3. 식품 취급(제3조)

① 누구든지 판매를 목적으로 식품 또는 식품첨가물은 깨끗하고 위생적으로 해야 함

② 영업에 사용하는 기구 및 용기·포장은 깨끗하고 위생적으로 다루어야 함

4. 위해식품 판매 금지(제4조)

① 썩거나 상하거나 설익은 것

② 유독·유해물질이 들어 있거나 묻어 있는 것

③ 병(病)을 일으키는 미생물에 오염된 것

④ 불결하거나 다른 물질이 섞이거나 첨가(添加)된 것

⑤ 안전성 심사 대상인 농·축·수산물이 안전성 심사를 받지 않았거나 부적합 판정한 것

⑥ 수입이 금지된 것

⑦ 영업자가 아닌 자가 제조·가공·소분한 것

5. 병든 동물 고기 판매 금지(제5조)

① 질병에 걸렸거나 질병에 걸려 죽은 동물의 고기, 뼈, 젖, 장기 및 혈액을 식품으로 판매 금지

② 식육과 도축이 금지되는 가축감염병

가. 우역(牛疫), 우폐역(牛肺疫), 구제역(口蹄疫), 탄저(炭疽), 기종저(氣腫疽), 불루텅병, 리프트계곡열, 럼프스킨병, 가성우역(假性牛疫), 소유행열, 결핵병(結核病), 브루셀라병, 요네병, 스크래피, 소해면상뇌증(海綿狀腦症), 소류코시스, 아나플라즈마병, 바베시아병, 타이레리아병

나. 돼지열병, 아프리카돼지열병, 돼지수포병, 돼지텟센병, 돼지단독, 돼지일본뇌염

다. 양두(羊痘), 수포성구내염(水疱性口內炎), 비저(鼻疽), 말전염성빈혈, 아프리카마역(馬疫), 광견병(狂犬病)

라. 뉴캣슬병, 가금콜레라, 추백리(雛白痢), 조류(鳥類)인플루엔자, 닭전염성후두기관염, 닭전염성기관지염, 가금티프스

마. 현저한 증상을 나타내는 파상풍, 농독증, 패혈증, 요독증, 황달, 수종, 종양, 중독증, 전신쇠약, 전신빈혈증, 이상고열증상, 주사반응(생물학적제제 반응)

바. 강제로 물을 먹인 가축

사. 리스테리아병, 살모넬라병, 파스튜렐라병, 선모충증

6. 식품 또는 식품첨가물에 관한 기준 및 규격(제7조)

① 식품 또는 식품첨가물에 관한 1. 제조 · 가공 · 사용 · 조리 · 보존 방법에 관한 기준, 2. 성분에 관한 규격 사항을 정하여 고시한다.

가. 식품의 기준 및 규격 : 시행 2016.9.30., 식품의약품안전처고시 제 2016-106호

나. 식품첨가물의 기준 및 규격 : 시행 2016.11.20., 식품의약품안전처고시 제 2015-85호

② 권장규격 : 기준 및 규격이 설정되지 아니한 식품 등은 잠정적으로 권장규격 설정

7. 기구와 용기 · 포장

① 유독기구 등의 판매 · 사용 금지(제8조) : 유독 · 유해물질이 들어 있거나 묻어 있어 인체의 건강을 해칠 우려가 있는 기구 및 용기 · 포장과 식품 또는 식품첨가물에 직접 닿으면 해로운 영향을 끼쳐 인체의 건강을 해칠 우려가 있는 기구 및 용기 · 포장을 판매하거나 판매할 목적으로 제조 · 수입 · 저장 · 운반 · 진열하거나 영업에 사용하여서는 아니 된다.

② 기구 및 용기 · 포장에 관한 기준 및 규격(제9조) : 기구 및 용기 · 포장에 관하여 1. 제조 방법에 관한 기준, 2. 기구 및 용기 · 포장과 그 원재료에 관한 규격의 사항을 정하여 고시한다.

가. 기구 및 용기 · 포장의 기준•규격 : 시행 2016.7.30.,식품의약품안전처고시 제2016-51호

8. 표시기준(제10조)

① 판매를 목적으로 하는 식품 또는 식품첨가물의 표시

가. 제품명, 내용량, 원재료명, 영업소 명칭 및 소재지

나. 소비자 안전을 위한 주의사항

다. 제조연월일, 유통기한 또는 품질유지기한

라. 그 밖에 식품 또는 식품첨가물에 대한 소비자의 오인·혼동을 방지하기 위하여 표시

② 기준과 규격이 정하여진 기구 및 용기·포장의 표시

가. 재질, 영업소 명칭 및 소재지

나. 소비자 안전을 위한 주의사항

다. 그 밖에 해당 기구, 용기·포장에 대한 소비자의 오인·혼동을 방지하기 위하여 표시

9. 식품의 영양표시(제11조)

① 식품 영업자는 판매하는 식품의 영양표시 기준을 지켜야 함

② 식품 등의 표시기준 : 시행 2016.12.22., 식품의약품안전처고시 제2016-146호

가. 표시대상 : 식품 또는 식품첨가물, 기구 또는 용기·포장

10. 유전자재조합식품등의 표시(제12조)

① 유전자재조합기술을 활용하여 재배·육성된 주요 원재료 식품 또는 식품첨가물은 유전자재조합식품임을 표시하여야 한다.

② 유전자변형식품등의 표시기준 : 시행 2014.4.24., 식품의약품안전처고시 제2014-114호

가. 유전자변형농수산물 : "유전자변형 ○○(농수산물 품목명)“

나. 유전자변형생물체

-. 종류 "유전자변형 ○○(농산물,수산물 등 생물체 종류)"

-. 용도 "식품용"

-. 특성 "제초제내성, 해충저항성, 가뭄저항성, 지방산조성변화 등" 승인받은 해당 특성표시

다. 유전자변형식품 : "유전자변형식품" 또는 "유전자변형 ○○포함식품" "유전자변형식품첨가물" "유전자변형 ○○포함식품첨가물"

*** 표시기준**

<table>
<tr><td>제 품 명</td><td>○○○ ○○</td><td rowspan="8">■(예시) 이 제품은 ○○○를 사용한 제품과 같은 시설에서 제조
■(타법 의무표시사항 예시) 정당한 소비자의 피해에 대해 교환, 환불
■(업체 추가표시사항 예시)서늘하고 건조한 곳에 보관
■부정.불량식품 신고 : 국번없이 1399
■(업체 추가표시사항 예시)
고객상담실 : ○○○-○○○-○○○○</td></tr>
<tr><td>식품유형</td><td>○○○(○○○○○○○*)
*기타표시사항</td></tr>
<tr><td>업소명 및 소재지</td><td>○○식품, ○○시○○구
○○로○○길</td></tr>
<tr><td>유통기한</td><td>○○년○○월○○일까지</td></tr>
<tr><td>내 용 량</td><td>○○○ g</td></tr>
<tr><td rowspan="2">원재료명</td><td>○○, ○○○○, ○○○○
○○, ○○○○○, ○○,</td></tr>
<tr><td>○○*, ○○*, ○* 함유
(*알레르기 유발물질)</td></tr>
<tr><td>성분명 및 함량</td><td>○○○(○○mg)</td></tr>
<tr><td>용기(포장)재질</td><td>○○○○○</td><td rowspan="2">영양성분*
(주표시면 표시 가능)</td></tr>
<tr><td>품목보고번호</td><td>○○○○○○○○○-○○○</td></tr>
</table>

* 내용량 허용오차(범위)

적용 분류	표시량	허용 오차	적용 분류	표시량	허용 오차
중량	50g 이하	9%	용량	50mℓ 이하	9%
	50g 초과 100g 이하	4.5g		50mℓ 초과 100mℓ 이하	4.5mℓ
	100g 초과 200g 이하	4.5%		100mℓ 초과 200mℓ 이하	4.5%
	200g 초과 300g 이하	9g		200mℓ 초과 300mℓ 이하	9mℓ
	300g 초과 500g 이하	3%		300mℓ 초과 500mℓ 이하	3%
	500g 초과 1kg 이하	15g		500mℓ 초과 1ℓ 이하	15mℓ
	1kg 초과 10kg 이하	1.5%		1ℓ 초과 10ℓ 이하	1.5%
	10kg 초과 15kg 이하	150g		10ℓ 초과 15ℓ 이하	150mℓ
	15kg 초과	1%		15ℓ 초과	1%

* 영양성분 표시서식도안

1) 총 내용량(1 포장)당

2) 100g(mℓ)당

3) 단위내용량당

* 1일 영양성분 기준치

영양성분	기준치	영양성분	기준치	영양성분	기준치
탄수화물(g)	324	크롬(μg)	30	몰리브덴(μg)	25
당류(g)	100	칼슘(mg)	700	비타민B12(μg)	2.4
식이섬유(g)	25	철분(mg)	12	비오틴(μg)	30
단백질(g)	55	비타민D(μg)	10	판토텐산(mg)	5
지방(g)	54	비타민E(mg α-TE)	11	인(mg)	700
포화지방(g)	15	비타민K(μg)	70	요오드(μg)	150
콜레스테롤(mg)	300	비타민B1(mg)	1.2	마그네슘(mg)	315
나트륨(mg)	2,000	비타민B2(mg)	1.4	아연(mg)	8.5
칼륨(mg)	3,500	나이아신(mg NE)	15	셀렌(μg)	55
비타민A(μg RE)	700	비타민B6(mg)	1.5	구리(mg)	0.8
비타민C(mg)	100	엽산(μg)	400	망간(mg)	3.0

※ Vit A, Vit D, Vit E는 기준치표에 따른 단위로 표시하되 괄호를 하여 IU단위로 표시할 수 있다.

* 영양성분 함량강조표시 세부기준

영양성분	강조표시	표시조건
열량	저	식품 100g당 40kcal미만 또는 식품 100mℓ당 20kcal미만일 때
	무	식품 100mℓ당 4kcal미만일 때
나트륨	저	식품 100g당 120mg미만일 때
	무	식품 100g당 5mg미만일 때
당류	무	식품 100g당 또는 식품 100mℓ당 0.5g미만일 때
지방	저	식품 100g당 3g미만 또는 식품 100mℓ당 1.5g미만일 때
	무	식품 100g당 또는 식품 100mℓ당 0.5g미만일 때
트랜스지방	저	식품 100g당 0.5g 미만일 때
포화지방	저	식품 100g당 1.5g미만 또는 식품 100mℓ당 0.75g미만이고, 열량의 10%미만일 때
	무	식품 100g당 0.1g미만 또는 식품 100mℓ당 0.1g미만일 때
콜레스테롤	저	식품 100g당 20mg미만 또는 식품 100mℓ당 10mg미만이고, 포화지방이 식품 100g당 1.5g미만 또는 식품 100mℓ당 0.75g미만이며, 포화지방이 열량의 10%미만일 때
	무	식품 100g당 5mg미만 또는 식품 100mℓ당 5mg미만이고, 포화지방이 식품 100g당 1.5g 또는 식품 100mℓ당 0.75g미만이며 포화지방이 열량의 10%미만일 때
식이섬유	함유 또는 급원	식품 100g당 3g 이상, 식품 100kcal당 1.5g 이상일 때 또는 1회 섭취참고량당 1일 영양성분기준치의 10% 이상일 때
	고 또는 풍부	함유 또는 급원 기준의 2배
단백질	함유 또는 급원	식품 100g당 1일 영양성분 기준치의 10% 이상, 식품 100mℓ당 1일 영양성분 기준치의 5% 이상, 식품 100kcal당 1일 영양성분 기준치의 5% 이상일 때 또는 1회 섭취참고량당 1일 영양성분기준치의 10% 이상일 때
	고 또는 풍부	함유 또는 급원 기준의 2배
비타민 또는 무기질	함유 또는 급원	식품 100g당 1일 영양성분 기준치의 15% 이상, 식품 100mℓ당 1일 영양성분 기준치의 7.5% 이상, 식품 100kcal당 1일 영양성분기준치의 5% 이상일 때 또는 1회 섭취참고량당 1일 영양성분기준치의 15% 이상일 때
	고 또는 풍부	함유 또는 급원 기준의 2배

11. 허위표시 금지(제13조)

식품의 명칭 · 제조방법, 품질 · 영양 표시, 유전자변형식품 및 식품이력추적관리 표시에 대하여 허위 · 과대 · 비방의 표시 · 광고를 금지하고, 과대포장과 식품이나 식품첨가물의 영양가 · 원재료 · 성분 · 용도에 대하여 허위표시 금지

① 질병의 예방 및 치료에 효능 · 효과가 있거나 의약품 또는 건강기능식품으로 오인 · 혼동할 우려가 있는 내용의 표시 · 광고

② 사실과 다르거나 과장된 표시 · 광고

③ 소비자를 기만하거나 오인 · 혼동시킬 우려가 있는 표시 · 광고

④ 다른 업체 또는 그 제품을 비방하는 광고

⑤ 심의를 받지 아니하거나 심의 받은 내용과 다른 내용의 표시 · 광고

12. 식품 공전

기준 등을 실은 식품 등의 공전을 작성 · 보급하여야 한다.

① 식품 또는 식품첨가물의 기준과 규격(제7조제1항)

② 기구 및 용기 · 포장의 기준과 규격(제9조제1항)

③ 식품 등의 표시기준(제10조제1항)

13. 위해평가(제15조)

① 국내외에서 유해물질이 함유되는 등 위해의 우려나 의심되는 식품의 경우에는 위해요소를 신속히 평가하여 위해식품인지를 결정하여야 한다.

② 위해평가가 끝나기 전이나 급박하게 위해할 우려가 있을 때는 일시적 판매금지

14. 유전자변형식품등의 안전성 심사(제18조)

① 유전자변형식품등을 식용(食用)으로 수입·개발·생산하는 자는 최초로 유전자변형식품을 수입하는 경우 식품의약품안전처장에게 해당 식품에 대한 안전성 심사를 받아야 한다.

② 유전자변형식품등의 안전성 심사 등에 관한 규정 : 시행 2016.10.25., 식품의약품안전처고시 제2016-117호

15. 특정 식품 등의 수입·판매 금지(제21조)

① 특정 국가 또는 지역에서 그 특정 국가 또는 지역에서 위해한 것으로 밝혀졌거나 위해의 우려가 있다고 인정되는 식품은 수입·판매를 금지할 수 있다.

② 수입식품안전관리 특별법에 따라 검사 후 식품에서 유독·유해물질이 검출된 경우에는 해당 식품의 수입을 금지한다.

16. 출입·검사·수거(제22조)

① 식품의 위해방지·위생관리와 영업질서의 유지를 위하여 필요한 조치를 할 수 있다.

가. 영업소에 출입하여 식품 또는 영업시설 등에 대한 검사

나. 검사에 필요한 최소량의 식품 무상 수거

다. 영업에 관계되는 장부 또는 서류의 열람

② 위생 관련 위해방지 업무를 효율적 수행을 위하여 관계 행정기관의 장에게 행정응원(行政應援)을 요청할 수 있다.

③ 출입·검사·수거 또는 열람하려는 공무원은 그 권한을 표시하는 증표 및 조사기간, 조사범위, 조사담당자, 관계 법령 등이 기재된 서류를 지니고 이를 관계인에게 보여야 한다.

17. 자가품질검사(제31조)

① 영업자는 제조 · 가공하는 식품이 기준과 규격에 맞는지를 검사하여야 한다.

② 영업자가 검사를 직접 행하는 것이 부적합한 경우 자가품질위탁 시험 · 검사기관에 위탁하여 검사하게 할 수 있다.

③ 검사를 직접 행하는 영업자는 검사 결과 해당 식품이 국민건강에 위해가 발생하거나 발생할 우려가 있는 경우에는 지체 없이 식품의약품안전처장에게 보고하여야 한다.

18. 식품위생감시(제32조, 제33조, 제35조)

① 식품위생감시원(제32조) : 관계 공무원의 직무와 식품위생지도를 위하여 식품의약품안전처, 특별시 · 광역시 · 특별자치시 · 도 · 특별자치도 또는 시 · 군 · 구에 식품위생감시원을 둔다.

② 소비자식품위생감시원(제33조) : 소비자단체의 임직원, 식품위생에 관한 지식이 있는 자를 소비자식품위생감시원으로 위촉할 수 있다.

가. 식품접객업을 하는 자에 대한 위생관리 상태 점검

나. 유통 중인 식품의 표시기준, 허위표시, 과대광고 금지 규정을 위반한 경우 관할 행정관청에 신고하거나 관련자료 제공

다. 식품위생감시원이 하는 식품의 수거 및 검사 지원

라. 그 밖에 식품위생에 관한 사항으로서 대통령령으로 정하는 사항

③ 소비자 위생점검 참여(제35조) : 영업자는 식품위생에 관한 전문적인 지식이 있는 자 또는 소비자단체의 장이 추천한 자로서 식품의약품안전처장이 정하는 자에게 위생관리 상태를 점검받을 수 있다.

19. 시설기준(제36조)

① 식품 또는 식품첨가물의 제조업, 가공업, 운반업, 판매업 및 보존업

② 기구 또는 용기 · 포장의 제조업

③ 식품접객업

* 업종별시설기준(제36조 관련) : **[별표 1]**

20. 영업허가(제37조)

식품 또는 식품첨가물의 제조업, 가공업, 운반업, 판매업 및 보존업, 기구 또는 용기 · 포장의 제조업, 식품접객업 영업을 하려는 자는 대통령령으로 정하는 바에 따라 영업 종류별 또는 영업소별로 식품의약품안전처장 또는 특별자치시장 · 특별자치도지사 · 시장 · 군수 · 구청장의 허가를 받아야 한다.

① 식품접객업소

가. 일반음식점 : 음식류를 조리 · 판매하는 영업으로 식사와 함께 부수적으로 음주행위가 허용되는 영업

나. 휴게음식점 : 주로 다(茶)류, 아이스크림류 등을 조리 · 판매하거나 패스트푸드점, 분식점 형태의 영업 등 음식류를 조리 · 판매하는 영업으로 음주행위가 허용되지 아니하는 영업

다. 제과점 : 빵, 떡, 과자 등을 제조 · 판매하는 영업으로 음주행위가 허용되지 않는 영업

라. 유흥주점 : 주류를 조리 · 판매하는 영업으로서 유흥종사자를 두거나 유흥시설을 설치할 수 있고 손님이 노래를 부르거나 춤을 추는 행위가 허용되는 영업

마. 단란주점 : 주류를 조리 · 판매하는 영업으로 손님이 노래를 부르는 행위가 허용되는 영업

바. 위탁급식 : 집단급식소를 설치 · 운영하는 자와의 계약에 따라 그 집단급식소에서 음식류를 조리하여 제공하는 영업

② 식품제조 · 가공업 등

가. 식품제조 · 가공업: 식품을 제조 · 가공하는 영업

나. 즉석판매제조 · 가공업: 식품을 제조 · 가공업소에서 직접 최종소비자에게 판매하는 영업

③ 식품첨가물제조업

가. 감미료 · 착색료 · 표백제 등의 화학적 합성품을 제조 · 가공하는 영업

나. 천연물질로 유용성분을 추출하는 등의 방법으로 얻은 물질을 제조 · 가공하는 영업

다. 식품첨가물의 혼합제재를 제조 · 가공하는 영업

라. 기구 및 용기 · 포장을 살균 · 소독할 목적으로 사용되어 간접적으로 식품에 이행(移行)될 수 있는 물질을 제조 · 가공하는 영업

④ 용기 · 포장류 제조업

가. 용기 · 포장지제조업: 식품 또는 식품첨가물을 넣거나 싸는 물품으로서 식품 또는 식품첨가물에 직접 접촉 되는 용기(옹기류는 제외한다) · 포장지를 제조하는 영업

나. 옹기류제조업: 식품을 제조 · 조리 · 저장할 목적으로 사용되는 독, 항아리, 뚝배기 등을 제조하는 영업

⑤ 식품소분업 등

가. 식품소분업 : 식품 또는 식품첨가물의 완제품을 나누어 유통할 목적으로 재포장 · 판매하는 영업

나. 식품판매업

-. 식용얼음판매업: 식용얼음을 전문적으로 판매하는 영업

-. 식품자동판매기영업: 식품을 자동판매기에 넣어 판매하는 영업. 다만, 유통기간이 1개월 이상인 완제품만을 자동판매기에 넣어 판매하는 경우는 제외한다.

-. 유통전문판매업: 식품 또는 식품첨가물을 스스로 제조·가공하지 아니하고 제1호의 식품제조·가공업자 또는 제3호의 식품첨가물제조업자에게 의뢰하여 제조·가공한 식품 또는 식품첨가물을 자신의 상표로 유통·판매하는 영업

-. 집단급식소 식품판매업: 집단급식소에 식품을 판매하는 영업

-. 식품등수입판매업: 식품 등을 수입하여 판매하는 영업. 다만, 식품 등의 채취·제조 또는 가공에 사용되는 기계를 수입하는 경우는 제외한다.

-. 기타 식품판매업: 총리령으로 정하는 일정 규모 이상의 백화점, 슈퍼마켓, 연쇄점 등에서 식품을 판매하는 영업

⑥ 식품운반업: 직접 마실 수 있는 유산균음료(살균유산균음료를 포함한다)나 어류·조개류 및 그 가공품 등 부패·변질되기 쉬운 식품을 위생적으로 운반하는 영업. 다만, 해당 영업자의 영업소에서 판매할 목적으로 식품을 운반하는 경우와 해당 영업자가 제조

* 가공한 식품을 운반하는 경우는 제외한다.

⑦ 식품보존업

가. 식품조사처리업: 방사선을 쬐어 식품의 보존성을 물리적으로 높이는 것을 업(業)으로 하는 영업

나. 식품냉동、냉장업: 식품을 얼리거나 차게 하여 보존하는 영업. 다만, 수산물의 냉동、냉장은 제외한다.

21. 영업허가 등의 제한(제38조)

① 다음 어느 하나에 해당하는 때에는 영업허가를 할 수 없도록 규정하고 있다.

가. 당해 영업의 시설이 시설기준에 적합하지 아니한 때

나. 식품위생법령 위반으로 영업의 허가가 취소된 후 6개월이 경과하지 아니한 경우에 그 영업장소에서 같은 종류의 영업을 하고자 하는 때, 영업시설의 전부를 철거하여 영업의 허가가 취소된 경우에는 제한요건에 해당되지 않습니다.

다. 청소년을 유흥접객원으로 고용하여 유흥행위를 함으로써 영업의 허가가 취소된 후 2년이 경과하지 아니한 경우 그 영업장소에서 식품접객업을 하고자 하는 때

라. 식품위생법령 위반으로 영업의 허가가 취소된 후 1년이 경과하지 아니한 자가 취소된 영업과 같은 종류의 영업을 하고자 하는 때

마. 청소년을 유흥접객원으로 고용하여 유흥행위를 함으로써 영업의 허가가 취소된 후 3년이 경과하지 아니한 자가 식품접객업을 하고자 하는 때

바. 위해식품등 판매, 병든 고기의 판매, 기준·규격이 고시되지 않은 화학적 합성품 등의 판매, 유독기구등의 판매 등을 이유로 영업의 허가가 취소된 후 5년이 경과되지 아니한 자가 취소된 영업과 같은 종류의 영업을 하고자 하는 때

사. 국민보건위생상 그 허가를 제한할 필요가 현저하다고 인정되어 시·도지사가 지정하여 고시하는 식품접객업의 영업에 해당되는 때

자. 영업의 허가를 받고자 하는 자가 피성년후견인이거나 파산의 선고를 받고 복권되지 않은 자인 때

② 다음 각 호의 어느 하나에 해당하는 경우에는 영업신고 또는 영업등록을 할 수 없다.

가. 등록취소 또는 영업소 폐쇄명령을 받고 6개월이 지나기 전에 같은 장소에서 같은 종류의 영업을 하려는 경우. 다만, 영업시설 전부를 철거하여 등록취소 또는 영업소 폐쇄명령을 받은 경우에는 그러하지 아니하다.

나. 청소년을 유흥접객원으로 고용하여 유흥행위를 하게 하는 행위를 위반하여 영업소 폐쇄명령을 받거나 「성매매알선 등 행위의 처벌에 관한 법률」 제4조에 따른 금지행위를 한 경우에 따라 영업소 폐쇄명령을 받은 후 1년이 지나기 전에 같은 장소에서 식품접객업을 하려는 경우

다. 등록취소 또는 영업소 폐쇄명령을 받고 2년이 지나기 전에 같은 자가 등록취소 또는 폐쇄명령을 받은 영업과 같은 종류의 영업을 하려는 경우

라. 청소년을 유흥접객원으로 고용하여 유흥행위를 하게 하는 행위를 위반하여 영업소 폐쇄명령을 받거나 「성매매알선 등 행위의 처벌에 관한 법률」 제4조에 따른 금지행위를 한 경우에 따라 영업소 폐쇄명령을 받고 2년이 지나기 전에 같은 자가 식품접객업을 하려는 경우

마. 위해식품등의 판매 등 금지, 병든 동물 고기 등의 판매 등 금지, 기준 · 규격이 고시되지 아니한 화학적 합성품 등의 판매 등 금지 또는 유독기구 등의 판매 · 사용 금지를 위반하여 등록취소 또는 영업소 폐쇄명령을 받고 5년이 지나지 아니한 자가 등록취소 또는 폐쇄명령을 받은 영업과 같은 종류의 영업을 하려는 경우

22. 영업 승계(제39조)

① 영업자가 영업을 양도하거나 사망한 경우 또는 법인이 합병한 경우에는 그 양수인 · 상속인 또는 합병 후 존속하는 법인이나 합병에 따라 설립되는 법인은 그 영업자의 지위를 승계한다.

② 다음 각 호의 어느 하나에 해당하는 절차에 따라 영업 시설의 전부를 인수한 자는 그 영업자의 지위를 승계한다. 이 경우 종전의 영업자에 대한 영업 허가 · 등록 또는 그가 한 신고는 그 효력을 잃는다.

가. 경매, 환가(換價), 압류재산의 매각

나. 그 밖에 제1호부터 제3호까지의 절차에 준하는 절차

③ 영업자의 지위를 승계한 자는 1개월 이내에 그 사실을 식품의약품안전처장 또는 특별자치시장 · 특별자치도지사 · 시장 · 군수 · 구청장에게 신고하여야 한다.

④ 승계에 관하여는 준용한다. 다만, 상속인이 피성년후견인이거나 파산선고를 받고 복권되지 아니한 자인 경우 상속받은 날부터 3개월 동안은 그러하지 아니하다.

23. 건강진단(제40조)

① 영업자 및 그 종업원은 건강진단을 받아야 한다. 다만, 다른 법령에 따라 같은 내용의 건강진단을 받는 경우에는 이 법에 따른 건강진단을 받은 것으로 본다.

② 건강진단을 받은 결과 타인에게 위해를 끼칠 우려가 있는 질병이 있다고 인정된 자는 그 영업에 종사하지 못한다.

③ 영업자는 건강진단을 받지 아니한 자나 건강진단 결과 타인에게 위해를 끼칠 우려가 있는 질병이 있는 자를 그 영업에 종사시키지 못한다.

④ 건강진단의 실시방법 등과 따른 타인에게 위해를 끼칠 우려가 있는 질병의 종류는 총리령으로 정한다.

* 영업에 종사하지 못하는 질병의 종류

가. 제1군감염병 : 콜레라, 페스트, 장티푸스, 파라티푸스, 세균성이질, 장출혈성대장균감염증

나. 결핵(비전염성인 경우를 제외한다)

다. 피부병 기타 화농성질환, 후천성면역결핍증

* 정기건강진단항목 및 그 횟수

<table>
<tr><th>대 상</th><th>건강진단 항목</th><th>횟 수</th></tr>
<tr><td rowspan="3">식품 또는 식품첨가물(화학적 합성품 또는 기구 등의 살균.소독제를 제외한다)을 채취.제조.가공. 조리.저장. 운반 또는 판매하는데 직접 종사하는 자.
다만, 영업 자 또는 종업원 중 완전 포장된 식품 또는 식품 첨가물을 운반 또는 판매하는데 종사하는 자를 제외한다.</td><td>1. 장티푸스(식품위생관련 영업 및 집단급식소 종사자에 한한다)</td><td rowspan="3">1회/년</td></tr>
<tr><td>2. 폐결핵</td></tr>
<tr><td>3. 전염성 피부질환(한센병 등 세균성 피부질환을 말한다)</td></tr>
</table>

24. 식품위생교육(제41조)

① 영업자 및 유흥종사자를 둘 수 있는 식품접객업 영업자의 종업원은 매년 식품위생에 관한 교육을 받아야 한다.

대통령령으로 정하는 위생교육을 받아야하는 영업자

가. 식품제조 · 가공업자

나. 즉석판매제조 · 가공업자

다. 식품첨가물제조업자

라. 식품운반업자

마. 식품소분 · 판매업자(식용얼음판매업자 및 식품자동판매기영업자는 제외한다)

바. 식품보존업자

사. 용기 · 포장류제조업자

자. 식품접객업자

② 영업(식품 또는 식품첨가물의 제조업, 가공업, 운반업, 판매업 및 보존업, 기구 또는 용기 · 포장의 제조업, 식품접객업)을 하려는 자는 미리 식품위생교육을 받아야 한다.

③ 교육을 받아야 하는 자가 영업에 직접 종사하지 아니하거나 두 곳 이상의 장소에서 영업을 하는 경우에는 종업원 중에서 식품위생에 관한 책임자를 지정하여 영업자 대신 교육을 받게 할 수 있다.

④ 다음 각 호의 어느 하나에 해당하는 면허를 받은 자가 식품접객업을 하려는 경우에는 식품위생교육을 받지 아니하여도 된다.

가. 조리사 면허

나. 영양사 면허

다. 위생사 면허

* 식품위생법에 의한 위생교육시간

교육대상		교육시간
신규 영업자	식품제조 · 가공업자, 즉석판매제조 · 가공업자, 식품첨가물제조업자	8시간
	식품운반업자, 식품소분 · 판매업자 식품보존업자, 용기 · 포장류제조업자	4시간
	식품접객업자	6시간
	집단급식소를 설치 · 운영하려는 자	6시간
기존 영업자	대통령령으로 정하는 위생교육을 받아야하는 영업자	3시간
	유흥주점영업의 유흥종사자	2시간
	집단급식소를 설치 · 운영하는 자	3시간

* 식품위생법」에 의한 위생교육기관

교육대상	교육기관
식품제조.가공업, 식품첨가물제조업, 식품운반업, 식품소분.판매업, 식품보존업 및 용기.포장류제조업, 위탁급식영업의 영업자, 집단급식소의 설치.운영자 또는 식품위생관리책임자	한국식품산업협회 한국외식산업협회
일반음식점영업자	한국외식산업협회
즉석판매제조.가공업 영업자 - 즉석판매제조.가공업 영업자중 추출가공업자 - 즉석판매제조.가공업 영업자중 압착식용유가공업자 - 즉석판매제조.가공업 영업자중 떡류식품가공업자	한국식품산업협회 한국추출가공식품업중앙회 한국식용유지고추가공업중앙회 한국떡류식품가공협회
휴게음식점영업자, 식품자동판매기영업자	한국휴게음식업중앙회
제과점영업자	대한제과협회
단란주점영업자	한국단란주점업중앙회
유흥주점영업자, 유흥주점영업의 유흥종사자	한국유흥음식업중앙회

* 건강기능식품 위생교육시간(건강기능식품에 관한 법률 시행규칙)

교육대상	교육시간
건강기능식품제조업	8시간
건강기능식품유통전문판매업	4시간
건강기능식품일반판매업	2시간

* 건강기능식품에 관한 법률」에 의한 위생교육기관

교육대상	교육기관
건강기능식품전문제조업, 건강기능식품벤처제조업, 건강기능식품수입업, 건강기능식품일반판매업, 건강기능식품유통전문판매업, 품질관리인으로 선임된 자	한국건강기능식품협회

⑤ 영업자는 특별한 사유가 없는 한 식품위생교육을 받지 아니한 자를 그 영업에 종사하게 하여서는 아니 된다.

⑥ 교육의 내용, 교육비 및 교육 실시 기관 등에 관하여 필요한 사항은 총리령으로 정한다.

가. 식품위생교육기관 : 식품의약품안전처장이 지정·고시하는 식품위생교육전문기관, 동업자조합 또는 한국식품산업협회

나. 식품위생교육의 내용 : 식품위생, 개인위생, 식품위생시책, 식품의 품질관리 등

다. 식품위생교육전문기관의 운영과 식품교육내용 : 식품의약품안전처장이 정함

라. 기존 영업자 및 신규 영업자 식품위생교육 시간(총리령 제1335호, 2016.11.30., 일부개정, 다음 표와 같음)

마. 교육이수자의 교육 면제(신규 2년 이내, 기존교육 1년 이내의 잔여기간 면제) : 동일업종 재창업, 다른 업종 변경, 식품자동판매기영업으로 변경하거나 병행, 동일관할구역에서 동종업종을 또 영업하거나 다른 식품업종을 개업하는 경우

바. 도서·벽지 등의 영업자 등에 대한 식품위생교육 : 교육교재를 배부 교육

사. 신규업자 교육 연기 : 창업준비 등 부득이한 경우 영업개시 후 3개월 이내 교육이수

25. 실적보고(제42조)

① 식품 또는 식품첨가물을 제조•가공하는 영업자는 총리령으로 정하는 바에 따라 식품 및 식품첨가물을 생산한 실적 등을 식품의약품안전처장 또는 시 · 도지사에게 보고하여야 한다.

가. 해당 연도 종료 후 1개월 이내에 등록관청을 거쳐 식품의약품안전처장 또는 시 · 도지사(특별자치시장 · 특별자치도지사를 제외한다)에게 보고하여야 한다.

26, 영업제한(제43조)

① 시 · 도지사는 영업 질서와 선량한 풍속을 유지하는 데에 필요한 경우에는 영업자 중 식품접객영업자와 그 종업원에 대하여 영업시간 및 영업행위를 제한할 수 있다.

② 제한 사항은 대통령령으로 정하는 범위에서 해당 시 · 도의 조례로 정한다.

특별시 · 광역시 · 특별자치시 · 도 · 특별자치도(이하 "시 · 도"라 한다)의 조례로 영업을 제한하는 경우 영업시간의 제한은 1일당 8시간 이내로 하여야 한다

27. 영업자 등의 준수사항(제44조)

① 식품접객영업자 등 대통령령으로 정하는 영업자자와 그 종업원은 영업의 위생관리와 질서유지, 국민의 보건위생 증진을 위하여 영업의 종류에 따라 다음 각 호에 해당하는 사항을 지켜야 한다.

* 대통령령으로 정하는 영업자 : 식품제조 · 가공업자, 즉석판매제조 · 가공업자, 식품첨가물제조업자, 식품운반업자, 식품소분 · 판매업자, 식품조사처리업자, 식품접객업자

가. 검사를 받지 아니한 축산물 또는 실험 등의 용도로 사용한 동물은 사용

하지 말 것

나. 포획 · 채취한 야생생물은 사용하거나 판매하지 말 것

다. 유통기한 경과된 제품 · 식품 또는 그 원재료를 판매 또는 사용하지 말 것

라. 수돗물이 아닌 지하수 등을 먹는 물 또는 식품의 조리 · 세척 등에 사용하는 경우에는 「먹는물관리법」에 따른 먹는물 수질검사기관에서 검사를 받아 마시기에 적합하다고 인정된 물을 사용할 것.

마. 위해평가가 완료되기 전까지 일시적으로 금지된 식품 등을 사용 및 운반하지 말 것

바. 식중독 발생 시 보관 또는 사용 중인 식품은 역학조사가 완료될 때까지 폐기하거나 소독 등으로 현장을 훼손하여서는 아니 되고 원상태로 보존하여야 하며, 식중독 원인규명을 위한 행위를 방해하지 말 것

사. 손님을 꾀어서 끌어들이는 행위를 하지 말 것

아. 그 밖에 영업의 원료관리, 제조공정 및 위생관리와 질서유지, 국민의 보건위생 증진 등을 위하여 총리령으로 정하는 사항(별표. 17, 식품접객업영업자 등의 준수사항)

② 식품접객영업자는 「청소년 보호법」에 따른 청소년에게 다음 각 호의 어느 하나에 해당하는 행위를 하여서는 아니 된다.

가. 청소년을 유흥접객원으로 고용하여 유흥행위를 하게 하는 행위

나.「청소년 보호법」에 따른 청소년출입 · 고용 금지업소에 청소년을 출입 혹은 고용 행위

다.「청소년 보호법」에 따른 청소년고용금지업소에 청소년을 고용하는 행위

라. 청소년에게 주류(酒類)를 제공하는 행위

③ 누구든지 영리를 목적으로 식품접객업을 하는 장소에서 손님과 함께 술을 마시거나 노래 또는 춤으로 손님의 유흥을 돋우는 접객행위(공연을 목적으로 하는 가수, 악사, 댄서, 무용수 등은 제외한다)를 하거나 다른 사람에게 그 행위를

알선하여서는 아니 된다.

④ 식품접객영업자는 유흥종사자를 고용·알선하거나 호객행위를 하여서는 아니 된다.

28. 위해식품등의 회수(제45조)

영업자는 유통중인 해당 식품(식품첨가물, 기구 또는 용기.포장)이 위해가 발생하였거나 발생할 우려가 있다고 인정되는 경우에는 지체 없이 해당 식품을 회수하여야 한다.

① 영업자는 회수계획을 미리 허가(신고)기관에 보고하고, 회수결과를 보고하여야 한다.

② 수입자가 수입한 식품인 경우는 식품의약품안전처장에게 보고하여야 한다.

③ 회수에 필요한 조치는 위해식품등 회수업무 처리지침에 따라 실시하고, 회수계획서, 회수결과보고서 등을 제출하여야 한다.

* 강제회수 절차

검사 및 단속		회수명령		회수계획 통보		홈페이지	
결과 통보		공표명령		공표결과 통보		게재요청	
단속기관	⇒	허가(신고)기관	⇒	영 업 자	⇒	허가(신고)기관	⇒

홈페이지		회수결과		회수제품		행정
게재		보고		압류.폐기		처분
식약청, 지자체	⇒	영 업 자	⇒	허가(신고)기관	⇒	허가(신고)기관

29. 식품등의 이물 발견보고(제46조)

① 영업자는 소비자로부터 판매제품에서 정상적으로 사용된 원료 또는 재료가 아닌 것으로서 섭취할 때 위생상 위해가 발생할 우려가 있거나 섭취하기에 부적합한 물질을 발견한 사실을 신고받은 경우 지체 없이 이를 허가기관장에게 보고

하여야 한다.

② 한국소비자원 및 소비자단체는 소비자로부터 이물 발견의 신고를 접수하는 경우 지체없이 이를 식품의약품안전처장에게 통보하여야 한다.

③ 시 · 도지사 또는 시장 · 군수 · 구청장은 소비자로부터 이물 발견의 신고를 접수하는 경우 이를 식품의약품안전처장에게 통보하여야 한다.

④ 식품의약품안전처장은 이물 발견의 신고를 통보받은 경우 이물혼입 원인 조사를 위하여 필요한 조치를 취하여야 한다.

⑤ 보고 대상 이물의 범위와 조사.절차 등에 관한 규정(식품의약품안전처 고시 제2016-1호)에 따라 대상 이물의 범위, 크기, 재질, 보고 방법과 원인조사 등에 필요한 사항을 규정하고 있다.

* 이물의 분류

구 분	이물의 예
동물성 이물	바퀴벌레 · 곤충 · 파리 등의 성충, 번데기, 유충, 알 및 이들의 파편, 지렁이, 머리카락(동물의 털), 기생충 및 그 알, 쥐, 뼛조각, 어류 가시 등
식물성 이물	곰팡이류, 나무조각, 지푸라기, 종이류, 씨앗 등
광물성 이물	유리조각, 쇳가루(쇳조각, 철사), 도자기 파편, 모래, 토사, 은박지 등
기타 이물	합성섬유, 비닐(포장지), 고무, 플라스틱, 벨트 조각, 탄화물 등

* 이물 보고(신고)

이물 발견 보고 · 신고		보고신고 접수, 조사기관 지정		원인조사	
영업자 또는 소비자	⇒	식약청, 지방식약청, 지자체	⇒	지방식약청, 지자체	⇒
판정		조사결과 등록 및 회신		재조사(필요시)	
지방식약청, 지자체	⇒	지방식약청, 지자체	⇒	영업자, 소비자	⇒
재조사 결과통보		행정처분			
지방식약청, 지자체	⇒	해당기관			

30. 위생등급(제47조)

① 위생등급 기준에 따라 위생관리 상태 등이 우수한 식품등의 제조·가공업소, 식품접객업소 또는 집단급식소를 우수업소 또는 모범업소로 지정할 수 있다.

② 지정한 우수업소 또는 모범업소에 대하여 관계 공무원으로 하여금 출입·검사·수거 등을 하지 아니하게 할 수 있으며, 영업자의 위생관리시설 및 위생설비시설 개선을 위한 융자 사업과 같은 음식문화 개선과 좋은 식단 실천을 위한 사업에 우선 지원 할 수 있다.

③ 우수업소 또는 모범업소로 지정된 업소가 그 지정기준에 미치지 못하거나 영업정지 이상의 행정처분을 받게 되면 지체 없이 그 지정을 취소하여야 한다.

④ 위생등급을 지정받은 식품접객영업자는 그 위생등급을 표시하여야 하며, 광고할 수 있고, 위생등급의 유효기간은 지정한 날부터 2년으로 한다.

⑤ 위생등급을 지정받은 식품접객영업자가 다음의 경우 지정을 취소나 시정할 수 있다.

가. 위생등급을 지정받은 후 그 기준에 미달하게 된 경우

나. 위생등급을 표시하지 아니하거나 허위로 표시·광고하는 경우

다. 영업정지 이상의 행정처분을 받은 경우

⑥ 우수업소 또는 모범업소의 지정 및 그 취소에 관한 사항은 식품제조.가공업소 위생관리등급제 운영지침에 따라 정한다.

* 위생등급(예: 서울특별시)

위생등급	평가점수	판정내용
AAA	90점 이상	위생관리수준 아주 우수함
AA	80점~89점	위생관리수준이 대체적으로 우수함
A	70점~79점	위생관리수준이 대체적으로 보통
등급이외	70점 미만	위생관리수준 보완 필요

- 위생등급 부여받은 업소는 식약처와 시·군·구 홈페이지에 공개
- 등급 미부여(70점 미만) 업소는 공포하거나 제제조치는 취하지 않음

※ 서울시가 시범사업 초기 A, B, C 등급체계를 운영하였으나, B, C 등급도 위생수준이 보통 이상 임에도 불구하고 소비자들의 부정적 의견이 많아 현재는 AAA, AA, A로 등급을 구분

한국(서울시)

미국(뉴욕, LA)

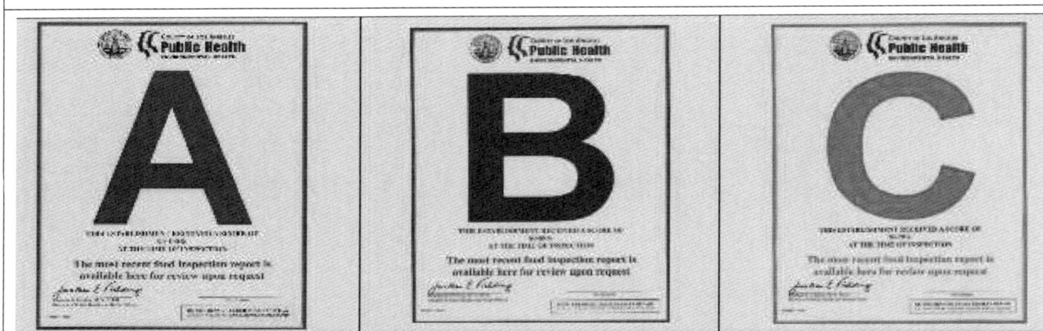

EXCELLENT	GOOD	ACCEPTABLE

31. 식품안전관리인증기준(HACCP)(제48조) [참고; 제10장 HACCP]

① 식품의약품안전처장은 식품의 원료관리 및 제조·가공·조리·소분·유통의 모든 과정에서 위해한 물질이 식품에 섞이거나 식품이 오염되는 것을 방지하기 위하여 각 과정의 위해요소를 확인·평가하여 중점적으로 관리하는 기준을 식품별로 정하여 고시할 수 있다.

가. 식품안전관리인증기준(Hazard Analysis and Critical Control Point : HACCP)"이란 식품의 원료 관리, 제조.가공.조리.소분.유통의 모든 과정에서 위해한 물질이 식품에 섞이거나 식품이 오염되는 것을 방지하기 위하여 각 과정의 위해요소를 확인.평가하여 중점적으로 관리하는 기준을 말한다.

나. 안전관리인증기준(HACCP) 적용 체계 및 운영 관리는 식품 및 축산물 안전관리인증기준(식품의약품안전처고시 제2016-30호, 2016.4.27.)에 따라 실시한다.

다. 의무적용 대상 식품 영업자는 식품별로 고시한 HACCP을 지켜야 한다.

② 식품의약품안전처장은 HACCP을 지켜야 하는 영업자와 지키기 원하는 영업자의 업소를 식품별 식품안전관리인증기준(HACCP) 적용업소로 인증할 수 있다.

③ 식품의약품안전처장은 HACCP적용업소로 인증받은 영업자에게 인증 사실을 증명하는 서류를 발급하여야 한다.

④ HACCP적용업소 영업자와 종업원은 법에서 정하는 교육훈련을 받아야 한다.

⑤ HACCP 인증을 받거나 받으려는 영업자에게 위해요소중점관리에 필요한 기술적·경제적 지원을 할 수 있다.

⑥ HACCP 인증요건·인증절차, 영업자 및 종업원에 대한 교육실시 기관, 교육훈련 방법·절차, 교육훈련비 및 기술적·경제적 지원에 필요한 사항은 총리령으로 정한다.

⑦ 식품의약품안전처장은 HACCP적용업소의 효율적 운영을 위하여 HACCP의 준수 여부 등에 관한 조사·평가를 할 수 있으며, 그 결과 HACCP적용업소가 다

음 각 호의 어느 하나에 해당하면 그 인증을 취소하거나 시정을 명할 수 있다.

가. 식품안전관리인증기준을 지키지 아니한 경우

나. 거짓이나 그 밖의 부정한 방법으로 인증을 받은 경우

다. 영업정지 2개월 이상의 행정처분을 받은 경우

라. 영업자와 그 종업원이 HACCP 교육훈련을 받지 아니한 경우

⑧ HACCP적용업소가 아닌 업소의 영업자는 HACCP적용업소라는 명칭을 사용하지 못한다.

⑨ HACCP적용업소의 영업자는 인증받은 식품을 다른 업소에 위탁하여 제조·가공하여서는 아니 된다. 다만, 위탁하려는 식품과 동일한 식품에 대하여 HACCP적용업소로 인증된 업소에 위탁한는 경우는 가능함

⑩ HACCP적용업소에 대하여 일정기간 동안 출입·검사·수거 등을 하지 않고, 영업자의 위생관리시설 및 위생설비시설 개선을 위한 융자사업에 우선지원할 수 있다.

⑪ 식품의약품안전처장은 적용업소의 공정별·품목별 위해요소의 분석, 기술지원 및 인증 등의 업무를 한국식품안전관리인증원 등 대통령령으로 정하는 기관에 위탁할 수 있다.

⑫ 식품의약품안전처장은 위탁기관에 예산의 범위에서 사용경비의 전부 또는 일부를 보조할 수 있다.

⑬ 인증 유효기간

가. HACCP인증의 유효기간은 인증을 받은 날부터 3년으로 하고, 유효기간을 연장은 총리령으로 정하는 바에 따라 식품의약품안전처장에게 연장신청을 하여야 한다.

나. 연장신청을 받았을 때에는 안전관리인증기준에 적합하다고 인정하는 경우 3년의 범위에서 그 기간을 연장할 수 있다.

⑭ 식품안전관리인증기준적용업소에 대한 조사·평가 등

가. HACCP인증받은 업소에 대하여 식품안전관리인증기준의 준수 여부와 HACCP 교육훈련 수료 여부를 연 1회 이상 조사·평가하여야 한다.

나. 조사·평가 결과 그 결과가 우수한 HACCP적용업소에 대해서는 조사·평가를 면제하는 등 행정적·재정적 지원을 할 수 있다.

다. 그 밖에 조사·평가 방법 및 절차 등에 필요한 사항은 총리령으로 정한다.

* HACCP 지정업소 현판 견본

• HACCP 적용심벌이나 현판은 제품 및 업소의 특성과 포장 재질 또는 디자인에 적합하게 다음 각 호의 예제와 기본 심벌을 참조하여 다양한 색상과 크기로 적용하여 사용할 수 있음.
• 사용장소에 맞게 현판의 크기를 조정할 수 있으나 디자인과 가로, 세로, 높이, 크기의 비는 가능한 본 견본과 같아야 한다.

* HACCP 심벌

※ 사용장소에 맞게 색상 및 크기를 조정할 수 있으나 디자인은 본 견본과 같아야 한다.

* HACCP) 의무적용 사업 ※「식품위생법 시행령」제21조 제1호의 식품제조 · 가공업체에만 해당

적용대상	적용기준	의무적용대상시기
어육가공품 중(어묵류)	• 식품공전 제5. 12. 어육가공품중 4).(1)어묵	1차(6개) : '06.12 ~ '12.12 단계별 의무적용 기준 • 1단계('06.12) : 연매출 20억원 이상으로 종업원 51인 이상 • 2단계('08.12) : 연매출 5억원 이상으로 종업원 21인 이상 • 3단계('10.12) : 연매출 1억원 이상으로 종업원 6인 이상 • 4단계('12.12) : 연매출 20억원 이상으로 종업원 5인 이하
냉동수산식품 중(어류 · 연체류, 조미가공품)	• 어류 · 연체류 : 단순 절단하거나 가공, 조미하여 냉동한 식품(빵가루 입힘 포함) • 조미가공품 : 어류 및 연체류를 주원료(50% 이상)로 하여 소스 등을 첨가, 조미하여 그대로 냉동하거나 가열 · 조리 등을 거쳐 냉동한 식품	
냉동식품 중 (피자류 · 만두류 · 면류)	• 냉동식품 중 피자류 · 만두류 · 면류 : 식품공전 제5. 2. 빵 또는 떡류 중 4)(1) 피자, (3) 만두류 및 15. 면류를 냉동한 제품	
과자류 중 빙과류	• 식품공전 제5. 1. 과자류 중 4)(4)빙과류	
비가열음료	• 식품공전 제5. 18-1. 과일 · 채소류음료중 비가열 제품 및 비가열함유제품	
레토르트식품	• 식품공전 제3. 2.의 레토르트식품에 해당하는 제품	
김치류중(배추김치)	• 식품공전 23. 김치류중 4)(2) 배추김치	2차(1개) : '08.12 ~ '14.12
과자류 중 (과자 · 캔디류)	• 식품공전 제5. 1. 과자류 중 4)(1)과자류, (2)캔디류	3차(8개) : '14.12 ~ '20.12 단계별 의무적용 기준 • 1단계('14.12) : 연매출 20억원 이상으로 종업원 51인 이상 • 2단계('16.12) : 연매출 5억원 이상으로 종업원 21인 이상 • 3단계('18.12) : 연매출 1억원 이상으로 종업원 6인 이상 • 4단계('20.12) : 연매출 20억원 이상으로 종업원 5인 이하
빵 또는 떡류 중 (빵류 · 떡류)	• 식품공전 제5. 2. 빵 또는 떡류 중 4)(1)빵 류,(2)떡류	
코코아가공품 또는 초콜릿류 중(초콜릿류)	• 식품공전 제5. 3. 코코아가공품 또는 초콜릿류 중 4)(2)초콜릿류	
어육가공품 중 (어육소시지)	• 식품공전 제5. 12. 어육가공품중 4).(2)어육 소시지	
음료류	• 식품공전 제5. 18. 음료류에 해당하는 제품	
즉석섭취 · 편의식품류 중(즉석섭취식품)	• 식품공전 제5. 29-18 과일 · 채소류음료 중 4)(1)즉석섭취식품	
면류 중 (국수 · 유탕면류)	• 식품공전 제5. 15. 면류 중(1)국수, (4)유탕면류	
특수용도식품	• 식품공전 제5. 19.의 특수용도식품에 해당하는 제품	
연 매출 100억 이상인 업체에서 제조·가공하는 식품		'17.12

* HACCP 적용 대상 품목

1. 어육가공품 중 어묵류
2. 냉동수산식품 중 어류.연체류.패류.갑각류.조미가공품
3. 냉동식품 중 기타 빵 또는 떡류.면류.일반가공식품의 기타가공품
4. 빙과류
5. 집단급식소의 조리식품
6. 도시락류
7. 비가열음료
8. 레토르트식품
9. 김치절임식품 중 김치류.절임류.젓갈류
10. 특수영양식품 중 영아용(성장기용) 조제식, 영.유아용 곡류조제식, 기타 영.유아식(주스류)
11. 두부류 또는 묵류
12. 저산성 통.병조림 중 굴통조림
13. 건포류
14. 드레싱
15. 빵 또는 떡류 중 빵, 케이크류
16. 생식류
17. 고춧가루
18. 면류 중 국수.냉면.당면.유탕면류
19. 신선편의식품
20. 단순 전처리 식품(자연상태의 농.임산물 또는 박피 등을 거친 농.임산물을 세척, 절단 등의 가공공정을 거쳐 포장한 식품)
21. 기타가공품(자연상태의 농.임산물 또는 박피.세척.절단 등의 가공공정을 거친 농.임산물을 식품가물을 사용하여 소독 등의 공정을 거쳐 포장한 식품이거나, 자연상태의 농.임산물 또는 박피.세척.절단 등의 가공 공정을 거친 농.임산물을 가열.건조 등의 공정을 거쳐 포장한 나물류 등)
22. 냉장수산물가공품(수산물을 내장 제거, 세척, 절단 등의 가공 공정을 거쳐 냉장한 식품)
23. 기타 식품판매업소 판매식품
24. 식품접객업소(일반음식점 · 휴게음식점.제과점)의 조리.제조식품
25. 식품소분업소의 소분식품(HACCP 적용 품목을 소분한 경우에 한한다.)
26. 과자류
27. 음료류
28. 다류
29. 주류(탁주)
30. 건강기능식품
31. 집단급식소식품판매업소의 단순전처리식품(자연상태 농.임산물 또는 박피 등을 거친 농.임산물을 세척, 절단 등의 가공 공정을 거쳐 포장한 식품)

32. 식품이력추적관리(제49조)

① 식품이력추적관리 등록기준

가. 식품을 제조·가공 또는 판매하는 자 중 식품이력추적관리를 하려는 자는 등록 기준(식품 및 건강기능식품이력추적관리기준(식품의약품안전처 고시 제2013-242호)을 갖추어 해당 식품을 식품의약품안전처장에게 등록할 수 있다.

나. 다만, 영유아식 및 건강기능식품 제조·가공업자, 일정 매출액·매장면적 이상의 식품판매업자는 반드시 식품의약품안전처장에게 등록하여야 한다.

다. 식품이력추적관리 등록한 식품을 제조·가공 또는 판매하는 자는 식품이력추적관리에 필요한 기록의 작성·보관 및 관리 등에 관하여 식품의약품안전처장이 정하여 고시하는 기준(식품 및 건강기능식품이력추적관리기준)을 지켜야 한다.

라. 등록사항이 변경된 경우 등록한 자는 변경사유가 발생한 날부터 1개월 이내에 신고

마. 등록한 식품에는 식품이력추적관리의 표시를 할 수 있다.

바. 식품의약품안전처장은 등록한 자에 대하여 식품이력추적관리기준의 준수 여부 등을 3년마다 조사·평가하여야 한다. 다만, 영유아식 및 건강기능식품 제조·가공업자, 일정 매출액·매장면적 이상의 식품판매업자 등록한 자는 2년 마다 조사·평가하여야 한다.

사. 등록자에게 예산의 범위에서 식품이력추적관리에 필요한 자금을 지원할 수 있다.

아. 등록자가 식품이력추적관리기준을 지키지 않으면 등록취소나 시정을 명할 수 있다.

자. 식품이력추적관리의 등록절차, 등록사항, 등록취소 등의 기준 및 조사·평가, 그 밖에 등록에 필요한 사항은 총리령으로 정한다.

* 식품이력추적관리의 표시기준(제6조 관련)

•표시방법 : 제품의 크기, 포장 재질, 디자인 등을 고려 색상 및 크기를 조정할 수 있다.

•표지도표 바로 아래 또는 바로 옆에는 "www.tfood.go.kr"에서 식품이력추적관리번호를 입력하시면 식품의 정보를 확인하실 수 있습니다."라는 문구를 병행하여 표시할 수 있다.

예시)

"www.tfood.go.kr"에서 식품이력추적관리번호를 입력하시면 식품의 정보를 확인하실 수 있습니다.

* 식품이력추적관리 등록

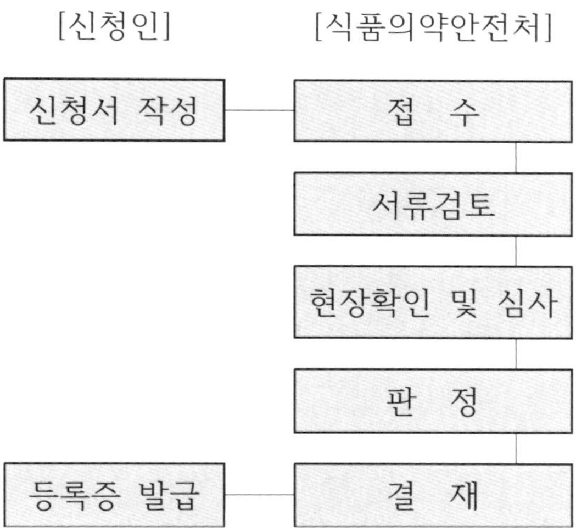

[구비서류]

• 식품이력추적관리 등록신청서 1부
• 식품품목제조보고서(유통전문판매업는 수탁자식품품목제조보고서) 사본 또는 식품수입신고필증 사본 각 1부
• 식품이력추적관리계획서 1부

* 접수 · 처리 : 총 40일

② 식품이력추적관리정보의 기록 · 보관 등

가. 등록자는 식품이력추적관리기준에 따른 식품이력추적관리정보를 전산기록장치에 기록 · 보관하여야 한다.

나. 등록자는 식품이력추적관리정보의 기록을 해당 제품의 유통기한 등이 경과한 날부터 2년 이상 보관하여야 한다.

다. 등록자는 기록 · 보관된 정보가 식품이력추적관리시스템에 연계되도록 협조 하여야 한다.

③ 식품이력추적관리시스템의 구축 등

가. 식품의약품안전처장은 식품이력추적관리시스템을 구축·운영하고, 식품이력추적관리시스템과 식품이력추적관리정보가 연계되도록 하여야 한다.

나. 식품이력추적관리시스템에 연계된 정보 중 총리령으로 정하는 정보는 소비자 등이 인터넷 홈페이지를 통하여 쉽게 확인할 수 있도록 하여야 한다.

다. 정보는 해당 제품의 유통기한 또는 품질유지기한이 경과한 날부터 1년 이상 확인할 수 있도록 하여야 한다.

라. 누구든지 연계된 정보를 식품이력추적관리 목적 외에 사용하여서는 아니 된다.

33. 조리사, 영양사

1) 조리사(제51조)

① 조리사를 두어야 하는 영업 등 : 단급식소 운영자와 대통령령으로 정하는 식품접객업자는 조리사(調理士)를 두어야 하며 다음 각 호에 해당하는 식품접객영업자 및 집단급식소 운영자로 한다.

가. 식품접객업(휴게음식점영업, 일반음식점영업, 단란주점영업, 유흥주점영업, 위탁급식영업, 제과점영업) 중 복어를 조리·판매하는 영업을 하는 자

나. 다음 각 목의 집단급식소 운영자

다. 국가 및 지방자치단체

라. 학교, 병원 및 사회복지시설

마. 공기업 중 보건복지부장관이 지정하여 고시하는 기관

바. 「지방공기업법」에 따른 지방공사 및 지방공단

사 특별법에 따라 설립된 법인

② 다음 각 호의 어느 하나에 해당하는 자가 두는 영양사가 조리사 면허를 받

은 자인 경우에는 조리사를 따로 두지 아니할 수 있다.

가. 복어를 조리·판매하는 영업자

나. 영양사를 두어야 하는 집단급식소를 설치·운영하는 자

③ 조리사를 두지 않아도 되는 영업 등 : 다음 각 호의 어느 하나에 해당하는 경우에는 조리사를 두지 아니하여도 된다.

가. 집단급식소 운영자 또는 식품접객영업자 자신이 조리사로서 직접 음식물을 조리하는 경우

나. 1회 급식인원 100명 미만의 산업체인 경우

다. 조리사를 두어야하는 식품접객업소 영양사가 조리사의 면허를 받은 경우

④ 조리사 직무 : 집단급식소에 근무하는 조리사는 다음 각 호의 직무를 수행한다.

가. 집단급식소에서의 식단에 따른 조리업무 [식재료의 전(前)처리에서부터 조리, 배식 등의 전 과정을 말한다]

나. 구매식품의 검수 지원

다. 급식설비 및 기구의 위생·안전 실무

라. 그 밖에 조리실무에 관한 사항

2) 영양사(제52조)

① 영양사를 두지 않아도 되는 영업 집단급식소 등 : 집단급식소 운영자는 영양사(營養士)를 두어야 한다. 다만, 다음 각 호의 어느 하나에 해당하는 경우에는 영양사를 두지 아니하여도 된다.

가. 집단급식소 운영자 자신이 영양사로서 직접 영양 지도를 하는 경우

나. 1회 급식인원 100명 미만의 산업체인 경우

다. 조리사가 영양사의 면허를 받은 경우

② 영양사를 두어야 할 집단급식소 등 : 영양사를 두어야 하는 집단급식소는 다음 각 목의 운영자가 설립·운영하는 집단급식소로 한다.

가. 국가 및 지방자치단체

나. 학교, 병원 및 사회복지시설

다. 「공공기관의 운영에 관한 법률」 제5조제3항제1호에 따른 공기업 중 보건복지부장관이 지정하여 고시하는 기관

라. 「지방공기업법」에 따른 지방공사 및 지방공단

마. 특별법에 따라 설립된 법인

③ 집단급식소에 두는 조리사가 영양사 면허를 받은 자인 경우에는 영양사를 따로 두지 아니할 수 있다.

④ 영양사 직무 : 집단급식소에 근무하는 영양사는 다음 각 호의 직무를 수행한다.

가. 집단급식소에서의 식단 작성, 검식(檢食) 및 배식관리

나. 구매식품의 검수(檢受) 및 관리

다. 급식시설의 위생적 관리

라. 집단급식소의 운영일지 작성

마. 종업원에 대한 영양 지도 및 식품위생교육

3) 조리사의 면허(제53조)

① 조리사가 되려는 자는 「국가기술자격법」에 따라 해당 기능분야의 자격을 얻은 후 특별자치시장·특별자치도지사·시장·군수·구청장의 면허를 받아야 한다.

② 제1항에 따른 조리사의 면허 등에 관하여 필요한 사항은 총리령으로 정한다.

가. 조리사의 면허를 받으려는 자는 별지 제60호서식의 조리사 면허증 발급·

재발급 신청서에 다음 각 호의 서류를 첨부하여 특별자치시장 · 특별자치도지사 · 시장 · 군수 · 구청장에게 제출하여야 한다.

나. 이 경우 특별자치시장 · 특별자치도지사 · 시장 · 군수 · 구청장은 「전자정부법」 제36조제1항에 따른 행정정보의 공동이용을 통하여 조리사 국가기술자격증을 확인하여야 하며, 신청인이 그 확인에 동의하지 아니하는 경우에는 국가기술자격증 사본을 첨부하도록 하여야 한다.

-. 사진 2장(최근 6개월 이내, 탈모 상반신 가로 3cm, 세로 4cm의 사진)

-. 정신질환자가 아님을 증명하는 의사의 진단서 또는 전문의가 조리사로서 적합하다고 인정하는 사람임을 증명하는 전문의의 진단서

-. 감염병환자 및 마약이나 그 밖의 약물 중독자에 해당하는 사람이 아님을 증명하는 의사의 진단서

다. 특별자치시장 · 특별자치도지사 · 시장 · 군수 · 구청장은 조리사의 면허를 한 때에는 별지 제61호서식의 조리사명부에 기록하고 별지 제62호서식의 조리사 면허증을 발급하여야 한다.

4) 결격사유(제54조)

다음 각 호의 어느 하나에 해당하는 자는 조리사 면허를 받을 수 없다.

① 정신질환자(정신병 · 인격장애 · 알코올 및 약물중독, 기타 비정신병적정신장애), 다만, 전문의가 조리사로서 적합하다고 인정하는 자는 그러하지 아니하다.

② 감염병환자, 다만, B형간염환자는 제외한다.

③ 마약이나 그 밖의 약물 중독자

④ 조리사 면허의 취소처분을 받고 그 취소된 날부터 1년이 지나지 아니한 자

5) 명칭 사용 금지(제55조)

조리사가 아니면 조리사라는 명칭을 사용하지 못한다.

6) 교육(제56조)

① 식품의약품안전처장은 식품위생 수준 및 자질의 향상을 위하여 필요한 경우 조리사와 영양사에게 교육(조리사의 경우 보수교육을 포함한다)을 받을 것을 명할 수 있다. 다만, 집단급식소에 종사하는 조리사와 영양사는 2년마다 교육을 받아야 한다.

② 교육의 대상자 · 실시기관 · 내용 및 방법 등에 관하여 필요한 사항은 총리령으로 정한다.

③ 식품의약품안전처장은 교육 등 업무의 일부를 대통령령으로 정하는 바에 따라 관계 전문기관이나 단체에 위탁할 수 있다.

④ 교육업무를 위탁받은 전문기관 또는 단체는 조리사 및 영양사에 대한 교육을 실시하고, 교육이수자 및 교육시간 등 교육실시 결과를 보건복지부장관에게 보고하여야 한다.

⑤ 위탁 교육기관은 다음 각 호의 내용에 대한 교육을 실시한다.

* 조리사 보수교육, 영양사 교육

교육내용	교육시간
▪ 식품위생법령 및 시책 ▪ 집단급식 위생관리 ▪ 식중독 예방 및 관리를 위한 대책 ▪ 조리사 및 영양사의 자질향상에 관한 사항 ▪ 그 밖에 식품위생을 위하여 필요한 사항	6시간

* 교육 미이수 및 과태료

위반행위	근거 법령	과태료금액		
		1차위반	2차위반	3차위반
위생법 제56조제1항(교육)	법 제101조제2항제7호	20만원	40만원	60만원

34. 식품위생심의위원회(제57조, 제58조)

① 식품위생심의위원회의 설치 ; 식품의약품안전처장의 자문에 응하여 다음 각 호의 사항을 조사·심의하기 위하여 식품의약품안전처에 식품위생심의위원회를 둔다.

가. 식중독 방지에 관한 사항

나. 농약·중금속 등 유독·유해물질 잔류 허용 기준에 관한 사항

다. 식품등의 기준과 규격에 관한 사항

라. 그 밖에 식품위생에 관한 중요 사항

② 의위원회의 조직과 운영 : 위원장 1명과 부위원장 2명을 포함한 100명 이내의 위원으로 구성

③ 심의위원회의 위원은 다음 각 호의 어느 하나에 해당하는 사람 중에서 식품의약품안전처장이 임명하거나 위촉한다. 다만, 시민단체의 추천을 받은 사람을 전체 위원의 3분의 1 이상 위촉하고, 식품위생 관계 공무원과 동업자조합 또는 한국식품산업협회의 추천을 받은 사람을 합하여 전체 위원의 3분의 1 이상 위촉하여야 한다.

가. 식품위생 관계 공무원

나. 식품등에 관한 영업에 종사하는 사람

다. 시민단체의 추천을 받은 사람

라. 식품위생단체의 동업자조합 또는 한국식품산업협회의 추천을 받은 사람

마. 식품위생에 관한 학식과 경험이 풍부한 사람

④ 심의위원회 위원의 임기는 2년으로 하되, 공무원인 위원은 그 직위에 재직하는 기간 동안 재임한다. 다만, 위원이 궐위된 경우 그 보궐위원의 임기는 전임위원 임기의 남은 기간으로 한다.

⑤ 심의위원회에 식품등의 국제 기준 및 규격을 조사·연구할 연구위원을 둘

수 있다. 연구위원의 업무는 다음 각 호와 같다.

가. 국제식품규격위원회에서 제시한 기준 · 규격 조사 · 연구

나. 국제식품규격의 조사 · 연구에 필요한 외국정부, 관련 소비자단체 및 국제기구와 상호협력

다. 외국의 식품의 기준 · 규격에 관한 정보 및 자료 등의 조사 · 연구

라. 그 밖에 제1호부터 제3호까지에 준하는 사항으로서 대통령령으로 정하는 사항

35. 식품위생단체

1) 동업자조합(제59조~제63조)

① 설립 : 영업자는 영업의 발전과 국민보건 향상을 위하여 영업 또는 식품의 종류별로 동업자조합을 설립할 수 있고, 조합은 법인으로 한다.

가. 조합 설립은 조합원 자격이 있는 자 10분의 1(20명을 초과하면 20명으로 한다) 이상의 발기인이 정관을 작성하여 식품의약품안전처장의 설립인가를 받는다.

나. 조합은 설립인가를 받는 날에 성립되고, 조합은 정관에 따라 하부조직을 둔다.

② 조합의 사업 : 조합은 다음 각 호의 사업을 한다.

가. 영업의 건전한 발전과 조합원 공동의 이익을 위한 사업

나. 조합원의 영업시설 개선에 관한 지도

다. 조합원을 위한 경영지도

라. 조합원과 그 종업원을 위한 교육훈련

마. 조합원과 그 종업원의 복지증진을 위한 사업

바. 식품의약품안전처장이 위탁하는 조사 · 연구 사업

사. 조합원의 생활안정과 복지증진을 위한 공제사업

자. 가호에서부터 마호까지에 규정된 사업의 부대사업

-. 공제사업 : 조합은 조합원의 생활안정과 복지증진을 도모하기 위하여 식품의약품안전처장의 인가를 받아 공제회를 설치하여 공제사업을 영위할 수 있다.

-. 공제회 구성원 : 공제사업에 필요한 출자금을 납부

-. 공제회 설치 : 설치인가 절차, 운영 등에 관하여 필요한 사항은 대통령령으로 정함

-. 공제조합규정 : 조합이 공제사업을 하고자 하는 때에는 공제회원의 자격에 관한 사항, 출자금의 부담기준, 공제방법, 공제사업에 충당하기 위한 책임준비금 및 비상위험준비금 등 공제회의 운영에 관하여 필요한 사항을 포함하는 공제규정을 정하여 식품의약품안전처장의 인가를 받아야 한다. 공제규정을 변경하고자 하는 때에도 또한 같다.

③ 공제사업의 내용 : 공제회는 다음 각 호의 사업을 한다.

가. 공제회원에 대한 공제급여 지급

나. 공제회원의 복리ㆍ후생 향상을 위한 사업

다. 기금 조성을 위한 사업

라. 식품위생 영업자의 경영개선을 위한 조사ㆍ연구 및 교육 사업

마. 식품위생단체 등의 법인에의 출연

바. 공제회의 목적달성에 필요한 대통령령으로 정하는 수익사업

④ 공제회에 대한 감독

가. 식품의약품안전처장은 공제사업에 대하여 감독상 필요한 경우 : 업무에 관한 사항을 보고, 자료의 제출, 소속 공무원으로 하여금 장부ㆍ서류 및 그 밖의 물건을 검사

나. 조사 또는 검사하는 공무원 : 권한을 표시하는 증표 및 조사기간, 조사범

위, 조사담당자, 관계 법령 등 대통령령으로 정하는 사항이 기재된 서류를 관계인에게 보여주어야 한다.

다. 운영 불량 : 식품의약품안전처장은 조합의 공제사업 운영이 부적정, 자산상황이 불량, 공제회원 등의 권익을 해칠 우려가 있을 경우 업무집행방법 및 자산예탁기관의 변경, 무가치한 자산의 손실처리 등 필요한 조치를 명할 수 있다.

라. 징계 : 조합이 개선명령을 이행하지 않을 경우 식품의약품안전처장은 조합의 임직원의 징계·해임을 요구할 수 있다.

⑤ 대의원회 : 조합원이 500명을 초과하는 조합은 정관으로 정하는 바에 따라 총회를 갈음할 수 있는 대의원회를 둘 수 있다. 대의원은 조합원이어야 한다.

⑥「민법」의 준용 : 조합에 관하여 이 법에서 규정하지 아니한 것에 대하여는「민법」중 사단법인에 관한 규정을 준용한다.

⑦ 자율지도원 등 : 조합은 조합원의 영업시설 개선과 경영에 관한 지도사업 등을 효율적으로 수행하기 위하여 자율지도원을 둘 수 있고, 조합의 관리 및 운영 등에 필요한 기준은 대통령령으로 정한다.

2) 식품산업협회(제64조~제66조)

① 설립 : 식품산업의 발전과 식품위생의 향상을 위해 한국식품산업협회를 설립한다. 설립되는 협회는 법인으로 한다.

가. 협회의 회원이 될 수 있는 자는 영업자 중 식품 또는 식품첨가물을 제조·가공·운반·판매·보존하는 자 및 그 밖에 식품 관련 산업을 운영하는 자로 한다.

나. 협회에 관하여 이 법에서 규정하지 아니한 것에 대하여는「민법」중 사단법인에 관한 규정을 준용한다.

② 협회의 사업 : 협회는 다음 각 호의 사업을 한다.

가. 식품산업에 관한 조사 · 연구

나. 식품 및 식품첨가물과 그 원재료(原材料)에 대한 시험 · 검사 업무

다. 식품위생과 관련한 교육

라. 영업자 중 식품이나 식품첨가물을 제조 · 가공 · 운반 · 판매 및 보존하는 자의 영업시설 개선에 관한 지도

마. 회원을 위한 경영지도

바. 식품안전과 식품산업 진흥 및 지원 · 육성에 관한 사업

사. 가호부터 마호까지에 규정된 사업의 부대사업

③ 준용 : 협회에 관하여는 제63조제1항을 준용한다. 이 경우 "조합"은 "협회"로, "조합원"은 "협회의 회원"으로 본다.

3) 식품안전정보원(제67조~제70조)

① 식품안전정보원의 설립

가. 식품의약품안전처장의 위탁을 받아 식품이력추적관리업무와 식품안전에 관한 업무 중 국내외 식품안전정보의 수집 · 분석 · 정보제공 등에 관한 업무를 효율적으로 수행하기 위하여 식품안전정보원(이하 "정보원"이라 한다)를 둔다.

나. 정보원은 법인으로 하고, 정보원에 관하여 이 법에서 규정된 것 외에는 「민법」 중 재단법인에 관한 규정을 준용한다.

② 정보원의 사업 : 정보원은 다음 각 호의 사업을 한다.

가. 국내외 식품안전정보 수집 · 분석 · 정보제공, 식품안전정책 수립지원을 위한 조사 · 연구

나. 식품안전정보의 수집 · 분석 및 식품이력추적관리를 위한 정보시스템의 구축 · 운영 등

다. 식품이력추적관리의 등록 · 관리 등

라. 식품이력추적관리에 관한 교육 및 홍보

마. 식품사고가 발생 시 신속한 원인규명과 해당 식품의 회수·폐기 등을 위한 정보제공

바. 식품위해정보의 공동 활용 및 대응을 위한 기관·단체·소비자단체 등과의 협력 네트워크 구축·운영

사. 소비자 식품안전 관련 신고의 안내·접수·상담 등을 위한 지원

자. 그 밖에 식품안전정보 및 식품이력추적관리에 관한 사항으로서 식품의약품안전처장이 정하는 사업

차. 식품의약품안전처장은 정보원의 설립·운영 등에 필요한 비용을 지원할 수 있다.

③ 사업계획서 등의 제출

가. 정보원은 총리령으로 정하는 바에 따라 매 사업연도 개시 전에 사업계획서와 예산서를 식품의약품안전처장에게 제출하여 승인을 받아야 한다.

나. 정보원은 식품의약품안전처장이 지정하는 공인회계사의 검사를 받은 매 사업연도의 세입·세출결산서를 식품의약품안전처장에게 제출하여 승인을 받아 결산을 확정한 후 그 결과를 다음 사업연도 5월 말까지 국회에 보고하여야 한다.

④ 지도·감독

가. 식품의약품안전처장은 정보원에 대하여 감독상 필요한 때에는 그 업무에 관한 사항을 보고하게 하거나 자료의 제출, 그 밖에 필요한 명령을 할 수 있고, 소속 공무원으로 하여금 그 사무소에 출입하여 장부·서류 등을 검사하게 할 수 있다.

나. 출입·검사를 하는 공무원은 그 권한을 표시하는 증표 및 조사기간, 조사범위, 조사담당자, 관계 법령 등 대통령령으로 정하는 사항이 기재된 서류를 지니고 이를 관계인에게 내보여야 한다.

다. 정보원에 대한 지도·감독에 관하여 그 밖에 필요한 사항은 총리령으로 정한다.

4) 한국식품안전관리인증원(제70조의2 ~ 제70조의6)

① 한국식품안전관리인증원의 설립

가. 식품의약품안전처장은 식품안전관리인증기준적용업소의 공정별·품목별 위해요소의 분석, 기술지원 및 인증 등의 업무를 효율적으로 수행하기 위하여 한국식품안전관리인증원(이하 "식품인증원"이라 한다)을 설립한다.

나. 식품인증원은 법인으로 하고, 식품인증원에 관하여 이 법에서 규정된 것 외에는「민법」중 재단법인에 관한 규정을 준용한다.

다. 그 밖에 식품인증원의 조직 및 운영 등에 필요한 사항은 대통령령으로 정한다.

② 사업

식품인증원은 식품의약품안전처장으로부터 다음 각 호의 사업을 위탁받아 수행한다.

가. 식품안전관리인증기준적용업소 등에 대한 기술지원

나. 식품안전관리인증기준적용업소 인증

다. 식품안전관리인증기준과 관련된 전문인력의 양성 및 교육·훈련

라. 식품안전관리인증기준적용업소의 공정별·품목별 위해요소 분석

마. 식품안전관리인증기준에 관한 정보의 수집·제공 및 홍보

바. 식품안전관리인증기준에 관한 조사·연구사업

사. 그 밖에 식품안전관리에 관한 사항으로서 식품의약품안전처장이 정하는 사업

③ 사업계획서 등의 제출

가. 식품인증원의 사업연도는 정부의 회계연도에 따른다.

나. 식품인증원은 총리령으로 정하는 바에 따라 매 사업연도 개시 전에 사업계획서와 예산서를 식품의약품안전처장에게 제출하여 승인을 받아야 한다. 이를 변경하고자 할 때에도 또한 같다.

④ 준용 : 식품의약품안전처장의 식품인증원에 대한 지도·감독 등에 관하여는 제70조를 준용한다. 이 경우 "정보원"은 "식품인증원"으로 본다.

⑤ 벌칙적용에서의 공무원 의제 : 식품인증원의 임직원은 「형법」 제129조부터 제132조까지의 규정을 적용할 때에는 공무원으로 본다.

36. 건강 위해가능 영양성분 관리(제70조의7 ~ 제70조의10)

1) 건강 위해가능 영양성분 관리

① 국가 및 지방자치단체는 식품의 나트륨, 당류, 트랜스지방 등 영양성분(이하 "건강 위해가능 영양성분"이라 한다)의 과잉섭취로 인한 국민보건상 위해를 예방하기 위하여 노력하여야 한다.

② 식품의약품안전처장은 관계 중앙행정기관의 장과 협의하여 건강 위해 가능 영양성분 관리 기술의 개발·보급, 적정섭취를 위한 실천방법의 교육·홍보 등을 실시하여야 한다.

③ 건강 위해가능 영양성분의 종류는 대통령령으로 정한다.

* 건강 위해가능 영양성분의 종류

가. 나트륨

나. 당류

다. 트랜스지방

2) 건강 위해가능 영양성분 관리 주관기관 설립 · 지정

① 식품의약품안전처장은 건강 위해가능 영양성분 관리를 위하여 다음 각 호의 사업을 주관하여 수행할 기관(이하 "주관기관"이라 한다)을 설립하거나 건강 위해가능 영양성분 관리와 관련된 사업을 하는 기관 · 단체 또는 법인을 주관기관으로 지정할 수 있다.

가. 건강 위해가능 영양성분 적정섭취 실천방법 교육 · 홍보 및 국민 참여 유도

나. 건강 위해가능 영양성분 함량 모니터링 및 정보제공

다. 건강 위해가능 영양성분 줄인 급식과 외식, 가공식품 생산 및 구매 활성화

라. 건강 위해가능 영양성분 관리 실천사업장 운영 지원

마. 그 밖에 식품의약품안전처장이 필요하다고 인정하는 건강 위해가능 영양성분 관리사업

② 식품의약품안전처장은 주관기관에 대하여 예산의 범위에서 설립 · 운영 및 사업을 수행하는 데 필요한 경비의 전부 또는 일부를 지원할 수 있다.

③ 사업을 수행하기 위하여 설립되는 주관기관은 법인으로하고, 이 법에서 규정된 것을 제외하고는「민법」중 재단법인에 관한 규정을 준용한다.

④ 식품의약품안전처장은 지정된 주관기관이 다음에 해당하는 경우 지정을 취소한다

가. 거짓이나 그 밖의 부정한 방법으로 지정을 받은 경우

나. 지정기준에 적합하지 아니하게 된 경우

⑤ 주관기관의 설립, 지정 및 지정 취소 기준 · 절차에 필요한 사항은 대통령령으로 정한다.

3) 사업계획서 등의 제출

① 주관기관은 총리령으로 정하는 바에 따라 전년도의 사업 실적보고서와 해당

연도의 사업계획서를 작성하여 식품의약품안전처장에게 제출하여야 한다.

4) 지도 · 감독 등

① 식품의약품안전처장은 주관기관에 대하여 감독상 필요한 때에는 그 업무에 관한 사항을 보고하게 하거나 자료의 제출, 그 밖에 필요한 명령을 할 수 있다.

② 주관기관에 대한 지도 · 감독에 관하여 그 밖에 필요한 사항은 총리령으로 정한다.

37. 시정명령(제71조)

① 식품의약품안전처장, 시 · 도지사 또는 시장 · 군수 · 구청장은 식품등의 위생적 취급에 관 한 기준 위배시 시전명령하고, 그 영업을 관할관서장에 통보하여 시정명령 이행 협조를 요청한다.

② 시정명령 이행 협조를 요청을 받은 관계 기관의 장은 이에 응하고, 그 조치 결과를 요청 한 기관의 장에게 통보한다

가. 행정처분의 기준 : 시행규칙 별표 23(제71조, 제72조, 제74조~76조, 제80조에 따른 행정처분기준).

나. 행정처분대장 : 별지 제64호서식의 행정처분 및 청문대장(시행규칙 별표 23의 행정처분 기준, 제79조 및 제81조에 따른 청문)에 그 내용을 기록하고 이를 갖춰야 함

다. 영업허가 · 영업등록 취소와 영업소의 폐쇄명령을 한 경우에는 그 영업자의 성명 · 생년월일, 취소 또는 폐쇄 사유, 취소 또는 폐쇄일 등을 다른 시 · 도지사에게 각각 알림

라. 다음 각 호의 영업(1. 식품제조 · 가공업, 2. 식품첨가물제조업, 3. 유통전문판매업, 5. 용기 · 포장류제조업)에 대하여 행정처분을 한 경우에는 지체 없이

그 영업소의 명칭, 영업허가(신고 · 등록)번호, 위반내용, 행정처분 내용, 처분기간 및 처분대상 품목명 등을 시장 · 군수 · 구청장은 시 · 도지사를 거쳐 식품의약품안전처장에게 보고(시행규칙 별지 제65호 서식)한다.

38. 폐기처분(제72조)

① 식품의약품안전처장, 시 · 도지사 또는 시장 · 군수 · 구청장은 영업자(등록한 해외작업장 수입식품 등 수입 · 판매업자를 포함)의 각종 위법식품 등의 판매금지를 위반한 경우에는 관계 공무원이 그 식품 등을 압류 또는 폐기, 용도 · 처리방법 등을 정하여 영업자에게 위해가 없도록 조치 요구(명함)

* 각종 위법식품 등 판매금지 : 위해식품, 병든 동물고기, 기준규격이 없는 화학적 합성품, 기준과 규격 위반 식품 또는 식품첨가물, 유독기구, 기준과 규격 위반 기구 및 용기 · 포장, 표시기준 위반, 유전자재조합식품 표시 위반, 허위표시

② 무허가 및 미신고 또는 미등록된 제조 · 가공 · 조리한 식품 또는 식품첨가물 및 사용된 기구 또는 용기 · 포장 등을 압류하거나 폐기

③ 식품위생상의 위해발생이나 발생 우려가 있는 식품등은 영업자에게 회수 · 폐기시키거나 원료, 제조 방법, 성분 또는 그 배합 비율을 변경할 것을 명함

④ 압류나 폐기 시행 공무원은 그 권한을 표시하는 증표 및 조사기간, 조사범위, 조사담당자, 관계 법령 등을 기재된 서류를 제시

* 압류나 폐기를 하는 공무원의 권한을 표시하는 증표 : 시행규칙 별지 제18호 서식

* 식품 등의 압류 · 폐기 시 제시하는 서류의 기재사항

가. 조사목적

나. 조사기간 및 대상

다. 조사의 범위 및 내용

라. 조사담당자의 성명 및 소속

마. 압류 · 폐기 대상 제품

바. 조사 관계 법령

사. 그 밖에 해당 조사와 관련하여 필요한 사항

⑤ 압류 또는 폐기에 필요한 사항과 회수 · 폐기 대상 식품 등의 기준 등은 총리령으로 정함

* 회수대상 식품 등의 기준 : 시행규칙 별표 18

⑥ 폐기처분명령을 받은 자가 그 명령을 이행하지 아니하는 경우에는 「행정대집행법」에 따라 대집행을 하고 그 비용을 명령위반자로부터 징수

* 행정처분의 기준 : 시행규칙 별표 23

* 행정처분 및 청문대장 : 시행규칙 별지 제64호 서식

39. 위해식품등의 공표(제73조)

① 식품의약품안전처장, 시 · 도지사 또는 시장 · 군수 · 구청장은 다음 각 호의 어느 하나에 해당되는 경우에는 해당 영업자에 대하여 그 사실의 공표를 명할 수 있고, 식품위생에 관한 위해가 발생한 경우에는 공표를 명함

가. 위해식품, 병든 동물고기, 기준규격이 없는 화학적 합성품, 기준과 규격 위반 식품 또는 식품첨가물, 유독기구, 기준과 규격 위반 기구 및 용기 · 포장 등의 판매금지 위반으로 식품위생에 관한 위해가 발생하였다고 인정되는 때

나. 수입식품등의 가항 판매금지 위반으로 회수계획을 보고받은 때

② 공표방법 등 공표에 관하여 필요한 사항은 대통령령으로 정함(시행령 제51조) : 공표명령을 받은 영업자는 다음 각 호의 사항이 포함된 위해식품등의 긴급회수문을 전국을 보급지역으로 하는 1개 이상의 일반일간신문에 게재하고, 식

품의약품안전처의 인터넷 홈페이지에 게재를 요청해야 함
 가. 식품등을 회수한다는 내용의 표제
 나. 제품명
 다. 회수대상 식품등의 제조일 · 수입일 또는 유통기한 · 품질유지기한
 라. 회수 사유
 마. 회수방법
 바. 회수하는 영업자의 명칭
 사. 회수하는 영업자의 전화번호, 주소, 그 밖에 회수에 필요한 사항

40. 시설 개수명령 등(제74조)

① 식품의약품안전처장, 시 · 도지사 또는 시장 · 군수 · 구청장은 영업시설이 시설기준에 맞지 않은 경우에 기간을 정하여 그 영업자에게 시설을 개수(改修)할 것을 명할 수 있다.

* 행정처분시의 기준은 시행규칙 별표 23과 같다.

② 건축물의 소유자와 영업자 등이 다른 경우 건축물의 소유자는 제1항에 따른 시설 개수명령을 받은 영업자 등이 시설을 개수하는 데에 최대한 협조하여야 한다.

41. 허가취소(제75조)

① 다음 각 호의 경우(식품 또는 식품첨가물의 제조업, 가공업, 운반업, 판매업 및 보존업, 기구 또는 용기 · 포장의 제조업, 식품접객업) 영업허가 또는 등록을 취소하거나 6개월 이내의 기간을 정하여 그 영업의 전부 또는 일부를 정지나 영업소 폐쇄를 명할 수 있다.

* 영업 허가, 등록, 취소 및 영업정지 혹은 폐쇄

가. 위해식품, 병든 동물고기, 기준규격이 없는 화학적 합성품, 기준과 규격 위반 식품 또는 식품첨가물, 유독기구, 기준과 규격 위반 기구 및 용기·포장, 표시 기준 위반, 영양표시 기준 위반 및 유전자재조합식품 표시 위반 식품 판매 금지 위반,

나. 질병의 예방 및 치료에 효능·효과가 있거나 의약품 또는 건강기능식품으로 오인·혼동할 우려가 있는 내용의 표시·광고

다. 국내외에서 위해발생 우려로 긴급대응조치로 위해여부 확인되기 전까지 정지

라. 제조·가공하는 식품의 기준과 규격에 대한 자가품질검사 위반과 자가품질검사 검사결과가 국민 건강에 위해가 발생하거나 발생할 우려가 있는 경우

마. 총리령으로 정하는 시설기준에 맞지 않은 경우

바. 영업(식품 또는 식품첨가물의 제조업, 가공업, 운반업, 판매업 및 보존업, 기구 또는 용기·포장의 제조업, 식품접객업)자가 중요한 사항 변경이나 폐업 시 신고 위반, 식품 또는 식품첨가물 허가자가 식품 또는 식품첨가물을 제조·가공 신고 위반, 조건부 허가 시 조건사한 불이행, 영업 중 대통령령으로 정하는 영업을 하려는 자의 등록 불이행 및 변경사항 신고 불이행,

사. 피성년후견인이거나 파산선고를 받고 복권되지 아니한 자 영업허가 금지 위반

자. 건강진단 위반과 타인에게 위해를 끼칠 우려가 있는 질병자의 영업종사 금지 위반

차. 영업 질서와 선량한 풍속을 유지를 위한 영업제한 위반

카. 검사받지 않은 축산물 또는 실험 등의 용도로 사용한 동물 및 야생생물 판매 금지, 먹는물 수질검사 부적합 용수 사용금지 위반

타. 판매식품이 위해식품임으로 판명된 경우 회수 조치를 하지 아니한 경우, 회수계획을 보고하지 아니하거나 거짓으로 보고한 경우

파. 식품의약품안전처장이 식품별로 고시한 식품안전관리인증기준을 지키지 아니한 경우

하. 영유아식 제조·가공업자, 일정 매출액·매장면적 이상의 식품판매업자 등 총리령으로 정하는 자의 단서에 따른 식품이력추적관리를 등록하지 아니한 경우

까. 집단급식소 운영자와 대통령령으로 정하는 식품접객업자의 조리사(調理士)를 두어야 하는 규정 위반한 경우

따. 식품 등의 위생적 취급에 관한 기준, 위해식품 및 위해가 발생하였거나 발생할 우려가 있는 식품 등 폐기처분, 위해식품 등의 공표, 시설을 개수(改修)에 따른 명령을 위반한 경우

빠.「성매매알선 등 행위의 처벌에 관한 법률」에 따른 금지행위를 한 경우

② 영업정지 명령시에도 영업을 계속하는 경우 영업허가 및 등록취소, 영업소 폐쇄를 명할 수 있다.

③ 다음 각 호의 경우에는 영업허가 또는 등록을 취소하거나 영업소 폐쇄를 명함

가. 영업자가 정당한 사유 없이 6개월 이상 계속 휴업하는 경우

나. 영업자가 대통령령으로 정하는 영업을 허가받은 후 사실상 폐업하여 관할 세무서장에게 폐업신고를 하거나 관할세무서장이 사업자등록을 말소한 경우

④ 영업허가 취소를 위하여 필요한 경우 관할 세무서장에게 폐업여부 정보제공을 요청할 수 있고, 관할 세무서장은 정보를 제공해야 한한다.

⑤ 영업 허가취소 행정처분의 세부기준은 그 위반 행위의 유형과 위반 정도 등을 고려하여 총리령으로 정한다.

가. 영업소 폐쇄 : 게시문(시행규칙 별지 제63호의5서식)을 영업소의 게시

나. 허가취소 등의 내용을 기록(시행규칙 별지 제64호서식의 행정처분 및 청문대장)하고 이를 갖춰 두어야 한다.

다. 식품제조 · 가공업, 식품첨가물제조업, 유통전문판매업, 용기 · 포장 류 제조업의 영업 허가취소에는 식품의약품안전청장에게 보고(시행규칙 별지 제65호서식)하고, 다른 시 · 도지사에게도 알림

42. 품목 제조정지(제76조)

① 영업자가 다음 각 호의 어느 하나에 해당하면 대통령령으로 정하는 바에 따라 해당 품목 또는 품목류에 대하여 기간을 정하여 6개월 이내의 제조정지를 명할 수 있다.

가. 식품 또는 식품첨가물의 기준과 규격 위반한 경우

나. 기구 및 용기 · 포장의 기준과 규격 위반한 경우

다. 유전자재조합식품 표시 위반한 경우

라. 의약품 또는 건강기능식품으로 오인 · 혼동 우려 표시 · 광고 금지 위반한 경우

마. 자가 품질검사의무를 위반한 경우

② 품목 제조정지에 따른 행정처분의 세부기준은 그 위반 행위의 유형과 위반 정도 등을 고려하여 총리령으로 정한다.

* 행정처분의 기준 : 시행규칙 별표 23

* 행정처분 및 청문대장 : 시행규칙 별지 제64호 서식

* 식품제조 · 가공업, 식품첨가물제조업, 유통전문판매업, 용기 · 포장 류 제조업의 영업 허가취소에는 식품의약품안전청장에게 보고(시행규칙 별지 제65호 서식)하고, 다른 시 · 도지사에게 도 알림

43. 영업허가 취소요청 및 행정 제재처분 효과의 승계

1) 영업허가 등의 취소 요청(제77조)

① 식품의약품안전처장은 「축산물위생관리법」, 「수산업법」 또는 「주세법」에 따라 허가 또는 면허를 받은 자가 위해식품, 병든 동물고기, 기준규격이 없는 화학적 합성품, 기준과 규격 위반 식품 또는 식품첨가물 판매금지를 위반한 경우에는 해당 허가 또는 면허 업무를 관할하는 중앙행정기관장에게 다음 각 호의 조치를 요청할 수 있다. 다만, 주류(酒類)는 「보건범죄단속에 관한 특별조치법」 제8조에 따른 부정의약품등의 유해기준에 해당하는 경우로 한정한다.

가. 허가 또는 면허의 전부 또는 일부 취소

나. 일정 기간의 영업정지

다. 그 밖에 위생상 필요한 조치

② 영업허가 등의 취소 요청을 받은 관계 중앙행정기관장은 정당한 사유가 없으면 이에 따라야 하며, 그 조치결과를 지체 없이 식품의약품안전처장에게 통보하여야 한다.

2) 행정 제재처분 효과의 승계(제78조)

① 영업자가 영업 양도, 법인 합병의 경우에 제75조(허가취소 등) 또는 제76조(품목 제조정지) 위반하여 종전의 영업자에게 행한 행정 제재처분은 그 처분기간이 끝난 날부터 1년간 양수인이나 합병 후 존속 법인에 승계됨.

② 행정 제재처분 절차가 진행 중인 경우에는 양수인이나 합병 후 존속하는 법인에 대하여 행정 제재처분 절차를 계속할 수 있음.

③ 다만, 양수인이나 합병 후 존속하는 법인이 양수하거나 합병할 때에 그 처분 또는 위반사실을 알지 못하였음을 증명하는 때에는 그러하지 아니하다.

44. 폐쇄조치(제79조)

① 영업허가를 받지 않거나 영업신고 및 영업등록 하지 않고 영업을 하는 경우

또는 영업 허가취소 또는 영업소 폐쇄명령을 받은 후 영업을 계속하는 경우 해당 영업소를 폐쇄하기 위하여 관계 공무원에게 다음 각 호의 조치를 함

가. 해당 영업소의 간판 등 영업 표지물의 제거나 삭제

나. 해당 영업소가 적법한 영업소가 아님을 알리는 게시문 등의 부착

다. 해당 영업소의 시설물과 영업에 사용하는 기구 등을 사용할 수 없게 하는 봉인(封印)

② 시설물과 영업에 사용하는 기구를 봉인한 후 봉인을 계속할 필요가 없거나 영업자나 대리인이 자진 영업소 폐쇄 약속, 그 밖의 정당한 사유로 해제 요청시 봉인을 해제할 수 있고, 게시문도 같다.

③ 폐쇄조치시 해당 영업자 또는 대리인에게 문서로 미리 알려야 하며, 급박한 사유가 있으면 그러하지 아니하다.

④ 조치는 그 영업을 할 수 없게 하는 데에 필요한 최소한의 범위에 그쳐야 한다.

⑤ 관계 공무원은 그 권한을 표시하는 증표 및 조사기간, 조사범위, 조사담당자, 관계 법령 등 대통령령으로 정하는 사항이 기재된 서류를 지니고 이를 관계인에게 내보여야 한다.

* 행정처분 및 청문대장 : 시행규칙 별지 제64호서식

* 식품제조 · 가공업, 식품첨가물제조업, 유통전문판매업, 용기 · 포장류제조업의 영업 허가취소에는 식품의약품안전청장에게 보고(시행규칙 별지 제65호서식)하고, 다른 시 · 도지사에게도 알림

* 대통령령으로 정하는 사항이 기재된 서류

가. 조사목적

나. 조사기간 및 대상

다. 조사의 범위 및 내용

라. 조사담당자의 성명 및 소속

마. 조사 관계 법령

바. 그 밖에 해당 조사와 관련하여 필요한 사항

45. 조리사 면허취소(제 80호)

① 다음 각 호의 어느 하나에 해당하면 그 면허를 취소하거나 6개월 이내의 기간을 정하여 업무정지를 명할 수 있고, 다만, 조리사가 결격사유, 업무정지중 조리사 업무를 한 경우에는 면허를 취소하여야 한다.

가. 조리사 면허 결격사유(제54조)에 해당하는 경우

나. 보수교육을 받지 아니한 경우

다. 식중독 등 위생과 관련한 중대한 사고 발생에 직무상의 책임이 있는 경우

라. 면허를 타인에게 대여하여 사용하게 한 경우

마. 업무정지기간 중에 조리사의 업무를 하는 경우

② 행정처분의 세부기준은 위반행위의 유형과 위반 정도를 고려하여 총리령으로 정한다.

* 조리사 면허증의 반납 : 면허의 취소처분을 받은 경우에는 지체 없이 면허증을 특별자치시장 · 특별자치도지사 · 시장 · 군수 · 구청장에게 반납하여야 한다.

* 행정처분의 기준 : 시행규칙 별표 23

* 행정처분대장 : 행정처분 및 청문대장에 그 내용을 기록하고 이를 갖춰 두어야 함

46. 청문(제81조)

① 식품의약품안전처장, 시 · 도지사 또는 시장 · 군수 · 구청장은 다음 각 호의 어느 하나에 해당하는 처분을 하려면 청문을 하여야 한다.

가. 식품안전관리인증기준 적용업소의 인증취소

나. 다음의 영업허가 또는 등록의 취소나 영업소의 폐쇄명령

* 위해식품, 병든 동물고기, 기준규격이 없는 화학적 합성품, 기준과 규격 위반 식품 또는 식품첨가물, 유독기구, 기준과 규격 위반 기구 및 용기 · 포장, 표시 기준 위반, 영양표시 기준 위반 및 유전자재조합식품 표시 위반 식품 판매금지 위반,

* 질병의 예방 및 치료에 효능 · 효과가 있거나 의약품 또는 건강기능식품으로 오인 · 혼동할 우려가 있는 내용의 표시 · 광고

* 국내외에서 위해발생 우려로 긴급대응조치로 위해여부 확인되기 전까지 정지

다. 조리사 면허 결격사유에 따른 면허의 취소

② 허가취소 통보와 청문(서면 의견제출)(시행령 52조)

* 서면으로 허가취소 : 처분사유 및 처분내용 등이 기재된 서면으로 통보

가. 영업허가취소, 등록취소, 영업정지 또는 영업소 폐쇄 처분

나. 품목 · 품목류 제조정지 처분

다. 조리사 또는 영양사의 면허취소 또는 업무정지 처분

* 처분을 하기 위하여 청문을 하거나 의견 제출을 받았을 때에는 특별한 사유가 없으면 그 절차를 마친 날부터 14일 이내에 처분을 하여야 한다.

* 행정처분대장 : 행정처분 및 청문대장에 그 내용을 기록하고 이를 갖춰 두어야 함

47. 과징금 처분

1) 영업정지 등의 처분에 갈음하여 부과하는 과징금 처분(제82조)

① 영업자가 제75조제1항 각 호 또는 제76조제1항 각 호의 어느 하나에 해당

하는 경우에는 대통령령으로 정하는 바에 따라 영업정지, 품목 제조정지 또는 품목류 제조정지 처분을 갈음하여 10억원 이하의 과징금을 부과할 수 있다. 다만, 제6조를 위반하여 제75조제1항에 해당하는 경우와 제4조, 제5조, 제7조, 제10조, 제12조의2, 제13조, 제37조, 제43조 및 제44조를 위반하여 제75조제1항 또는 제76조제1항에 해당하는 중대한 사항으로서 총리령으로 정하는 경우는 제외한다.

② 과징금을 부과하는 위반 행위의 종류·정도 등에 따른 과징금의 금액과 그 밖에 필요한 사항은 대통령령으로 정한다.

* 총리령으로 정하는 영업정지, 품목·품목류 제조정지 처분기준 : 시행령 별표 1의 기준을 적용하여 산정
* 단서에 따른 과징금 부과 제외대상 : 시행규칙 별표 23과 같다.
* 과징금의 징수절차 :「국고금관리법 시행규칙」을 준용한다.

③ 과징금을 징수하기 위하여 필요한 경우에는 다음 각 호의 사항을 적은 문서로 관할 세무관서의 장에게 과세 정보 제공을 요청할 수 있다.

가. 납세자의 인적 사항

나. 사용 목적

다. 과징금 부과기준이 되는 매출금액

④ 과징금을 기한 내에 납부하지 아니하는 때에는 대통령령으로 정하는 바에 따라 제1항에 따른 과징금 부과처분을 취소하고 제75조제1항 또는 제76조제1항에 따른 영업정지 또는 제조정지 처분을 하거나 국세 체납처분의 예 또는「지방세외수입금의 징수 등에 관한 법률」에 따라 징수한다. 다만, 다음 각 호의 어느 하나에 해당하는 경우에는 국세 체납처분의 예 또는「지방세외수입금의 징수 등에 관한 법률」에 따라 징수한다.

가. 제37조제3항, 제4항 및 제5항에 따른 폐업 등으로 제75조제1항 또는 제76조제1항에 따른 영업정지 또는 제조정지 처분을 할 수 없는 경우

⑤ 제1항 및 제4항 단서에 따라 징수한 과징금 중 식품의약품안전처장이 부과·징수한 과징금은 국가에 귀속되고, 시·도지사가 부과·징수한 과징금은 시·도의 식품진흥기금(제89조에 따른 식품진흥기금을 말한다. 이하 이 항에서 같다)에 귀속되며, 시장·군수·구청장이 부과·징수한 과징금은 시·도와 시·군·구의 식품진흥기금에 귀속된다. 이 경우 시·도 및 시·군·구에 귀속시키는 방법 등은 대통령령으로 정한다.

* 기금의 시·도 및 시·군·구 귀속비율은 다음 각 호와 같다.

가. 시·도: 100분의 40

나. 시·군·구: 100분의 60

⑥ 시·도지사는 제91조에 따라 제1항에 따른 과징금을 부과·징수할 권한을 시장·군수·구청장에게 위임한 경우에는 그에 필요한 경비를 대통령령으로 정하는 바에 따라 시장·군수·구청장에게 교부할 수 있다.

2) 위해식품등의 판매 등에 따른 과징금 부과 등(제83조)

① 위해식품등의 판매 등 금지에 관한 제4조부터 제6조까지의 규정, 제8조 또는 제13조를 위반한 경우 다음 각 호의 어느 하나에 해당하는 자에 대하여 그가 판매한 해당 식품등의 소매가격에 상당하는 금액을 과징금으로 부과한다.

가. 제4조제2호·제3호 및 제5호부터 제7호까지의 규정을 위반하여 제75조에 따라 영업정지 2개월 이상의 처분, 영업허가 및 등록취소 또는 영업소 폐쇄명령을 받은 자

나. 제5조, 제6조 또는 제8조를 위반하여 제75조에 따라 영업허가 및 등록의 취소 또는 영업소의 폐쇄명령을 받은 자

3. 제13조제1항제1호를 위반하여 제75조에 따라 영업정지 2개월 이상의 처분, 영업허가 및 등록의 취소 또는 영업소의 폐쇄명령을 받은 자

② 과징금의 산출금액은 대통령령으로 정하는 바에 따라 결정하여 부과한다.

* 부과하는 과징금의 금액은 위해식품등의 판매량에 판매가격을 곱한 금액으로 한다.

* 판매량은 위해식품등을 최초로 판매한 시점부터 적발시점까지의 출하량에서 회수량 및 자연적 소모량을 제외한 수량으로 하고, 판매가격은 판매기간 중 가격이 변동된 경우에는 판매시기별로 가격을 산정한다.

③ 부과된 과징금을 기한 내에 납부하지 아니하는 경우 또는 제37조제3항, 제4항 및 제5항에 따라 폐업한 경우에는 국세 체납처분의 예 또는 「지방세외수입금의 징수 등에 관한 법률」에 따라 징수한다.

④ 부과한 과징금의 귀속, 귀속 비율 및 징수 절차 등에 대하여는 제82조제3항·제5항 및 제6항을 준용한다.

3) 위반사실 공표(제84조)

① 행정처분이 확정된 영업자에 대한 처분 내용, 해당 영업소와 식품등의 명칭 등 처분과 관련한 영업 정보를 대통령령으로 정하는 바에 따라 공표하여야 한다.

* 해당 기관의 인터넷 홈페이지 또는 「신문 등의 진흥에 관한 법률」 제9조제1에 따라 등록한 전국을 보급지역으로 하는 일반일간신문 등에 게재하여야 한다.

가. 「식품위생법」 위반사실의 공표라는 내용의 표제

나. 영업의 종류

다. 영업소 명칭, 소재지 및 대표자 성명

라. 식품등의 명칭(식품등의 제조·가공, 소분·판매업만 해당한다)

마. 위반 내용(위반행위의 구체적인 내용과 근거 법령을 포함한다)

바. 행정처분의 내용, 처분일 및 기간

사. 단속기관 및 단속일 또는 적발일

48. 국고 보조(제85조)

식품의약품안전처장은 예산의 범위에서 다음 경비의 전부 또는 일부를 보조할 수 있다.

① 출입 · 검사 · 수거에 따른 수거에 드는 경비

② 조합에서 실시하는 교육훈련에 드는 경비

③ 식품위생감시원과 소비자식품위생감시원 운영에 드는 경비

④ 정보원의 설립 · 운영에 드는 경비

⑤ 식품의약품안전처장이 위탁하는 조사 · 연구 사업에 따른 조사 · 연구 사업에 드는 경비

⑥ 조합 또는 협회의 자율지도원 운영에 드는 경비

⑦ 폐기처분에 따른 폐기에 드는 경비

49. 식중독에 관한 조사 보고(제86조)

① 다음 각 호의 어느 하나에 해당하는 자는 지체 없이 관할 시장 · 군수 · 구청장에게 보고하여야 한다. 이 경우 의사나 한의사는 대통령령으로 정하는 바에 따라 식중독 환자나 식중독이 의심되는 자의 혈액 또는 배설물을 보관하는 데에 필요한 조치를 하여야 한다.

가. 식중독 환자나 식중독이 의심되는 자를 진단하였거나 그 사체를 검안(檢案)한 의사 또는 한의사

나. 집단급식소에서 제공한 식품등으로 인하여 식중독 환자나 식중독으로 의심되는 증세를 보이는 자를 발견한 집단급식소의 설치 · 운영자

* 해당 식중독 환자나 식중독이 의심되는 자의 혈액 또는 배설물을 채취하여 법 제86조 제2항에 따라 시장 · 군수 · 구청장이 조사하기 위하여 인수할때까지 변질되거나 오염되지 아니하도록 보관하여야 한다. 이 경우 보관용기에는 채취

일, 식중독환자나 식중독이 의심되는 자의 성명 및 채취자의 성명을 표시하여야 한다.

가. 구토·설사 등의 식중독 증세를 보여 의사 또는 한의사가 혈액 또는 배설물의 보관이 필요하다고 인정한 경우

나. 식중독 환자나 식중독이 의심되는 자 또는 그 보호자가 혈액 또는 배설물의 보관을 요청한 경우

* 의사 또는 한의사 보고에는 다음 각 호의 사항이 포함되어야 한다.

가. 보고자의 주소 및 성명

나. 식중독을 일으킨 환자, 식중독이 의심되는 사람 또는 식중독으로 사망한 사람의 주소·성명·생년월일 및 사체의 소재지

다. 식중독의 원인

라. 발병 연월일

마. 진단 또는 검사 연월일

② 시장·군수·구청장은 제1항에 따른 보고를 받은 때에는 지체 없이 그 사실을 식품의약품안전처장 및 시·도지사에게 보고하고, 대통령령으로 정하는 바에 따라 원인을 조사하여 그 결과를 보고하여야 한다.

* 시장·군수·구청장이 하여야 할 조사 내용

가. 식중독의 원인이 된 식품등과 환자 간의 연관성을 확인하기 위해 실시하는 설문조사, 섭취음식 위험도 조사 및 역학적(疫學的) 조사

나. 식중독 환자나 식중독이 의심되는 자의 혈액·배설물 또는 식중독의 원인이라고 생각되는 식품등에 대한 미생물학적 또는 이화학적(理化學的) 시험에 의한 조사

* 「식품·의약품분야 시험·검사 등에 관한 법률」 제6조제4항 단서에 따라 총리령으로 정하는 시험·검사기관에 협조를 요청할 수 있다.

다. 식중독의 원인이 된 식품등의 오염경로를 찾기 위하여 실시하는 환경조사

* 시장 · 군수 · 구청장이 하는 식중독 발생 보고 및 식중독 조사결과 보고는 각각 시행규칙 별지 제66호서식 및 별지 제67호서식에 따른다.

③ 식품의약품안전처장은 제2항에 따른 보고의 내용이 국민보건상 중대하다고 인정하는 경우에는 해당 시 · 도지사 또는 시장 · 군수 · 구청장과 합동으로 원인을 조사할 수 있다.

④ 식품의약품안전처장은 식중독 발생의 원인을 규명하기 위하여 식중독 의심환자가 발생한 원인시설 등에 대한 조사절차와 시험 · 검사 등에 필요한 사항을 정할 수 있다.

50. 식중독대책협의기구 설치(제87조)

① 식품의약품안전처장은 식중독 발생의 효율적인 예방 및 확산방지를 위하여 교육부, 농림축산식품부, 보건복지부, 환경부, 해양수산부, 식품의약품안전처, 시 · 도 등 유관기관으로 구성된 식중독대책협의기구를 설치 · 운영하여야 한다.

② 제1항에 따른 식중독대책협의기구의 구성과 세부적인 운영사항 등은 대통령령으로 정한다.

*** 식중독대책협의기구의 구성 · 운영 등**

① 법 제87조제1항에 따른 식중독대책협의기구(이하 "협의기구"라 한다)의 위원은 다음 각 호에 해당하는 자로 한다.

가. 교육부, 법무부, 국방부, 농림축산식품부, 보건복지부 및 환경부 등 중앙행정기관의 장이 해당 중앙행정기관의 고위공무원단에 속하는 일반직공무원 또는 이에 상당하는 공무원[법무부 및 국방부의 경우에는 각각 이에 해당하는 검사(檢事) 및 장관(將官)급 장교를 포함한다] 중에서 지명하는 자

나. 지방자치단체의 장이 해당 지방행정기관의 고위공무원단에 속하는 일반직공무원 또는 이에 상당하는 지방공무원 중에서 지명하는 자

다. 그 밖에 식품의약품안전처장이 지정하는 기관 및 단체의 장

② 식품의약품안전처장은 협의기구의 회의를 소집하고 그 의장이 된다.

③ 협의기구의 회의는 재적위원 과반수의 출석으로 개의하고, 출석위원 과반수의 찬성으로 의결한다.

④ 협의기구는 그 직무를 수행하기 위하여 필요한 경우에는 관계 공무원이나 관계 전문가를 협의기구의 회의에 출석시켜 의견을 듣거나 관계 기관·단체 등으로 하여금 자료나 의견을 제출하도록 하는 등 필요한 협조를 요청할 수 있다.

⑤ 협의기구는 업무 수행을 위하여 필요한 경우에는 관계 전문가 또는 관계 기관·단체 등에 전문적인 조사나 연구를 의뢰할 수 있다.

⑥ 이 영에서 규정한 사항 외에 협의기구의 운영에 필요한 사항은 협의기구의 의결을 거쳐 식품의약품안전처장이 정한다.

51. 집단급식소(제88조)

① 집단급식소를 설치·운영하려는 자는 총리령으로 정하는 바에 따라 특별자치시장·특별자치도지사·시장·군수·구청장에게 신고하여야 한다.

② 집단급식소를 설치·운영하는 자는 집단급식소 시설의 유지·관리 등 급식을 위생적으로 관리하기 위하여 다음 각 호의 사항을 지켜야 한다.

가. 식중독 환자가 발생하지 아니하도록 위생관리를 철저히 할 것

나. 조리·제공한 식품의 매회 1인분 분량을 총리령으로 정하는 바에 따라 144시간 이상 보관할 것

다. 영양사를 두고 있는 경우 그 업무를 방해하지 아니할 것

라. 영양사를 두고 있는 경우 영양사가 집단급식소의 위생관리를 위하여 요청하는 사항에 대하여는 정당한 사유가 없으면 따를 것

마. 그 밖에 식품등의 위생적 관리를 위해 필요하다고 총리령으로 정하는 사항

을 지킬 것

③ 집단급식소에 관하여는 제3조부터 제6조까지, 제7조제4항, 제8조, 제9조제4항, 제10조제2항, 제22조, 제40조, 제41조, 제48조, 제71조, 제72조 및 제74조를 준용한다.

④ 집단급식소의 시설기준과 그 밖의 운영에 관한 사항은 총리령으로 정한다.

*** 집단급식소의 시설기준과 그 밖의 운영(시행규칙)**

1) 교육시간(제52조)

① 법 제41조제1항(제88조제3항에 따라 준용되는 경우를 포함한다)에 따라 영업자와 종업원이 받아야 하는 식품위생교육 시간은 다음 각 호와 같다.

가. 영 제21조제1호부터 제8호까지에 해당하는 영업자[같은 조 제5호나목1)의 식용얼음판매업자와 같은 목 2)의 식품자동판매기영업자는 제외한다]: 3시간

나. 영 제21조제8호라목에 따른 유흥주점영업의 유흥종사자: 2시간

다. 법 제88조제2항에 따라 집단급식소를 설치·운영하는 자: 3시간

② 법 제41조제2항(법 제88조제3항에 따라 준용되는 경우를 포함한다)에 따라 영업을 하려는 자가 받아야 하는 식품위생교육 시간은 다음 각 호와 같다.

가. 영 제21조제1호부터 제3호까지에 해당하는 영업을 하려는 자: 8시간

나. 영 제21조제4호부터 제7호까지에 해당하는 영업을 하려는 자: 4시간

다. 영 제21조제8호의 영업을 하려는 자: 6시간

라. 법 제88조제1항에 따라 집단급식소를 설치·운영하려는 자: 6시간

③ 제1항 및 제2항에 따라 식품위생교육을 받은 자가 다음 각 호의 어느 하나에 해당하는 경우에는 해당 영업에 대한 신규 식품위생교육을 받은 것으로 본다.

가. 신규 식품위생교육을 받은 날부터 2년이 지나지 않은 자 또는 제1항에 따

른 교육을 받은 날부터 1년이 지나지 아니한 자가 교육받은 업종과 같은 업종으로 영업을 하려는 경우

나. 신규 식품위생교육을 받은 날부터 2년이 지나지 않은 자 또는 제1항에 따른 교육을 받은 날부터 1년이 지나지 아니한 자가 다음 각 목의 어느 하나에 해당하는 업종 중에서 같은 목의 다른 업종으로 영업을 하려는 경우

-. 영 제21조제1호의 식품제조ㆍ가공업, 같은 조 제2호의 즉석판매제조ㆍ가공업 및 같은 조 제3호의 식품첨가물제조업

-. 영 제21조제8호가목의 휴게음식점영업, 같은 호 나목의 일반음식점영업 및 같은 호 바목의 제과점영업

-. 영 제21조제8호다목의 단란주점영업 및 같은 호 라목의 유흥주점영업

다. 영 제21조제1호부터 제3호까지의 어느 하나에 해당하는 영업에서 같은 조 제4호부터 제7호까지의 어느 하나에 해당하는 영업으로 업종을 변경하는 경우

라. 영 제21조제1호부터 제8호까지의 어느 하나에 해당하는 영업을 하는 자가 영 제21조 제5호나목2)의 식품자동판매기영업으로 업종을 변경하거나 그 업종을 함께 하려는 경우

④ 제1항에 따라 식품위생교육을 받은 자가 다음 각 호의 어느 하나에 해당하는 경우에 해당 영업에 대하여 제1항에 따른 식품위생교육을 받은 것으로 본다.

가. 해당 연도에 제1항에 따른 교육을 받은 자가 기존 영업의 허가관청ㆍ신고관청ㆍ등록관청과 같은 관할 구역에서 교육받은 업종과 같은 업종으로 영업을 하고 있는 경우

나. 해당 연도에 제1항에 따른 교육을 받은 자가 기존 영업의 허가관청ㆍ신고관청ㆍ등록관청과 같은 관할 구역에서 다음 각 목의 어느 하나에 해당하는 업종 중에서 같은 목의 다른 업종으로 영업을 하고 있는 경우

-. 영 제21조제1호에 따른 식품제조ㆍ가공업, 같은 조 제2호에 따른 즉석판매제조ㆍ가공업 및 같은 조 제3호에 따른 식품첨가물제조업

-. 영 제21조제8호가목에 따른 휴게음식점영업, 같은 호 나목에 따른 일반음식점영업 및 같은 호 바목에 따른 제과점영업

-. 영 제21조제8호다목에 따른 단란주점영업 및 같은 호 라목에 따른 유흥주점영업

2) 집단급식소의 신고(제94조)

① 법 제88조제1항에 따라 집단급식소를 설치 · 운영하려는 자는 제96조에 따른 시설을 갖춘 후 별지 제68호서식의 집단급식소 설치 · 운영신고서(전자문서로 된 신고서를 포함한다)에 제42조제1항제1호 · 제4호 및 제13호의 서류(전자문서를 포함한다)를 첨부하여 신고관청에 제출하여야 한다.

② 제9항에 따라 집단급식소 설치 · 운영 종료 신고가 된 집단급식소를 운영하려는 자(종료 신고를 한 설치 · 운영자가 아닌 자를 포함한다)는 별지 제68호서식의 집단급식소 설치 · 운영신고서(전자문서로 된 신고서를 포함한다)에 다음 각 호의 서류(전자문서를 포함한다)를 첨부하여 신고관청에 제출하여야 한다.

가. 제42조제1항제1호 및 제13호의 서류

나. 제42조제4호의 서류. 다만, 종전 집단급식소의 수도시설을 그대로 사용하는 경우는 제외한다.

다. 양도 · 양수 계약서 사본이나 그 밖에 신고인이 해당 집단급식소의 설치 · 운영자임을 증명하는 서류

③ 제1항 또는 제2항(종전 집단급식소의 시설 · 설비 및 운영 체계를 유지하는 경우는 제외한다)에 따른 신고를 받은 신고관청은 「전자정부법」 제36조제1항에 따른 행정정보의 공동이용을 통하여 액화석유가스 사용시설완성검사증명서(「액화석유가스의 안전관리 및 사업법」 제27조제2항에 따라 액화석유가스 사용시설의 완성검사를 받아야 하는 경우만 해당한다)를 확인하여야 하며, 신청인이 확인에 동의하지 아니하는 경우에는 그 사본을 첨부하도록 하여야 한다.

④ 제1항 또는 제2항에 따라 신고를 받은 신고관청은 지체 없이 별지 제69호서식의 집단급식소 설치·운영신고증을 내어주고, 15일 이내에 신고받은 사항을 확인하여야 한다.

⑤ 제4항에 따라 신고증을 내어준 신고관청은 별지 제70호서식의 집단급식소의 설치·운영신고대장에 기록·보관하거나 같은 서식에 따른 전산망에 입력하여 관리하여야 한다.

⑥ 제4항에 따라 신고증을 받은 집단급식소의 설치·운영자가 해당 신고증을 잃어버렸거나 헐어 못 쓰게 되어 신고증을 다시 받으려는 경우에는 별지 제35호서식의 재발급신청서(전자문서로 된 신청서를 포함한다)에 헐어 못 쓰게 된 신고증(헐어 못 쓰게 된 경우만 해당한다)을 첨부하여 신고관청에 제출하여야 한다.

⑦ 집단급식소의 설치·운영자가 신고사항 중 다음 각 호의 구분에 따른 사항을 변경하는 경우에는 별지 제71호서식의 신고사항 변경신고서(전자문서로 된 신청서를 포함한다)에 집단급식소 설치·운영신고증을 첨부하여 신고관청에 제출하여야 한다. 이 경우 집단급식소의 소재지를 변경하는 경우에는 제42조제1항제1호 및 제4호의 서류(전자문서를 포함한다)를 추가로 첨부하여야 한다.

가. 집단급식소의 설치·운영자가 법인인 경우: 그 대표자, 그 대표자의 성명, 소재지 또는 위탁급식영업자

나. 집단급식소의 설치·운영자가 법인이 아닌 경우: 설치·운영자의 성명, 소재지 또는 위탁급식영업자

⑧ 제7항 각 호 외의 부분 후단에 따라 집단급식소의 소재지를 변경하는 변경신고서를 제출받은 신고관청은 「전자정부법」 제36조제1항에 따른 행정정보의 공동이용을 통하여 액화석유가스 사용시설완성검사증명서(「액화석유가스의 안전관리 및 사업법」 제27조제2항에 따라 액화석유가스 사용시설의 완성검사를 받아야 하는 경우만 해당한다)를 확인하여야 한다. 다만, 신청인이 확인에 동의하

지 아니하는 경우에는 그 사본을 첨부하도록 하여야 한다.

⑨ 집단급식소의 설치 · 운영자가 그 운영을 그만하려는 경우에는 별지 제72호 서식의 집단급식소 설치 · 운영 종료신고서(전자문서로 된 신고서를 포함한다)에 집단급식소 설치 · 운영신고증을 첨부하여 신고관청에 제출하여야 한다.

3) 집단급식소의 설치 · 운영자 준수사항(제95조)

① 법 제88조제2항제2호에 따라 조리 · 제공한 식품(법 제2조제12호에 따른 병원의 경우에는 일반식만 해당한다)을 보관할 때에는 매회 1인분 분량을 섭씨 영하 18도 이하로 보관하여야 한다.

② 법 제88조제2항제5호에서 "총리령으로 정하는 사항"이란 별표 24와 같다.

4) 집단급식소의 시설기준(제96조)

법 제88조제4항에 따른 집단급식소의 시설기준은 별표 25와 같다.

5) 과태료의 부과기준(제100조)

영 제67조 및 영 별표 2에 따라 법 제3조 및 법 제88조제2항제5호를 위반한 자에 대한 과태료의 부과기준은 별표 27과 같다.

52. 식품진흥기금(제89조)

① 식품위생과 국민의 영양수준 향상을 위한 사업을 하는 데에 필요한 재원에 충당하기 위하여 시 · 도 및 시 · 군 · 구에 식품진흥기금(이하 "기금"이라 한다)을 설치한다.

② 기금은 다음 각 호의 재원으로 조성한다.

1. 식품위생단체의 출연금

2. 제82조, 제83조 및 「건강기능식품에 관한 법률」 제37조에 따라 징수한 과징금

3. 기금 운용으로 생기는 수익금

4. 그 밖에 대통령령으로 정하는 수입금

③ 기금은 다음 각 호의 사업에 사용한다.

1. 영업자(「건강기능식품에 관한 법률」에 따른 영업자를 포함한다)의 위생관리 시설 및 위생설비시설 개선을 위한 융자 사업

2. 식품위생에 관한 교육ㆍ홍보 사업(소비자단체의 교육ㆍ홍보 지원을 포함한다)과 소비자식품위생감시원의 교육ㆍ활동 지원

3. 식품위생과 「국민영양관리법」에 따른 영양관리(이하 "영양관리"라 한다)에 관한 조사ㆍ연구 사업

4. 제90조에 따른 포상금 지급 지원

4의2. 「공익신고자 보호법」 제29조제2항에 따라 지방자치단체가 부담하는 보상금(이 법 및 「건강기능식품에 관한 법률」 위반행위에 관한 신고를 원인으로 한 보상금에 한정한다) 상환액의 지원

5. 식품위생에 관한 교육ㆍ연구 기관의 육성 및 지원

6. 음식문화의 개선과 좋은 식단 실천을 위한 사업 지원

7. 집단급식소(위탁에 의하여 운영되는 집단급식소만 해당한다)의 급식시설 개수ㆍ보수를 위한 융자 사업

8. 그 밖에 대통령령으로 정하는 식품위생, 영양관리, 식품산업 진흥 및 건강기능식품에 관한 사업 기금은 시ㆍ도지사 및 시장ㆍ군수ㆍ구청장이 관리ㆍ운용하되, 그에 필요한 사항은 대통령령으로 정한다.

1) 소비자식품위생감시원의 자격(시행령 제18조)

① 법 제33조제1항에서 "대통령령으로 정하는 그 소속 기관의 장"이란 지방식품의약품안전청장을 말한다.

② 법 제33조제1항에 따른 소비자식품위생감시원(이하 "소비자식품위생감시원"이라 한다)으로 위촉될 수 있는 자는 다음 각 호의 어느 하나에 해당하는 자로 한다.

1. 식품의약품안전처장이 정하여 고시하는 교육과정을 마친 자
2. 제16조제2항 각 호의 어느 하나에 해당하는 자

③ 법 제33조제2항제4호에서 "대통령령으로 정하는 사항"이란 제17조에 따른 식품위생감시원의 직무 중 같은 조 제8호에 따른 행정처분의 이행 여부 확인을 지원하는 업무를 말한다.

④ 법 제33조제4항에 따라 식품의약품안전처장(지방식품의약품안전청장을 포함한다. 이하 제5항에서 같다), 시ㆍ도지사 또는 시장ㆍ군수ㆍ구청장은 소비자식품위생감시원에 대하여 반기(半期)마다 식품위생법령 및 위해식품등 식별 등에 관한 교육을 실시하고, 소비자식품위생감시원이 직무를 수행하기 전에 그 직무에 관한 교육을 실시하여야 한다.

⑤ 식품의약품안전처장, 시ㆍ도지사 또는 시장ㆍ군수ㆍ구청장은 소비자식품위생감시원의 활동을 지원하기 위하여 예산 또는 법 제89조에 따른 식품진흥기금(이하 "기금"이라 한다)의 범위에서 식품의약품안전처장이 정하는 바에 따라 수당 등을 지급할 수 있다.

⑥ 법 제33조제6항에 따른 단독출입의 승인 절차와 그 밖에 소비자식품위생감시원의 운영에 필요한 사항은 식품의약품안전처장이 정하여 고시한다.

⑦ 법 제33조제7항에서 "조사기간, 조사범위, 조사담당자 및 관계 법령 등 대통령령으로 정하는 사항"이란 다음 각 호의 사항을 말한다.

1. 조사목적
2. 조사기간 및 대상

3. 조사의 범위 및 내용

4. 소비자식품위생감시원의 성명 및 위촉기관

5. 소비자식품위생감시원의 소속 단체(단체에 소속된 경우만 해당한다)

6. 그 밖에 해당 조사에 필요한 사항

⑧ 법 제33조제7항에 따라 영업소를 단독으로 출입할 때 지니는 승인서 및 증표의 서식은 총리령으로 정한다.

2) 기금사업(제61조)

① 법 제89조제3항제8호에 따라 기금을 사용할 수 있는 사업은 다음 각 호의 사업으로 한다.

1. 식품의 안전성과 식품산업진흥에 대한 조사 · 연구사업

2. 식품사고 예방과 사후관리를 위한 사업

3. 식중독 예방과 원인 조사, 위생관리 및 식중독 관련 홍보사업

4. 식품의 재활용을 위한 사업

5. 식품위생과식품산업 진흥을위한 전산화사업

6. 식품산업진흥사업

7. 시 · 도지사가 식품위생과 주민영양을 개선하기 위하여 민간단체에 연구를 위탁한 사업

8. 남은 음식 재사용 안 하기 활동에 대한 지원

9. 제18조제5항에 따른 수당 등의 지급

10. 「식품 · 의약품분야 시험 · 검사 등에 관한 법률」 제6조제3항제2호에 따른 자가품질위탁시험 · 검사기관의 시험 · 검사실 설치 지원

11. 법 제47조제2항에 따른 우수업소와 모범업소에 대한 지원

12. 법 제48조제11항에 따른 식품안전관리인증기준을 지키는 영업자와 이를

지키기 위하여 관련 시설 등을 설치하려는 영업자에 대한 지원

13. 법 제63조제1항에 따른 자율지도원의 활동 지원

14. 「건강기능식품에 관한 법률」 제22조제6항에 따른 우수건강기능식품제조기준을 지키는 영업자와 이를 지키기 위하여 관련 시설 등을 설치하려는 영업자에 대한 지원

15. 「어린이 식생활안전관리 특별법」 제6조제2항에 따른 어린이 기호식품 전담 관리원의 지정 및 운영

16. 「어린이 식생활안전관리 특별법」 제7조제3항에 따른 어린이 기호식품 우수 판매 업소에 대한 보조 또는 융자

17. 「어린이 식생활안전관리 특별법」 제21조제4항에 따른 어린이급식관리 지원 센터 설치 및 운영비용 보조

② 식품의약품안전처장은 제62조제2항에 따른 기금운용계획에 따라 시·도지사 또는 시장·군수·구청장이 행하는 사업의 이행 여부를 확인하거나 해당 사업의 추진현황을 시·도지사 또는 시장·군수·구청장으로 하여금 보고하도록 할 수 있다. 이 경우 시장·군수·구청장은 시·도지사를 거쳐 보고하여야 한다.

53. 포상금 지급(제90조)

① 식품의약품안전처장, 시·도지사 또는 시장·군수·구청장은 이 법에 위반되는 행위를 신고한 자에게 신고 내용별로 1천만원까지 포상금을 줄 수 있다.

② 제1항에 따른 포상금 지급의 기준·방법 및 절차 등에 관하여 필요한 사항은 대통령령으로 정한다.

1) 포상금의 지급기준(시행령 제63조)

① 법 제90조제1항에 따라 포상금을 지급하는 경우 그 기준은 다음 각 호와 같다.

1. 법 제93조를 위반한 자를 신고한 경우: 1천만원 이하

2. 법 제4조부터 제6조(법 제88조에서 준용하는 경우를 포함한다)까지, 제8조(법 제88조에서 준용하는 경우를 포함한다) 또는 제37조제1항을 위반한 자를 신고한 경우: 30만원 이하

3. 법 제7조제4항(법 제88조에서 준용하는 경우를 포함한다), 제9조제4항(법 제88조에서 준용하는 경우를 포함한다), 제37조제5항, 제44조제1항·제2항을 위반한 자 또는 법 제75조제1항에 따른 영업정지명령을 위반하여 영업을 계속한 자를 신고한 경우: 20만원 이하

4. 법 제13조, 제37조제4항을 위반한 자 또는 법 제76조제1항에 따른 품목제조정지명령을 위반한 자를 신고한 경우: 10만원 이하

5. 법 제40조제3항 또는 제88조제1항을 위반한 자를 신고한 경우: 5만원 이하

6. 제1호부터 제5호까지의 규정 외에 법을 위반한 자 중 위생상 위해발생 우려가 있는 위반사항을 신고한 경우: 3만원 이하

② 제1항에 따른 포상금의 세부적인 지급대상, 지급금액, 지급방법 및 지급절차 등은 식품의약품안전처장이 정하여 고시한다.

2) 신고자 비밀보장(제64조)

① 식품의약품안전처장, 시·도지사 또는 시장·군수·구청장은 법 제90조제1항에 따라 법을 위반한 행위를 신고한 자의 인적사항 등 그 신분이 누설되지 아니하도록 하여야 한다.

② 식품의약품안전처장, 시·도지사 또는 시장·군수·구청장은 신고자의 신분이 공개된 경우 그 경위를 확인하여 신고자의 신분을 누설한 자에 대하여 징계를 요청하는 등 필요한 조치를 할 수 있다.

54. 정보공개(제90조의2)

① 식품의약품안전처장은 보유·관리하고 있는 식품등의 안전에 관한 정보 중 국민이 알아야 할 필요가 있다고 인정하는 정보에 대하여는 「공공기관의 정보공개에 관한 법률」에서 허용하는 범위에서 이를 국민에게 제공하도록 노력하여야 한다.

② 제1항에 따라 제공되는 정보의 범위, 제공 방법 및 절차 등에 필요한 사항은 대통령령으로 정한다.

* 식품등의 안전에 관한 정보의 범위는 다음 각 호와 같다.

1. 심의위원회의 조사·심의 내용
2. 안정성심사위원회의 심사 내용
3. 국내외에서 유해물질이 함유된 것으로 알려지는 등 위해의 우려가 제기되는 식품등에 관한 정보
4. 그 밖에 식품등의 안전에 관한 정보로서 식품의약품안전처장이 공개할 필요가 있다고 인정하는 정보

* 식품의약품안전처장은 법 제90조의2제1항에 따라 식품등의 안전에 관한 정보를 인터넷 홈페이지, 신문, 방송 등을 통하여 공개할 수 있다.

55. 식품안전관리 업무 평가(제90조의3)

① 식품의약품안전처장은 식품안전관리 업무 수행 실적이 우수한 시·도 또는 시·군·구에 표창 수여, 포상금 지급 등의 조치를 하기 위하여 시·도 및 시·군·구에서 수행하는 식품안전관리업무를 평가할 수 있다.

② 제1항에 따른 평가 기준·방법 등에 관하여 필요한 사항은 총리령으로 정한다.

* 식품안전관리 업무 평가 기준 및 방법 등(시행규칙 제96조의2)

① 법 제90조3제1항에 따른 식품안전관리 업무 평가의 기준은 다음 각 호와 같다.

1. 식품안전관리 사업 목표 달성도 또는 사업의 성과
2. 그 밖에 식품안전관리를 위하여 식품의약품안전처장이 정하는 사항

② 식품의약품안전처장은 제1항에 따른 평가를 할 때에는 시·도와 시·군·구를 구분하여 실시할 수 있다.

56. 권한의 위임(제91조)

이 법에 따른 식품의약품안전처장의 권한은 대통령령으로 정하는 바에 따라 그 일부를 시·도지사 또는 지방식품의약품안전청장에게, 시·도지사의 권한은 그 일부를 시장·군수·구청장 또는 보건소장에게 각각 위임할 수 있다.

* 식품의약품안전처장은 법 제91조에 따라 다음 각 호의 권한을 지방식품의약품안전청장에게 위임한다.

1. 법 제37조제1항 및 제2항에 따른 영업의 허가 및 변경허가
2. 법 제37조제3항에 따른 폐업신고 및 변경신고
3. 법 제37조제5항 본문에 따른 영업의 등록 및 변경등록
4. 법 제37조제6항에 따른 보고 및 변경보고
5. 법 제37조제7항에 따른 등록 사항의 직권말소
6. 법 제39조에 따른 영업 승계 신고의 수리
7. 법 제45조에 따른 위해식품등의 회수계획 보고에 관한 업무 및 행정처분 감면
8. 법 제46조제1항에 따른 이물(異物) 발견보고
9. 법 제48조제8항에 따른 식품안전관리인증기준적용업소에 대한 조사·평가 및 인증취소 또는 시정명령

10. 법 제49조제1항 및 제3항에 따른 식품이력추적관리 등록 및 변경신고
11. 법 제49조제5항에 따른 식품이력추적관리기준 준수 여부 등에 대한 조사·평가
12. 법 제49조제7항에 따른 식품이력추적관리 등록을 한 자에 대한 등록취소 또는 시정명령
13. 법 제71조에 따른 시정명령
14. 법 제72조에 따른 식품등의 압류·폐기처분 또는 위해 방지 조치 명령
15. 법 제73조에 따른 위해식품등의 공표
16. 법 제74조에 따른 시설 개수명령
17. 법 제75조에 따른 허가·등록 취소 또는 영업정지명령
18. 법 제76조에 따른 품목 또는 품목류 제조정지명령
19. 법 제79조에 따른 영업소를 폐쇄하기 위한 조치 및 그 해제를 위한 조치
20. 법 제81조제2호 및 제3호에 따른 청문
21. 법 제82조 및 제83조에 따른 과징금 부과·징수
22. 법 제92조제4호, 제5호(이 조 제4호, 제4호의2 및 제4호의3에 따라 위임된 권한에 따른 수수료만 해당한다) 및 제6호(이 조 제7호에 따라 위임된 권한에 따른 수수료만 해당한다)에 따른 수수료의 징수
23. 법 제101조에 따른 과태료 부과·징수

57. 수수료(제92조)

다음 각 호의 어느 하나에 해당하는자는 총리령으로 정하는 수수료를 내야한다.

1. 제7조제2항 또는 제9조제2항에 따른 기준과 규격의 인정을 신청하는 자

   1의2. 제7조의3제2항에 따른 농약 및 동물용 의약품의 잔류허용기준 설정을 요청하는 자

1의3. 제12조의3에 따른 표시 · 광고 심의를 신청하는 자

2. 제18조에 따른 안전성 심사를 받는 자

3. 삭제 <2015.2.3>

3의2. 삭제 <2015.2.3>

3의3. 제23조제2항에 따른 재검사를 요청하는 자

4. 삭제 <2013.7.30>

5. 제37조에 따른 허가를 받거나 신고 또는 등록을 하는 자

6. 제48조제3항(제88조에서 준용하는 경우를 포함한다)에 따른 식품안전관리인증기준적용업소 인증 또는 변경 인증을 신청하는 자

6의2. 제48조의2제2항에 따른 식품안전관리인증기준적용업소 인증 유효기간의 연장신청을 하는 자

7. 제49조제1항에 따른 식품이력추적관리를 위한 등록을 신청하는 자

8. 제53조에 따른 조리사 면허를 받는 자

9. 제88조에 따른 집단급식소의 설치 · 운영을 신고하는 자

58. 벌칙

1) 벌칙1(제93조)

① 다음 각 호의 어느 하나에 해당하는 질병에 걸린 동물을 사용하여 판매할 목적으로 식품 또는 식품첨가물을 제조 · 가공 · 수입 또는 조리한 자는 3년 이상의 징역에 처한다.

1. 소해면상뇌증(狂牛病)
2. 탄저병
3. 가금 인플루엔자

② 다음 각 호의 어느 하나에 해당하는 원료 또는 성분 등을 사용하여 판매할

목적으로 식품 또는 식품첨가물을 제조·가공·수입 또는 조리한 자는 1년 이상의 징역에 처한다.

1. 마황(麻黃)
2. 부자(附子)
3. 천오(川烏)
4. 초오(草烏)
5. 백부자(白附子)
6. 섬수(蟾수)
7. 백선피(白鮮皮)
8. 사리풀

③ 제1항 및 제2항의 경우 제조·가공·수입·조리한 식품 또는 식품첨가물을 판매하였을 때에는 그 소매가격의 2배 이상 5배 이하에 해당하는 벌금을 병과(倂科)한다.

④ 제1항 또는 제2항의 죄로 형을 선고받고 그 형이 확정된 후 5년 이내에 다시 제1항 또는 제2항의 죄를 범한 자가 제3항에 해당하는 경우 제3항에서 정한 형의 2배까지 가중한다.

2) 벌칙2(제94조)

① 다음 각 호의 어느 하나에 해당하는 자는 10년 이하의 징역 또는 1억원 이하의 벌금에 처하거나 이를 병과할 수 있다.

1. 제4조부터 제6조까지(제88조에서 준용하는 경우를 포함하고, 제93조제1항 및 제3항에 해당하는 경우는 제외한다)를 위반한 자
2. 제8조(제88조에서 준용하는 경우를 포함한다)를 위반한 자

2의2. 제13조제1항제1호를 위반한 자

3. 제37조제1항을 위반한 자

② 제1항의 죄로 형을 선고받고 그 형이 확정된 후 5년 이내에 다시 제1항의 죄를 범한 자는 1년 이상 10년 이하의 징역에 처한다.

③ 제2항의 경우 그 해당 식품 또는 식품첨가물을 판매한 때에는 그 소매가격의 4배 이상 10배 이하에 해당하는 벌금을 병과한다.

3) 벌칙3(제95조)

다음 각 호의 어느 하나에 해당하는 자는 5년 이하의 징역 또는 5천만원 이하의 벌금에 처하거나 이를 병과할 수 있다.

1. 제7조제4항(제88조에서 준용하는 경우를 포함한다), 제9조제4항(제88조에서 준용하는 경우를 포함한다) 또는 제13조제1항제2호부터 제5호까지의 규정을 위반한 자
2. 삭제 <2013.7.30>

   2의2. 제37조제5항을 위반한 자
3. 제43조에 따른 영업 제한을 위반한 자

   3의2. 제45조제1항 전단을 위반한 자
4. 제72조제1항 · 제3항(제88조에서 준용하는 경우를 포함한다) 또는 제73조제1항에 따른 명령을 위반한 자
5. 제75조제1항에 따른 영업정지 명령을 위반하여 영업을 계속한 자(제37조제1항에 따른 영업허가를 받은 자만 해당한다)

4) 벌칙4(제96조)

제51조 또는 제52조를 위반한 자는 3년 이하의 징역 또는 3천만원 이하의 벌금에 처하거나 이를 병과할 수 있다.

5) 벌칙5(제97조)

다음 각 호의 어느 하나에 해당하는 자는 3년 이하의 징역 또는 3천만원 이하의 벌금에 처한다.

1. 제10조제2항(제88조에서 준용하는 경우를 포함한다), 제12조의2제2항, 제17조제4항, 제 31조제1항 · 제3항, 제37조제3항 · 제4항, 제39조제3항, 제48조제2항 · 제10항, 제49조제 1항 단서 또는 제55조를 위반한 자
2. 제22조제1항(제88조에서 준용하는 경우를 포함한다) 또는 제72조제1항 · 제2항(제88조에서 준용하는 경우를 포함한다)에 따른 검사 · 출입 · 수거 · 압류 · 폐기를 거부 · 방해 또는 기피한 자
3. 삭제 <2015.2.3>
4. 제36조에 따른 시설기준을 갖추지 못한 영업자
5. 제37조제2항에 따른 조건을 갖추지 못한 영업자
6. 제44조제1항에 따라 영업자가 지켜야 할 사항을 지키지 아니한 자. 다만, 총리령으로 정하는 경미한 사항을 위반한 자는 제외한다.

*** 벌칙에서 제외되는 사항(시행규칙 제98조)**

법 제97조제6호에서 "총리령으로 정하는 경미한 사항"이란 다음 각 호의 어느 하나에 해당하는 경우를 말한다.

1. 영 제21조제1호의 식품제조 · 가공업자가 식품광고 시 유통기한을 확인하여 제품을 구입하도록 권장하는 내용을 포함하지 아니한 경우
2. 영 제21조제1호의 식품제조 · 가공업자 및 제21조제5호의 식품소분 · 판매업자가 해당 식품 거래기록을 보관하지 아니한 경우
3. 영 제21조제8호의 식품접객업자가 영업신고증 또는 영업허가증을 보관하지 아니한 경우
4. 영 제21조제8호라목의 유흥주점영업자가 종업원 명부를 비치 · 관리하지 아니한 경우

5. 제75조제1항에 따른 영업정지 명령을 위반하여 계속 영업한 자(제37조제4항 또는 제5항에 따라 영업신고 또는 등록을 한 자만 해당한다) 또는 같은 조 제1항 및 제2항에 따른 영업소 폐쇄명령을 위반하여 영업을 계속한 자
8. 제76조제1항에 따른 제조정지 명령을 위반한 자
9. 제79조제1항에 따라 관계 공무원이 부착한 봉인 또는 게시문 등을 함부로 제거하거나 손상시킨 자

6) 벌칙에서 제외되는 사항(제98조)

법 제97조제6호에서 "총리령으로 정하는 경미한 사항"이란 다음 각 호의 어느 하나에 해당하는 경우를 말한다.

1. 영 제21조제1호의 식품제조·가공업자가 식품광고 시 유통기한을 확인하여 제품을 구입하도록 권장하는 내용을 포함하지 아니한 경우
2. 영 제21조제1호의 식품제조·가공업자 및 제21조제5호의 식품소분·판매업자가 해당 식품 거래기록을 보관하지 아니한 경우
3. 영 제21조제8호의 식품접객업자가 영업신고증 또는 영업허가증을 보관하지 아니한 경우
4. 영 제21조제8호라목의 유흥주점영업자가 종업원 명부를 비치·관리하지 아니한 경우

7) 벌칙(제98조)

다음 각 호의 어느 하나에 해당하는 자는 1년 이하의 징역 또는 1천만원 이하의 벌금에 처한다.

1. 제44조제3항을 위반하여 접객행위를 하거나 다른 사람에게 그 행위를 알선한 자

2. 제46조제1항을 위반하여 소비자로부터 이물 발견의 신고를 접수하고 이를 거짓으로 보고한 자
3. 이물의 발견을 거짓으로 신고한 자
4. 제45조제1항 후단을 위반하여 보고를 하지 아니하거나 거짓으로 보고한 자

8) 양벌규정(제100조)

법인의 대표자나 법인 또는 개인의 대리인, 사용인, 그 밖의 종업원이 그 법인 또는 개인의 업무에 관하여 제93조제3항 또는 제94조부터 제97조까지의 어느 하나에 해당하는 위반행위를 하면 그 행위자를 벌하는 외에 그 법인 또는 개인에게도 해당 조문의 벌금형을 과(科)하고, 제93조제1항의 위반행위를 하면 그 법인 또는 개인에 대하여도 1억5천만원 이하의 벌금에 처하며, 제93조제2항의 위반행위를 하면 그 법인 또는 개인에 대하여도 5천만원 이하의 벌금에 처한다. 다만, 법인 또는 개인이 그 위반행위를 방지하기 위하여 해당 업무에 관하여 상당한 주의와 감독을 게을리하지 아니한 경우에는 그러하지 아니하다.

59. 과태료(제101조)

① 다음 각 호의 어느 하나에 해당하는 자에게는 1천만원 이하의 과태료를 부과한다.

1. 제11조제2항을 위반하여 영양표시 기준을 준수하지 아니한 자

② 다음 각 호의 어느 하나에 해당하는 자에게는 500만원 이하의 과태료를 부과한다.

1. 제3조 · 제40조제1항 및 제3항(제88조에서 준용하는 경우를 포함한다), 제41조제1항 및 제5항(제88조에서 준용하는 경우를 포함한다) 또는 제86조 제1항을 위반한 자

1의2. 삭제 <2015.2.3>

1의3. 제19조의4제2항을 위반하여 검사기한 내에 검사를 받지 아니하거나 자료 등을 제출하지 아니한 영업자

1의4. 삭제 <2016.2.3>

2. 삭제 <2015.3.27>

3. 제37조제6항을 위반하여 보고를 하지 아니하거나 허위의 보고를 한 자

4. 제42조제2항을 위반하여 보고를 하지 아니하거나 허위의 보고를 한 자

5. 삭제 <2011.6.7>

6. 제48조제9항(제88조에서 준용하는 경우를 포함한다)을 위반한 자

7. 제56조제1항을 위반하여 교육을 받지 아니한 자

8. 제74조제1항(제88조에서 준용하는 경우를 포함한다)에 따른 명령에 위반한 자

9. 제88조제1항을 위반하여 신고를 하지 아니하거나 허위의 신고를 한 자

10. 제88조제2항을 위반한 자

③ 다음 각 호의 어느 하나에 해당하는 자에게는 300만 원 이하의 과태료를 부과한다.

1. 삭제 <2013.7.30>

2. 제44조제1항에 따라 영업자가 지켜야 할 사항 중 총리령으로 정하는 경미한 사항을 지키지 아니한 자

*** 경미한 사항"이란 다음 각 호에 하나에 해당하는 경우를 말한다(시행규칙 제101조)**

1. 제21조제8호의 식품접객업자가 별표 17 제6호자목에 따른 영업신고증, 영업허가증 또는 조리사면허증 보관의무를 준수하지 아니한 경우

2. 영 제21조제8호라목의 유흥주점영업자가 별표 17 제6호파목에 따른 종업

원명부비치 · 기록 및 관리 의무를 준수하지 아니한 경우

3. 제46조제1항을 위반하여 소비자로부터 이물 발견신고를 받고 보고하지 아니한 자
4. 제49조제3항을 위반하여 식품이력추적관리 등록사항이 변경된 경우 변경 사유가 발생한 날부터 1개월 이내에 신고하지 아니한 자
5. 제49조의3제4항을 위반하여 식품이력추적관리정보를 목적 외에 사용한 자

④ 제1항부터 제3항까지의 규정에 따른 과태료는 대통령령으로 정하는 바에 따라 식품의약품안전처장, 시 · 도지사 또는 시장 · 군수 · 구청장이 부과 · 징수한다.

*** 과태료의 부과기준은 시행령 별표 2와 같다.**

1) 과태료의 부과기준(제67조)

법 제101조제1항부터 제3항까지의 규정에 따른 과태료의 부과기준은 별표 2와 같다.

2) 과태료의 부과대상(제101조)

법 제101조제3항제2호에서 "총리령으로 정하는 경미한 사항"이란 다음 각 호의 어느 하나에 해당하는 경우를 말한다.

1. 영 제21조제8호의 식품접객업자가 별표 17 제6호자목에 따른 영업신고증, 영업허가증 또는 조리사면허증 보관의무를 준수하지 아니한 경우
2. 영 제21조제8호라목의 유흥주점영업자가 별표 17 제6호파목에 따른 종업원명부 비치 · 기록 및 관리 의무를 준수하지 아니한 경우

3) 과태료에 관한 규정 적용의 특례(제102조)

제101조의 과태료에 관한 규정을 적용하는 경우 제82조에 따라 과징금을 부과한 행위에 대하여는 과태료를 부과할 수 없다. 다만, 제82조제4항 본문에 따라 과징금 부과처분을 취소하고 영업정지 또는 제조정지 처분을 한 경우에는 그러하지 아니하다.

[별표 1] 식품위생법 업종별시설기준

1. 일반음식점 영업

(공통시설기준)

1) 영업장

(1) 독립된 건물이거나 식품접객업의 영업허가 또는 영업신고를 한 업종 외의 용도로 사용되는 시설과 분리되어야 한다. 다만, 다음의 어느 하나에 해당하는 경우에는 그러하지 아니하다.

① 일반음식점에서「축산물가공처리법 시행령」 제21조제6호가목의 식육판매업을 하려는 경우

② 휴게음식점에서「음악산업진흥에 관한 법률」 제2조제10호에 따른 음반·음악영상물 판매업을 하는 경우

③ 관할세무서장의 의제 주류판매 면허를 받고 제과점에서 영업을 하는 경우

(2) 영업장은 연기·유해가스등의 환기가 잘 되도록 하여야 한다.

(3) 음향 및 반주시설을 설치하는 영업자는 「소음·진동관리법」제21조에 따른 생활소음·진동이 규제기준에 적합한 방음장치 등을 갖추어야 한다.

(4) 공연을 하려는 휴게음식점·일반음식점 및 단란주점의 영업자는 무대시설을 영업장 안에 객석과 구분되게 설치하되, 객실 안에 설치하여서는 아니 된다.

2) 조리장

(1) 조리장은 손님이 그 내부를 볼 수 있는 구조로 되어 있어야 한다. 다만, 영 제21조제8호바목에 따른 제과점영업소로서 같은 건물 안에 조리장을 설치하는 경우와 「관광진흥법시행령」 제2조제1항제2호가목 및 같은 항 제3호마목에 따른 관광호텔업 및 관광공연장업의 조리장의 경우에는 그러하지 아니하다.

(2) 조리장 바닥에 배수구가 있는 경우에는 덮개를 설치하여야 한다.

(3) 조리장 안에는 취급하는 음식을 위생적으로 조리하기 위하여 필요한 조리시설·세척시설·폐기물용기 및 손 씻는 시설을 각각 설치하여야 하고, 폐기물용기는 오물·악취 등이

누출되지 아니하도록 뚜껑이 있고 내수성 재질로 된 것이어야 한다.

(4) 1명의 영업자가 하나의 조리장을 둘 이상의 영업에 공동으로 사용할 수 있는 경우는 다음과 같다.

① 같은 건물 안의 같은 통로를 출입구로 사용하여 휴게음식점 · 제과점영업 및 일반음식점영업을 하려는 경우

② 「관광진흥법 시행령」에 따른 전문휴양업, 종합휴양업 및 유원시설업 시설 안의 같은 장소에서 휴게음식점 · 제과점영업 또는 일반음식점영업 중 둘 이상의 영업을 하려는 경우

③ 일반음식점 영업자가 일반음식점의 영업장과 직접 접한 장소에서 도시락류를 제조하는 즉석판매제조 · 가공업을 하려는 경우

④ 제과점 영업자가 식품제조 · 가공업의 제과 · 제빵류 품목을 제조 · 가공하려는 경우

⑤ 제과점영업자가 기존 제과점의 영업신고관청과 같은 관할 구역에서 둘 이상의 제과점을 운영하려는 경우

(5) 조리장에는 주방용 식기류를 소독하기 위한 자외선 또는 전기살균소독기를 설치하거나 열탕세척소독시설(식중독을 일으키는 병원성 미생물 등이 살균될 수 있는 시설이어야 한다. 이하 같다)을 갖추어야 한다. 다만, 주방용 식기류를 기구 등의 살균ㆍ소독제로만 소독하는 경우에는 그러하지 아니하다.

(6) 충분한 환기를 시킬 수 있는 시설을 갖추어야 한다. 다만, 자연적으로 통풍이 가능한 구조의 경우에는 그러하지 아니하다.

(7) 식품 등의 기준 및 규격 중 식품별 보존 및 유통기준에 적합한 온도가 유지될 수 있는 냉장시설 또는 냉동시설을 갖추어야 한다.

3) 급수시설

(1) 수돗물이나 「먹는물관리법」 제5조에 따른 먹는 물의 수질기준에 적합한 지하수 등을 공급할 수 있는 시설을 갖추어야 한다.

(2) 지하수를 사용하는 경우 취수원은 화장실 · 폐기물처리시설 · 동물사육장, 그 밖에 지하수가 오염될 우려가 있는 장소로부터 영향을 받지 아니하는 곳에 위치하여야 한다.

4) 화장실

(1) 화장실은 콘크리트 등으로 내수처리를 하여야 한다. 다만, 공중화장실이 설치되어 있는

역 · 터미널 · 유원지 등에 위치하는 업소, 공동화장실이 설치된 건물 안에 있는 업소 및 인근에 사용하기 편리한 화장실이 있는 경우에는 따로 화장실을 설치하지 아니할 수 있다.

(2) 화장실은 조리장에 영향을 미치지 아니하는 장소에 설치하여야 한다.

(3) 정화조를 갖춘 수세식 화장실을 설치하여야 한다. 다만, 상 · 하수도가 설치되지 아니한 지역에서는 수세식이 아닌 화장실을 설치할 수 있다.

(4) 다)단서에 따라 수세식이 아닌 화장실을 설치하는 경우에는 변기의 뚜껑과 환기시설을 갖추어야 한다.

(5) 화장실에는 손을 씻는 시설을 갖추어야 한다.

5) 공통시설기준의 적용특례

(1) 공통시설기준에도 불구하고 다음의 경우에는 특별자치도지사 · 시장 · 군수 · 구청장(시 · 도에서 음식물의 조리 · 판매행위를 하는 경우에는 시 · 도지사)이 시설기준을 따로 정할 수 있다.

① 「재래시장 및 상점가 육성을 위한 특별법」 제2조제1호에 따른 재래시장에서 음식점영업을 하는 경우

② 해수욕장 등에서 계절적으로 음식점영업을 하는 경우

③ 고속도로 · 자동차전용도로 · 공원 · 유원시설 등의 휴게장소에서 영업을 하는 경우

④ 건설공사현장에서 영업을 하는 경우

⑤ 지방자치단체 및 농림축산식품부장관이 인정한 생산자단체등에서 국내산 농 · 수 · 축산물의 판매촉진 및 소비홍보 등을 위하여 14일 이내의 기간에 한하여 특정장소에서 음식물의 조리 · 판매행위를 하려는 경우

⑥ 「전시산업발전법」 제2조제4호에 따른 전시시설에서 휴게음식점영업, 일반음식점영업 또는 제과점영업을 하는 경우

(2) 「도시와 농어촌 간의 교류촉진에 관한 법률」제10조에 따라 농어촌체험 · 휴양마을사업자가 농어촌체험 · 휴양프로그램에 부수하여 음식을 제공하는 경우로서 그 영업시설기준을 따로 정한 경우에는 그 시설기준에 따른다.

(3) 백화점, 슈퍼마켓 등에서 휴게음식점영업 또는 제과점영업을 하려는 경우와 음식물을 전문으로 조리하여 판매하는 백화점 등의 일정장소(식당가를 말한다)에서 휴게음식점영업 · 일

반음식점영업 또는 제과점영업을 하려는 경우로서 위생상 위해발생의 우려가 없다고 인정되는 경우에는 각 영업소와 영업소 사이를 분리 또는 구획하는 별도의 차단벽이나 칸막이 등을 설치하지 아니할 수 있다.

(4)「관광진흥법」 제70조에 따라 시 · 도지사가 지정한 관광특구에서 휴게음식점영업, 일반음식점영업 또는 제과점영업을 하는 경우에는 영업장 신고면적에 포함되어 있지 아니한 옥외시설에서 해당 영업별 식품을 제공할 수 있다. 이 경우 옥외시설의 기준에 관한 사항은 시장 · 군수 또는 구청장이 따로 정하여야 한다.

(5)「관광진흥법」 제3조제1항제2호가목의 호텔업을 영위하는 장소 또는 시 · 도지사 또는 시장 · 군수 · 구청장이 별도로 지정하는 장소에서 휴게음식점영업, 일반음식점영업 또는 제과점영업을 하는 경우에는 공통시설기준에도 불구하고 시장 · 군수 또는 구청장이 시설기준 등을 따로 정하여 영업장 신고면적 외 옥외 등에서 음식을 제공할 수 있다.

(업종별 시설기준)

(1) 일반음식점에 객실(투명한 칸막이 또는 투명한 차단벽을 설치하여 내부가 전체적으로 보이는 경우는 제외한다)을 설치하는 경우 객실에는 잠금장치를 설치할 수 없다.

(2) 휴게음식점 또는 제과점에는 객실(투명한 칸막이 또는 투명한 차단벽을 설치하여 내부가 전체적으로 보이는 경우는 제외한다)을 둘 수 없으며, 객석을 설치하는 경우 객석에는 높이 1.5미터 미만의 칸막이(이동식 또는 고정식)를 설치할 수 있다. 이 경우 2면 이상을 완전히 차단하지 아니하여야 하고, 다른 객석에서 내부가 서로 보이도록 하여야 한다.

(3) 기차 · 자동차 · 선박 또는 수상구조물로 된 유선장(遊船場) · 도선장(渡船場) 또는 수상레저사업장을 이용하는 경우 다음 시설을 갖추어야 한다.

① 1일의 영업시간에 사용할 수 있는 충분한 양의 물을 저장할 수 있는 내구성이 있는 식수탱크

② 1일의 영업시간에 발생할 수 있는 음식물 찌꺼기 등을 처리하기에 충분한 크기의 오물통 및 폐수탱크

③ 음식물의 재료(원료)를 위생적으로 보관할 수 있는 시설

(4) 영업장으로 사용하는 바닥면적(「건축법 시행령」 제119조제1항제3호에 따라 산정한 면적을 말한다)의 합계가 100제곱미터(영업장이 지하층에 설치된 경우에는 그 영업장의 바닥면적 합계가 66제곱미터) 이상인 경우에는 「다중이용업소의 안전관리에 관한 특별법」 제9조제1항에 따른 소방시설 등 및 영업장 내부 피난통로 그 밖의 안전시설을 갖추어야 한다. 다만, 영업장(내부계단으로 연결된 복층구조의 영업장을 제외한다)이 지상 1층 또는 지상과 직접 접하는 층에 설치되고 그 영업장의 주된 출입구가 건축물 외부의 지면과 직접 연결되는 곳에서 하는 영업을 제외한다.

(5) 휴게음식점 · 일반음식점 또는 제과점의 영업장에는 손님이 이용할 수 있는 자막용 영상장치 또는 자동반주장치를 설치하여서는 아니 된다. 다만, 연회석을 보유한 일반음식점에서 회갑연, 칠순연 등 가정의 의례로서 행하는 경우에는 그러하지 아니하다.

(6) 일반음식점의 객실 안에는 무대장치, 음향 및 반주시설, 우주볼 등의 특수조명시설을 설치하여서는 아니 된다.

(7) 삭제(2012.12.17.)

2. 식품제조 · 가공업

1) 식품의 제조시설과 원료 및 제품의 보관시설 등이 설비된 건축물(이하 "건물"이라 함)의 위치 등

(1) 건물의 위치는 축산폐수 · 화학물질, 그 밖에 오염물질의 발생시설로부터 식품에 나쁜 영향을 주지 아니하는 거리를 두어야 한다.

(2) 건물의 구조는 제조하려는 식품의 특성에 따라 적정한 온도가 유지될 수 있고, 환기가 잘 될 수 있어야 한다.

(3) 건물의 자재는 식품에 나쁜 영향을 주지 아니하고 식품을 오염시키지 아니하는 것이어야 한다.

2) 작업장

(1) 작업장은 독립된 건물이거나 식품제조 · 가공 외의 용도로 사용되는 시설과 분리(별도의 방을 분리함에 있어 벽이나 층 등으로 구분하는 경우를 말한다. 이하 같다)되어야 한다.

(2) 작업장은 원료처리실 · 제조가공실 · 포장실 및 그 밖에 식품의 제조 · 가공에 필요한 작업

실을 말하며, 각각의 시설은 분리 또는 구획(칸막이 · 커튼 등으로 구분하는 경우를 말한다. 이하 같다)되어야 한다. 다만, 제조 공정의 자동화 또는 시설 · 제품의 특수성으로 인하여 분리 또는 구획할 필요가 없다고 인정되는 경우로서 각각의 시설이 서로 구분(선 · 줄 등으로 구분하는 경우를 말한다. 이하 같다)될 수 있는 경우에는 그러하지 아니하다.

(3) 작업장의 바닥 · 내벽 및 천장 등은 다음과 같은 구조로 설비되어야 한다.

① 바닥은 콘크리트 등으로 내수처리를 하여야 하며, 배수가 잘 되도록 하여야 한다.

② 내벽은 바닥으로부터 1.5미터까지 밝은 색의 내수성으로 설비하거나 세균방지용 페인트로 도색하여야 한다.

③ 작업장의 내부 구조물, 벽, 바닥, 천장, 출입문, 창문 등은 내구성, 내부식성 등을 가지고, 세척 · 소독이 용이하여야 한다

(4) 작업장 안에서 발생하는 악취 · 유해가스 · 매연 · 증기 등을 환기시키기에 충분한 환기시설을 갖추어야 한다.

(5) 작업장은 외부의 오염물질이나 해충, 설치류, 빗물 등의 유입을 차단할 수 있는 구조이어야 한다.

(6) 작업장은 폐기물 · 폐수 처리시설과 격리된 장소에 설치하여야 한다.

3) 식품취급시설 등

(1) 식품을 제조 · 가공하는데 필요한 기계 · 기구류 등 식품취급시설은 식품의 특성에 따라 식품 등의 기준 및 규격에서 정하고 있는 제조 · 가공기준에 적합한 것이어야 한다.

(2) 식품취급시설 중 식품과 직접 접촉하는 부분은 위생적인 내수성재질(스테인레스 · 알루미늄 · 에프알피(FRP) · 테프론 등 물을 흡수하지 아니하는 것을 말한다. 이하 같다)로서 씻기 쉬운 것이거나 위생적인 목재로서 씻는 것이 가능한 것이어야 하며, 열탕 · 증기 · 살균제 등으로 소독 · 살균이 가능한 것이어야 한다.

(3) 냉동 · 냉장시설 및 가열처리시설에는 온도계 또는 온도를 측정할 수 있는 계기를 설치하여야 한다.

4) 급수시설

(1) 수돗물이나 「먹는물관리법」 제5조에 따른 먹는 물의 수질기준에 적합한 지하수 등을 공급할 수 있는 시설을 갖추어야 한다.

(2) 지하수 등을 사용하는 경우 취수원은 화장실 · 폐기물처리시설 · 동물사육장, 그 밖에 지하수가 오염될 우려가 있는 장소로부터 20미터 이상 떨어진 곳에 위치하여야 한다.

(3) 먹기에 적합하지 않은 용수는 교차 또는 합류되지 않아야 한다.

5) 화장실

(1) 작업장에 영향을 미치지 아니하는 곳에 정화조를 갖춘 수세식화장실을 설치하여야 한다. 다만, 인근에 사용하기 편리한 화장실이 있는 경우에는 화장실을 따로 설치하지 아니할 수 있다.

(2) 화장실은 콘크리트 등으로 내수처리를 하여야 하고, 바닥과 내벽(바닥으로부터 1.5미터까지)에는 타일을 붙이거나 방수페인트로 색칠하여야 한다.

6) 창고 등의 시설

(1) 원료와 제품을 위생적으로 보관 · 관리할 수 있는 창고를 갖추어야 한다. 다만, 창고에 갈음할 수 있는 냉동 · 냉장시설을 따로 갖춘 업소에서는 이를 설치하지 아니할 수 있다.

(2) 창고의 바닥에는 양탄자를 설치하여서는 아니 된다.

7) 검사실

(1) 식품 등의 기준 및 규격을 검사할 수 있는 검사실을 갖추어야 한다. 다만, 다음 각 호의 어느 하나에 해당하는 경우에는 이를 갖추지 아니할 수 있다.

① 법 제31조제2항에 따라 「식품 · 의약품분야 시험 · 검사 등에 관한 법률」 제6조제3항 제2호에 따른 자가품질위탁 시험 · 검사기관 등에 위탁하여 자가품질검사를 하려는 경우

② 같은 영업자가 다른 장소에 영업신고한 같은 업종의 영업소에 검사실을 갖추고 그 검사실에서 법 제31조제1항에 따른 자가품질검사를 하려는 경우

③ 같은 영업자가 설립한 식품 관련 연구 · 검사기관에서 자사 제품에 대하여 법 제31조제1항에 따른 자가품질검사를 하려는 경우

④ 「독점규제 및 공정거래에 관한 법률」 제2조제2호에 따른 기업집단에 속하는 식품관련 연구 · 검사기관 또는 같은 조 제3호에 따른 계열회사가 영업신고한 같은 업종의 영업소의 검사실에서 법 제31조제1항에 따른 자가품질검사를 하려는 경우

(2) 검사실을 갖추는 경우에는 자가품질검사에 필요한 기계 · 기구 및 시약류를 갖추어야 한다.

8) 운반시설

식품을 운반하기 위한 차량, 운반도구 및 용기를 갖춘 경우 식품과 직접 접촉하는 부분의 재질은 인체에 무해하며 내수성·내부식성을 갖추어야 한다.

9) 시설기준 적용의 특례

(1) 선박에서 수산물을 제조·가공하는 경우에는 다음의 시설만 설비할 수 있다.

① 작업장 : 작업장에서 발생하는 악취·유해가스·매연·증기 등을 환기시키는 시설을 갖추어야 한다.

② 창고 등의 시설 등 : 냉동·냉장시설을 갖추어야 한다.

③ 화장실 : 수세식 화장실을 두어야 한다.

(2) 식품제조·가공업자가 제조·가공시설 등이 부족한 경우에는 식품제조·가공업의 영업신고를 한 자에게 위탁하여 식품을 제조·가공할 수 있다.

(3) 하나의 업소가 둘 이상의 업종의 영업을 할 경우 또는 둘 이상의 식품을 제조·가공하고자 할 경우로서 각각의 제품이 전부 또는 일부의 동일한 공정을 거쳐 생산되는 경우에는 그 공정에 사용되는 시설 및 작업장을 함께 쓸 수 있다. 이 경우 「축산물가공처리법」제22조에 따라 축산물가공처리업의 허가를 받은 업소, 「먹는물관리법」 제21조에 따라 먹는샘물제조업의 허가를 받은 업소, 「주세법」 제6조에 따라 주류제조의 면허를 받아 주류를 제조하는 업소 및 「건강기능식품에 관한 법률」 제5조에 따라 건강기능식품제조업의 허가를 받은 업소 및 「양곡관리법」 제19조에 따라 양곡가공업 등록을 한 업소의 시설 및 작업장도 또한 같다.

(4) 「농어업·농어촌 및 식품산업 기본법」 제3조제2호에 따른 농어업인, 같은 조 제4호에 따른 생산자단체, 「농어업경영체 육성 및 지원에 관한 법률」 제16조에 따른 영농조합법인·영어조합법인 또는 같은 법 제19조에 따른 농업회사법인·어업회사법인이 국내산 농산물과 수산물을 주된 원료로 식품을 직접 제조·가공하는 영업과 「전통시장 및 상점가 육성을 위한 특별법」 제2조제1호에 따른 전통시장에서 식품을 제조·가공하는 영업에 대해서는 특별자치도지사·시장·군수·구청장은 그 시설기준을 따로 정할 수 있다.

(5) 의약품제조업과 식품제조·가공업을 함께 허가받거나 신고한 영업자는 식품의약품안전처장이 의약품제조시설에 대하여 의약품이 식품에 전이될 우려가 없어 식품의 제조·가공시설

로 적합하다고 인정하여 지정 · 고시하는 경우에는 해당 시설을 식품제조 · 가공시설로 이용할 수 있다.

3. 즉석판매제조 · 가공업

1) 건물의 위치 등

(1) 독립된 건물이거나 즉석판매제조 · 가공 외의 용도로 사용되는 시설과 분리 또는 구획되어야 한다. 다만, 백화점 등 식품을 전문으로 취급하는 일정장소(식당가 · 식품매장 등을 말한다)에서 즉석판매제조 · 가공업의 영업을 하려는 경우와 「축산물가공처리법 시행령」제21조제7호가목에 따른 식육판매업소에서 식육을 이용하여 즉석판매제조 · 가공업의 영업을 하려는 경우로서 식품위생상 위해발생의 우려가 없다고 인정되는 경우에는 그러하지 아니하다.

(2) 건물의 위치 · 구조 및 자재에 관하여는 1. 식품제조 · 가공업의 시설기준 중가. 건물의 위치 등의 관련 규정을 준용한다.

2) 작업장

(1) 식품을 제조 · 가공할 수 있는 기계 · 기구류 등이 설치된 제조 · 가공실을 두어야 한다. 다만, 식품제조 · 가공업 영업자가 제조 · 가공한 식품 또는 식품등수입판매업 영업자가 수입 · 판매한 식품을 소비자가 원하는 만큼 덜어서 판매하는 것만 하고, 식품의 제조 · 가공은 하지 아니하는 영업자인 경우에는 제조 · 가공실을 두지 아니할 수 있다.

(2) 제조가공실의 시설 등에 관하여는 1. 식품제조 · 가공업의 시설기준 중 나. 작업장의 관련 규정을 준용한다.

3) 식품취급시설 등

식품취급시설 등에 관하여는 1. 식품제조 · 가공업의 시설기준 중 다. 식품취급시설 등의 관련규정을 준용한다.

4) 급수시설

급수시설은 1. 식품제조 · 가공업의 시설기준 중 라. 급수시설의 관련 규정을 준용한다. 다만, 인근에 수돗물이나 「먹는물관리법」 제5조에 따른 먹는물 수질기준에 적합한 지하수 등을 공급할 수 있는 시설이 있는 경우에는 이를 설치하지 아니할 수 있다.

5) 판매시설

식품을 위생적으로 유지 · 보관할 수 있는 진열 · 판매시설을 갖추어야 한다.

6) 화장실

(1) 화장실을 작업장에 영향을 미치지 아니하는 곳에 설치하여야 한다.

(2) 정화조를 갖춘 수세식 화장실을 설치하여야 한다. 다만, 상 · 하수도가 설치되지 아니한 지역에서는 수세식이 아닌 화장실을 설치할 수 있다.

(3) 2)단서에 따라 수세식이 아닌 화장실을 설치하는 경우에는 변기의 뚜껑과 환기시설을 갖추어야 한다.

(4) 공동화장실이 설치된 건물 안에 있는 업소 및 인근에 사용이 편리한 화장실이 있는 경우에는 따로 설치하지 아니할 수 있다.

7) 「재래시장 및 상점가 육성을 위한 특별법」 제2조제1호에 따른 재래시장 또는 「관광진흥법 시행령」 제2조제1항제5호가목에 따른 종합유원시설업의 시설 안에서 이동판매형태의 즉석판매제조 · 가공업을 하려는 경우에는 가목부터 바목까지의 시설기준에도 불구하고 특별자치도지사 · 시장 · 군수 · 구청장이 그 시설기준을 따로 정할 수 있다.

8)「도시와 농어촌 간의 교류촉진에 관한 법률」 제10조에 따라 농어촌체험 · 휴양마을사업자가 지역 농림수산물을 주재료로 이용한 즉석식품을 제조 · 판매 · 가공하는 경우로서 그 시설기준을 따로 정한 때에는 그 시설기준에 따른다.

4. 휴게음식점영업

(공통시설기준)

1) 영업장

(1) 독립된 건물이거나 식품접객업의 영업허가 또는 영업신고를 한 업종 외의 용도로 사용되는 시설과 분리되어야 한다. 다만, 다음의 어느 하나에 해당하는 경우에는 그러하지 아니하다.

① 일반음식점에서 「축산물가공처리법 시행령」 제21조제6호가목의 식육판매업을 하려는 경우

② 휴게음식점에서 「음악산업진흥에 관한 법률」 제2조제10호에 따른 음반 · 음악영상물판매

업을 하는 경우

③ 관할세무서장의 의제 주류판매 면허를 받고 제과점에서 영업을 하는 경우

(2) 영업장은 연기 · 유해가스등의 환기가 잘 되도록 하여야 한다.

(3) 음향 및 반주시설을 설치하는 영업자는 「소음 · 진동관리법」제21조에 따른 생활소음 · 진동이 규제기준에 적합한 방음장치 등을 갖추어야 한다.

(4) 공연을 하려는 휴게음식점 · 일반음식점 및 단란주점의 영업자는 무대시설을 영업장 안에 객석과 구분되게 설치하되, 객실 안에 설치하여서는 아니 된다.

2) 조리장

(1) 조리장은 손님이 그 내부를 볼 수 있는 구조로 되어 있어야 한다. 다만, 영 제21조제8호 바목에 따른 제과점영업소로서 같은 건물 안에 조리장을 설치하는 경우와 「관광진흥법시행령」 제2조제1항제2호가목 및 같은 항 제3호마목에 따른 관광호텔업 및 관광공연장업의 조리장의 경우에는 그러하지 아니하다.

(2) 조리장 바닥에 배수구가 있는 경우에는 덮개를 설치하여야 한다.

(3) 조리장 안에는 취급하는 음식을 위생적으로 조리하기 위하여 필요한 조리시설 · 세척시설 · 폐기물용기 및 손 씻는 시설을 각각 설치하여야 하고, 폐기물용기는 오물 · 악취 등이 누출되지 아니하도록 뚜껑이 있고 내수성 재질로 된 것이어야 한다.

(4) 1명의 영업자가 하나의 조리장을 둘 이상의 영업에 공동으로 사용할 수 있는 경우는 다음과 같다.

① 같은 건물 안의 같은 통로를 출입구로 사용하여 휴게음식점 · 제과점영업 및 일반음식점 영업을 하려는 경우

② 「관광진흥법 시행령」에 따른 전문휴양업, 종합휴양업 및 유원시설업 시설 안의 같은 장소에서 휴게음식점 · 제과점영업 또는 일반음식점영업 중 둘 이상의 영업을 하려는 경우

③ 일반음식점 영업자가 일반음식점의 영업장과 직접 접한 장소에서 도시락류를 제조하는 즉석판매제조 · 가공업을 하려는 경우

④ 제과점 영업자가 식품제조 · 가공업의 제과 · 제빵류 품목을 제조 · 가공하려는 경우

⑤ 제과점영업자가 기존 제과점의 영업신고관청과 같은 관할 구역에서 둘 이상의 제과점을 운영하려는 경우

(5) 조리장에는 주방용 식기류를 소독하기 위한 자외선 또는 전기살균소독기를 설치하거나 열탕세척소독시설(식중독을 일으키는 병원성 미생물 등이 살균될 수 있는 시설이어야 한다. 이하 같다)을 갖추어야 한다. 다만, 주방용 식기류를 기구등의 살균·소독제로만 소독하는 경우에는 그러하지 아니하다.

(6) 충분한 환기를 시킬 수 있는 시설을 갖추어야 한다. 다만, 자연적으로 통풍이 가능한 구조의 경우에는 그러하지 아니하다.

(7) 식품등의 기준 및 규격 중 식품별 보존 및 유통기준에 적합한 온도가 유지될 수 있는 냉장시설 또는 냉동시설을 갖추어야 한다.

3) 급수시설

(1) 수돗물이나 「먹는물관리법」 제5조에 따른 먹는 물의 수질기준에 적합한 지하수 등을 공급할 수 있는 시설을 갖추어야 한다.

(2) 지하수를 사용하는 경우 취수원은 화장실·폐기물처리시설·동물사육장, 그 밖에 지하수가 오염될 우려가 있는 장소로부터 영향을 받지 아니하는 곳에 위치하여야 한다.

4) 화장실

(1) 화장실은 콘크리트 등으로 내수처리를 하여야 한다. 다만, 공중화장실이 설치되어 있는 역·터미널·유원지 등에 위치하는 업소, 공동화장실이 설치된 건물 안에 있는 업소 및 인근에 사용하기 편리한 화장실이 있는 경우에는 따로 화장실을 설치하지 아니할 수 있다.

(2) 화장실은 조리장에 영향을 미치지 아니하는 장소에 설치하여야 한다.

(3) 정화조를 갖춘 수세식 화장실을 설치하여야 한다. 다만, 상·하수도가 설치되지 아니한 지역에서는 수세식이 아닌 화장실을 설치할 수 있다.

(4) 다)단서에 따라 수세식이 아닌 화장실을 설치하는 경우에는 변기의 뚜껑과 환기시설을 갖추어야 한다.

(5) 화장실에는 손을 씻는 시설을 갖추어야 한다.

5) 공통시설기준의 적용특례

(1) 공통시설기준에도 불구하고 다음의 경우에는 특별자치도지사·시장·군수·구청장(시·도에서 음식물의 조리·판매행위를 하는 경우에는 시·도지사)이 시설기준을 따로 정할 수 있다.

①「재래시장 및 상점가 육성을 위한 특별법」 제2조제1호에 따른 재래시장에서 음식점영업을 하는 경우

② 해수욕장 등에서 계절적으로 음식점영업을 하는 경우

③ 고속도로 · 자동차전용도로 · 공원 · 유원시설 등의 휴게장소에서 영업을 하는 경우

④ 건설공사현장에서 영업을 하는 경우

⑤ 지방자치단체 및 농림축산식품부장관이 인정한 생산자단체등에서 국내산 농 · 수 · 축산물의 판매촉진 및 소비홍보 등을 위하여 14일 이내의 기간에 한하여 특정장소에서 음식물의 조리 · 판매행위를 하려는 경우

⑥「전시산업발전법」 제2조제4호에 따른 전시시설에서 휴게음식점영업, 일반음식점영업 또는 제과점영업을 하는 경우

(2)「도시와 농어촌 간의 교류촉진에 관한 법률」제10조에 따라 농어촌체험 · 휴양마을사업자가 농어촌체험 · 휴양프로그램에 부수하여 음식을 제공하는 경우로서 그 영업시설기준을 따로 정한 경우에는 그 시설기준에 따른다.

(3) 백화점, 슈퍼마켓 등에서 휴게음식점영업 또는 제과점영업을 하려는 경우와 음식물을 전문으로 조리하여 판매하는 백화점 등의 일정장소(식당가를 말한다)에서 휴게음식점영업 · 일반음식점영업 또는 제과점영업을 하려는 경우로서 위생상 위해발생의 우려가 없다고 인정되는 경우에는 각 영업소와 영업소 사이를 분리 또는 구획하는 별도의 차단벽이나 칸막이 등을 설치하지 아니할 수 있다.

(4)「관광진흥법」 제70조에 따라 시 、도지사가 지정한 관광특구에서 휴게음식점영업, 일반음식점영업 또는 제과점영업을 하는 경우에는 영업장 신고면적에 포함되어 있지 아니한 옥외시설에서 해당 영업별 식품을 제공할 수 있다. 이 경우 옥외시설의 기준에 관한 사항은 시장 、군수 또는 구청장이 따로 정하여야 한다.

(5)「관광진흥법」 제3조제1항제2호가목의 호텔업을 영위하는 장소 또는 시 、도지사 또는 시장 、군수 、구청장이 별도로 지정하는 장소에서 휴게음식점영업, 일반음식점영업 또는 제과점영업을 하는 경우에는 공통시설기준에도 불구하고 시장군수 또는 구청장이 시설기준 등을 따로 정하여 영업장 신고면적 외 옥외 등에서 음식을 제공할 수 있다.

(업종별 시설기준)

(1) 일반음식점에 객실(투명한 칸막이 또는 투명한 차단벽을 설치하여 내부가 전체적으로 보이는 경우는 제외한다)을 설치하는 경우 객실에는 잠금장치를 설치할 수 없다.

(2) 휴게음식점 또는 제과점에는 객실(투명한 칸막이 또는 투명한 차단벽을 설치하여 내부가 전체적으로 보이는 경우는 제외한다)을 둘 수 없으며, 객석을 설치하는 경우 객석에는 높이 1.5미터 미만의 칸막이(이동식 또는 고정식)를 설치할 수 있다. 이 경우 2면 이상을 완전히 차단하지 아니하여야 하고, 다른 객석에서 내부가 서로 보이도록 하여야 한다.

(3) 기차·자동차·선박 또는 수상구조물로 된 유선장(遊船場)·도선장(渡船場) 또는 수상레저사업장을 이용하는 경우 다음 시설을 갖추어야 한다.

① 1일의 영업시간에 사용할 수 있는 충분한 양의 물을 저장할 수 있는 내구성이 있는 식수탱크

② 1일의 영업시간에 발생할 수 있는 음식물 찌꺼기 등을 처리하기에 충분한 크기의 오물통 및 폐수탱크

③ 음식물의 재료(원료)를 위생적으로 보관할 수 있는 시설

(4) 영업장으로 사용하는 바닥면적(「건축법 시행령」 제119조제1항제3호에 따라 산정한 면적을 말한다)의 합계가 100제곱미터(영업장이 지하층에 설치된 경우에는 그 영업장의 바닥면적 합계가 66제곱미터) 이상인 경우에는 「다중이용업소의 안전관리에 관한 특별법」 제9조제1항에 따른 소방시설등 및 영업장 내부 피난통로 그 밖의 안전시설을 갖추어야 한다. 다만, 영업장(내부계단으로 연결된 복층구조의 영업장을 제외한다)이 지상 1층 또는 지상과 직접 접하는 층에 설치되고 그 영업장의 주된 출입구가 건축물 외부의 지면과 직접 연결되는 곳에서 하는 영업을 제외한다.

(5) 휴게음식점·일반음식점 또는 제과점의 영업장에는 손님이 이용할 수 있는 자막용 영상장치 또는 자동반주장치를 설치하여서는 아니 된다. 다만, 연회석을 보유한 일반음식점에서 회갑연, 칠순연 등 가정의 의례로서 행하는 경우에는 그러하지 아니하다.

(6) 일반음식점의 객실 안에는 무대장치, 음향 및 반주시설, 우주볼 등의 특수조명시설을 설치하여서는 아니 된다.

5. 제과점영업

(공통시설기준)

1) 영업장

(1) 독립된 건물이거나 식품접객업의 영업허가 또는 영업신고를 한 업종 외의 용도로 사용되는 시설과 분리되어야 한다. 다만, 다음의 어느 하나에 해당하는 경우에는 그러하지 아니하다.

① 일반음식점에서 「축산물가공처리법 시행령」 제21조제6호가목의 식육판매업을 하려는 경우

② 휴게음식점에서 「음악산업진흥에 관한 법률」 제2조제10호에 따른 음반·음악영상물판매업을 하는 경우

③ 관할세무서장의 의제 주류판매 면허를 받고 제과점에서 영업을 하는 경우

(2) 영업장은 연기·유해가스등의 환기가 잘 되도록 하여야 한다.

(3) 음향 및 반주시설을 설치하는 영업자는 「소음·진동관리법」제21조에 따른 생활소음·진동이 규제기준에 적합한 방음장치 등을 갖추어야 한다.

(4) 공연을 하려는 휴게음식점·일반음식점 및 단란주점의 영업자는 무대시설을 영업장 안에 객석과 구분되게 설치하되, 객실 안에 설치하여서는 아니 된다.

2) 조리장

(1) 조리장은 손님이 그 내부를 볼 수 있는 구조로 되어 있어야 한다. 다만, 영 제21조제8호바목에 따른 제과점영업소로서 같은 건물 안에 조리장을 설치하는 경우와 「관광진흥법시행령」 제2조제1항제2호가목 및 같은 항 제3호마목에 따른 관광호텔업 및 관광공연장업의 조리장의 경우에는 그러하지 아니하다.

(2) 조리장 바닥에 배수구가 있는 경우에는 덮개를 설치하여야 한다.

(3) 조리장 안에는 취급하는 음식을 위생적으로 조리하기 위하여 필요한 조리시설·세척시설·폐기물용기 및 손 씻는 시설을 각각 설치하여야 하고, 폐기물용기는 오물·악취 등이 누출되지 아니하도록 뚜껑이 있고 내수성 재질로 된 것이어야 한다.

(4) 1명의 영업자가 하나의 조리장을 둘 이상의 영업에 공동으로 사용할 수 있는 경우는 다음과 같다.

① 같은 건물 안의 같은 통로를 출입구로 사용하여 휴게음식점 · 제과점영업 및 일반음식점 영업을 하려는 경우

②「관광진흥법 시행령」에 따른 전문휴양업, 종합휴양업 및 유원시설업 시설 안의 같은 장소에서 휴게음식점 · 제과점영업 또는 일반음식점영업 중 둘 이상의 영업을 하려는 경우

③ 일반음식점 영업자가 일반음식점의 영업장과 직접 접한 장소에서 도시락류를 제조하는 즉석판매제조 · 가공업을 하려는 경우

④ 제과점 영업자가 식품제조 · 가공업의 제과 · 제빵류 품목을 제조 · 가공하려는 경우

⑤ 제과점영업자가 기존 제과점의 영업신고관청과 같은 관할 구역에서 둘 이상의 제과점을 운영하려는 경우

(5) 조리장에는 주방용 식기류를 소독하기 위한 자외선 또는 전기살균소독기를 설치하거나 열탕세척소독시설(식중독을 일으키는 병원성 미생물 등이 살균될 수 있는 시설이어야 한다. 이하 같다)을 갖추어야 한다. 다만, 주방용 식기류를 기구 등의 살균 · 소독제로만 소독하는 경우에는 그러하지 아니하다.

(6) 충분한 환기를 시킬 수 있는 시설을 갖추어야 한다. 다만, 자연적으로 통풍이 가능한 구조의 경우에는 그러하지 아니하다.

(7) 식품 등의 기준 및 규격 중 식품별 보존 및 유통기준에 적합한 온도가 유지될 수 있는 냉장시설 또는 냉동시설을 갖추어야 한다.

3) 급수시설

(1) 수돗물이나 「먹는물관리법」 제5조에 따른 먹는 물의 수질기준에 적합한 지하수 등을 공급할 수 있는 시설을 갖추어야 한다.

(2) 지하수를 사용하는 경우 취수원은 화장실 · 폐기물처리시설 · 동물사육장, 그 밖에 지하수가 오염될 우려가 있는 장소로부터 영향을 받지 아니하는 곳에 위치하여야 한다.

4) 화장실

(1) 화장실은 콘크리트 등으로 내수처리를 하여야 한다. 다만, 공중화장실이 설치되어 있는 역 · 터미널 · 유원지 등에 위치하는 업소, 공동화장실이 설치된 건물 안에 있는 업소 및 인근에 사용하기 편리한 화장실이 있는 경우에는 따로 화장실을 설치하지 아니할 수 있다.

(2) 화장실은 조리장에 영향을 미치지 아니하는 장소에 설치하여야 한다.

(3) 정화조를 갖춘 수세식 화장실을 설치하여야 한다. 다만, 상·하수도가 설치되지 아니한 지역에서는 수세식이 아닌 화장실을 설치할 수 있다.

(4) 다)단서에 따라 수세식이 아닌 화장실을 설치하는 경우에는 변기의 뚜껑과 환기시설을 갖추어야 한다.

(5) 화장실에는 손을 씻는 시설을 갖추어야 한다.

5) 공통시설기준의 적용특례

(1) 공통시설기준에도 불구하고 다음의 경우에는 특별자치도지사·시장·군수·구청장(시·도에서 음식물의 조리·판매행위를 하는 경우에는 시·도지사)이 시설기준을 따로 정할 수 있다.

①「재래시장 및 상점가 육성을 위한 특별법」 제2조제1호에 따른 재래시장에서 음식점영업을 하는 경우

② 해수욕장 등에서 계절적으로 음식점영업을 하는 경우

③ 고속도로·자동차전용도로·공원·유원시설 등의 휴게장소에서 영업을 하는 경우

④ 건설공사현장에서 영업을 하는 경우

⑤ 지방자치단체 및 농림축산식품부장관이 인정한 생산자단체등에서 국내산 농·수·축산물의 판매촉진 및 소비홍보 등을 위하여 14일 이내의 기간에 한하여 특정장소에서 음식물의 조리·판매행위를 하려는 경우

⑥「전시산업발전법」 제2조제4호에 따른 전시시설에서 휴게음식점영업, 일반음식점영업 또는 제과점영업을 하는 경우

(2) 「도시와 농어촌 간의 교류촉진에 관한 법률」제10조에 따라 농어촌체험·휴양마을사업자가 농어촌체험·휴양프로그램에 부수하여 음식을 제공하는 경우로서 그 영업시설기준을 따로 정한 경우에는 그 시설기준에 따른다.

(3) 백화점, 슈퍼마켓 등에서 휴게음식점영업 또는 제과점영업을 하려는 경우와 음식물을 전문으로 조리하여 판매하는 백화점 등의 일정장소(식당가를 말한다)에서 휴게음식점영업·일반음식점영업 또는 제과점영업을 하려는 경우로서 위생상 위해발생의 우려가 없다고 인정되는 경우에는 각 영업소와 영업소 사이를 분리 또는 구획하는 별도의 차단벽이나 칸막이 등을 설치하지 아니할 수 있다.

(4) 「관광진흥법」 제70조에 따라 시ㆍ도지사가 지정한 관광특구에서 휴게음식점영업, 일반음식점영업 또는 제과점영업을 하는 경우에는 영업장 신고면적에 포함되어 있지 아니한 옥외시설에서 해당 영업별 식품을 제공할 수 있다. 이 경우 옥외시설의 기준에 관한 사항은 시장ㆍ군수 또는 구청장이 따로 정하여야 한다.

(5) 「관광진흥법」 제3조제1항제2호가목의 호텔업을 영위하는 장소 또는 시ㆍ도지사 또는 시장ㆍ군수ㆍ구청장이 별도로 지정하는 장소에서 휴게음식점영업, 일반음식점영업 또는 제과점영업을 하는 경우에는 공통시설기준에도 불구하고 시장ㆍ군수 또는 구청장이 시설기준 등을 따로 정하여 영업장 신고면적 외 옥외 등에서 음식을 제공할 수 있다.

6. 위탁급식영업

1) 사무소

영업활동을 위한 독립된 사무소가 있어야 한다. 다만, 영업활동에 지장이 없는 경우에는 다른 사무소를 함께 사용할 수 있다.

2) 창고 등 보관시설

(1) 식품 등을 위생적으로 보관할 수 있는 창고를 갖추어야 한다. 이 경우 창고는 영업신고를 한 소재지와 다른 곳에 설치하거나 임차하여 사용할 수 있다.

(2) 창고에는 식품 등을 법 제7조제1항에 따른 식품 등의 기준 및 규격에서 정하고 있는 보존 및 유통기준에 적합한 온도에서 보관할 수 있도록 냉장ㆍ냉동시설을 갖추어야 한다.

3) 운반시설

(1) 식품을 위생적으로 운반하기 위하여 냉동시설이나 냉장시설을 갖춘 적재고가 설치된 운반차량을 1대 이상 갖추어야 한다. 다만, 법 제37조에 따라 허가 또는 신고한 영업자와 계약을 체결하여 냉동 또는 냉장시설을 갖춘 운반차량을 이용하는 경우에는 운반차량을 갖추지 아니하여도 된다.

(2)(1)의 규정에도 불구하고 냉동 또는 냉장시설이 필요 없는 식품만을 취급하는 경우에는 운반차량에 냉동시설이나 냉장시설을 갖춘 적재고를 설치하지 아니하여도 된다.

4) 식재료 처리시설

식품첨가물이나 다른 원료를 사용하지 아니하고 농ㆍ임ㆍ수산물을 단순히 자르거나 껍질을 벗기거나 말리거나 소금에 절이거나 숙성하거나 가열(살균의 목적 또는 성분의 현격한 변화를 유발하기 위한 목적의 경우를 제외한다)하는 등의 가공과정 중 위생상 위해발생의 우려가 없고 식품의 상태를 관능검사로 확인할 수 있도록 가공하는 경우 그 재료처리시설의 기준은 제1호나목부터 마목까지의 규정을 준용한다.

7. 식품소분 · 판매업

(공통시설기준)

1) 작업장 또는 판매장(식품자동판매기영업 · 유통전문판매업 및 식품등수입판매업을 제외한다)

(1) 건물은 독립된 건물이거나 주거장소 또는 식품소분 · 판매업 외의 용도로 사용되는 시설과 분리 또는 구획되어야 한다.

(2) 식품소분업의 소분실은 1. 식품제조 · 가공업의 시설기준 중 나. 작업장의 관련규정을 준용한다.

2) 급수시설(식품소분업 · 식품등수입판매업등 물을 사용하지 아니하는 경우를 제외한다) 수돗물이나 「 먹는물관리법 」 제5조에 따른 먹는 물의 수질기준에 적합한 지하수 등을 공급할 수 있는 시설을 갖추어야 한다.

3) 화장실(식품등수입판매업 및 식품자동판매기영업을 제외한다)

(1) 화장실은 작업장 및 판매장에 영향을 미치지 아니하는 곳에 설치하여야 한다.

(2) 정화조를 갖춘 수세식 화장실을 설치하여야 한다. 다만, 상 · 하수도가 설치되지 아니한 지역에서는 수세식이 아닌 화장실을 설치할 수 있다.

(3) 단서에 따라 수세식이 아닌 화장실을 설치한 경우에는 변기의 뚜껑과 환기시설을 갖추어야 한다.

(4) 공동화장실이 설치된 건물 안에 있는 업소 및 인근에 사용이 편리한 화장실이 있는 경우에는 따로 화장실을 설치하지 아니할 수 있다.

4) 공통시설기준의 적용특례

지방자치단체 및 농림축산식품부장관이 인정한 생산자단체 등에서 국내산 농 · 수 · 축산물의 판매촉진 및 소비홍보 등을 위하여 14일 이내의 기간에 한하여 특정장소에서 농 · 수 · 축산물의 판매행위를 하려는 경우에는 공통시설기준에 불구하고 특별자치도지사 · 시장 · 군수 · 구청장(시 · 도에서 농 · 수 · 축산물의 판매행위를 하는 경우에는 시 · 도지사)이 시설기준을 따로 정할 수 있다.

(업종별 시설기준)

1) 식품소분업

(1) 식품 등을 소분 · 포장할 수 있는 시설을 설치하여야 한다.

(2) 소분 · 포장하려는 제품과 소분 · 포장한 제품을 보관할 수 있는 창고를 설치하여야 한다.

2) 식용얼음판매업

(1) 판매장은 얼음을 저장하는 창고와 취급실이 구획되어야 한다.

(2) 취급실의 바닥은 타일 · 콘크리트 또는 두꺼운 목판자 등으로 설비하여야 하고, 배수가 잘 되어야 한다.

(3) 판매장의 주변은 배수가 잘 되어야 한다.

(4) 배수로에는 덮개를 설치하여야 한다.

(5) 얼음을 저장하는 창고에는 보기 쉬운 곳에 온도계를 비치하여야 한다.

(6) 소비자에게 배달판매를 하려는 경우에는 위생적인 용기가 있어야 한다.

3) 식품자동판매기영업

(1) 식품자동판매기(이하 "자판기"라 한다)는 위생적인 장소에 설치하여야 하며, 옥외에 설치하는 경우에는 비 · 눈 · 직사광선으로부터 보호되는 구조이어야 한다.

(2) 더운 물을 필요로 하는 제품의 경우에는 제품의 음용온도는 68℃ 이상이 되도록 하여야 하고, 자판기 내부에는 살균등(더운 물을 필요로 하는 경우를 제외한다) · 정수기 및 온도계가 부착되어야 한다. 다만, 물을 사용하지 않는 경우는 제외한다.

(3) 자판기 안의 물탱크는 내부청소가 쉽도록 뚜껑을 설치하고 녹이 슬지 아니하는 재질을 사용하여야 한다.

4) 유통전문판매업

(1) 영업활동을 위한 독립된 사무소가 있어야 한다. 다만, 영업활동에 지장이 없는 경우에는

다른 사무소를 함께 사용할 수 있다.

(2) 식품을 위생적으로 보관할 수 있는 창고를 갖추어야 한다. 이 경우 보관창고는 영업신고를 한 영업소의 소재지와 다른 곳에 설치하거나 임차하여 사용할 수 있다.

(3) 상시 운영하는 반품 · 교환품의 보관시설을 두어야 한다.

5) 집단급식소 식품판매업

(1) 사무소

영업활동을 위한 독립된 사무소가 있어야 한다. 다만, 영업활동에 지장이 없는 경우에는 다른 사무소를 함께 사용할 수 있다.

(2) 작업장

① 식품을 선별 · 분류하는 작업은 항상 찬 곳(0~18℃)에서 할 수 있도록 하여야 한다.

② 작업장은 식품을 위생적으로 보관하거나 선별 등의 작업을 할 수 있도록 독립된 건물이거나 다른 용도로 사용되는 시설과 분리되어야 한다.

③ 작업장 바닥은 콘크리트 등으로 내수처리를 하여야 하고, 물이 고이거나 습기가 차지 아니하게 하여야 한다.

④ 작업장에는 쥐, 바퀴 등 해충이 들어오지 못하게 하여야 한다.

⑤ 작업장에서 사용하는 칼, 도마 등 조리기구는 육류용과 채소용 등 용도별로 구분하여 그 용도로만 사용하여야 한다.

(3) 창고 등 보관시설

① 식품 등을 위생적으로 보관할 수 있는 창고를 갖추어야 한다. 이 경우 창고는 영업신고를 한 소재지와 다른 곳에 설치하거나 임차하여 사용할 수 있다.

② 창고에는 식품 등의 기준 및 규격에서 정하고 있는 보존 및 유통기준에 적합한 온도(냉장 5℃ 이하, 냉동 -18℃ 이하)에서 보관할 수 있도록 냉장시설 및 냉동시설을 갖추어야 한다. 다만, 창고에서 냉장처리나 냉동처리가 필요하지 아니한 식품을 처리하는 경우에는 냉장시설 또는 냉동시설을 갖추지 아니하여도 된다.

③ 서로 오염원이 될 수 있는 식품을 보관 · 운반하는 경우 구분하여 보관 · 운반하여야 한다.

(4) 운반차량

① 식품을 위생적으로 운반하기 위하여 냉동시설이나 냉장시설을 갖춘 적재고가 설치된 운반차량을 1대 이상 갖추어야 한다. 다만, 법 제37조에 따라 허가, 신고 또는 등록한 영업자와 계약을 체결하여 냉동 또는 냉장시설을 갖춘 운반차량을 이용하는 경우에는 운반차량을 갖추지 아니하여도 된다.

②(1)의 규정에도 불구하고 냉동 또는 냉장시설이 필요 없는 식품만을 취급하는 경우에는 운반차량에 냉동시설이나 냉장시설을 갖춘 적재고를 설치하지 아니하여도 된다.

6) 식품등수입판매업

(1) 영업활동을 위한 독립된 사무소가 있어야 한다. 다만, 영업활동에 지장이 없는 경우에는 다른 사무소를 함께 사용할 수 있다.

(2) 식품 등을 위생적으로 보관할 수 있는 창고를 갖추어야 한다. 이 경우 보관창고는 영업신고를 한 소재지와 다른 곳에 설치하거나 임차하여 사용할 수 있다.

(3) 나)의 규정에도 불구하고 식품 등을 직접 소비자에게 판매하지 아니하는 경우에는 별도의 보관창고를 설치하지 아니할 수 있다.

7) 기타식품판매업

(1) 냉동시설 또는 냉장고 · 진열대 및 판매대를 설치하여야 한다. 다만, 냉장 · 냉동 보관 및 유통을 필요로 하지 않는 제품을 취급하는 경우는 제외한다.

[별표 2] 식품접객업 영업자 등의 준수사항

1. 식품제조 · 가공업자 및 식품첨가물제조업자와 그 종업원의 준수사항

1) 생산 및 작업기록에 관한 서류와 원료의 입고 · 출고 · 사용에 대한 원료수불 관계 서류를 작성하여야 하고, 최종 기재일부터 3년간 보관하여야 한다.

2) 식품제조 · 가공업자는 제품의 거래기록을 작성하여야 하고, 최종 기재일부터 3년간 보관하여야 한다.

3) 유통기한이 경과된 제품은 판매목적으로 진열 · 보관 · 판매(대리점을 통하여 또는 직접 진열 · 보관하거나 판매하는 경우만 해당한다)하거나 이를 식품 등의 제조 · 가공에 사용하지 아니하여야 한다. 다만, 폐기용 또는 교육용이라는 표시를 명확하게 하여 진열 · 보관하는 경우는 제외한다.

4) 식품을 텔레비전 · 인쇄물 등으로 광고하는 경우에는 제품명 및 업소명을 포함하여야 하고, 유통기한을 확인하여 제품을 구입하도록 권장하는 내용을 포함시켜야 한다. 다만, 유통기한과 제조연월일이 따로 표시되지 아니한 제품에 대한 광고의 경우에는 그러하지 아니하다.

5) 식품제조 · 가공업자는 장난감 등을 식품과 함께 포장하여 판매하는 경우 장난감 등이 식품의 보관 · 섭취에 사용되는 경우를 제외하고는 식품과 구분하여 별도로 포장하여야 한다. 이 경우 장난감 등은 「품질경영 및 공산품안전관리법」 제14조제3항에 따른 제품검사의 안전기준에 적합한 것이어야 한다.

6) 식품제조 · 가공업자 또는 식품첨가물제조업자는 별표 14 제1호자목2) 또는 제3호에 따라 식품제조 · 가공업 또는 식품첨가물제조업의 영업등록을 한 자에게 위탁하여 식품 또는 식품첨가물을 제조 · 가공하는 경우에는 위탁한 그 제조 · 가공업자에 대하여 반기별 1회 이상 위생관리상태 등을 점검하여야 한다. 다만, 위탁하려는 식품과 동일한 식품에 대하여 법 제48조에 따라 식품안전관리인증기준적용업소로 인증받거나 「어린이 식생활안전관리 특별법」 제14조에 따라 품질인증을 받은 영업자에게 위탁하는 경우는 제외한다.

7) 식품제조 · 가공업자 및 식품첨가물제조업자는 이물이 검출되지 아니하도록 필요한 조치를 하여야 하고, 소비자로부터 이물 검출 등 불만사례 등을 신고 받은 경우 그 내용을 기록

하여 2년간 보관하여야 하며, 이 경우 소비자가 제시한 이물과 증거품(사진, 해당 식품 등을 말한다)은 6개월간 보관하여야 한다. 다만, 부패하거나 변질될 우려가 있는 이물 또는 증거품은 2개월간 보관할 수 있다.

8) 식품제조·가공업자는 「축산물위생관리법」 제12조에 따라 검사를 받지 아니한 축산물 또는 실험 등의 용도로 사용한 동물을 식품의 제조 또는 가공에 사용하여서는 아니 된다.

9) 수돗물이 아닌 지하수 등을 먹는 물 또는 식품의 제조·가공 등에 사용하는 경우에는 「먹는물관리법」 제43조에 따른 먹는 물 수질검사기관에서 1년(음료류 등 마시는 용도의 식품인 경우에는 6개월)마다 「먹는물관리법」 제5조에 따른 먹는 물의 수질기준에 따라 검사를 받아 마시기에 적합하다고 인정된 물을 사용하여야 한다.

10) 모유대용으로 사용하는 식품, 영·유아의 이유 또는 영양보충의 목적으로 제조·가공한 식품을 신문·잡지·라디오 또는 텔레비전을 통하여 광고하는 경우에는 조제분유와 동일한 명칭 또는 유사한 명칭을 사용하여 소비자가 혼동할 우려가 있는 광고를 하여서는 아니 된다.

11) 법 제15조제2항에 따라 위해평가가 완료되기 전까지 일시적으로 금지된 제품에 대하여는 이를 제조·가공·유통·판매하여서는 아니 된다.

12) 식품제조·가공업자가 자신의 제품을 만들기 위하여 수입한 반가공 원료 식품 및 용기·포장과 「대외무역법」에 따른 외화획득용 원료로 수입한 식품등을 부패하거나 변질되어 또는 유통기한이 경과하여 폐기한 경우에는 이를 증명하는 자료를 작성하고, 최종 작성일부터 2년간 보관하여야 한다.

13) 법 제47조제1항에 따라 우수업소로 지정받은 자 외의 자는 우수업소로 오인·혼동할 우려가 있는 표시를 하여서는 아니 된다.

14) 법 제31조제1항에 따라 자가품질검사를 하는 식품제조·가공업자 또는 식품첨가물제조업자는 검사설비에 검사 결과의 변경 시 그 변경내용이 기록·저장되는 시스템을 설치·운영하여야 한다.

15) 초산($C_2H_4O_2$) 함량비율이 99% 이상인 빙초산을 제조하는 식품첨가물제조업자는 빙초산에 「품질경영 및 공산품안전관리법」 제2조제11호에 따른 어린이보호포장을 하여야 한다.

2. 즉석판매제조 · 가공업자와 그 종업원의 준수사항

1) 제조 · 가공한 식품을 판매를 목적으로 하는 사람에게 판매하여서는 아니 되며, 다음의 어느 하나에 해당하는 방법으로 배달하는 경우를 제외하고는 영업장 외의 장소에서 판매하여서는 아니 된다.

(1) 영업자나 그 종업원이 최종소비자에게 직접 배달하는 경우

(2) 식품의약품안전처장이 정하여 고시하는 기준에 따라 우편 또는 택배 등의 방법으로 최종소비자에게 배달하는 경우

2) 손님이 보기 쉬운 곳에 가격표를 붙여야 하며, 가격표대로 요금을 받아야 한다.

3) 영업신고증을 업소 안에 보관하여야 한다.

4) 「축산물가공처리법」 제12조에 따른 검사를 받지 아니한 축산물 또는 실험 등의 용도로 사용한 동물은 식품의 제조 · 가공에 사용하여서는 아니 된다.

5) 「야생동 · 식물보호법」을 위반하여 포획한 야생동물은 이를 식품의 제조 · 가공에 사용하여서는 아니 된다.

6) 유통기한이 경과된 제품을 진열 · 보관하거나 이를 식품의 제조 · 가공에 사용하여서는 아니 된다.

7) 수돗물이 아닌 지하수 등을 먹는 물 또는 식품의 조리 · 세척 등에 사용하는 경우에는 「먹는물관리법」 제43조에 따른 먹는 물 수질검사기관에서 다음의 검사를 받아 마시기에 적합하다고 인정된 물을 사용하여야 한다. 다만, 둘 이상의 업소가 같은 건물에서 같은 수원(水原)을 사용하는 경우에는 하나의 업소에 대한 시험결과로 해당 업소에 대한 검사에 갈음할 수 있다.

(1) 일부항목 검사: 1년마다(모든 항목 검사를 하는 연도의 경우는 제외한다) 「먹는물 수질기준 및 검사 등에 관한 규칙」 제4조제1항제2호에 따른 마을상수도의 검사기준에 따른 검사(잔류염소검사를 제외한다). 다만, 시 · 도지사가 오염의 염려가 있다고 판단하여 지정한 지역에서는 같은 규칙 제2조에 따른 먹는 물의 수질기준에 따른 검사를 하여야 한다.

(2) 모든 항목 검사: 2년마다 「먹는물 수질기준 및 검사 등에 관한 규칙」 제2조에 따른 먹는 물의 수질기준에 따른 검사

8) 법 제15조제2항에 따라 위해평가가 완료되기 전까지 일시적으로 금지된 식품등을 제조 · 가공 · 판매하여서는 아니 된다.

3. 식품소분 · 판매(식품자동판매기영업 및 집단급식소 식품판매업은 제외한다) · 운반업자와 그 종업원의 준수사항

1) 영업자간의 거래에 관하여 식품의 거래기록(전자문서를 포함한다)을 작성하고, 최종 기재일부터 2년 동안 이를 보관하여야 한다.

2) 영업허가증 또는 신고증을 영업소 안에 보관하여야 한다.

3) 수돗물이 아닌 지하수 등을 먹는 물 또는 식품의 조리 · 세척 등에 사용하는 경우에는 「먹는물관리법」 제43조에 따른 먹는 물 수질검사기관에서 다음의 구분에 따라 검사를 받아 마시기에 적합하다고 인정된 물을 사용하여야 한다. 다만, 같은 건물에서 같은 수원을 사용하는 경우에는 하나의 업소에 대한 시험결과로 갈음할 수 있다.

(1) 일부항목 검사: 1년마다(모든 항목 검사를 하는 연도의 경우를 제외한다) 「먹는물 수질기준 및 검사 등에 관한 규칙」 제4조제1항제2호에 따른 마을 상수도의 검사기준에 따른 검사(잔류염소검사를 제외한다). 다만, 시 · 도지사가 오염의 염려가 있다고 판단하여 지정한 지역에서는 같은 규칙 제2조에 따른 먹는 물의 수질기준에 따른 검사를 하여야 한다.

(2) 모든 항목 검사: 2년마다 「먹는물 수질기준 및 검사 등에 관한 규칙」 제2조에 따른 먹는 물의 수질기준에 따른 검사

4) 식품판매업자가 식품을 텔레비전 · 인쇄물 등으로 광고하는 경우에는 제품명 · 제조업소명 및 판매업소명을 포함하여야 하고, 유통기한을 확인하여 제품을 구입하도록 권장하는 내용을 포함시켜야 한다.

5) 식품판매업자는 제1호마목을 위반한 식품을 판매하여서는 아니 된다.

6) 식품운반업자는 운반차량을 이용하여 살아있는 동물을 운반하여서는 아니 되며, 운반목적 외에 운반차량을 사용하여서는 아니 된다.

7) 「축산물가공처리법」 제12조에 따라 검사를 받지 아니한 축산물 또는 실험 등의 용도로 사용한 동물은 운반 · 보관 · 진열 또는 판매하여서는 아니 된다.

8) 유통기한이 경과된 제품을 판매의 목적으로 소분 · 운반 · 진열 또는 보관하여서는 아니 되며, 이를 판매하여서는 아니 된다.

9) 식품판매영업자는 즉석판매제조 · 가공영업자가 제조 · 가공한 식품을 진열 · 판매하여서는 아니 된다.

10) 이유식 등을 신문 · 잡지 · 라디오 또는 텔레비전을 통하여 광고하는 경우에는 조제분유와 같은 명칭 또는 유사한 명칭을 사용하여 소비자가 혼동할 우려가 있는 광고를 하여서는 아니 된다.

11) 식품소분 · 판매업자는 법 제15조제2항에 따라 위해평가가 완료되기 전까지 일시적으로 금지된 식품 등에 대하여는 이를 수입 · 가공 · 사용 · 운반 등을 하여서는 아니 된다.

12) 식품소분업자 및 유통전문판매업자는 소비자로부터 이물 검출 등 불만사례 등을 신고받은 경우에는 그 내용을 2년간 기록 · 보관하여야 하며, 소비자가 제시한 이물과 증거품(사진, 해당 식품 등을 말한다)은 6개월간 보관하여야 한다. 다만, 부패하거나 변질될 우려가 있는 이물 또는 증거품은 2개월간 보관할 수 있다.

13) 유통전문판매업자는 제조 · 가공을 위탁한 제조 · 가공업자에 대하여 반기마다 1회 이상 위생관리 상태를 점검하여야 한다. 다만, 위탁받은 제조 · 가공업자가 위탁받은 식품과 동일한 식품에 대하여 법 제48조에 따른 식품안전관리인증기준적용업소인 경우, 법 제50조에 따른 우수등급 영업소인 경우 또는 위탁받은 식품과 동일한 식품에 대하여 「어린이 식생활안전관리 특별법」 제14조에 따라 품질인증을 받은 자인 경우는 제외한다.

4. 식품자동판매기영업자와 그 종업원의 준수사항

1) 자판기용 제품은 적법하게 제조 · 가공된 것을 사용하여야 하며, 유통기한이 경과된 제품을 보관하거나 이를 사용하여서는 아니 된다.

2) 자판기 내부의 정수기 또는 살균장치 등이 낡거나 닳아 없어진 경우에는 즉시 바꾸어야 하고, 그 기능이 떨어진 경우에는 즉시 그 기능을 보강하여야 한다.

3) 자판기 내부(재료혼합기, 급수통, 급수호스 등)는 하루 1회 이상 세척 또는 소독하여 청결히 하여야 하고, 그 기능이 떨어진 경우에는 즉시 교체하여야 한다.

4) 자판기 설치장소 주변은 항상 청결하게 하고, 뚜껑이 있는 쓰레기통을 비치하여야 하며, 쥐 · 바퀴 등 해충이 자판기 내부에 침입하지 아니하도록 하여야 한다.

5) 매일 위생상태 및 고장여부를 점검하여야 하고, 그 내용을 다음과 같은 아크릴로 된 점검표에 기록하여 보기 쉬운 곳에 항상 비치하여야 한다.

점검일시	점검자	점검결과		비고
		내부청결상태	정상가동여부	

6) 자판기에는 영업신고번호, 자판기별 일련관리번호(제42조제7항에 따라 2대 이상을 일괄 신고한 경우에 한한다), 제품의 명칭 및 고장시의 연락전화번호를 12포인트 이상의 글씨로 판매기 앞면의 보기 쉬운 곳에 표시하여야 한다.

5. 집단급식소 식품판매업자와 그 종업원의 준수사항

1) 영업자는 식품의 구매 · 운반 · 보관 · 판매 등의 과정에 대한 거래내역을 2년간 보관하여야 한다.

2) 「축산물가공처리법」 제12조에 따라 검사를 받지 아니한 축산물, 실험 등의 용도로 사용한 동물 또는 「야생동 · 식물보호법」을 위반하여 포획한 야생동물은 판매하여서는 아니 된다.

3) 냉동식품을 공급할 때에 해당 집단급식소의 영양사 및 조리사가 해동(解凍)을 요청할 경우 해동을 위한 별도의 보관 장치를 이용하거나 냉장운반을 할 수 있다. 이 경우 해당 제품이 해동 중이라는 표시, 해동을 요청한 자, 해동 시작시간, 해동한 자 등 해동에 관한 내용을 표시하여야 한다.

4) 작업장에서 사용하는 기구, 용기 및 포장은 사용 전, 사용 후 및 정기적으로 살균 · 소독하여야 하며, 동물 · 수산물의 내장 등 세균의 오염원이 될 수 있는 식품 부산물을 처리한 경우에는 사용한 기구에 따른 오염을 방지하여야 한다.

5) 유통기한이 지난 식품 또는 그 원재료를 집단급식소에 판매하기 위하여 보관 · 운반 및 사용하여서는 아니 된다.

6) 수돗물이 아닌 지하수 등을 먹는 물 또는 식품의 조리 · 세척 등에 사용하는 경우에는 「먹는물관리법」 제43조에 따른 먹는 물 수질검사기관에서 다음의 검사를 받아 마시기에 적합하다고 인정된 물을 사용하여야 한다. 다만, 둘 이상의 업소가 같은 건물에서 같은 수원을 사용하는 경우에는 하나의 업소에 대한 시험결과로 해당 업소에 대한 검사에 갈음할 수 있다.

(1) 일부항목 검사: 1년(모든 항목 검사를 하는 연도는 제외한다) 마다 「먹는물 수질기준 및

검사 등에 관한 규칙」 제4조에 따른 마을상수도의 검사기준에 따른 검사(잔류염소검사는 제외한다)를 하여야 한다. 다만, 시ㆍ도지사가 오염의 염려가 있다고 판단하여 지정한 지역에서는 같은 규칙 제2조에 따른 먹는 물의 수질기준에 따른 검사를 하여야 한다.

(2) 모든 항목 검사 : 2년마다 「먹는물 수질기준 및 검사 등에 관한 규칙」 제2조에 따른 먹는 물의 수질기준에 따른 검사

7) 법 제15조에 따른 위해평가가 완료되기 전까지 일시적으로 금지된 식품등을 사용하여서는 아니 된다.

8) 식중독 발생시 보관 또는 사용 중인 식품은 역학조사가 완료될 때까지 폐기하거나 소독 등으로 현장을 훼손하여서는 아니 되고 원상태로 보존하여야 하며, 식중독 원인규명을 위한 행위를 방해하여서는 아니 된다.

6. 식품조사처리업자 및 그 종업원의 준수사항

조사연월일 및 시간, 조사대상식품명칭 및 무게 또는 수량, 조사선량 및 선량보증, 조사목적에 관한 서류를 작성하여야 하고, 최종 기재일부터 3년간 보관하여야 한다.

7. 식품접객업자(위탁급식영업자는 제외한다)와 그 종업원의 준수사항

1) 물수건, 숟가락, 젓가락, 식기, 찬기, 도마, 칼, 행주, 그 밖의 주방용구는 기구등의 살균ㆍ소독제, 열탕, 자외선살균 또는 전기살균의 방법으로 소독한 것을 사용하여야 한다.

2) 「축산물위생관리법」 제12조에 따라 검사를 받지 아니한 축산물 또는 실험 등의 용도로 사용한 동물은 음식물의 조리에 사용하여서는 아니 된다.

3) 업소 안에서는 도박이나 그 밖의 사행행위 또는 풍기문란행위를 방지하여야 하며, 배달판매 등의 영업행위 중 종업원의 이러한 행위를 조장하거나 묵인하여서는 아니 된다.

4) 제과점영업자가 별표 14 제8호가목2)라)(5)에 따라 조리장을 공동 사용하는 경우 빵류를 실제 제조한 업소명과 소재지를 소비자가 알아볼 수 있도록 별도로 표시하여야 한다. 이 경우 게시판, 팻말 등 다양한 방법으로 표시할 수 있다.

5) 간판에는 영 제21조에 따른 해당업종명과 허가를 받거나 신고한 상호를 표시하여야 한다. 이 경우 상호와 함께 외국어를 병행하여 표시할 수 있으나 업종구분에 혼동을 줄 수 있

는 사항은 표시하여서는 아니 된다.

6) 손님이 보기 쉽도록 영업소의 외부 또는 내부에 가격표(부가가치세 등이 포함된 것으로서 손님이 실제로 내야 하는 가격이 표시된 가격표를 말한다)를 붙이거나 게시하되, 신고한 영업장 면적이 150제곱미터 이상인 휴게음식점 및 일반음식점은 영업소의 외부와 내부에 가격표를 붙이거나 게시하여야 하고, 가격표대로 요금을 받아야 한다.

7) 영업허가증·영업신고증·조리사면허증(조리사를 두어야 하는 영업에만 해당한다)을 영업소 안에 보관하고, 허가관청 또는 신고관청이 식품위생·식생활개선 등을 위하여 게시할 것을 요청하는 사항을 손님이 보기 쉬운 곳에 게시하여야 한다.

8) 식품의약품안전처장 또는 시·도지사가 국민에게 혐오감을 준다고 인정하는 식품을 조리·판매하여서는 아니 되며, 「멸종위기에 처한 야생동식물종의 국제거래에 관한 협약」에 위반하여 포획·채취한 야생동물·식물을 사용하여 조리·판매하여서는 아니 된다.

9) 유통기한이 경과된 원료 또는 완제품을 조리·판매의 목적으로 보관하거나 이를 음식물의 조리에 사용하여서는 아니 된다.

10) 허가를 받거나 신고한 영업 외의 다른 영업시설을 설치하거나 다음에 해당하는 영업행위를 하여서는 아니 된다.

(1) 휴게음식점영업자·일반음식점영업자 또는 단란주점영업자가 유흥접객원을 고용하여 유흥접객행위를 하게 하거나 종업원의 이러한 행위를 조장하거나 묵인하는 행위

(2) 휴게음식점영업자·일반음식점영업자가 음향 및 반주시설을 갖추고 손님이 노래를 부르도록 허용하는 행위. 다만, 연회석을 보유한 일반음식점에서 회갑연, 칠순연 등 가정의 의례로서 행하는 경우에는 그러하지 아니하다.

(3) 일반음식점영업자가 주류만을 판매하거나 주로 다류를 조리·판매하는 다방형태의 영업을 하는 행위

(4) 휴게음식점영업자가 손님에게 음주를 허용하는 행위

(5) 식품접객업소의 영업자 또는 종업원이 영업장을 벗어나 시간적 소요의 대가로 금품을 수수하거나, 영업자가 종업원의 이러한 행위를 조장하거나 묵인하는 행위

(6) 휴게음식점영업 중 주로 다류 등을 조리·판매하는 영업소에서 「청소년보호법」 제2조제1호에 따른 청소년인 종업원에게 영업소를 벗어나 다류 등을 배달하게 하여 판매하는 행위

(7) 휴게음식점영업자 · 일반음식점영업자가 음향시설을 갖추고 손님이 춤을 추는 것을 허용하는 행위. 다만, 특별자치도 · 시 · 군 · 구의 조례로 별도의 안전기준, 시간 등을 정하여 별도의 춤을 추는 공간이 아닌 객석에서 춤을 추는 것을 허용하는 경우는 제외한다.

11) 유흥주점영업자는 성명, 주민등록번호, 취업일, 이직일, 종사분야를 기록한 종업원(유흥접객원만 해당한다)명부를 비치하여 기록 · 관리하여야 한다.

12) 손님을 꾀어서 끌어들이는 행위를 하여서는 아니 된다.

13) 업소 안에서 선량한 미풍양속을 해치는 공연, 영화, 비디오 또는 음반을 상영하거나 사용하여서는 아니 된다.

14) 수돗물이 아닌 지하수 등을 먹는 물 또는 식품의 조리 · 세척 등에 사용하는 경우에는 「먹는물관리법」 제43조에 따른 먹는 물 수질검사기관에서 다음의 검사를 받아 마시기에 적합하다고 인정된 물을 사용하여야 한다. 다만, 둘 이상의 업소가 같은 건물에서 같은 수원을 사용하는 경우에는 하나의 업소에 대한 시험결과로 해당 업소에 대한 검사에 갈음할 수 있다.

(1) 일부항목 검사: 1년(모든 항목 검사를 하는 연도는 제외한다) 마다 「먹는물 수질기준 및 검사 등에 관한 규칙」 제4조에 따른 마을상수도의 검사기준에 따른 검사(잔류염소검사는 제외한다)를 하여야 한다. 다만, 시 · 도지사가 오염의 염려가 있다고 판단하여 지정한 지역에서는 같은 규칙 제2조에 따른 먹는 물의 수질기준에 따른 검사를 하여야 한다.

(2) 모든 항목 검사 : 2년마다 「먹는물 수질기준 및 검사 등에 관한 규칙」 제2조에 따른 먹는 물의 수질기준에 따른 검사

15) 동물의 내장을 조리한 경우에는 이에 사용한 기계 · 기구류 등을 세척하여 살균하여야 한다.

16) 식품접객업자는 손님이 먹고 남은 음식물을 다시 사용하거나 조리하거나 또는 보관(폐기용이라는 표시를 명확하게 하여 보관하는 경우는 제외한다)하여서는 아니 된다.

17) 식품접객업자는 공통찬통, 소형찬기 또는 복합찬기를 사용하거나, 손님이 남은 음식물을 싸서 가지고 갈 수 있도록 포장용기를 비치하고 이를 손님에게 알리는 등 음식문화개선을 위해 노력하여야 한다.

18) 휴게음식점영업자 · 일반음식점영업자 또는 단란주점영업자는 영업장 안에 설치된 무대

시설 외의 장소에서 공연을 하거나 공연을 하는 행위를 조장·묵인하여서는 아니 된다. 다만, 일반음식점영업자가 손님의 요구에 따라 회갑연, 칠순연 등 가정의 의례로서 행하는 경우에는 그러하지 아니하다.

19) 「야생 동·식물보호법」을 위반하여 포획한 야생동물을 사용한 식품을 조리·판매하여서는 아니 된다.

20) 법 제15조제2항에 따른 위해평가가 완료되기 전까지 일시적으로 금지된 식품 등을 사용·조리하여서는 아니 된다.

21) 조리·가공한 음식을 진열하고, 진열된 음식을 손님이 선택하여 먹을 수 있도록 제공하는 형태(이하 "뷔페"라 한다)로 영업을 하는 일반음식점영업자는 제과점영업자에게 당일 제조·판매하는 빵류를 구입하여 구입 당일 이를 손님에게 제공할 수 있다. 이 경우 당일 구입하였다는 증명서(거래명세서나 영수증 등을 말한다)를 6개월간 보관하여야 한다.

22) 법 제47조제1항에 따른 모범업소가 아닌 업소의 영업자는 모범업소로 오인·혼동할 우려가 있는 표시를 하여서는 아니 된다.

23) 손님에게 조리하여 제공하는 식품의 주재료, 중량 등이 아목에 따른 가격표에 표시된 내용과 달라서는 아니 된다.

24) 아목에 따른 가격표에는 불고기, 갈비 등 식육의 가격을 100그램당 가격으로 표시하여야 하며, 조리하여 제공하는 경우에는 조리하기 이전의 중량을 표시할 수 있다. 100그램당 가격과 함께 1인분의 가격도 표시하려는 경우에는 다음의 예와 같이 1인분의 중량과 가격을 함께 표시하여야 한다.

예) 불고기 100그램 ○○원(1인분 120그램 △△원)
갈비 100그램 ○○원(1인분 150그램 △△원)

25) 음식판매자동차를 사용하는 휴게음식점영업자 및 제과점영업자는 신고한 장소가 아닌 장소에서 그 음식판매자동차로 휴게음식점영업 및 제과점영업을 하여서는 아니 된다.

8. 위탁급식영업자와 그 종업원의 준수사항

1) 집단급식소를 설치·운영하는 자와 위탁 계약한 사항 외의 영업행위를 하여서는 아니 된다.

2) 물수건, 숟가락, 젓가락, 식기, 찬기, 도마, 칼, 행주 그 밖에 주방용구는 기구 등의 살균·소독제, 열탕, 자외선살균 또는 전기살균의 방법으로 소독한 것을 사용하여야 한다.

3) 「축산물가공처리법」 제12조에 따라 검사를 받지 아니한 축산물 또는 실험 등의 용도로 사용한 동물을 음식물의 조리에 사용하여서는 아니 되며, 「야생동·식물보호법」에 위반하여 포획한 야생동물을 사용하여 조리하여서는 아니 된다.

4) 유통기한이 경과된 원료 또는 완제품을 조리할 목적으로 보관하거나 이를 음식물의 조리에 사용하여서는 아니 된다.

5) 수돗물이 아닌 지하수 등을 먹는 물 또는 식품의 조리·세척 등에 사용하는 경우에는 「먹는물관리법」 제43조에 따른 먹는 물 수질검사기관에서 다음의 구분에 따라 검사를 받아 마시기에 적합하다고 인정된 물을 사용하여야 한다. 다만, 같은 건물에서 같은 수원을 사용하는 경우에는 하나의 업소에 대한 시험결과로 갈음할 수 있다.

(1) 일부항목 검사: 1년마다(모든 항목 검사를 하는 연도의 경우를 제외한다) 「먹는물 수질기준 및 검사 등에 관한 규칙」 제4조제1항제2호에 따른 마을상수도의 검사기준에 따른 검사(잔류염소검사를 제외한다). 다만, 시·도지사가 오염의 염려가 있다고 판단하여 지정한 지역에서는 같은 규칙 제2조에 따른 먹는 물의 수질기준에 따른 검사를 하여야 한다.

(2) 모든 항목 검사: 2년마다 「먹는물 수질기준 및 검사 등에 관한 규칙」 제2조에 따른 먹는 물의 수질기준에 따른 검사

6) 동물 내장을 조리한 경우에는 이에 사용한 기계·기구류 등을 세척하고 살균하여야 한다.

7) 조리·제공한 식품(법 제2조제12호다목에 따른 병원의 경우에는 일반식만 해당한다)을 보관할 때에는 매회 1인분 분량을 섭씨 영하 18도 이하에서 144시간 이상 보관하여야 한다.

8) 법 제15조제2항에 따라 위해평가가 완료되기 전까지 일시적으로 금지된 식품등에 대하여는 이를 사용·조리하여서는 아니 된다.

9) 식중독 발생시 보관 또는 사용 중인 보존식이나 식재료는 역학조사가 완료될 때까지 폐기하거나 소독 등으로 현장을 훼손하여서는 아니 되고 원상태로 보존하여야 하며, 원인규명을 위한 행위를 방해하여서는 아니 된다.

10) 법 제47조제1항에 따른 모범업소가 아닌 업소의 영업자는 모범업소로 오인·혼동할 우려가 있는 표시를 하여서는 아니 된다.